建設業経理事務士
用語事典

編著 ㈱経営総合コンサルタント協会
　　　KKS建設業会計研究会

大成出版社

はじめに

　建設業経理事務士の制度は発足して今年度（平成11年度）で19年目になります。建設業振興基金の特別研修及び各建設業協会の経営講習会等における受講生からの質問の多くは、用語の意味及び解釈についてのものです。また、経理実務においては用語の不的確な使用による伝達誤り、処理誤り等の失敗例が多くみられます。

　会計には（借方）（貸方）に代表されるように、初心者にとってスムーズに理解しにくい用語があり、さらには（発生主義）の発生という用語の意味等、一般に使われる用語とは意味が異なる専門用語といわれるものがあり、会計を勉強しようとする者にとって理解に努力を必要とする用語が多々あります。さらには建設業には業界独特の（損料）（歩掛）等の専門用語があり、外部の者の参入を拒絶する高い壁になっているようにも思え、これらのことから用語を正確に理解することの重要性は高いといえます。

　会計用語の事典や建設業の用語事典は数多く出版されてはいますが、両者を統合したような事典は少なく、また建設業経理事務士の初級（4級）から上級（1級）までの基礎的用語から専門的用語までを網羅した事典がない状況でした。

　そこで、建設業の経営分析・指導等に豊富なデータと経験をもつ㈱建設経営サービスと、建設業会計関係の教育を得意とする㈱経営総合コンサルタント協会の共同で、両者の強みを生かした事典「建設業経理事務士用語事典」を執筆することになりました。

　まず用語の選択については財団法人建設業振興基金のすべての級の「建設業会計概説」を基本とし、経理事務士検定試験受験者だけでなく、実務における参考にもなるように具体的な仕訳例・計算例を多く挿入しました。また初心者

にも理解しやすいように執筆者間で表現を平易なものに統一し、さらに関連用語をリンクし、出来るだけ使いやすい事典にと心掛けました。

　この事典は建設業経理事務士すべての受験生にとって必携であるだけでなく、建設業の経理担当者の座右の書としても役立つものと考えております。

　用語の数は膨大で執筆者が20数名になり、取りまとめに苦労している時に、建設業法施行規則の改正に伴う勘定科目の改正、さらには経営事項審査の方法の改正と相次いで改正事項が飛び込み発刊予定が大幅に遅れ、共同執筆者及び各関係者にご迷惑をおかけしましたが、やっと発刊ができ、うれしく思います。

　最後に、本事典の刊行にあたり多大な御尽力をいただいた大成出版社編集部の藤田浩一郎氏をはじめ各共同執筆者の皆様に心からお礼を申し上げます。

　　　平成12年1月15日

　　　　　　　　　　　　　　　　執筆者代表　木　下　　　昌

【執筆者一覧】

KKS建設業会計研究会

前主幹	所　　昌敏	㈱建設経営サービス 前取締役経営情報部長
主　幹	松岡　寿一	㈱建設経営サービス 取締役コンサルティング事業部長
副主幹	尼崎　清剛	㈶建設業振興基金　建設業経理事務士特別研修講師
	植草　陽一	中小企業診断士 ㈶建設業振興基金　建設業経理事務士特別研修講師
	大須賀隆治	税理士 ㈶建設業振興基金　建設業経理事務士特別研修講師
	小曽川喜一	中小企業診断士 ㈶建設業振興基金　建設業経理事務士特別研修講師
	小林美穂子	㈶建設業振興基金　建設業経理事務士特別研修講師
	丹治　貴紀	㈶建設業振興基金　建設業経理事務士特別研修講師
	徳地　弘子	㈶建設業振興基金　建設業経理事務士特別研修講師
	萩原　正広	中小企業診断士 ㈶建設業振興基金　建設業経理事務士特別研修講師
	福田　義浩	中小企業診断士 ㈶建設業振興基金　建設業経理事務士特別研修講師
	村井　　順	㈶建設業振興基金　建設業経理事務士特別研修講師
	村澤　哲也	㈶建設業振興基金　建設業経理事務士特別研修講師

㈱経営総合コンサルタント協会

主　幹	木下　　昌	公認会計士 ㈶建設業振興基金　建設業経理事務士特別研修講師
副主幹	堀江　正明	㈶建設業振興基金　建設業経理事務士特別研修講師
	阿部　軍喜	公認会計士 ㈶建設業振興基金　建設業経理事務士特別研修講師
	伊神　玲子	中小企業診断士 ㈶建設業振興基金　建設業経理事務士特別研修講師
	伊藤　慎治	㈶建設業振興基金　建設業経理事務士特別研修講師
	岩船　弘吉	㈶建設業振興基金　建設業経理事務士特別研修講師
	小田　保和	税理士 ㈶建設業振興基金　建設業経理事務士特別研修講師
	木下　　荘	公認会計士 ㈶建設業振興基金　建設業経理事務士特別研修講師
	久慈　伸樹	㈶建設業振興基金　建設業経理事務士特別研修講師
	徳村万貫夫	中小企業診断士 ㈶建設業振興基金　建設業経理事務士特別研修講師
	中田ちず子	公認会計士 ㈶建設業振興基金　建設業経理事務士特別研修講師
	両角　康伸	公認会計士 ㈶建設業振興基金　建設業経理事務士特別研修講師
	渡邊　一夫	㈶建設業振興基金　建設業経理事務士特別研修講師

（順不同）

【凡　　例】

1．建設業経理事務士検定試験の全級・全科目にわたり受験に必須の重要な用語1,548語を収録しています。

2．用語は日本語、外国語、略語、合成語を問わずすべて現代仮名づかいにより50音順に配列されています。

3．用語が勘定科目である場合、解説文に続き ⇐ を付して勘定科目の項目を記載しています。

4．類義語や関連する重要語など、その用語の解説だけではなく、他の用語の解説も読んでいただいた方が理解が深まる場合、その解説文の末尾に ☞ を付して参照する用語を記載しています。

目　次

あ

ROI《1級分析》……………………… 1
ROA《1級分析》……………………… 1
アイドル・キャパシティ《1級原
　価》…………………………………… 1
アイドル・タイム《1級原価》………… 1
アキュムレーション法《2級》………… 2
アクティビティ・コスト《2級》……… 2
預り金《3級》…………………………… 2
圧縮記帳《1級財表》…………………… 2
圧縮記帳額《1級財表》………………… 3
アップストリーム《1級財表》………… 3
後入先出法《2級》……………………… 3
天下り型予算《1級原価》……………… 3
洗替法《2級》…………………………… 4
安全性分析《1級分析》………………… 4
安全余裕率（ＭＳ比率）《1級分
　析》…………………………………… 4

い

意思決定原価調査《1級原価》………… 4
1勘定制《3級》………………………… 5
1伝票制度《3級》……………………… 5
一取引基準《1級財表》………………… 5
一年基準《1級財表》…………………… 5
一括的配賦法《2級》…………………… 6
一括法《1級財表》……………………… 6
一般管理費等《1級原価》……………… 6
一般原則《1級財表》…………………… 6
一般担保付社債《1級財表》…………… 7
移動性仮設建物《2級》………………… 7
移動平均法《3級》……………………… 7
イニシャル・コスト《1級原価》……… 7
因子分析法《1級分析》………………… 8
インタレスト・カバレッジ《1級
　分析》………………………………… 8
インフレーション会計《1級財
　表》…………………………………… 8
インプレスト・システム《3級》……… 8

う

ウォールの指数法《1級分析》………… 9
受取勘定《1級分析》…………………… 9
受取勘定回転率《1級分析》…………… 9
受取勘定滞留月数《1級分析》…………10
受取地代《4級》…………………………10
受取手形《3級》…………………………10
受取手形記入帳《2級》…………………10
受取手数料《3級》………………………11
受取人《3級》……………………………11
受取配当金《3級》………………………11
受取家賃《4級》…………………………11
受取利息《4級》…………………………12
うち人件費《1級原価》…………………12
打歩発行《1級財表》……………………12
裏書譲渡《3級》…………………………12
裏書手形《2級》…………………………12
売上債権《1級分析》……………………13
売上総利益《1級分析》…………………13
売上高経常利益率《1級分析》…………13
売上高利益率《1級分析》………………13
売上値引《2級》…………………………14
売上割引《1級財表》……………………14
売上割戻《2級》…………………………14
売掛債権《1級分析》……………………14
運転資本《1級分析》……………………14
運転資本保有月数《1級分析》…………15
運搬経費《2級》…………………………15
運搬費《1級原価》………………………15
運搬部門《1級原価》……………………15

え

営業外受取手形≪2級≫……………16
営業外支払手形≪2級≫……………16
営業外収益≪4級≫…………………16
営業外費用≪4級≫…………………17
営業権≪2級≫………………………17
営業権償却≪2級≫…………………17
営業収益≪4級≫……………………17
営業費≪1級原価≫…………………17
営業費の内部割掛≪1級原価≫……17
営業費のプロダクト・コスト化
　≪1級原価≫………………………18
営業費用≪4級≫……………………18
営業保証手形≪2級≫………………18
営業利益≪2級≫……………………18
営業利益増減率≪1級分析≫………19
ABM≪1級原価≫……………………19
ABC≪1級原価≫……………………19
英米式決算法≪3級≫………………20
エムエス比率≪1級分析≫…………20
円換算額≪1級財表≫………………20

お

オプション≪1級財表≫……………20
オプション契約≪1級財表≫………20
オプション取引≪1級財表≫………21
オプション料≪1級財表≫…………21
オフバランス≪1級財表≫…………21
オペレーティング・コスト≪1級
　原価≫………………………………21
オペレーティング・リース≪1級
　財表≫………………………………21
親会社≪1級財表≫…………………22
親子会社≪1級財表≫………………22
オンバランス≪1級財表≫…………22

か

買入消却≪1級財表≫………………23
海外投資等損失準備金≪1級財
　表≫…………………………………23
買掛債務≪1級分析≫………………23
外貨建短期金銭債権・債務≪1級
　財表≫………………………………23
外貨建長期金銭債権・債務≪1級
　財表≫………………………………24
外貨建取引≪1級財表≫……………24
開業費≪1級財表≫…………………24
会計慣行≪1級財表≫………………25
会計監査人≪1級財表≫……………25
会計期間≪4級≫……………………25
会計公準≪1級財表≫………………25
会計上の負債≪1級財表≫…………25
会計制度≪1級財表≫………………26
会計伝票≪2級≫……………………26
会計法規≪1級財表≫………………26
会計方針≪1級財表≫………………26
開始記入≪4級≫……………………27
開示財務諸表作成目的≪1級原
　価≫…………………………………27
開始仕訳≪4級≫……………………27
開始貸借対照表≪4級≫……………28
会社の更生≪1級財表≫……………28
回収可能額≪1級財表≫……………28
外注≪2級≫…………………………28
外注費≪4級≫………………………28
階梯式配賦法≪2級≫………………29
回転期間≪1級分析≫………………29
回転率≪1級分析≫…………………29
開発費≪1級財表≫…………………30
外部分析≪1級分析≫………………30
価格計算目的≪1級原価≫…………30
価格政策≪1級原価≫………………30
価額法≪1級原価≫…………………30
確定決算方式≪1級財表≫…………31
額面株式≪1級財表≫………………31
家計費≪4級≫………………………31
加工進捗度≪1級原価≫……………31

加工費≪1級原価≫……………………32	株主持分≪1級財表≫……………………42
火災未決算≪2級≫……………………32	貨幣価値一定の公準≪1級財表≫………43
貸方≪4級≫……………………………32	貨幣資産の評価≪1級財表≫……………43
貸倒れ≪3級≫…………………………32	貨幣・非貨幣法≪1級財表≫……………43
貸倒引当金≪3級≫……………………33	借入金≪4級≫……………………………43
貸倒引当金繰入額≪3級≫……………33	借入金依存度≪1級分析≫………………43
貸倒見積高≪1級財表≫………………33	借入金自己資本依存度≪1級分
貸倒率≪1級財表≫……………………34	析≫………………………………………44
貸付金≪4級≫…………………………35	借入有価証券≪2級≫……………………44
貸付有価証券≪2級≫…………………35	仮受金≪3級≫……………………………44
課税所得≪1級財表≫…………………35	借方≪4級≫………………………………44
仮設経費≪2級≫………………………35	仮払金≪3級≫……………………………45
仮設材料≪1級財表≫…………………36	仮払法人税等≪2級≫……………………45
仮設材料の損料≪1級原価≫…………36	為替換算調整勘定≪1級財表≫…………45
仮設材料費≪2級≫……………………36	為替差損益≪1級財表≫…………………45
仮設建物≪1級原価≫…………………37	為替スワップ≪1級財表≫………………46
仮設部門≪2級≫………………………37	為替相場≪1級財表≫……………………46
仮設部門費≪1級原価≫………………37	為替手形≪3級≫…………………………46
仮設用機材≪2級≫……………………37	為替レート≪1級財表≫…………………47
価値移転主義≪1級原価≫……………37	換金価値≪1級財表≫……………………47
価値移転主義的原価計算≪1級原	換金可能価値説≪1級財表≫……………47
価≫………………………………………38	関係会社株式≪1級財表≫………………48
活動基準経営管理≪1級原価≫………38	関係官公庁提出書類作成目的≪1
活動基準原価計算≪1級原価≫………38	級原価≫…………………………………48
活動性の分析≪1級分析≫……………38	関係比率分析≪1級分析≫………………48
合併計算書法≪1級財表≫……………39	監査特例法≪1級財表≫…………………48
合併減資差益≪1級財表≫……………39	換算差額≪1級財表≫……………………48
合併差益≪2級≫………………………39	換算損益≪1級財表≫……………………49
過度な保守主義≪1級財表≫…………40	勘定≪4級≫………………………………49
過年度税効果調整額≪1級財表≫……40	勘定科目≪4級≫…………………………49
株価指数先物取引等≪1級財表≫……40	勘定科目精査法≪1級分析≫……………49
株式≪3級≫……………………………41	勘定記録の正確性の検証≪2級≫………49
株式会社≪1級財表≫…………………41	勘定口座≪4級≫…………………………49
株式会社の資本≪2級≫………………41	勘定式≪2級≫……………………………50
株式市価基準法≪1級財表≫…………41	関数均衡分析≪1級分析≫………………50
株式の分割≪1級財表≫………………41	完成工事原価≪4級≫……………………50
株式の併合≪1級財表≫………………42	完成工事原価報告書≪3級≫……………50
株式払込剰余金≪2級≫………………42	完成工事総利益≪2級≫…………………51
株主配当金≪2級≫……………………42	完成工事高≪4級≫………………………51

完成工事高営業利益率≪1級分
　　析≫……………………………51
完成工事高経常利益率≪1級分
　　析≫……………………………52
完成工事高増減率≪1級分析≫……52
完成工事高総利益率≪1級分析≫…53
完成工事高対外注費率≪1級分
　　析≫……………………………53
完成工事高対金融費用率≪1級分
　　析≫……………………………53
完成工事高対人件費率≪1級分
　　析≫……………………………54
完成工事高対販売費及び一般管理
　　費率≪1級分析≫……………54
完成工事高当期利益率≪1級分
　　析≫……………………………54
完成工事高値引引当金≪2級≫……55
完成工事高利益率≪1級分析≫……55
完成工事高割戻引当金≪2級≫……55
完成工事補償引当金≪2級≫………56
完成工事補償引当金戻入≪2級≫…56
完成工事補償引当損≪1級財表≫…56
完成工事未収入金≪3級≫…………56
完成工事未収入金滞留月数≪1級
　　分析≫…………………………57
完成度評価法≪1級原価≫…………57
間接記入法≪2級≫…………………57
間接費≪2級≫………………………58
還付税額≪1級財表≫………………58
簡便法≪2級≫………………………58
管理会計≪1級分析≫………………58
管理可能性分類≪2級≫……………59
管理可能費≪2級≫…………………59
管理不能費≪2級≫…………………59

き

機械運転時間基準≪2級≫…………59
機械運転時間法≪1級原価≫………59
機会原価≪1級原価≫………………60

機械装置≪3級≫……………………60
機械損料≪2級≫……………………60
機械中心点≪2級≫…………………60
機械等経費≪2級≫…………………60
機械部門≪2級≫……………………61
機械部門費≪1級原価≫……………61
機械率≪2級≫………………………61
期間計画≪1級原価≫………………62
期間計算の公準≪1級財表≫………62
期間原価≪1級財表≫………………62
期間対応≪1級財表≫………………62
期間比較≪1級財表≫………………62
企業会計原則≪1級財表≫…………63
企業会計原則の注解≪1級財表≫…63
企業間比較≪1級財表≫……………63
企業財務の流動性≪1級財表≫……63
企業残高基準法≪2級≫……………63
企業残高・銀行残高区分調整法
　　≪2級≫………………………64
企業実体≪1級財表≫………………64
企業実体の公準≪1級財表≫………64
企業利益≪1級財表≫………………64
起債会社≪1級財表≫………………64
機材等使用率≪1級原価≫…………65
期首≪4級≫…………………………65
機種別センター使用率≪1級原
　　価≫……………………………65
基準操業度≪2級≫…………………65
基準標準原価≪1級原価≫…………66
擬制資産≪1級財表≫………………66
期中取引の記帳≪2級≫……………66
機能的減価≪1級財表≫……………66
機能別原価計算≪1級原価≫………66
寄付金≪3級≫………………………67
基本計画設定目的≪1級原価≫……67
基本予算≪1級原価≫………………67
期末≪4級≫…………………………67
期末仕掛品の評価≪1級原価≫……67
逆計算法≪1級原価≫………………68

キャッシュ・フロー計算書≪1級財表≫…………………………68
キャッシュ・フロー計算書の構造≪1級財表≫………………………68
脚注≪1級財表≫…………………………69
キャパシティ・コスト≪2級≫…………69
キャピタルリース≪1級財表≫…………69
吸収合併≪1級財表≫……………………69
級数法≪1級財表≫………………………69
給料≪4級≫………………………………70
共通仮設費≪1級原価≫…………………70
共通費≪1級原価≫………………………70
共同企業体≪1級財表≫…………………70
共同支配権≪1級財表≫…………………71
業務予算≪1級原価≫……………………71
切放法≪1級財表≫………………………71
記録と事実の照合≪2級≫………………71
銀行勘定調整表≪2級≫…………………71
銀行残高基準法≪2級≫…………………72
金銭債権の評価≪2級≫…………………72
金銭債務≪1級財表≫……………………72
金銭信託≪1級財表≫……………………72
金融先物取引≪1級財表≫………………72
金融収支率≪1級分析≫…………………73
金融商品≪1級財表≫……………………73
金融手形≪3級≫…………………………73
金利先物取引≪1級財表≫………………74
金利スワップ≪1級財表≫………………74
金利負担能力≪1級分析≫………………74

く

偶発債務≪2級≫…………………………74
偶発損失積立金≪1級財表≫……………75
組入資本金≪1級財表≫…………………75
組間接費≪1級原価≫……………………75
組間接費の配賦≪1級原価≫……………75
組直接費≪1級原価≫……………………75
組別総合原価計算≪1級原価≫…………76
繰越記入≪4級≫…………………………76

繰越試算表≪4級≫………………………76
繰越損失≪1級財表≫……………………77
繰越利益≪2級≫…………………………77
繰延≪3級≫………………………………77
繰延経理≪1級財表≫……………………77
繰延工事利益≪2級≫……………………78
繰延工事利益控除≪2級≫………………78
繰延工事利益戻入≪1級財表≫…………78
繰延資産≪1級財表≫……………………79
繰延資産原価の期間配分≪1級財表≫…………………………………79
繰延税金資産≪1級財表≫………………79
繰延税金負債≪1級財表≫………………79
グループ別配賦法≪2級≫………………80
グループ法≪1級財表≫…………………80
クロス・セクション分析≪1級分析≫…………………………………80

け

経営意思決定≪1級原価≫………………80
経営事項審査≪1級分析≫………………81
経営資本≪1級分析≫……………………81
経営資本営業利益率≪1級分析≫………81
経営資本回転率≪1級分析≫……………82
経営資本利益率≪1級分析≫……………82
経営状況の分析≪1級分析≫……………82
経営分析≪1級分析≫……………………83
経済的実体≪1級財表≫…………………83
経済的等価係数≪1級原価≫……………83
経済的有用期間≪1級財表≫……………83
計算書類規則≪1級財表≫………………84
計算対象との関連性分類≪2級≫………84
計算の迅速性≪2級≫……………………84
計算目的別分類≪2級≫…………………84
形式的減資≪2級≫………………………84
形式的正確性≪2級≫……………………85
経常予算≪1級原価≫……………………85
経常利益≪2級≫…………………………85
経常利益増減率≪1級分析≫……………86

継続企業の公準≪1級財表≫	86	原価差額≪1級財表≫	97
継続記録法≪2級≫	86	原価時価比較低価基準≪1級財表≫	97
継続性≪1級財表≫	87	原価主義≪1級財表≫	98
継続性の原則≪1級財表≫	87	減価償却総額≪1級財表≫	98
形態別原価≪2級≫	87	減価償却の計算要素≪2級≫	98
形態別原価計算≪2級≫	87	減価償却費≪3級≫	98
経費≪4級≫	87	減価償却累計額≪3級≫	99
契約単価差異≪1級原価≫	88	原価性≪1級原価≫	100
経理自由の原則≪1級財表≫	88	原価の一般概念≪2級≫	100
欠陥品≪1級財表≫	88	原価の本質≪1級原価≫	100
結合原価≪1級原価≫	88	原価部門≪2級≫	100
決済基準≪1級財表≫	89	原価補償契約≪2級≫	101
決算≪4級≫	89	研究開発費等≪1級財表≫	101
決算残高≪3級≫	89	現金≪4級≫	101
決算仕訳≪4級≫	89	現金及び現金同等物≪1級分析≫	102
決算整理≪2級≫	90	現金過不足≪3級≫	102
決算整理事項≪3級≫	90	現金過不足の処理≪2級≫	102
決算整理手続≪2級≫	90	現金基準≪1級財表≫	102
決算貸借対照表≪4級≫	90	現金主義≪1級財表≫	103
決算日レート≪1級財表≫	90	現金主義会計≪1級財表≫	103
決算日レート法≪1級財表≫	91	現金出納帳≪4級≫	103
決算報告書≪1級財表≫	91	現金同等物等≪1級財表≫	103
月初未成工事原価≪2級≫	91	現金比率≪1級分析≫	103
欠損金≪2級≫	91	現金預金手持月数≪1級分析≫	104
欠損金の塡補≪1級財表≫	92	現金預金比率≪1級分析≫	104
月末未成工事原価≪2級≫	92	現金割引≪1級財表≫	104
原価≪3級≫	92	現金割戻≪1級財表≫	105
限界利益図表≪1級分析≫	92	減債基金≪2級≫	105
限界利益率≪1級分析≫	94	減債積立金≪2級≫	105
原価管理≪1級原価≫	94	減債積立金取崩額≪2級≫	105
原価管理目的≪1級原価≫	94	減債用有価証券≪2級≫	106
減価基準≪1級財表≫	95	減資≪1級財表≫	106
原価基準≪1級財表≫	95	減資差益≪2級≫	106
原価計算期間≪2級≫	95	減資の処理≪2級≫	106
原価計算基準≪1級原価≫	95	建設仮勘定≪2級≫	107
原価計算制度≪2級≫	96	建設業≪2級≫	107
原価計算単位≪2級≫	96	建設業会計≪2級≫	107
原価計算の目的≪2級≫	96	建設業の財務諸表≪2級≫	107
原価計算表≪3級≫	97		

建設業法≪1級財表≫ …………………108
建設業法施行規則≪1級財表≫ ………108
建設業簿記≪4級≫ ……………………108
建設工業原価計算要綱案≪1級原
　価≫ ………………………………………108
建設工事≪1級分析≫ …………………108
建設利息≪1級財表≫ …………………109
建設利息請求権≪1級財表≫ …………109
建設利息の償却≪1級財表≫ …………109
健全性≪1級分析≫ ……………………109
健全性の分析≪1級分析≫ ……………110
現場管理費≪1級原価≫ ………………110
現場管理費差異≪1級原価≫ …………110
現場管理部門≪2級≫ …………………110
現場管理部門費≪1級原価≫ …………110
現場共通費≪2級≫ ……………………111
現場経費≪1級原価≫ …………………111
現物オプション取引≪1級財表≫ ……111
現物出資≪1級財表≫ …………………111
現物出資説≪1級財表≫ ………………111

コ

考課法≪1級分析≫ ……………………112
交換≪2級≫ ……………………………112
工期差異≪1級原価≫ …………………112
公共工事≪1級分析≫ …………………112
工具器具≪3級≫ ………………………113
合計残高試算表≪4級≫ ………………113
合計試算表≪4級≫ ……………………113
合計仕訳≪2級≫ ………………………113
合計転記≪2級≫ ………………………113
広告宣伝費≪3級≫ ……………………114
交際費≪3級≫ …………………………114
工事請負高≪3級≫ ……………………114
合資会社≪1級財表≫ …………………114
工事外注費差異≪1級原価≫ …………115
工事完成基準≪2級≫ …………………115
工事間接費≪2級≫ ……………………115
工事間接費の配賦≪1級原価≫ ………116

工事間接費配賦差異≪2級≫ …………116
工事経費差異≪1級原価≫ ……………116
工事原価≪4級≫ ………………………117
工事原価記入帳≪2級≫ ………………117
工事原価計算≪2級≫ …………………117
工事原価明細表≪2級≫ ………………117
工事材料費差異≪1級原価≫ …………117
工事指図書≪1級原価≫ ………………118
工事実行予算≪1級原価≫ ……………118
工事収益額≪1級財表≫ ………………118
工事収益の稼得プロセス≪2級≫ ……119
工事収益率≪1級財表≫ ………………119
工事進行基準≪2級≫ …………………119
工事進捗度≪1級財表≫ ………………119
工事台帳≪3級≫ ………………………120
工事直接費≪1級原価≫ ………………120
工事伝票≪2級≫ ………………………120
工事番号≪2級≫ ………………………120
工事費≪2級≫ …………………………120
工事費取下率≪1級分析≫ ……………120
工事負担金≪1級財表≫ ………………121
工事別計算≪1級財表≫ ………………121
工事別原価計算≪2級≫ ………………121
工事未収入金台帳≪3級≫ ……………121
工事未払金≪3級≫ ……………………122
工事未払金台帳≪3級≫ ………………122
公社債の利札≪3級≫ …………………122
工種≪1級原価≫ ………………………122
工種共通費≪1級原価≫ ………………123
工種個別費≪1級原価≫ ………………123
工種別原価≪2級≫ ……………………123
工種別原価計算≪2級≫ ………………123
工場管理部門≪2級≫ …………………123
工事用の機械等≪2級≫ ………………124
控除法≪1級分析≫ ……………………124
工事労務費差異≪1級原価≫ …………124
構成比率分析≪1級分析≫ ……………124
構築物≪3級≫ …………………………124
工程≪1級原価≫ ………………………125

高低2点法＜1級分析＞ …………125
工程別計算＜1級原価＞ …………125
工程別総合原価計算＜1級原価＞ ……126
購入＜2級＞ ……………………126
購入原価＜3級＞ ………………126
購入時材料費処理法＜2級＞ ………126
購入時資産処理法＜2級＞ …………127
購入代価＜1級財表＞ ……………127
購買時価＜1級財表＞ ……………127
後発事象＜1級財表＞ ……………127
合名会社＜1級財表＞ ……………128
子会社＜1級財表＞ ………………128
子会社株式＜2級＞ ………………128
子会社株式評価損＜2級＞ …………128
小書き＜4級＞ …………………129
小切手＜3級＞ …………………129
国際会計基準＜1級財表＞ …………129
小口現金＜3級＞ ………………129
小口現金出納帳＜3級＞ …………129
コスト・コントロール＜1級原価＞ …………130
コストドライバー＜1級原価＞ ……130
コスト・マネジメント＜1級原価＞ ……130
国庫補助＜1級財表＞ ……………131
国庫補助金＜1級財表＞ …………131
固定資産＜4級＞ ………………131
固定資産回転率＜1級分析＞ ………131
固定資産原価の期間配分＜1級財表＞ …………132
固定資産の廃棄＜2級＞ …………132
固定資産の評価＜1級財表＞ ………132
固定長期適合比率＜1級分析＞ ……133
固定費＜2級＞ …………………133
固定比率＜1級分析＞ ……………133
固定負債＜1級分析＞ ……………134
固定負債比率＜1級分析＞ …………134
固定予算＜1級原価＞ ……………135
固定予算方式＜2級＞ ……………135
個別計画＜1級原価＞ ……………135

個別原価計算＜2級＞ ……………136
個別工事原価管理目的＜1級原価＞ …………136
個別工事原価計算＜2級＞ …………136
個別財務諸表＜1級財表＞ …………136
個別財務諸表基準性の原則＜1級財表＞ …………136
個別償却法＜2級＞ ………………137
個別対応＜1級財表＞ ……………137
個別賃率＜2級＞ ………………137
個別転記＜2級＞ ………………137
個別費＜1級原価＞ ………………137
個別法＜2級＞ …………………138
固変分解＜1級分析＞ ……………138
コンピュータ会計システム＜2級＞ …………138

さ

在外子会社の財務諸表項目の換算＜1級財表＞ …………139
在外支店の財務諸表項目の換算＜1級財表＞ …………139
債権＜4級＞ ……………………139
債券＜3級＞ ……………………139
債権金額基準＜2級＞ ……………140
債券先物取引＜1級財表＞ …………140
債権者持分＜1級財表＞ …………140
債権償却特別勘定＜2級＞ …………140
差異項目の調整に係る整理仕訳＜2級＞ …………141
財産法＜1級財表＞ ………………141
財産目録＜1級財表＞ ……………141
最終取得原価法＜1級財表＞ ………142
最小自乗法＜1級分析＞ …………142
財政状態＜3級＞ ………………142
再調達原価＜1級財表＞ …………142
再調達原価額＜1級財表＞ …………142
再振替仕訳＜3級＞ ………………143
債務＜4級＞ ……………………143

財務安全性≪1級分析≫ …………143	作業屑≪1級原価≫ ……………153
財務会計≪1級分析≫ ……………143	作業時間≪1級原価≫ ……………153
財務諸表≪3級≫ …………………144	作業時間差異≪1級原価≫ ………154
財務諸表作成目的≪1級原価≫ …144	作業時間報告書≪2級≫ …………154
財務諸表の作成≪2級≫ …………144	差入保証金≪2級≫ ………………155
財務諸表の利用≪2級≫ …………144	差入有価証券≪2級≫ ……………155
財務諸表付属明細表≪1級財表≫ …145	差引計算≪1級原価≫ ……………155
債務の弁済≪1級財表≫ …………145	雑収入≪4級≫ ……………………155
財務の流動性≪1級財表≫ ………145	雑損失≪4級≫ ……………………156
財務費≪1級原価≫ ………………145	雑費≪4級≫ ………………………156
財務分析≪2級≫ …………………146	参加優先株≪1級財表≫ …………156
債務弁済の手段≪1級財表≫ ……146	残存価額≪3級≫ …………………156
債務保証≪1級財表≫ ……………146	残高≪3級≫ ………………………157
債務保証損失引当金≪1級財表≫ …147	残高試算表≪4級≫ ………………158
財務レバレッジ≪1級分析≫ ……147	3伝票制≪3級≫ …………………158
材料≪3級≫ ………………………147	散布図表法≪1級分析≫ …………158
材料受入価格差異≪1級原価≫ …148	残余財産の分配≪1級財表≫ ……158
材料受入報告書≪2級≫ …………148	残余財産分配請求権≪1級財表≫ …158
材料価格差異≪1級原価≫ ………148	
材料購入価格差異≪1級原価≫ …148	**し**
材料購入請求書≪2級≫ …………148	
材料仕入帳≪2級≫ ………………149	CVP関係≪1級分析≫ ……………158
材料主費≪1級原価≫ ……………149	CVP分析≪1級分析≫ ……………159
材料仕訳帳≪2級≫ ………………149	仕入割戻≪2級≫ …………………159
材料貯蔵品勘定≪1級財表≫ ……149	時価≪1級財表≫ …………………159
材料の搬送取引≪2級≫ …………149	時価基準≪1級財表≫ ……………159
材料費≪4級≫ ……………………149	自家建設≪2級≫ …………………159
材料評価損≪2級≫ ………………150	時価主義会計≪1級財表≫ ………160
材料副費≪1級原価≫ ……………150	自家保険積立金≪1級財表≫ ……160
材料副費の配賦差異≪1級原価≫ …150	自家保険引当金≪1級財表≫ ……160
材料元帳≪3級≫ …………………151	時間基準≪1級財表≫ ……………160
差額補充法≪3級≫ ………………151	時間法≪1級原価≫ ………………160
差額利益分析≪1級原価≫ ………151	次期繰越利益≪1級財表≫ ………160
先入先出法≪3級≫ ………………152	事業拡張積立金≪2級≫ …………160
先物オプション取引≪1級財表≫ …152	事業拡張積立金取崩額≪2級≫ …161
先物損益≪1級財表≫ ……………152	事業税≪2級≫ ……………………161
先物取引≪1級財表≫ ……………152	事業主貸勘定≪3級≫ ……………161
先物取引差入保証金≪1級財表≫ …153	事業主借勘定≪3級≫ ……………161
作業機能別分類≪2級≫ …………153	事業利益≪1級分析≫ ……………162
	次期予定操業度≪2級≫ …………162

目次 **9**

資金＜1級分析＞ …………………162
資金運用精算表＜1級分析＞ …………163
資金運用表＜1級分析＞ ………………163
資金運用表分析＜1級分析＞ …………163
資金繰＜1級分析＞ ……………………163
資金繰表＜1級分析＞ …………………164
資金計算書＜1級分析＞ ………………164
資金収支表＜1級分析＞ ………………164
資金増減分析＜1級分析＞ ……………164
資金の調達源泉＜1級財表＞ …………165
資金変動性＜1級分析＞ ………………165
資金変動性分析＜1級分析＞ …………165
試験研究費＜1級財表＞ ………………165
自己株式＜1級財表＞ …………………166
事後原価＜2級＞ ………………………166
事後原価計算＜2級＞ …………………166
自己資本＜1級分析＞ …………………166
自己資本営業利益率＜1級分析＞ ……167
自己資本回転率＜1級分析＞ …………167
自己資本経常利益率＜1級分析＞ ……167
自己資本増減率＜1級分析＞ …………168
自己資本当期利益率＜1級分析＞ ……168
自己資本比率＜1級分析＞ ……………168
自己資本利益率＜1級分析＞ …………169
自己単一分析＜1級分析＞ ……………169
自己比較分析＜1級分析＞ ……………170
自己振出小切手＜3級＞ ………………170
試作品＜1級財表＞ ……………………170
資産＜4級＞ ……………………………170
資産回転率＜1級分析＞ ………………170
資産の回転＜1級分析＞ ………………171
資産の取得原価＜1級財表＞ …………171
試算表＜4級＞ …………………………171
試算表等式＜4級＞ ……………………171
支出原価＜1級原価＞ …………………171
市場開拓＜1級財表＞ …………………171
市場性のある一時所有の有価証券
　＜1級分析＞ …………………………172
指数法＜1級分析＞ ……………………172

施設利用権＜2級＞ ……………………173
事前原価＜2級＞ ………………………173
事前原価計算＜2級＞ …………………174
実現＜1級財表＞ ………………………174
実現可能最大操業度＜2級＞ …………174
実現主義＜1級財表＞ …………………174
実現主義の原則＜1級財表＞ …………174
実行予算＜1級原価＞ …………………175
実行予算差異分析＜1級原価＞ ………175
実際原価＜1級原価＞ …………………175
実際工事原価＜1級原価＞ ……………176
実際賃率＜2級＞ ………………………176
実際配賦法＜2級＞ ……………………176
実質価額＜1級財表＞ …………………176
実質的減資＜2級＞ ……………………177
実質的正確性＜2級＞ …………………177
実数分析＜1級分析＞ …………………177
実地棚卸＜1級財表＞ …………………177
実地調査＜2級＞ ………………………178
実用新案権＜2級＞ ……………………178
実用新案権償却＜2級＞ ………………178
支店＜2級＞ ……………………………178
支店勘定＜1級財表＞ …………………178
支店独立会計制度＜2級＞ ……………179
支店の固定資産・借入金取引＜2
　級＞ ……………………………………179
支店分散計算制＜1級財表＞ …………180
支店分散計算制度＜2級＞ ……………180
支配基準＜1級財表＞ …………………180
支払勘定＜1級分析＞ …………………181
支払勘定回転率＜1級分析＞ …………181
支払経費＜2級＞ ………………………181
支払地代＜4級＞ ………………………182
支払賃金計算＜2級＞ …………………182
支払手形＜3級＞ ………………………182
支払手形記入帳＜3級＞ ………………182
支払家賃＜4級＞ ………………………183
支払利息＜4級＞ ………………………183
支払利息割引料＜3級＞ ………………183

指標性利益＜１級財表＞ …………183
資本＜２級＞ ………………………184
資本回収点＜１級分析＞ …………184
資本回収点分析＜１級分析＞ ……184
資本回転率＜１級分析＞ …………185
資本金＜４級＞ ……………………185
資本金基準＜２級＞ ………………185
資本金利益率＜１級分析＞ ………186
資本収益性＜１級分析＞ …………186
資本集約度＜１級分析＞ …………186
資本準備金＜２級＞ ………………187
資本剰余金＜１級財表＞ …………187
資本生産性＜１級分析＞ …………187
資本的支出＜３級＞ ………………188
資本的支出と収益的支出の区別
　　＜２級＞ ………………………188
資本等式＜４級＞ …………………188
資本取引＜１級財表＞ ……………188
資本取引・損益取引区分の原則
　　＜１級財表＞ …………………189
資本主持分＜１級分析＞ …………189
資本の運動サイクル＜１級分析＞ …189
資本の回転＜１級分析＞ …………189
資本の組入＜１級財表＞ …………189
資本の欠損＜１級財表＞ …………190
資本の引出し＜４級＞ ……………190
資本予算＜１級原価＞ ……………190
資本利益率＜１級分析＞ …………190
事務用消耗品費＜４級＞ …………191
締切仕訳＜４級＞ …………………191
社外分配項目＜２級＞ ……………191
借地権＜２級＞ ……………………192
社債＜１級財表＞ …………………192
社債償還損＜２級＞ ………………192
社債の取得原価＜１級財表＞ ……193
社債の償還＜２級＞ ………………193
社債の発行＜２級＞ ………………193
社債発行差金＜２級＞ ……………194
社債発行差金償却＜２級＞ ………194

社債発行費＜２級＞ ………………194
社債発行費償却＜２級＞ …………195
社債利息＜２級＞ …………………195
社内センター＜２級＞ ……………195
社内損料計算制度＜１級原価＞ …196
社内損料計算方式＜２級＞ ………196
社内損料制度＜１級原価＞ ………196
社内留保項目＜２級＞ ……………196
社内留保率＜１級分析＞ …………196
車両運転時間基準＜２級＞ ………197
車両運転時間法＜１級原価＞ ……197
車両運搬具＜３級＞ ………………197
車両部門＜２級＞ …………………198
車両部門費＜１級原価＞ …………198
収益＜４級＞ ………………………198
収益還元価値＜１級分析＞ ………198
収益還元法＜１級財表＞ …………198
収益基準＜２級＞ …………………199
収益基準法＜１級財表＞ …………199
収益控除の項目＜１級財表＞ ……199
収益性＜１級財表＞ ………………199
収益性分析＜１級分析＞ …………200
収益的支出＜３級＞ ………………200
収益取引＜４級＞ …………………200
収益の発生＜１級財表＞ …………200
収益の分類＜１級財表＞ …………200
従業員給料手当＜３級＞ …………201
従業員１人当たり売上高＜１級分
　析＞ ………………………………201
従業員１人当たり付加価値額＜１
　級分析＞ …………………………201
修正テンポラル法＜１級財表＞ …201
修繕維持費＜３級＞ ………………202
修繕引当金＜２級＞ ………………202
修繕引当損＜２級＞ ………………202
住民税＜２級＞ ……………………202
重要性の原則＜１級財表＞ ………203
重要な会計方針＜１級財表＞ ……203
主原価評価法＜１級原価＞ ………204

授権株数≪1級財表≫ …………………204
授権資本制度≪2級≫ …………………204
主産物≪1級原価≫ ……………………205
主成分分析法≪1級分析≫ ……………205
受贈≪1級財表≫ ………………………205
受贈剰余金≪1級財表≫ ………………205
受注請負生産業≪1級分析≫ …………205
受注関係書類作成目的≪1級原
　価≫ ……………………………………206
受注生産制≪1級財表≫ ………………206
出金伝票≪3級≫ ………………………206
出資金≪1級財表≫ ……………………206
出資者持分≪1級財表≫ ………………206
出張所等経費配賦額≪2級≫ …………207
取得価額基準≪2級≫ …………………207
取得原価≪3級≫ ………………………207
取得原価の計算≪2級≫ ………………208
取得日レート≪1級財表≫ ……………208
主要簿≪4級≫ …………………………208
主要簿と補助簿の分化≪2級≫ ………208
純工事費≪1級原価≫ …………………208
準固定費≪1級原価・分析≫ …………209
準変動費≪1級原価≫ …………………209
ジョイントベンチャー（Ｊ・Ｖ）
　≪1級財表≫ …………………………209
償還株式≪1級財表≫ …………………209
償却原価法≪1級財表≫ ………………210
償却債権取立益≪2級≫ ………………210
消極性積立金≪1級財表≫ ……………210
象形法≪1級分析≫ ……………………211
条件付債務≪1級財表≫ ………………211
証券取引法≪1級財表≫ ………………211
証券取引法・財務諸表規則≪1級
　財表≫ …………………………………211
少数株主持分≪1級財表≫ ……………211
証取法会計≪1級財表≫ ………………212
消費価格差異≪1級原価≫ ……………212
常備材料≪3級≫ ………………………212
常備材料費≪2級≫ ……………………212

消費賃金計算≪2級≫ …………………212
消費賃率≪2級≫ ………………………213
常備品≪1級財表≫ ……………………213
消費量差異≪1級原価≫ ………………213
商品先物取引≪1級財表≫ ……………213
商法≪1級財表≫ ………………………214
商法会計≪1級財表≫ …………………214
正味受取勘定回転率≪1級分析≫ ……214
正味運転資本≪1級分析≫ ……………214
正味運転資本型資金運用表≪1級
　分析≫ …………………………………215
正味実現可能価額≪1級財表≫ ………215
剰余金≪2級≫ …………………………215
除却時の処理≪2級≫ …………………215
職員1人当たり完成工事高≪1級
　分析≫ …………………………………216
諸口≪3級≫ ……………………………216
処分済利益剰余金≪1級財表≫ ………217
仕訳≪4級≫ ……………………………217
仕訳処理法≪1級財表≫ ………………217
仕訳帳≪4級≫ …………………………218
仕訳帳の分割≪2級≫ …………………218
仕訳伝票≪3級≫ ………………………218
人格継承説≪1級財表≫ ………………218
新株式申込証拠金≪2級≫ ……………218
新株発行費≪2級≫ ……………………219
新株発行費償却≪2級≫ ………………219
新株引受権付社債≪1級財表≫ ………219
人件費≪3級≫ …………………………219
人件費対付加価値比率≪1級分
　析≫ ……………………………………220
真実性の原則≪1級財表≫ ……………220
新築積立金≪2級≫ ……………………220
人名勘定≪3級≫ ………………………221
信用供与期間≪1級財表≫ ……………221

す

趨勢比率分析≪1級分析≫ ……………221
数理計算≪1級財表≫ …………………221

数量基準≪2級≫ …………………222
数量法≪1級原価≫ ………………222
スキャッターグラフ法≪1級分
　析≫ ………………………………222
すくい出し方式≪2級≫ …………222
スクラップ・バリュー≪1級財表≫ ……222
図形化による総合評価法≪1級分
　析≫ ………………………………222
ストック・オプション制度≪1級
　財表≫ ……………………………222
スワップ取引≪1級財表≫ ………223

せ

正規の減価償却≪1級財表≫ ……223
正規の簿記の原則≪1級財表≫ …223
税効果会計≪1級財表≫ …………223
生産性≪1級分析≫ ………………224
生産性の分析≪1級分析≫ ………225
清算貸借対照表≪1級財表≫ ……225
生産高比例法≪2級≫ ……………225
精算表≪4級≫ ……………………226
精算表の作成≪2級≫ ……………226
正常営業循環基準≪1級財表≫ …226
正常実際製造原価≪1級財表≫ …227
正常配賦法≪2級≫ ………………227
製造間接費≪1級原価≫ …………227
製造原価≪1級原価≫ ……………227
製造原価計算≪1級原価≫ ………228
製造直接費≪1級原価≫ …………228
製造部門≪2級≫ …………………228
静態分析≪1級分析≫ ……………228
静態論≪1級財表≫ ………………229
成長性≪1級分析≫ ………………229
成長性の分析≪1級分析≫ ………229
成長率≪1級分析≫ ………………229
静的貸借対照表≪1級財表≫ ……230
税引前当期利益≪1級財表≫ ……230
製品保証引当金≪1級財表≫ ……230
税法会計≪1級財表≫ ……………230

税法上の準備金≪1級財表≫ ……230
整理仕訳≪4級≫ …………………231
責任予算≪1級原価≫ ……………231
施工部門≪2級≫ …………………231
積極性積立金≪1級財表≫ ………231
設計費≪2級≫ ……………………231
設備投資効率≪1級分析≫ ………232
前期繰越利益≪1級財表≫ ………232
前期工事補償費≪2級≫ …………232
前期損益修正項目≪2級≫ ………232
前工程費≪1級原価≫ ……………233
潜在的用役提供能力説≪1級財
　表≫ ………………………………233
全社的利益管理目的≪1級原価≫ …233
船舶≪3級≫ ………………………234
全般管理費≪1級原価≫ …………234
全部原価≪2級≫ …………………234

そ

増価基準≪1級財表≫ ……………235
総額請負契約≪1級財表≫ ………235
総額主義≪1級財表≫ ……………235
総額主義の原則≪1級財表≫ ……236
総勘定元帳≪4級≫ ………………236
操業度差異≪1級原価≫ …………236
操業度との関連性分類≪2級≫ …236
送金取引≪2級≫ …………………237
総原価≪3級≫ ……………………237
総原価計算≪2級≫ ………………237
増減分析≪1級分析≫ ……………238
増減率≪1級分析≫ ………………238
総合原価計算≪2級≫ ……………238
総合償却≪1級財表≫ ……………239
総合償却法≪2級≫ ………………239
総合生産性≪1級分析≫ …………239
総合評価≪1級分析≫ ……………239
相互配賦法≪2級≫ ………………240
増資≪2級≫ ………………………241
総資産≪1級分析≫ ………………241

総資産利益率＜１級分析＞ ……………242
総資本＜１級分析＞ ………………………242
総資本営業利益率＜１級分析＞ …………242
総資本回転率＜１級分析＞ ………………243
総資本経常利益率＜１級分析＞ …………243
総資本事業利益率＜１級分析＞ …………244
総資本増減率＜１級分析＞ ………………244
総資本当期利益率＜１級分析＞ …………245
総資本投資効率＜１級分析＞ ……………245
総資本利益率＜１級分析＞ ………………245
総職員数＜１級分析＞ ……………………246
総平均法＜２級＞ …………………………246
創立費＜２級＞ ……………………………246
創立費償却＜２級＞ ………………………247
遡及義務＜２級＞ …………………………247
測定経費＜２級＞ …………………………247
租税公課＜２級＞ …………………………247
租税特別措置法＜１級財表＞ ……………248
その他の剰余金＜１級財表＞ ……………248
その他の剰余金期末残高＜１級財
　表＞ ………………………………………248
ソフトウェア＜１級財表＞ ………………249
損益＜４級＞ ………………………………249
損益計算書＜４級＞ ………………………250
損益計算書等式＜４級＞ …………………250
損益計算書分析＜１級分析＞ ……………250
損益取引＜１級財表＞ ……………………250
損益分岐図表＜１級分析＞ ………………250
損益分岐点＜１級分析＞ …………………252
損益分岐点販売量＜１級分析＞ …………253
損益分岐点比率＜１級分析＞ ……………253
損益分岐点比率（簡便法）＜１級
　分析＞ ……………………………………254
損益分岐点分析＜１級分析＞ ……………255
損益法＜１級分析＞ ………………………256
損害補償損失引当金＜１級財表＞ ………256
損失＜１級財表＞ …………………………256
損失処理計算書＜２級＞ …………………256
損失填補＜１級財表＞ ……………………257

損失の処理＜２級＞ ………………………257
損料計算＜１級原価＞ ……………………257
損料差異＜１級原価＞ ……………………258

た

対完成工事高比率分析＜１級分
　析＞ ………………………………………259
代金回収時点＜１級財表＞ ………………259
貸借対照表＜４級＞ ………………………259
貸借対照表完全性の原則＜１級財
　表＞ ………………………………………259
貸借対照表等式＜３級＞ …………………259
貸借対照表分析＜１級分析＞ ……………260
貸借平均の原理＜４級＞ …………………260
対照勘定＜２級＞ …………………………260
退職給付＜１級財表＞ ……………………261
退職給付債務＜１級財表＞ ………………261
退職給付引当金＜１級財表＞ ……………261
退職給付費用＜１級財表＞ ………………261
退職給与積立金＜１級財表＞ ……………262
退職給与引当金＜２級＞ …………………262
退職給与引当金の繰入額＜１級財
　表＞ ………………………………………263
退職給与引当損＜２級＞ …………………263
退職金＜３級＞ ……………………………263
耐用年数＜３級＞ …………………………263
大陸式決算法＜２級＞ ……………………264
滞留月数分析＜１級分析＞ ………………264
ダウンストリーム＜１級財表＞ …………264
多元的原価情報システム＜１級原
　価＞ ………………………………………264
立替金＜３級＞ ……………………………265
建物＜４級＞ ………………………………265
他店の債権・債務の決済取引＜２
　級＞ ………………………………………265
他店の費用・収益の立替取引＜２
　級＞ ………………………………………266
棚卸記入帳＜１級財表＞ …………………266
棚卸計算法＜２級＞ ………………………266

棚卸減耗損＜２級＞ ……………………266
棚卸減耗費＜２級＞ ……………………267
棚卸減耗量＜１級財表＞ ………………267
棚卸資産＜１級分析＞ …………………267
棚卸資産回転率＜１級分析＞ …………268
棚卸資産原価の期間配分＜１級財
　表＞ ……………………………………268
棚卸資産滞留月数＜１級分析＞ ………268
棚卸資産の評価＜１級財表＞ …………269
棚卸表＜２級＞ …………………………269
他人振出小切手＜３級＞ ………………269
多変量解析＜１級分析＞ ………………269
単一工程総合原価計算＜１級原
　価＞ ……………………………………270
単一仕訳帳・元帳制＜２級＞ …………270
単一性の原則＜１級財表＞ ……………270
段階費＜１級分析＞ ……………………270
単価精算契約＜１級財表＞ ……………271
短期予算＜１級原価＞ …………………271
短期予定操業度＜１級原価＞ …………271
単式簿記＜４級＞ ………………………271
単純経費＜２級＞ ………………………271
単純個別原価計算＜１級原価＞ ………272
単純実数分析＜１級分析＞ ……………272
単純総合原価計算＜１級原価＞ ………272
単純分割計算＜１級原価＞ ……………272
単純分析＜１級分析＞ …………………273
段取時間＜１級原価＞ …………………273
担保物件＜１級財表＞ …………………273

ち

地域別分析＜１級分析＞ ………………274
地代家賃＜２級＞ ………………………274
中間決算＜１級財表＞ …………………274
中間財務諸表＜１級財表＞ ……………274
中間財務諸表規則＜１級財表＞ ………274
中間実績測定主義＜１級財表＞ ………275
中間申告＜２級＞ ………………………275
中間損益計算書＜１級財表＞ …………275

中間貸借対照表＜１級財表＞ …………276
中間配当＜１級財表＞ …………………276
中間配当額＜２級＞ ……………………276
中間配当金＜１級財表＞ ………………276
中間配当限度額＜１級財表＞ …………277
中間配当に伴う利益準備金の積立
　額＜１級財表＞ ………………………277
注記＜１級財表＞ ………………………277
抽選償還＜１級財表＞ …………………277
注文獲得費＜１級原価＞ ………………278
注文履行費＜１級原価＞ ………………278
長期正常操業度＜２級＞ ………………278
長期性預金＜１級財表＞ ………………278
長期の請負工事＜１級財表＞ …………278
長期前払費用＜２級＞ …………………279
長期予算＜１級原価＞ …………………279
調査研究費＜３級＞ ……………………279
帳簿＜４級＞ ……………………………279
帳簿決算＜３級＞ ………………………279
帳簿組織の基本形態＜２級＞ …………280
直接記入法＜２級＞ ……………………280
直接原価基準＜２級＞ …………………280
直接原価法＜１級原価＞ ………………280
直接工事費＜１級原価＞ ………………280
直接材料費基準＜２級＞ ………………281
直接材料費プラス直接労務費基準
　＜２級＞ ………………………………281
直接材料費法＜１級原価＞ ……………281
直接作業時間基準＜２級＞ ……………281
直接作業時間法＜１級原価＞ …………282
直接賃金基準＜２級＞ …………………282
直接賃金法＜１級原価＞ ………………282
直接配賦法＜２級＞ ……………………283
直接費＜２級＞ …………………………283
直接労務費プラス外注費基準＜２
　級＞ ……………………………………283
貯蔵品＜３級＞ …………………………283
直課法＜１級原価＞ ……………………284
賃金支払帳＜３級＞ ……………………284

賃金仕訳帳≪2級≫ …………………284
賃金生産性≪1級分析≫ ……………285
賃率差異≪1級原価≫ ………………285

つ

追徴税≪1級財表≫ …………………285
追徴税額≪1級財表≫ ………………285
通貨スワップ≪1級財表≫ …………286
通貨代用証券≪3級≫ ………………286
通信費≪4級≫ ………………………286
通知預金≪3級≫ ……………………286
月割経費≪2級≫ ……………………286
付替価格≪1級財表≫ ………………287
積上げ型予算≪1級原価≫ …………287
積立金・準備金の取崩順位≪1級
　財表≫ ………………………………287
積立金の目的取崩≪1級財表≫ ……287
ツリー分析法≪1級分析≫ …………288

て

低価基準≪1級財表≫ ………………288
定額資金前渡制度≪3級≫ …………289
定額法≪3級≫ ………………………289
定期預金≪3級≫ ……………………289
逓減費≪1級原価≫ …………………289
ディスクロージャー≪1級分析≫ …289
逓増費≪1級原価≫ …………………290
定率法≪3級≫ ………………………290
手形裏書義務≪2級≫ ………………290
手形裏書義務見返≪2級≫ …………291
手形貸付金≪3級≫ …………………291
手形借入金≪3級≫ …………………291
手形の更改≪2級≫ …………………291
手形の不渡り≪2級≫ ………………292
手形の簿記上の分類≪2級≫ ………292
手形割引義務≪2級≫ ………………292
手形割引義務見返≪2級≫ …………293
手待時間≪1級原価≫ ………………293
デリバティブ≪1級財表≫ …………293

転換株式≪1級財表≫ ………………294
転換社債≪1級財表≫ ………………294
転換請求≪1級財表≫ ………………294
転換比率≪1級財表≫ ………………294
転記≪4級≫ …………………………294
電気通信施設利用権≪2級≫ ………294
伝統的コスト・コントロール≪1
　級原価≫ ……………………………295
伝票≪3級≫ …………………………295
テンポラル法≪1級財表≫ …………295
電話加入権≪2級≫ …………………295

と

等価係数計算≪1級原価≫ …………296
当期業績主義損益計算書≪1級財
　表≫ …………………………………296
当期施工高≪1級分析≫ ……………296
当期損失≪4級≫ ……………………296
動機づけコスト・コントロール
　≪1級原価≫ ………………………297
動機づけコントロール≪1級原
　価≫ …………………………………297
当期未処分利益≪2級≫ ……………297
当期未処理損失≪1級財表≫ ………297
等級製品≪1級原価≫ ………………298
当期利益≪4級≫ ……………………298
当座≪3級≫ …………………………298
当座借越≪3級≫ ……………………298
当座資産≪1級分析≫ ………………299
当座的コスト・コントロール≪1
　級原価≫ ……………………………299
当座標準原価≪1級原価≫ …………299
当座比率≪1級分析≫ ………………299
当座預金≪4級≫ ……………………300
当座預金出納帳≪4級≫ ……………300
投資≪2級≫ …………………………300
投資等≪2級≫ ………………………300
投資有価証券≪2級≫ ………………301
投資利益≪1級財表≫ ………………301

投資利益率＜1級分析＞ ……………301
動態分析＜1級分析＞ ………………302
動態論＜1級財表＞ …………………302
動的会計理論＜1級財表＞ …………302
動的貸借対照表＜1級財表＞ ………302
動力用水光熱費＜4級＞ ……………302
得意先元帳＜3級＞ …………………302
特殊原価調査＜2級＞ ………………303
特殊仕訳帳＜2級＞ …………………303
特殊仕訳帳の記帳の仕方＜2級＞ …303
特殊な繰延資産＜1級財表＞ ………303
特殊比率分析＜1級分析＞ …………304
特定材料＜1級原価＞ ………………304
特定材料費＜2級＞ …………………304
特定製造指図書＜1級原価＞ ………304
特定積立金＜1級財表＞ ……………304
特定の支出＜1級財表＞ ……………305
特別利益＜1級財表＞ ………………305
特命方式＜1級財表＞ ………………305
特例省令＜1級財表＞ ………………305
土地＜4級＞ …………………………306
特許権＜2級＞ ………………………306
取替費＜1級財表＞ …………………306
取替法＜1級財表＞ …………………306
取引＜4級＞ …………………………307
取引の10要素＜4級＞ ………………307
取引の二重性＜1級財表＞ …………307
取引の8要素＜4級＞ ………………307
取引の分解＜4級＞ …………………308
取引日レート＜1級財表＞ …………308

な

名宛人＜2級＞ ………………………309
内部分析＜1級分析＞ ………………309
内部利益控除引当金＜1級財表＞ …310
内部利益の控除＜1級財表＞ ………310

に

2勘定制＜2級＞ ……………………310

二期間貸借対照表＜1級分析＞ ……310
日常的コントロール＜1級原価＞ …311
二取引基準＜1級財表＞ ……………311
入金伝票＜3級＞ ……………………311
入札方式＜1級財表＞ ………………311
任意積立金＜2級＞ …………………311

ね

値洗基準＜1級財表＞ ………………312
値引＜3級＞ …………………………312
年金資産＜1級財表＞ ………………312
年度業績予測主義＜1級財表＞ ……312
年買法＜1級財表＞ …………………313

の

能率差異＜1級原価＞ ………………313
延払完成工事高＜2級＞ ……………314
延払基準＜2級＞ ……………………314
延払工事未収入金＜2級＞ …………315
のれん＜1級財表＞ …………………315

は

売価基準＜2級＞ ……………………316
売価法＜1級原価＞ …………………316
売却時価＜1級財表＞ ………………316
配当＜1級財表＞ ……………………316
配当可能利益＜1級財表＞ …………316
配当性向＜1級分析＞ ………………317
配当平均積立金＜1級財表＞ ………317
配当率＜1級分析＞ …………………317
配賦基準＜2級＞ ……………………317
配賦差異＜1級原価＞ ………………317
配賦超過＜1級原価＞ ………………318
配賦の正常性＜2級＞ ………………318
配賦不足＜1級原価＞ ………………318
配賦法＜1級原価＞ …………………318
配賦率＜2級＞ ………………………319
端数利息＜2級＞ ……………………319
8桁精算表＜4級＞ …………………319

発生形態別分類＜2級＞ …………319
発生経費＜2級＞ ………………320
発生源泉別原価＜2級＞ …………320
発生源泉別分類＜2級＞ …………320
発生工事原価＜2級＞ ……………320
発生主義会計＜1級財表＞ ………321
発生主義の原則＜1級財表＞ ……321
発生費用＜1級財表＞ ……………321
払込資本＜1級財表＞ ……………321
払込資本基準＜2級＞ ……………322
払込剰余金＜1級財表＞ …………322
払出単価＜1級財表＞ ……………322
バンカーズ・レシオ＜1級分析＞ …322
半額償却法＜1級財表＞ …………322
販売基準＜1級財表＞ ……………323
販売費及び一般管理費＜4級＞ …323
判別分析法＜1級分析＞ …………323

ひ

比較増減分析＜1級分析＞ ………323
比較損益計算書＜1級分析＞ ……323
比較貸借対照表＜1級分析＞ ……324
引当金＜1級財表＞ ………………324
引当金繰入損＜1級財表＞ ………324
引当金の区分＜1級財表＞ ………324
引当材料＜3級＞ …………………325
引当材料費＜2級＞ ………………325
引当損＜1級財表＞ ………………325
引受人＜2級＞ ……………………325
非金銭債務＜1級財表＞ …………325
非原価＜1級原価＞ ………………325
非原価項目＜1級原価＞ …………326
非原価性＜1級原価＞ ……………326
非資金費用＜1級分析＞ …………326
1株当たりの当期利益＜1級財表＞ ………………………326
備品＜4級＞ ………………………326
費目別計算＜1級原価＞ …………327
費目別原価計算＜2・3・4級＞ …327

費目別配賦法＜2級＞ ……………327
百分率製造原価報告書＜1級分析＞ ………………………327
百分率損益計算書＜1級分析＞ …327
費用＜4級＞ ………………………328
評価替剰余金＜1級財表＞ ………328
評価勘定＜2級＞ …………………328
評価性引当金＜2級＞ ……………328
費用収益対応の原則＜1級財表＞ …329
標準原価＜1級原価＞ ……………329
標準原価計算＜1級原価・2級＞ …329
標準原価差異＜1級原価＞ ………329
費用取引＜4級＞ …………………329
費用の概念＜1級財表＞ …………329
費用配分＜1級財表＞ ……………330
費用配分の原則＜1級財表＞ ……330
費用分解＜1級分析＞ ……………330
ピリオド・コスト＜2級＞ ………330
ピリオド・プランニング＜1級原価＞ ………………………330
比率分析＜1級分析＞ ……………331
非累積優先株＜1級財表＞ ………331
比例連結＜1級財表＞ ……………331
非連結会社＜1級財表＞ …………331
品目法＜1級財表＞ ………………332

ふ

ファイナンス・リース＜1級財表＞ ………………………332
フェイス分析法＜1級分析＞ ……332
付加価値＜1級原価＞ ……………333
付加価値増減率＜1級分析＞ ……333
付加価値対人件費比率＜1級分析＞ ………………………334
付加価値分配率＜1級分析＞ ……334
付加価値率＜1級分析＞ …………334
付加価値労働生産性＜1級分析＞ …335
歩掛＜1級原価＞ …………………335
付加計算＜1級原価＞ ……………335

付加原価＜１級原価＞ ……………335
付加原価計算＜１級原価＞ ………336
複合経費（複合費）＜２級＞ ……336
複合仕訳制度＜２級＞ ……………336
複合費＜２級＞ ……………………336
副産物＜１級原価＞ ………………336
複式簿記＜４級＞ …………………337
複写式伝票制度＜２級＞ …………337
複数基準配賦法＜１級原価＞ ……337
副費予定配賦率＜１級原価＞ ……337
福利厚生費＜３級＞ ………………338
負債＜４級＞ ………………………338
負債回転率＜１級分析＞ …………338
負債性引当金＜２級＞ ……………339
負債の回転＜１級分析＞ …………339
負債比率＜１級分析＞ ……………339
付随費用＜３級＞ …………………340
附属明細書＜１級財表＞ …………340
負担能力主義＜１級原価＞ ………340
負担能力主義的原価計算＜２級＞ ……340
普通仕訳帳＜２級＞ ………………340
普通預金＜４級＞ …………………341
物質的減価＜１級財表＞ …………341
物上担保付社債＜１級財表＞ ……341
物理的等価係数＜１級原価＞ ……341
部分完成基準＜２級＞ ……………342
部分原価＜２級＞ …………………342
部分的取替＜１級財表＞ …………342
部門共通費＜２級＞ ………………342
部門共通費の配賦＜２級＞ ………343
部門個別費＜２級＞ ………………343
部門費予定配賦＜１級原価＞ ……343
部門別計算＜２級＞ ………………343
部門別原価計算＜２級＞ …………344
部門別個別原価計算＜１級原価＞ ……344
振替＜４級＞ ………………………344
振替価格＜２級＞ …………………344
振替仕訳＜２級＞ …………………344
振替伝票＜３級＞ …………………345

フリー・キャッシュ・フロー＜１級財表＞ ……………………345
振出為替手形義務＜２級＞ ………345
振出為替手形義務見返＜２級＞ …346
振出人＜３級＞ ……………………346
不利な差異＜１級原価＞ …………346
フリンジ・ベニフィット＜１級原価＞ ……………………………346
プログラム予算＜１級原価＞ ……347
プロジェクト・プランニング＜１級原価＞ ………………………347
プロダクト・コスト＜２級＞ ……347
不渡小切手＜２級＞ ………………347
不渡手形＜２級＞ …………………347
分割計算＜１級原価＞ ……………348
分割原価計算＜１級原価＞ ………348
分配可能限度額＜１級財表＞ ……348
分配可能性利益＜１級財表＞ ……348

へ

平価発行＜１級財表＞ ……………349
平均原価法＜１級財表＞ …………349
平均相場＜１級財表＞ ……………349
平均耐用年数＜１級財表＞ ………349
平均耐用年数の計算＜２級＞ ……349
平均賃率＜２級＞ …………………350
平均法＜１級原価＞ ………………350
ヘッジ対象取引＜１級財表＞ ……350
別途積立金＜２級＞ ………………351
変動原価計算＜１級原価＞ ………351
変動費＜２級＞ ……………………352
変動費率法＜１級分析＞ …………352
変動予算＜１級原価＞ ……………352
変動予算方式＜２級＞ ……………352

ほ

包括主義損益計算書＜１級財表＞ ……353
報告式＜２級＞ ……………………353
報告式の損益計算書＜２級＞ ……353

報告式の貸借対照表≪2級≫ ………354
法人税、住民税及び事業税≪2級≫ …354
法人税等≪1級財表≫ ………354
法人税等調整額≪1級財表≫ ………355
法定資本≪1級分析≫ ………355
法定準備金≪2級≫ ………355
法定福利費≪3級≫ ………355
法的債務性≪1級財表≫ ………356
法的有効期間≪1級財表≫ ………356
法律上の権利≪2級≫ ………356
簿外資産≪1級財表≫ ………356
簿外負債≪1級財表≫ ………357
簿価・時価比較低価法≪1級財表≫ ………357
簿価引下≪1級財表≫ ………357
簿記≪4級≫ ………357
簿記上の取引≪3級≫ ………357
保険差益≪1級財表≫ ………358
保険料≪3級≫ ………358
保守主義≪1級財表≫ ………358
保守主義の原則≪1級財表≫ ………358
保証預り金≪2級≫ ………359
保証債務≪1級財表≫ ………359
保証債務見返≪1級財表≫ ………359
補償費≪2級≫ ………359
保証料≪2級≫ ………360
補助記入帳≪3級≫ ………360
補助経営部門≪2級≫ ………360
補助サービス部門≪2級≫ ………361
補助伝票制度≪2級≫ ………361
補助部門≪2級≫ ………362
補助部門の製造部門化≪1級原価≫ ………362
補助部門の施工部門化≪2級≫ ………362
補助部門費の配賦≪2級≫ ………362
補助簿≪4級≫ ………363
補助簿の機能上の分化≪2級≫ ………363
補助元帳≪3級≫ ………363
補足情報≪1級財表≫ ………363

保有月数分析≪1級分析≫ ………363
本支店会計≪1級財表≫ ………364
本支店会計の決算手続の概要≪2級≫ ………364
本支店合併財務諸表≪1級財表≫ ………364
本支店合併精算表≪2級≫ ………364
本支店合併損益計算書≪1級財表≫ ………365
本支店合併貸借対照表≪1級財表≫ ………365
本支店間の取引≪2級≫ ………365
本支店の財務諸表の合併≪2級≫ ………365
本店≪2級≫ ………365
本店勘定≪1級財表≫ ………365
本店集中会計制度≪2級≫ ………366
本店集中計算制度≪2級≫ ………366

ま

前受金保証料≪2級≫ ………367
前受収益≪3級≫ ………367
前受地代≪3級≫ ………367
前受家賃≪3級≫ ………367
前受利息≪3級≫ ………368
前払地代≪3級≫ ………368
前払費用≪3級≫ ………368
前払費用説≪1級財表≫ ………369
前払保険料≪3級≫ ………369
前払家賃≪3級≫ ………369
前払利息≪3級≫ ………370
前渡金≪3級≫ ………370
マシン・センター≪2級≫ ………371

み

未決算勘定≪2級≫ ………371
見込生産制≪1級財表≫ ………371
未実現収益≪1級財表≫ ………371
未実現利益の控除≪1級財表≫ ………372
未収収益≪3級≫ ………372
未収手数料≪3級≫ ………372

未収入金〈3級〉……………………372
未収家賃〈3級〉……………………373
未収利息〈3級〉……………………373
未処分利益〈2級〉…………………373
未処分利益剰余金〈1級財表〉……374
未処理損失〈2級〉…………………374
未成工事受入金〈3級〉……………374
未成工事支出金〈3級〉……………375
未成工事支出金回転率〈1級分
　析〉……………………………375
未成工事収支比率〈1級分析〉……376
未達事項〈1級財表〉………………376
未達取引〈1級財表〉………………376
見積合せ方式〈1級財表〉…………377
見積原価計算〈2級〉………………377
見積書〈1級財表〉…………………377
未払金〈3級〉………………………377
未払地代〈3級〉……………………377
未払賃金〈1級原価〉………………378
未払費用〈3級〉……………………378
未払法人税等〈2級〉………………378
未払家賃〈3級〉……………………379
未払利息〈3級〉……………………379
未来原価〈1級原価〉………………379

む

無額面株式〈1級財表〉……………380
無形固定資産〈2級〉………………380
無形固定資産の評価〈1級財表〉……380
無償減資〈1級財表〉………………380
無償増資〈2級〉……………………381
無評価法〈1級原価〉………………381

め

銘柄別〈1級財表〉…………………381
明瞭性の原則〈1級財表〉…………381

も

目的外の取崩〈1級財表〉…………382

目的適合性〈1級財表〉……………382
目標利益達成の売上高〈1級分
　析〉……………………………382
目論見書〈1級財表〉………………382
持株基準〈1級財表〉………………382
持分〈1級財表〉……………………383
持分法〈1級財表〉…………………383
元入れ〈4級〉………………………383

や

役員賞与金〈2級〉…………………384
約束手形〈3級〉……………………384

ゆ

有価証券〈3級〉……………………384
有価証券届出書〈1級財表〉………384
有価証券の差入〈2級〉……………384
有価証券の貸借〈2級〉……………385
有価証券の評価〈2級〉……………385
有価証券の分類〈2級〉……………385
有価証券売却益〈3級〉……………386
有価証券売却損〈3級〉……………386
有価証券評価損〈3級〉……………386
有価証券報告書〈1級財表〉………387
有価証券利息〈3級〉………………387
有形固定資産〈2級〉………………387
有形固定資産回転率〈1級分析〉……387
有限会社〈1級財表〉………………388
有限責任〈1級財表〉………………388
有償減資〈1級財表〉………………388
有償増資〈2級〉……………………388
有償・無償抱合わせ増資の処理
　〈2級〉…………………………388
優先株式〈1級財表〉………………389
郵便振替貯金口座〈2級〉…………389
有利な差異〈1級原価〉……………389

よ

予算管理目的〈1級原価〉…………390

予算原価計算＜2級＞……………390
予算差異＜1級原価＞……………390
予算統制＜1級原価＞……………390
余剰品＜1級財表＞………………391
予定価格＜1級原価＞……………391
予定賃率＜2級＞…………………391
予定配賦法＜2級＞………………391
4伝票制度＜2級＞………………392

り

リース＜1級財表＞………………392
リース機械＜1級財表＞…………392
リース期間＜1級財表＞…………393
リース債権＜1級財表＞…………393
リース負債＜1級財表＞…………393
リース物件＜1級財表＞…………394
リース料＜1級財表＞……………394
利益管理＜1級原価＞……………394
利益基準＜2級＞…………………394
利益基準法＜1級財表＞…………394
利益準備金＜2級＞………………394
利益準備金積立額＜2級＞………395
利益剰余金＜1級財表＞…………395
利益処分＜2級＞…………………395
利益処分案＜1級財表＞…………396
利益処分計算書＜2級＞…………396
利益処分性向分析＜1級分析＞…396
利益図表＜1級分析＞……………397
利益増減原因表＜1級分析＞……397
利益増減分析＜1級分析＞………397
利害関係者＜1級財表＞…………397
利子要素＜1級財表＞……………398
流動資産＜1級財表＞……………398
流動性＜1級財表＞………………398
流動性の分析＜1級分析＞………398
流動性配列法＜2級＞……………399
流動比率＜1級分析＞……………399
流動・非流動法＜1級財表＞……400
流動負債＜1級分析＞……………400

流動負債比率＜1級分析＞………400
留保利益＜1級財表＞……………401
旅費交通費＜4級＞………………401
臨時償却＜1級財表＞……………401
臨時損益項目＜2級＞……………402

る

累加法＜1級原価＞………………402
累積投票請求権＜1級財表＞……402
累積優先株＜1級財表＞…………403

れ

レーダー・チャート法＜1級分析＞……………………………………403
劣後株式＜1級財表＞……………404
レッサー＜1級財表＞……………404
レッシー＜1級財表＞……………404
連結会計＜1級財表＞……………405
連結財務諸表＜1級財表＞………405
連結財務諸表原則＜1級財表＞…405
連結剰余金＜1級財表＞…………406
連結剰余金計算書＜1級財表＞…406
連結剰余金の計算＜1級財表＞…406
連結損益計算書＜1級財表＞……407
連結貸借対照表＜1級財表＞……407
連結調整勘定＜1級財表＞………407
連結調整勘定の償却＜1級財表＞…407
連産品＜1級原価＞………………408
連続配賦法＜2級＞………………408
連立方程式法＜2級＞……………408

ろ

労働生産性＜1級分析＞…………408
労働装備率＜1級分析＞…………409
労働分配率＜1級分析＞…………410
労務＜2級＞………………………410
労務外注＜1級原価＞……………410
労務管理費＜2級＞………………411
労務主費＜1級原価＞……………411

労務費≪4級≫ ……………………411
労務副費≪1級原価≫ ……………411
6桁精算表≪4級≫ ………………411

わ

割掛費≪1級原価≫ ………………411
割引≪3級≫ ………………………412
割引手形≪2級≫ …………………412
割引発行≪1級財表≫ ……………412
割戻額≪1級財表≫ ………………412
割安購入選択権≪1級財表≫ ……413

あ

ROI ≪1級分析≫
(あーるおーあい)

Return on Investment の頭文字をとって、ROI（アールオーアイ）といい、投資利益率のことです。

（☞投資利益率）

ROA ≪1級分析≫
(あーるおーえー)

Return on Assets の頭文字をとって、ROA（アールオーエー）といい、総資産利益率のことです。

（☞総資産利益率）

アイドル・キャパシティ ≪1級原価≫
(あいどるきゃぱしてぃ)

キャパシティとは、経営の有する物的・人的な能力をいい、したがって、アイドル・キャパシティとは経営の遊休能力のことです。

これは、実現可能最大操業度と実際操業度との差として把握され、ここから導き出されるのがアイドル・キャパシティ・コストです。つまり、利用可能な物的設備や人的能力について、いかほどのキャパシティが利用しきれなかったかを明らかにするものということができます。

アイドル・タイム ≪1級原価≫
(あいどるたいむ)

無作業時間・不働時間または遊休時間ともいわれるものです。

アイドル・タイムは、その発生原因によって、下記のように分類されます。

(1)管理する側に原因があって生じたアイドル・タイム
(2)管理される側に原因があって生じたアイドル・タイム

前者は、管理される側に責任のない手待時間であり、賃金支払の対象となります。これが手待賃金です。

後者は、管理される側に責任がある職場離脱の時間・定時休憩時間等です。したがって、賃金支払の対象とはなりません。

アキュムレーション法　≪2級≫
（あきゅむれーしょんほう）

金銭債権や有価証券の評価方法の1種であり、例えば社債を額面金額よりも低い価格で買入れたとき、その差額分を償還期に至るまで一定の方法で当該社債の貸借対照表価額に順次加算していく方法をいいます。

この他、金銭債権評価方法には取得価額基準と債権金額基準とがあり、また、有価証券の評価方法には原価基準、低価基準等があります。

アクティビティ・コスト　≪2級≫
（あくてぃびてぃこすと）

原価管理上の要請から原価を発生源泉別に分類する基準が重視される傾向にあり、この分類基準の1つにアクティビティ・コスト（業務活動費）があります。アクティビティ・コストは製造や販売の活動が実行される際にその活動と付随して発生する変動費的原価であり、もう1つの分類基準としてキャパシティ・コスト（経営能力＝製造・販売能力費）があります。　　　　　　　　　（☞キャパシティ・コスト）

預り金　≪3級≫
（あずかりきん）

営業取引に基づいて発生した預り金および営業外取引に基づいて発生した預り金をいい、履行期が決算期後1年以内に到来するものまたは到来するものと認められるものを処理する勘定です。（⇦負債）

〔仕訳例〕
　事務員給料として所得税源泉徴収分63千円を差引いた手取金1,147千円を現金で支払った。

　　給料　1,210　／　預り金　　63
　　　　　　　　　　　現　金　1,147

圧縮記帳　≪1級財表≫
（あっしゅくきちょう）

国庫補助金等の支給をうけて資産を取得した場合に、その支給対象となった資産の取得価額から、国庫補助金等の額を差し引いた金額を貸借対照表価額とする方法をいいます。圧縮記帳額の貸借対照表の表示は取得原価から国庫補助金等に相当する金額を控除する方法と、取得原価から国庫補助金等に

圧縮記帳額 ≪1級財表≫
(あっしゅくきちょうがく)

相当する金額を控除した残額のみを記載し当該国庫補助金等の金額を注記する方法の2通りの方法が認められています。

(☞圧縮記帳)

アップストリーム ≪1級財表≫
(あっぷすとりーむ)

連結財務諸表を作成する場合に、企業グループにおいて未実現利益が生じるときにはこれを消去する必要があります。企業グループにおいて未実現利益が生じる形態として、商品等を親会社が子会社に販売して親会社が利益を計上するケースと、子会社が親会社に販売して子会社が利益を計上するケースがあります。アップストリームとはこのうち後者のケースを指します。

(☞ダウンストリーム)

後入先出法 ≪2級≫
(あといれさきだしほう)

常備材料の消費単価を決定する方法の1つです。常備材料は購入期日によって単価が異なることが多いので、払出時直近に購入した材料単価を逐次払出単価として適用していく方法です。つまり後から入荷した材料単価を先に払出単価として適用する方法です。この他消費単価の決定法に先入先出法、移動平均法、総平均法および予定価格法等があります。

天下り型予算 ≪1級原価≫
(あまくだりがたよさん)

予算の編成方法の相違に基づいて予算を分類したもので、トップ・ダウン型予算ともいわれ、積上げ型予算(ボトム・アップ型予算)と対応するものです。

これは、各部門での自主的な予算編成を尊重するという前提に立つ積上げ型予算に対して、見積損益計算書を作成することで、達成目標を明確に打ち出した予算を、トップの名によって各部門に指示するという方式で編成される予算です。

あ

洗替法　≪2級≫
(あらいがえほう)

引当金勘定を設けている企業において、期末に引当金勘定が残っている場合、その残高処理には2つの方法があります。1つは差額補充法で、もう1つが洗替法です。
洗替法はその引当金の残高を収益に振り戻すとともに、当期末に改定された引当金を全額当期費用として計上する方法です。

安全性分析　≪1級分析≫
(あんぜんせいぶんせき)

企業の財務上の安全性（資本の調達と運用がバランスのとれたものであるか）を分析することです。安全性分析は、大きく流動性の分析と健全性の分析の2つに区分されます。
　　　　　　　　　　　（☞流動性の分析、健全性の分析）

安全余裕率（MS比率）　≪1級分析≫
(あんぜんよゆうりつ（えむえすひりつ）)

実際（あるいは予定）の完成工事高が損益分岐点における完成工事高をどれだけ超えているかをみる比率で、この比率が高いほど企業の収益性が安定していることを表します。すなわち、この比率が高いほど不況等により完成工事高が減少しても、損失が生じるまでの余裕があることを示すからです。
安全余裕率（margin of safety）はMS比率ともいわれ、次のいずれかの算式によって求められます。（☞損益分岐点）

〔計算式〕

$$\text{安全余裕率}(a)(\%) = \frac{\text{実際（あるいは予定）の完成工事高}}{\text{損益分岐点の完成工事高}} \times 100$$

$$(b)(\%) = \frac{\text{安全余裕額}}{\text{実際（あるいは予定）の完成工事高}} \times 100$$

(注)安全余裕額＝実際（あるいは予定）の完成工事高－損益分岐点の完成工事高

い

意思決定原価調査　≪1級原価≫
(いしけっていげんかちょうさ)

原価の計算には、原価計算制度として計算するものと、原価計算制度以外で計算する場合があります。後者を特殊原価調査と呼んでいます。この両者を対比すると下図のようになり

ます。特殊原価調査の原価概念には、機会原価、差額原価、増分原価、取替原価、付加原価等があります。これらの原価は、経営者が経営判断をする際の原価資料を提供するための原価で、意思決定のための原価といいます。

原価計算制度と特殊原価調査

項　目	原　価　計　算　制　度	特　殊　原　価　調　査
会計機構との関係	財務会計機構と結合した計算。	会計機構外で実施される計算および分析。
実施期間	常時継続的。	随時対応的、個別的。
技　法	配賦計算中心、会計的。	比較計算中心、調査的、統計的。
活用原価概　念	過去原価、支出原価中心。	未来原価、機会原価中心。
目的機能	財務諸表作成目的を基本とし、同時に原価管理、予算管理などの目的を達成する。	長期、短期経営計画の立案、管理に伴う、意思決定に役立つ原価情報を提供する。

（☞特殊原価調査、機会原価、原価計算制度）

1勘定制 ≪3級≫
（いちかんじょうせい）

利益処分の際、繰越利益を決算日まで未処分利益勘定で処理する方法です。　　　　　　　　　　（☞2勘定制）

1伝票制度 ≪3級≫
（いちでんぴょうせいど）

一種類の伝票に取引を記帳する方法のことです。この場合の伝票を仕訳伝票といい、原則として一取引ごとに1枚の伝票を作成します。

一取引基準
　　≪1級財表≫
（いちとりひききじゅん）

為替相場の変動による換算損益を為替換算差損益として認識しないで営業活動から生じた損益とみなす方法です。つまり取引発生時の為替相場と決算日、決済日の為替相場との変動による損益を営業損益の区分に算入して処理する方法をいいます。

一年基準
　　≪1級財表≫
（いちねんきじゅん）

資産・負債を流動、固定項目に区別する基準で、貸借対照日（決算日）の翌日から1年以内に支払または回収の期限の到来するものを流動資産・流動負債、1年を越えて支払または

回収の期限の到来するものを固定資産・固定負債とするものです。

一括的配賦法 《2級》
（いっかつてきはいふほう）

工事間接費を各工事に配賦する際に、各種の配賦基準に基づいて算出した配賦率を適用しますが、すべての工事間接費をまとめて1つの配賦基準で配賦する方法を一括的配賦方法といいます。一括的配賦法の長所としては、計算の経済性があげられます。このほか、原価要素をグループ別にそれぞれ配賦率を設定するグループ別配賦法、および各費目ごとに配賦する費目別配賦法があります。

一括法 《1級財表》
（いっかつほう）

棚卸資産の評価で低価基準を適用する場合に、原価と時価を比較する単位として、
(1)個々の品目ごとに比較する方法（品目法）
(2)種類ごとに比較する方法（グループ法）
(3)棚卸資産全部を一括して比較する方法　があります。この(3)の方法を一括法といいます。

一般管理費等 《1級原価》
（いっぱんかんりひとう）

工事費は工事原価と一般管理費等から構成されています。一般管理費等は総原価の計算に含まれます。一般管理費等は具体的には販売費及び一般管理費のことです。建設業は注文生産ですから販売活動の費用は見込生産品ほどには要しないという考えから、販売費よりも一般管理費に重点をおいているわけです。　　　　　　　　　　　　　　　　（☞工事費）

一般原則 《1級財表》
（いっぱんげんそく）

商法、証券取引法、税法の各会計諸法令の基礎となる企業会計原則を構成する共通の基本的会計ルールであり、その第一が一般原則といわれ以下の7つの原則で構成されています。
(1)真実性の原則、(2)正規の簿記の原則、(3)資本取引・損益取引区分の原則、(4)明瞭性の原則、(5)継続性の原則、(6)保守主義の原則、(7)単一性の原則

（☞真実性の原則、正規の簿記の原則、資本取引・損益取引区分の原則、明瞭性の原則、継続性の原則、保守主義の原則、単一性の原則）

一般担保付社債 ≪1級財表≫
（いっぱんたんぽつきしゃさい）

社債権者が社債を発行する会社の総財産について、他の債権者に先立って自己の債権の弁済を受ける権利を有する社債をいいます。特別法に基づき発行される社債で、発行された社債は自動的に担保が設定されています。

（☞物上担保付社債）

移動性仮設建物 ≪2級≫
（いどうせいかせつたてもの）

一般に工具器具勘定で処理され、工事現場移動に伴って動かすことを常態としている、いわゆる仮設の建物をいいます。移動に伴い反復して使用されるのは骨格部分だけであり、この部分が工具器具勘定で処理されるのに対して、例えばトイレ等の付帯設備は取り壊されますので、その分の取得に係る支出は「仮設経費」として処理されるのが通常です。

移動平均法 ≪3級≫
（いどうへいきんほう）

材料の払出単価あるいは期末棚卸高の評価額を計算する方法の1つです。仕入単価が異なったとき、仕入のつど数量および金額を残高に加えて、新しい平均単価を算出し、この単価をその後の払出単価とする方法です。

イニシャル・コスト ≪1級原価≫
（いにしゃるこすと）

イニシャル・コスト（initialcost）とは直訳すれば最初の原価という意味で、オペレーティング・コストに対するものです。経営活動を始めるには、設備投資を必要とします。この設備投資のための費用をイニシャル・コストといいます。この区分は原価の回収方法による区分です。イニシャル・コストは以後の経営活動の中で減価償却費の名目で回収されていきます。

（☞オペレーティング・コスト）

因子分析法 ≪1級分析≫
(いんしぶんせきほう)

多変量解析による分析法で、多くのデータから本質的な要素を複数個の要因に分解して、データを要因ごとに解釈していこうとする統計学の一手法です。

もともとは、医学や心理学の分野で利用されていたものですが、社会科学、とりわけ経営分析の分野においてかなりの利用例が見受けられます。

また、建設業の経営事項審査（経営状況の分析）では、因子分析を活用して、財務諸表を「収益性」「流動性」「安定性」「健全性」の4つの観点（因子）にわけて企業の財務構造を評価しています。

インタレスト・カバレッジ ≪1級分析≫
(いんたれすとかばれっじ)

(☞金利負担能力)

インフレーション会計 ≪1級財表≫
(いんふれーしょんかいけい)

貨幣価値が異常に変動する場合に採られる時価主義会計のことです。

現在の企業会計は取得原価主義が採られていますが、取得原価主義では物価変動による貨幣価値の変動は会計の対象とはされていません。

インプレスト・システム ≪3級≫
(いんぷれすとしすてむ)

定額資金前渡制度のことです。小口現金を補給する方法の1つで、小口現金係に一定期間に必要と思われる一定額の現金を前渡ししておき、一定期間後にその支払額について報告を受けて支払額と同額の現金を補給する方法です。補給時に常に一定の金額を小口現金係が保有しているように現金を補給する方法です。

う

ウォールの指数法
≪1級分析≫
（うぉーるのしすうほう）

（☞指数法）

受取勘定
≪1級分析≫
（うけとりかんじょう）

請負工事を完成して引渡した後、一定期間をおいて請負代金を回収する場合、完成工事高に計上した請負代金に見合う完成工事未収入金あるいは受取手形が貸借対照表に計上されますが、この完成工事未収入金と受取手形を総称して受取勘定といいます。なお、受取勘定は企業の営業取引から生じた債権ですから、売上債権とか売掛債権ともよばれます。財務分析では受取勘定の回転率などについての分析が行われます。
（☞受取勘定回転率）

受取勘定回転率
≪1級分析≫
（うけとりかんじょうかいてんりつ）

受取勘定に対する完成工事高の割合をみる比率で、受取勘定が発生してから回収されるまでの速度を表します。回転率が高いほど受取勘定の回収が速く、受取勘定に投下された資本の活動効率が良いことになります。この比率を高めることは総資本回転率を高めることにつながります。なお、受取勘定の回転期間（回収期間）は以下の算式により求めることができます。
（☞受取勘定、総資本回転率）

〔計算式〕

$$受取勘定回転率(回) = \frac{完成工事高}{(受取手形＋完成工事未収入金)(平均)}$$

$$受取勘定回転期間(月) = \frac{(受取手形＋完成工事未収入金)(平均)}{完成工事高 \div 12}$$

（注）　平均は、「（期首＋期末）÷2」により算出します。

受取勘定滞留月数 ≪1級分析≫
(うけとりかんじょうたいりゅうげっすう)

平均月商の何ケ月分の受取勘定（売上債権）をかかえているかをみる比率で、売上債権滞留月数ともよばれます。受取勘定が発生してから何ケ月で回収されるかを示し、企業の短期的な支払能力を表します。この比率が低いほど受取勘定の回収期間が短く、企業の資金繰りに良い影響を与えることになります。　　　（☞受取勘定、完成工事未収入金滞留月数）

〔計算式〕

$$受取勘定滞留月数（月）=\frac{受取手形＋完成工事未収入金}{完成工事高÷12}$$

受取地代 ≪4級≫
(うけとりちだい)

賃貸している土地に対する地代の受入額のことです。（⇐収益）

〔仕訳例〕

地代20千円を現金で受取った。

現金　20／　受取地代　20

受取手形 ≪3級≫
(うけとりてがた)

完成工事代金またはその未収分（完成工事未収入金勘定）を他人振出しの約束手形や為替手形で受取ったときに処理する勘定です。（⇐資産）

〔仕訳例〕

完成工事代金15,000千円のうち、手形で10,000千円、残りを小切手で受取った。

受取手形　10,000　／　完成工事高　15,000
現　　金　 5,000／

受取手形記入帳 ≪2級≫
(うけとりてがたきにゅうちょう)

取引量が多い場合、仕訳帳自体を分割して、特定の取引のみを記帳するものを特殊仕訳帳と呼んでいますが、その1つに受取手形記入帳があります。

〔図表〕

受取手形記入帳

平成	年	貸方科目	摘　　要	元丁	完成工事未収入金	諸　口
3	19		尼崎産業㈱	得3	100,000	
	20	未成工事受入金	林　商　事　㈱	16		200,000
			完成工事未収入金		100,000	200,000
			諸　　　　口		200,000	
			合　　　　計		300,000	

受取手数料 ≪3級≫
（うけとりてすうりょう）

営業取引以外の取引で発生した手数料で、例えば不動産売買のあっせんをした場合に受けた手数料などを計上します。
（⇐収益）

〔仕訳例〕
　甲不動産㈱から土地付住宅の販売を紹介した手数料20千円が当座預金に振込まれた。
　　当座預金　20／　受取手数料　20

受取人 ≪3級≫
（うけとりにん）

手形金額を受取る権利のある人のことです。　（☞振出人）

受取配当金 ≪3級≫
（うけとりはいとうきん）

保有している株式についての配当金を処理する勘定です。
（⇐収益）

〔仕訳例〕
　甲建材㈱の当社所有株式分の配当金10千円が当座預金に振込まれた。
　　当座預金　10／　受取配当金　10

受取家賃 ≪4級≫
（うけとりやちん）

賃貸している事務所等に対する家賃を処理する勘定です。
（⇐収益）

〔仕訳例〕
　会社で所有している賃貸アパートの家賃5軒分200千円を

現金で受取った。

　　現金　200／　受取家賃　200

受取利息　＜4級＞
（うけとりりそく）

協力企業および従業員等に対する貸付金の利息や、預貯金の利息を処理する勘定です。（⇐収益）

〔仕訳例〕

甲社に対する貸付金の利息40千円を現金で受け取った。

　　現金　40／　受取利息　40

うち人件費　＜1級原価＞
（うちじんけんひ）

完成工事原価報告書の様式は材料費、労務費、外注費、経費の4区分で表示することになっています。経費の中に含まれている人件費、すなわち従業員給料手当、退職金、法定福利費、福利厚生費を内書表示することになっています。これらは原価計算基準上は労務費に含まれるものですが、建設業法施行規則上は経費に含めて表示するため、他の原価要素を含むものがどの程度、経費に含まれているかを内書することとなっています。

打歩発行　＜1級財表＞
（うちぶはっこう）

社債の発行価額は、社債利息や金融市場の状況に応じて決定されます。打歩発行は、発行価格が社債の券面額を上回って発行される場合をいいます。　　（☞割引発行、平価発行）

裏書譲渡　＜3級＞
（うらがきじょうと）

未払代金の支払いにあてるために手形の保持人が手形の裏面の所定欄に署名、捺印して第三者に譲渡することです。材料等の仕入れ代金等の支払などにあてることです。

裏書手形　＜2級＞
（うらがきてがた）

手持ちの手形に裏書きをして第三者に譲渡した場合の手形を裏書手形といいます。

所有の手形を裏書譲渡するのは期日前であるため、譲渡した時に手形債権は消滅するが、決済されるまで法律上は手形債務を間接的に負うこと（偶発債務）を示す勘定です。偶発債

務を評価勘定を用いて処理する場合に使用する勘定です。
(☞評価勘定、手形裏書義務)

〔仕訳例〕
工事用資材200千円を仕入れ倉庫に搬入した。その代金200千円の支払にあてるため手持の手形を裏書譲渡した。
　　材　料　200／　裏書手形　200
当該手形が決済されたとき
　　裏書手形　200／　受取手形　200

売上債権
≪1級分析≫
(うりあげさいけん)

(☞受取勘定)

売上総利益
≪1級分析≫
(うりあげそうりえき)

企業本来の営業活動による収益である売上高から、売上を得るためにかかった費用である売上原価を差し引いた差額をいいます。建設業では、完成工事高から完成工事原価を差し引いた差額で、完成工事総利益とよばれるものです。完成工事総利益は一般には粗利益ともいわれます。

売上高経常利益率
≪1級分析≫
(うりあげだかけいじょうりえきりつ)

売上高に対して、経常利益がどの程度あがったかをみる比率です。建設業では、分母の売上高を完成工事高とした完成工事高経常利益率が用いられます。
(☞完成工事高経常利益率)

〔計算式〕
$$売上高経常利益率(\%) = \frac{経常利益}{売上高} \times 100$$

売上高利益率
≪1級分析≫
(うりあげだかりえきりつ)

売上高に対して、利益がどの程度あがったかをみる比率です。建設業では、分母の売上高を完成工事高とした完成工事高利益率が用いられます。
(☞完成工事高利益率)

売上値引 《2級》
（うりあげねびき）

〔計算式〕

$$売上高利益率(\%) = \frac{利益}{売上高} \times 100$$

取扱品の量目不足・品質不良・破損等の理由により販売価額を引下げることを売上値引といい、販売単価の訂正を意味します。建設業でいえば、完成工事について行った値引（売上値引）は完成工事高の控除項目として処理されます。

売上割引 《1級財表》
（うりあげわりびき）

得意先が代金の支払期日前に代金の決済をした場合に、契約に従い一定の金額を割引くことをいいます。これは一般に金融費用（支払利息）と考えられています。（⇐費用）

〔仕訳例〕

完成工事未収入金1,000千円を期日より1ケ月早く入金したので、契約に従って2％の割引を行った。

現金預金　980　／　完成工事未収入金　1,000
売上割引　20　／

売上割戻 《2級》
（うりあげわりもどし）

特定の購入先から一定期間に総取引量が一定の金額を超えた場合に一定の割合で購入代金の戻しを受けることです。これを販売側からみて売上割戻といい、価額の修正を意味します。したがって建設業では完成工事高の控除項目として処理されます。　　　　　　　　　　　　　　　（☞仕入割戻）

売掛債権 《1級分析》
（うりかけさいけん）

（☞受取勘定）

運転資本 《1級分析》
（うんてんしほん）

企業の経営活動を円滑に遂行するための必要な資金（運転資金）のことをいいます。

流動資産の総額を運転資本という場合もありますが、一般的には流動資産と流動負債の差額である正味運転資本を指しま

す。実務的には、「正味運転資本型資金運用表」のように資金管理面においてよく利用される概念です。

(☞資金運用表)

運転資本保有月数 ≪1級分析≫
(うんてんしほんほゆうげっすう)

平均月商の何ケ月分の運転資本を保有しているかをみる比率です。この比率の分子の運転資本は、短期的な支払債務である流動負債に対して、その支払手段である流動資産が、どのくらい上回っているかを表すものですから、この比率が高いほど短期的な支払能力が高いことになります。しかし、受取債権の回収期日より支払期日の早く到来する支払債務がある場合などもあるので、この比率で算出された保有月数だけ運転資本があることを意味しない場合もあります。したがって、この比率は短期的な支払能力を大まかにみるものといえます。

〔計算式〕

$$運転資本保有月数(月) = \frac{流動資産 - 流動負債}{完成工事高 \div 12}$$

運搬経費 ≪2級≫
(うんぱんけいひ)

(☞運搬費)

運搬費 ≪1級原価≫
(うんぱんひ)

運搬費という費目は経費を機能別に分類したもので、運搬費は複数の形態の原価要素から構成されている複合費です。つまり、運搬費が車両の減価償却費、燃料費、人件費等から構成されています。複合費を用いるのは予算管理上合理的だからです。(⇦経費)

運搬部門 ≪1級原価≫
(うんぱんぶもん)

運搬部門は、工事原価を正確かつ妥当な計算をし、原価管理を効果的に行うために設定する部門です。部門を大別すると施工部門と補助部門とがありますが、一般的に運搬部門は施工部門に対する補助部門で、運搬部門で発生した費用を施

部門に配賦して、施工部門で運搬部門費を回収することになっています。

え

営業外受取手形 ≪2級≫
（えいぎょうがいうけとりてがた）

工事代金等通常取引に基づいて発生した手形債権は普通「受取手形」勘定で処理されます。これ以外の取引、例えば固定資産の売却によって発生する手形上の債権は営業外受取手形勘定で処理します。（⇦資産）

〔仕訳例〕
会社で使用していた機械設備（簿価450千円）を500千円で売却し手形で受取った場合。

営業外受取手形　500／　機械装置　450
　　　　　　　　　　　　固定償却差　50

営業外支払手形 ≪2級≫
（えいぎょうがいしはらいてがた）

手形債務について、いわゆる営業取引によって生じたものと、それ以外の原因によるものとを区別し、後者の場合営業外支払手形勘定で処理します。例えば固定資産の購入などに伴って発生した手形の債務は営業外支払手形勘定で処理します。（⇦負債）

〔仕訳例〕
Ａ建設会社は本社敷地用の土地を購入し、その代金7,000千円を支払うため約束手形を振出した。

土　地　7,000／　営業外支払手形　7,000

営業外収益 ≪4級≫
（えいぎょうがいしゅうえき）

企業の本来的事業ではなく、付随的事業から生まれた収益項目の総称です。「受取利息」、「受取配当金」などがこれに該当します。（⇦収益）

営業外費用 ≪4級≫ （えいぎょうがいひよう）	企業の本来的事業ではなく、付随的事業から発生する費用項目の総称です。「支払利息」、「支払家賃」などがこれに該当します。（⇐費用）
営業権 ≪2級≫ （えいぎょうけん）	企業を買収した場合、買収される企業の純資産の市場価値を超えて買収代金を払ったときに（合併の場合も同じ）この超過部分を計上する勘定です。つまりのれん価値で無形固定資産の範ちゅうに入ります。（⇐資産）　（☞のれん）
営業権償却 ≪2級≫ （えいぎょうけんしょうきゃく）	企業の買収、合併等によって他から有償で取得した営業権は、資産計上を認められています。しかし、保守主義的立場では、その資産性の乏しさから早期に償却するのが健全であるとされます。 商法でも5年以内に毎期均等額以上の償却を行うことを要求しています（商法第285条の7）。
営業収益 ≪4級≫ （えいぎょうしゅうえき）	企業の本来的事業から生まれた収益項目の総称のことです。「完成工事高」、「兼業事業売上高」などがこれに該当します。（⇐収益）
営業費 ≪1級原価≫ （えいぎょうひ）	営業費は損益計算書の項目では、「販売費及び一般管理費」の項目を指しています。営業費は期間的に発生する原価としてとらえられます。原価計算基準では原価を形態別、機能別、直接費・間接費、変動費・固定費、管理可能費・管理不能費等に分類をしていますが、予算管理を効果的にするためには営業費を注文獲得費、注文履行費、全般管理費等業務別に区分して管理するほうがよいとされます。
営業費の内部割掛 ≪1級原価≫ （えいぎょうひのないぶわりかけ）	建設業のような各工事現場ごとの注文工事と自動車製造業のような量産業とは原価計算方式が異なります。建設業は個別原価計算方式を採用しています。建設業のように受注生産方

式では、その受注工事の採算がとれるか否かは工事原価のほかに、その受注工事に関連して発生する営業費を含めて判断する必要があります。この営業費を含めて総工事原価を計算することを、営業費の内部割掛といいます。

営業費のプロダクト・コスト化　≪1級原価≫
（えいぎょうひのぷろだくとこすとか）

営業費は損益計算書上では販売費及び一般管理費として記載され、一定期間の発生額として把握されます。建設業は長期の請負工事も対象としているので、販売費及び一般管理費を適当な比率で請負工事に配分し、売上原価および期末の未成工事支出金に算入して、期間原価も製品原価として、各請負工事ごとの総原価を算出しています。これを営業費のプロダクト・コスト化といいます。

営業費用　≪4級≫
（えいぎょうひよう）

企業の本来的事業から発生する費用項目の総称のことです。「完成工事原価」、「兼業事業売上原価」、「販売費及び一般管理費」などがこれに該当します。（⇐費用）

営業保証手形　≪2級≫
（えいぎょうほしょうてがた）

例えば商社から建設用資材の安定供給を得たり、または外注先と持続的に取引関係を維持するため等、いわゆる営業上の保証を目的として振り出す手形を営業保証手形といいます。

〔仕訳例〕
　長万部工務店に対する営業保証の目的で約束手形3,000千円を振出した。
　【自　社】
　　差入営業保証金　3,000／　営業保証支払手形　3,000
　【長万部工務店】
　　営業保証受取手形　3,000／　営業保証預り金　3,000

営業利益　≪2級≫
（えいぎょうりえき）

企業の主たる営業活動から生じる利益を営業利益といいます。具体的に損益計算書における表示個所としては、報告式損益計算書の場合、完成工事高から完成工事原価を差し引い

た残高を完成工事総利益（粗利益）といい、さらに完成工事総利益から販売費及び一般管理費を差し引いた残高を営業利益といいます。

営業利益増減率 ≪1級分析≫
（えいぎょうりえきぞうげんりつ）

営業利益が前期と比較して当期はどの程度増減したかを表し、企業の成長度合をみる比率であり、企業本来の営業活動による利益の成長性を表します。なお、この比率の数値がプラスになれば営業利益増加率であり、マイナスになれば営業利益減少率となります。また、増益率（減益率）といわれることもあります。この比率は、プラスの成長度合をみることを強調して、営業利益増加率とよばれることもあります。

〔計算式〕

営業利益増減率(％)

$$= \frac{当期営業利益 － 前期営業利益}{前期営業利益} \times 100$$

ABM ≪1級原価≫
（えいびーえむ）

ABM（Activity Based Management―活動基準経営管理）はABCで入手した情報をもとにして経営管理、原価管理を行おうとするものです。例えば、伝統的には工事間接費を各工事現場に配賦する場合に、工事間接費を総合的に管理しますが、ABC基準による機械利用費、段取費、修繕維持費、運搬関係費等に機能的に区分して経営管理、原価管理をすると、より効果的となります。　　　　　　　　（☞ ABC）

ABC ≪1級原価≫
（えいびーしー）

ABC（Activity Based Costing―活動基準原価計算）は工事間接費の配賦方法の1つです。従来のわが国の工事間接費の配賦は部門別計算によっていましたが、間接費を活動費としてとらえて工事現場に配賦しようとするアメリカで開発された手法です。活動費としては機械利用費、段取費、修繕維持費、運搬関係費等として把握します。

英米式決算法　≪3級≫
（えいべいしきけっさんほう）

帳簿の締め切り方の1つです。資産・負債・資本の各勘定を締め切る場合に、仕訳によらないで、それぞれの勘定残高を決算日の日付で「次期繰越」と朱書で繰越記入して各勘定を締め切ります。繰越記入の正確性は繰越試算表を作成することで検証されます。さらに、次の会計年度の最初の日付で「前期繰越」と開始記入をしておきます。

（☞大陸式決算法）

エムエス比率　≪1級分析≫
（えむえすひりつ）

Margin of Safety の頭文字をとって MS（エムエス）比率といい、安全余裕率のことです。　　（☞安全余裕率）

円換算額　≪1級財表≫
（えんかんざんがく）

企業が財務諸表を作成する場合には、外貨建債権債務等は日本円で表示しなければなりません。外貨建債権債務等を日本円に換算して表示したものを円換算額といいます。

お

オプション　≪1級財表≫
（おぷしょん）

ある目的物（有価証券・通貨・商品等）をあらかじめ決められた期日または期間内に、あらかじめ決められた価格で、一定数量を購入あるいは売却できる権利をいいます。

オプション契約　≪1級財表≫
（おぷしょんけいやく）

広義にはオプション取引の契約を意味します。
狭義にはオプション料の支払もしくは受取時の会計処理科目を表します。オプション料の支払もしくは受取時の会計処理として支払ったオプション料を資産に計上し、受け取ったオプション料を負債に計上する方法が行われます。オプション料を支払ったときには「前渡金」または「オプション契約」の科目で処理し、オプション料を受け取ったときには「前受金」または「オプション契約」の科目で処理します。

（☞オプション）

オプション取引 ≪1級財表≫
（おぷしょんとりひき）

オプションを売買することをいいます。また、この取引には現物をオプションの対象とする取引（現物オプション取引）と先物取引契約をオプションの対象とする先物オプション取引があります。　　　　　　　　　　（☞オプション）

オプション料 ≪1級財表≫
（おぷしょんりょう）

オプションの契約時にオプションの買い手と売り手の間で授受される金額のことをいいます。　　　　　（☞オプション）

オフバランス ≪1級財表≫
（おふばらんす）

貸借対照表に計上されないという意味です。オフバランス取引の例としては先物取引、スワップ取引、オプション取引などがあげられます。またリースの賃借人の会計処理としては賃貸借として処理する方法と、リース資産を資産に計上する方法がありますが、賃貸借として処理した場合、リース資産は貸借対照表に計上されず、オフバランスになります。
　　　　　　　　　　　　　　　　（☞オンバランス）

オペレーティング・コスト ≪1級原価≫
（おぺれーてぃんぐこすと）

オペレーティング・コスト（operating cost）はイニシャル・コストに対する用語で、経営行動の中で経常活動から発生するコストをいいます。例えば原材料費、労務費、外注費等です。このコストの回収は、そのコストが発生する経営活動の進行とともに実施されるものです。コストの回収方法によるコストの区分の1つです。　　　（☞イニシャル・コスト）

オペレーティング・リース ≪1級財表≫
（おぺれーてぃんぐりーす）

物件の使用を目的としたリース取引をいいます。リース物件の維持管理費用はリース会社が負担し、一般的に途中解約も可能です。リース取引に係わる会計処理基準によればオペレーティング・リースとは、ファイナンス・リース取引以外のリース取引と定義されており、会計処理上は従来の賃貸借取引と同様に処理されます。　　（☞ファイナンス・リース）

親会社 ≪1級財表≫　(☞親子会社)
（おやがいしゃ）

親子会社 ≪1級財表≫
（おやこがいしゃ）

親会社とは、他の会社における議決権の過半数を実質的に所有している会社をいい、子会社とは、当該他の会社をいいます。

オンバランス ≪1級財表≫
（おんばらんす）

オンバランスとは貸借対照表に計上されるという意味で、オフバランスとの対応で用いられる用語です。例えばリースの賃借人の会計処理としては賃貸借として処理する方法と、リース資産を資産に計上する方法がありますが、リース資産を貸借対照表に資産として計上した場合、リース資産はオンバランスになります。　　　　　　　　　　　（☞オフバランス）

か

買入消却 ≪1級財表≫
(かいいれしょうきゃく)

社債を発行した企業が当該社債の償還期限前に発行社債の一部を市場を通じて買入れ、消却することをいいます。買入消却は市場価格によって買入れるので、資金の余裕があり、社債の価格が下落したようなときに行われる傾向があります。買入償還ともいいます。

海外投資等損失準備金 ≪1級財表≫
(かいがいとうしとうそんしつじゅんびきん)

企業が、特定の海外事業法人等の株式等を取得した場合には、その株式の価格の低落または貸し倒れによる損失に備えるため、一定の金額を積立てることができます。これを海外投資等損失準備金といい、租税特別措置法によって政策的に損金にすることが認められたものです。利益処分により設けられ、貸借対照表上は任意積立金の区分に記載されます。（⇦資本）

買掛債務 ≪1級分析≫
(かいかけさいむ)

（☞支払勘定）

外貨建短期金銭債権・債務 ≪1級財表≫
(がいかだてたんききんせんさいけんさいむ)

価額が外国通貨で表示されている金銭債権債務で決算日の翌日から起算して1年以内に回収または弁済の期限が到来するものをいいます。

外貨建取引は、原則として当該取引発生時の為替相場による円換算額をもって記録しなければなりませんが、外貨建短期金銭債権・債務については、決算時の為替相場による円換算額を付すこととなっています（外貨建自社発行社債のうち転換請求期間満了前の転換社債については、発行時の為替相場による円換算額を付します）。ただし、本邦通貨による保証約款または為替予約が付されていることにより、決済時における円貨額が確定しているものについては、当該円貨額を付すことになります。

外貨建長期金銭債権・債務 ≪1級財表≫
（がいかだてちょうききんせんさいけんさいむ）

価額が外国通貨で表示されている金銭債権債務で決算日の翌日から起算して1年を越えて回収または弁済の期限が到来するものをいいます。

外貨建長期金銭債権・債務については、取得時または発生時の為替相場による円換算額を付すことになっています。ただし、本邦通貨による保証約款または為替予約が付されていることにより、決済時における円貨額が確定しているものについては、当該円貨額を付すことになります。

外貨建取引 ≪1級財表≫
（がいかだてとりひき）

売買価額その他取引価額が外国通貨で表示されている取引をいいます。これには、
(1)取引価額が外国通貨で表示されている物品の売買または役務の授受
(2)決済金額が外国通貨で表示されている資金の借入または貸付
(3)券面額が外国通貨で表示されている社債の発行
(4)外国通貨による前渡金、仮払金の支払または前受金、仮受金の受入　等が含まれます。

開業費 ≪1級財表≫
（かいぎょうひ）

会社設立後営業開始までに支出した開業準備のための費用をいいます。具体的には、土地・建物等の賃借料、広告宣伝費、通信交通費、事務用消耗品費、支払利息、使用人の給料、保険料、電気・ガス・水道料等があります。商法では開業後5年以内に毎期均等額以上の償却を行わなければならないとされています。（⇐資産）

〔仕訳例〕
　甲株式会社は、会社設立後開業準備のための広告料1,200千円を現金で支払った。
　　開業費　1,200／　現金預金　1,200

会計慣行　《1級財表》
（かいけいかんこう）

企業会計の実務の中から生まれ発達してきたもので、一般的に承認された企業会計の原則および手続きをいいます。商法第32条②は、「商業帳簿ノ作成ニ関スル規定ノ解釈ニ付テハ公正ナル会計慣行ヲ斟酌スベシ」と規定しています。

会計監査人　《1級財表》
（かいけいかんさにん）

企業をとりまく利害関係者の利益を守るために財務諸表が企業の財政状態、経営成績を適正に表示しているかどうかを確かめ、意見を表明して財務諸表に信頼性を与える者です。職業的専門家である公認会計士または監査法人がその業務を行います。

会計期間　《4級》
（かいけいきかん）

企業会計は、企業の継続して行われる経営活動に一定の区切りをつけて、その期間の一定時点における財政状態やその期間の経営成績等を明らかにするための報告書を作成します。この期間を会計期間といいます。

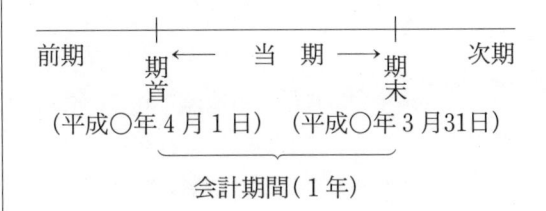

```
前期    期 ←  当 期  → 期    次期
        首              末
     （平成○年4月1日）（平成○年3月31日）
            会計期間（1年）
```

会計公準　《1級財表》
（かいけいこうじゅん）

企業会計の基礎的前提をいいます。具体的な会計処理手続きは、企業会計原則に基づいて行われますが、その企業会計原則の理論的基礎として会計公準があります。会計公準は、一般的には、企業実体の公準、継続企業の公準、貨幣価値一定の公準をさします。
（☞企業実体の公準、継続企業の公準、貨幣価値一定の公準）

会計上の負債　《1級財表》
（かいけいじょうのふさい）

負債は、大部分が法律上の債務（確定債務）ですが、その他にも期間損益計算上、将来の期間に対する当期の負担（債務）というべき性質のものもあります。それには決算の際に

計上される見越負債や引当金等があります。これらを特に会計上の負債と呼んでいます。

会計制度 ≪1級財表≫
(かいけいせいど)

情報の利用者が情報に基づいて判断と意思決定ができるように、経済的情報を認識し、測定し、そして伝達するプロセスを会計といい、それは慣習、法令等に規制されながら行われています。それを規制する法令のシステムを会計制度といいます。

会計伝票 ≪2級≫
(かいけいでんぴょう)

実務上、伝票を「仕訳日計表（伝票集計表）」に集計し、その合計額を総勘定元帳へ合計転記する方法が広く行われており、ここに採用されているのが会計伝票です。
この伝票制度には、1伝票制度、3伝票制度、4伝票制度などがあります。1伝票制度は仕訳伝票を仕訳帳と同様に用い、3伝票制度は入金・出金・振替伝票の3伝票を用います。4伝票制度は前の3伝票の他に「工事伝票」を加えて用います。

会計法規 ≪1級財表≫
(かいけいほうき)

企業会計に関する法律として、商法、証券取引法、税法があります。これらは、それぞれ異なった目的を持ち、その目的のためにそれぞれ企業会計に関する規定を設けています。これらの法律に基づく会計として、商法会計、証取法会計、税法会計があります。

会計方針 ≪1級財表≫
(かいけいほうしん)

企業会計原則注解（注1－2）によれば、「企業が損益計算書および貸借対照表を作成するに当たって、その財政状態および経営成績を正しく示すために採用した会計処理の原則および手続ならびに表示の方法」を意味するものと規定しています。その例としては棚卸資産や有価証券の評価基準および評価方法、固定資産の減価償却の方法、費用・収益の計上基準などがあります。

開始記入 ≪4級≫ (かいしきにゅう)	仕訳帳や総勘定元帳に最初に記入することをいいます。次のようなケースが該当します。 (1)複式簿記をはじめて採用する場合には、資産、負債、資本の各項目の実際有高に基づいて開始貸借対照表を作成し、これを仕訳帳に開始仕訳してから、総勘定元帳の各勘定口座に開始記入します。 (2)英米式決算法を採用している企業では、期末に総勘定元帳の資産、負債、資本の諸勘定口座を締め切る場合に、各勘定の残高を「次期繰越」と朱書して締め切り、次いで翌期首の日付でその繰越額を「前期繰越」と記入します。この記入を開始記入といいます。 (3)仕訳帳は、決算仕訳を記入してその期の記入を締め切ります。次いで翌期首の日付で繰越試算表の合計額をもって「前期繰越高」の記入をしておきます。この記入を開始記入といいます。　　　　　　　　　　（☞開始貸借対照表）
開示財務諸表作成目的 ≪1級原価≫ (かいじざいむしょひょうさくせいもくてき)	企業の利害関係者に対して過去一定期間における損益ならびに期末における財政状態を財務諸表に表示するために必要な真実の原価、具体的には完成工事原価、未成工事支出金原価に関する原価資料を提供することをいいます。原価計算の目的の第一として位置づけられています。
開始仕訳 ≪4級≫ (かいししわけ)	開始貸借対照表に基づいて仕訳を行うことをいいます。 　　　　　　　　　　　　　　　　　　　（☞開始貸借対照表） 〔仕訳例〕 甲社の記帳開始時点における資産・負債・資本の明細は次のとおりである。 資産：現金　10、備品　20、建物　30 負債：借入金　30 資本：資本金　30

現　金	10	借入金	30
備　品	20	資本金	30
建　物	30		

開始貸借対照表　《4級》
（かいしたいしゃくたいしょうひょう）

資産、負債、資本の実際の有高を調査し、それぞれの期首残高を記入して作成された貸借対照表のことです。

（☞複式簿記）

会社の更生　《1級財表》
（かいしゃのこうせい）

破綻に瀕しているが再建の見込みのある株式会社について、債権者や株主等の利害を調整しながら会社の財政状態の見直しを行い、事業を立て直し新規出発させる法的手続きをいいます。

回収可能額　《1級財表》
（かいしゅうかのうがく）

受取手形、売掛金その他の債権の貸借対照表価額は、回収可能額で表示します。回収可能額とは、債券金額または取得価額から貸倒見積高を控除した、将来の貨幣の収入見込金額をいいます。

外注　《2級》
（がいちゅう）

自社で賄いきれない施工部分、自社保有の技能・技術の不足部分を他の企業に委託することです。建設業では重層的産業構造の特質から、工事原価に占める外注費の比率が他産業と対比して高く、会計処理上の問題ばかりでなく原価管理上も重視しなければなりません。したがって建設業会計では、原価の形態的分類を材料費、労務費、外注費、経費の4区分にしています。

外注費　《4級》
（がいちゅうひ）

工種、工程別等の工事について素材、半製品等を作業とともに提供し、これを完成することを約する契約に基づく支払額のことです。（⇐工事原価）　　　（☞完成工事原価）

〔仕訳例〕
　協力企業丙より外注工事が完成し、100千円の工事代金の

請求を受けたので小切手を振出して支払った。

外注費　100／　当座預金　100

階梯式配賦法 ≪2級≫
(かいていしきはいふほう)

部門別原価計算において、補助部門を含む他の部門へ最も多く用役を提供している補助部門から製造部門に配賦を行っていく方法のことで、配賦表の締切線の形が階段に似ていることから階梯式配賦法と呼ばれています。
この方法は部門費振替表の記入法において直接配賦法や相互配賦法と並ぶ1方法となっています。

（☞直接配賦法、相互配賦法）

回転期間 ≪1級分析≫
(かいてんきかん)

資産や資本等が発生してから消費されるまでにどのくらいの期間、すなわち何ケ月あるいは何日かかるかを示す指標です。
回転期間の長短によって、その健全性を判断することができます。一般的には、分子に年間平均有高が分母に月間平均の消費高（回収額）で求めることができます。　（☞回転率）

$$回転期間(月) = \frac{対象要素の年間平均有高}{対象要素の年間回収額または消費額 \div 12}$$

回転率と回転期間の関係

回転(日) = 365 ÷ 回転率　（年間、〇日で1回転）
回転(月) = 12 ÷ 回転率　（年間、〇月で1回転）
回転(年) = 1 ÷ 回転率　（年間、〇年で1回転）

回転率 ≪1級分析≫
(かいてんりつ)

一定期間（例えば1年間）に資産や資本が何回入れ替わるかを見る比率です。回転率の大小により資産や資本の活用度が明らかになります。
一般的に、分子には売上高（完成工事高）、分母には資産項目・負債項目・資本項目が設定されます。

（☞回転期間、活動性の分析）

開発費 ≪1級財表≫
(かいはつひ)

新技術または新経営組織の採用、資源の開発、新市場の開拓等のため支出した費用、生産能率の向上または生産計画の変更等により、設備の大規模な配置替を行った場合等の費用で、経常的な費用の性格を持たないものをいいます。支出後5年以内に毎期均等額以上の償却を要します。（⇐資産）

外部分析 ≪1級分析≫
(がいぶぶんせき)

財務分析は、財務分析の主体により外部分析と内部分析とに区分されますが、分析対象企業の外部の利害関係者による分析のことを外部分析といいます。投資家、株主、銀行などの与信者が行う収益性や安全性などを判断するために行う分析がこれに当たります。　　　　　　　　　（☞内部分析）

価格計算目的 ≪1級原価≫
(かかくけいさんもくてき)

原価計算目的の1つで、価格計算に必要な原価資料を提供することをいいます。市場価格は需要と供給によって決まるのですが、官公庁からの調達物資等については自由競争市場が形成されないので、その調達価格は財務諸表作成目的のための原価計算から提供される原価情報を基にして計算されています。

価格政策 ≪1級原価≫
(かかくせいさく)

個々の製品や役務の価格をその原価に対していくらに設定すべきかを決めることをいいます。原価計算の目的の中に価格計算目的がありますが、価格と原価の関係は、市場競争的であるか、独占的であるか、さらに生産の実行形態が請負的であるか、見込的であるかなどによって、大きく異なります。価格政策は売上高を伸ばすことが目的であるので、単一価格、差別価格等を設定する際には、原価計算の全部原価計算、総原価計算、部分原価計算等の手法と密接に関係しています。

価額法 ≪1級原価≫
(かがくほう)

工事原価を費目別に計算すると工事直接費と工事間接費に大別されます。しかし、この工事間接費は各工事現場または各

工事台帳に配賦しなければ、最終的に各工事現場毎の工事原価は算定できません。この工事間接費を配賦する基準の1つに価額法があります。価額法はさらに直接材料費法、直接賃金法、直接原価法等に分類されます。

確定決算方式　≪1級財表≫
（かくていけっさんほうしき）

企業が法人税の申告をする場合には、確定した決算に基づいて申告しなければなりません。確定した決算とは、株主総会等の承認を得た計算書類をいい、それに基づいた申告をしなければならず、申告に際して変更することはできません。これを確定決算方式といいます。

額面株式　≪1級財表≫
（がくめんかぶしき）

株式会社は額面株式と無額面株式を発行することができます。これは株券面に金額表示があるかどうかによる区分で、券面に金額表示のあるものを額面株式といいます。
額面株式については商法上次のような規定があります。
(1)会社の設立時に発行する額面株式は1株5万円以上でなければならない。
(2)額面株式の金額は均一でなければならない。
(3)額面株式の発行価額は券面金額を下ることができない。

家計費　≪4級≫
（かけいひ）

個人企業において、個人事業主の支出をまかなう場合、個人企業から個人事業主へ移転された金額の総額のことをいいます。（⇔資本）
〔仕訳例〕
　事業主の子供の教育費に充てるため、現金100千円を引き出した。
　　資本金　100／　現金　100

加工進捗度　≪1級原価≫
（かこうしんちょくど）

生産物の加工作業の進み具合をいいます。生産物の原価は原材料費と加工費から構成されています。仕掛品の原価は原材料費と加工費からなっていますが、原材料の含み具合は製品

の種類によって、最初に原材料の全部を投入して以降は加工をほどこしていく場合は、原材料費は100％投入済であるが、加工費は加工進捗度に比例することになります。さらに原材料が加工の進行に伴って投入される場合は原材料費、加工費とも加工進捗度に比例します。

加工費　＜1級原価＞
（かこうひ）

直接労務費と製造間接費とを合わせたもの、または直接材料費以外の原価要素を総称したものです。総合原価計算における仕掛品の評価は、原則として、主要な原材料費と加工費に区分して行われます。仕掛品の評価においてこの2つの原価要素に区分して原価計算をするのは、原材料は工程の始点で投入され、その後は人と機械による加工作業をする生産形態が一般的です。

火災未決算　＜2級＞
（かさいみけっさん）

財貨を火災によって焼失し、火災後の処理が未確定で金銭支出以外の資産の減少を伴うとき、その金額を一時的に処理しておくために用いる勘定で、未決算勘定の1つとなっています。後日、この処理が確定したときに、適切な勘定に振替えます。

〔仕訳例〕
　倉庫（取得原価2,000千円、建物減価償却累計額500千円）を焼失した。同倉庫には火災保険が付してあり査定中である。

　　建物減価償却累計額　　500　／　建　　物　2,000
　　火　災　未　決　算　1,500／

貸方　＜4級＞
（かしかた）

複式簿記においては、「勘定科目」と「金額」を左右に併記しますが、そのうち右側の記入欄のことをいいます。
　　　　　　　　　　　　　　　　　　　　　（☞借方）

貸倒れ　＜3級＞
（かしだおれ）

営業債権などが回収できなくなることです。

貸倒引当金 ≪3級≫ （かしだおれひきあてきん）	受取手形、完成工事未収入金に対する貸倒見込額で、営業債権から貸倒見込額を控除して、回収可能な債権額を表示する役割りを持つもののことです。　　　　　　（☞評価勘定） 〔仕訳例〕 　決算に際し受取手形、完成工事未収入金の合計額6,000千円に対し1.5％の貸倒れを見積る。差額補充法によることとし、期末の決算整理前の貸倒引当金の残高は14千円である。 　　（注）平成10年7月の建設業法施行規則の改正により「営業債権貸倒償却」は「貸倒引当金繰入額」と「貸倒損失」に変更。 　貸倒引当金繰入額　76／　貸倒引当金　76 　　　　6,000×0.015－14＝76
貸倒引当金繰入額 ≪3級≫ （かしだおれひきあてきんくりいれがく）	営業取引に基づいて発生した受取手形、完成工事未収入金等の債権に対する貸倒引当金繰入額のことです。（⇐費用） 　　　　　　　　　　　　　　　　　　（☞貸倒引当金） 〔仕訳例〕 (1)貸倒引当金は受取手形と完成工事未収入金勘定残高計（900千円）の2％を計上する。ただし決算整理前の貸倒引当金残は14千円である。（差額補充法によること。） 　　貸倒引当金繰入額　4　／　貸倒引当金　4 (2)得意先大阪商事株式会社に対する工事代金の未収分180千円は同社倒産のため回収不能となった。なお貸倒引当金の残高110千円がある。 　　貸倒引当金　110　／　完成工事未収入金　180 　　貸 倒 損 失　 70／
貸倒見積高 ≪1級財表≫ （かしだおれみつもりだか）	金融商品の貸倒見積高の算定に当たっては、債務者の財政状態および経営成績等に応じて、債権を次の3つに区分します。 (1)一般債権　経営状況に重大な問題が生じていない債務者に

対する債権

(2)貸倒懸念債権　経営破綻の状態には至っていないが、債務の弁済に重大な問題が生じているか、または生じる可能性の高い債務者に対する債権

(3)破産更正債権等　経営破綻または実質的に経営破綻に陥っている債務者に対する債権

貸倒見積額の算定は、債権の区分に応じて次の方法によります。

(1)一般債権　債権全体または同種・同類の債権ごとに、債権の状況に応じて求めた過去の貸倒実績率等合理的な基準により算定します。

(2)貸倒懸念債権　債権の状況に応じて、次のいずれかの方法により貸倒見積額を算定します。ただし、債務者の経営状況等が変化しない限り、同一債権については同一方法を継続して適用します。

　①債券額から担保の処分見込額および保証による回収見込額を減額し、その残高について債務者の経営状況を考慮して貸倒見積額を算定する方法。

　②債権の元本の回収および利息の受取りに係るキャッシュ・フローを合理的に見積もることが可能な債権については、債権の元本および利息について元本の回収および利息の受取りが見込まれるときから当期末までの期間にわたり当初の約定利子率で割引いた金額の総額と債権の帳簿価額との差額を貸倒見積高とする方法。

(3)破産更正債権　債券額から担保の処分見込額および保証による回収見積額を減額し、その残高を貸倒見積高とする方法。

貸倒率 ≪1級財表≫
（かしだおれりつ）

債権の貸倒見積額を算出する方法として、期末債権に一定率を乗ずる方法や、個々の債権の回収可能性を検討する方法とがあります。貸倒率とは過去の一定期間の貸倒損失額を当該

期の期末債権で除した割合をいい、期末債権に一定率を乗ずる方法を採用する場合は過去の貸倒率に将来の動向を加味して率を算出する方法が用いられます。実務では、税法が業種ごとに個々の貸倒率を規定しているので、それに従って回収不能額を見積ることとなっています。

貸付金 ≪4級≫
(かしつけきん)

関連企業・同業他社・従業員に対し資金の貸付けをしたとき、この勘定で処理します。（⇔資産）
〔仕訳例〕
　A社に運転資金として5,000千円を貸付け、小切手を振出してA社に渡した。
　　貸付金　5,000／　当座預金　5,000

貸付有価証券 ≪2級≫
(かしつけゆうかしょうけん)

取引先への金融手段として有価証券を貸付ける場合があります。この場合の有価証券は貸付有価証券勘定で処理され、借入側ではこの有価証券を担保にして銀行から融資を受けます。有価証券の貸借には、消費貸借と使用貸借の2つがあります。そのいずれであっても、貸主は貸付有価証券勘定で処理することになります。

課税所得 ≪1級財表≫
(かぜいしょとく)

法人税法により規定されている税務会計によって算出した課税対象となる所得をいいます。
課税所得は、企業の確定決算による当期利益に税法固有の損金・益金を算入・不算入して算出します。
(税法固有の例)
「法人税法」と「企業会計原則」の考え方の違い
受取配当金──→営業外収益（企業会計原則）
受取配当金──→益金不算入（法人税法）

仮設経費 ≪2級≫
(かせつけいひ)

本工事の施工上作業車の出入りをしやすくするために進入路に鉄板を敷いたり、外壁工事を安全に施工するために足場を

組み立てたりするなどに要する費用です。

仮設材料 ≪1級財表≫
（かせつざいりょう）

建設工事の対象となる建造物の一部になるものではありませんが、間接的に建設工事の完成に寄与する補助的な資材等を指します。具体的な例としては工事用の足場、型枠、仮設用器具などがあげられます。

仮設材料の損料 ≪1級原価≫
（かせつざいりょうのそんりょう）

仮設材料の費用化には損料計算方式とすくい出し方式があります。仮設材料の損料の構成要素は(1) 仮設材料の減価償却費、(2) 仮設材料の正常的損耗費、(3) 仮設材料の定期整備、修繕費、(4) 仮設材料の保管等管理費　等からなっており、損料計算方式はこれらの要素に対して所定の計算に基づいて１日当たり損料を求め、各工事に配賦することです。すくい出し方式は仮設材料を最初から工事原価に算入し、工事完了時に仮設材料の評価額または譲渡額を工事原価から控除します。

供用１日当たり仮設材料の損料の算式は次によります。

〔計算式〕

$$供用１日当たり仮設材料の損料 = 基礎価格 \times \left(\frac{償却費率}{耐用年数} + \frac{年間修繕費率}{} + \frac{年間管理費率}{} \right) \times \frac{1}{年間標準供用日数}$$

仮設材料費 ≪2級≫
（かせつざいりょうひ）

工事に関連して発生した足場等仮設物の費用で、一般の材料費と異なり、建設業固有の処理をしなければなりません。それには２つの方法が考えられます。

(1) 社内損料計算方式　あらかじめ損耗分の各工事負担分を予定し、後日差異を調整する方法
(2) すくい出し方式　当初工事に要した費用として全額を当工事原価に算入し、撤去時に何らかの価値があれば、この分を工事原価から控除する方法

法人税法ではすくい出し方式を許容しています。（⇐工事原価）

仮設建物　≪1級原価≫
（かせつたてもの）

工事完了とともに撤去される共通仮設部分を仮設材料あるいは仮設建物といいます。これらの費用を工事原価に計上していく方法には損料計算方式と、すくい出し方式があります。仮設建物については、回収金額相当額を雑収入等として経理することも認められますが、適正な工事原価計算の立場からは、望ましいとはいえません。　　（☞仮設材料の損料）

仮設部門　≪2級≫
（かせつぶもん）

建設業では、施工部門をサポートする補助部門がありますが、そのうち直接的なサービスを提供する補助部門に仮設部門があります。つまり仮設部門は足場等の工事用仮設材を整備保管し、各工事現場で必要な時に役務を提供する部門で、そこに集計された原価を仮設部門費といいます。

仮設部門費　≪1級原価≫
（かせつぶもんひ）

原価部門の設定は正確かつ妥当な工事原価の算定と効果的な原価管理を目的としています。原価部門は工事部門と補助部門に区分されますが、仮設部門は補助部門に属しています。仮設部門で発生する費用、すなわち仮設材料の損料、仮設資材の組立、撤去等が仮設部門費として集計されます。仮設部門費は最終的には工事部門に配賦する手続きを必要とします。

仮設用機材　≪2級≫
（かせつようきざい）

仮設の道路・足場などのうち1個10万円以上で反復使用され、消耗品費とならないものは減価償却計算をして数年で費用化しなければなりません。これらの仮設用機材は「工具器具」として固定資産扱いすることが妥当です。

価値移転主義　≪1級原価≫
（かちいてんしゅぎ）

工業生産物は原材料に労務費、諸経費の価値が集計されて完成品となります。このように完成品または完成工事高に価値が集計されていく過程を価値移転といい、それに基づいた考え方を価値移転主義といいます。原価計算の本来の姿は価値移転主義で集計または配賦されていくべきですが、やむを得

ざる場合や計算の経済性が重視される場合は負担能力主義による処理をすることがあります。工事間接費の配賦基準で価額法、時間法、数量法が価値移転主義に基づくものであるのに対して売価法が負担能力主義に基づくものです。等級製品および連産品の原価計算においてこの２つの考え方が反映されています。　　　　　　　　　　　　（☞負担能力主義）

価値移転主義的原価計算 ≪１級原価≫
（かちいてんしゅぎてきげんかけいさん）

工事間接費を各施工現場に配賦する基準の１つとして価値移転主義的原価計算があります。これは素材、労役、機械設備、サービス等いろいろな経済価値が製品や建設物に移転して統合されていく過程を把握しようとする原価計算方式であり、大部分の配賦基準はこの基準に基づいて計算されます。この他、例外的に収益に比例させる負担能力主義的原価計算があります。　　　　　　（☞負担能力主義的原価計算）

活動基準経営管理 ≪１級原価≫
（かつどうきじゅんけいえいかんり）

（☞ＡＢＭ）

活動基準原価計算 ≪１級原価≫
（かつどうきじゅんげんかけいさん）

（☞ＡＢＣ）

活動性の分析 ≪１級分析≫
（かつどうせいのぶんせき）

企業活動のために投下された資本は、資産に形を変えて運用され、費用の発生によって費消され、収益の発生によって回収されて新しい資本に入れ替わり、再び事業に投下運用されるという過程を繰り返しています。この過程の繰り返しのことを回転といい、この回転の状況を活動性といいます。したがって、活動性の分析は、資本やその運用形態である資産等が一定期間（通常は１年間）の間に新旧何回入れ替わったかを分析することであり、この分析の指標として回転率（資本

合併計算書法 《1級財表》
（がっぺいけいさんしょほう）

共同企業体の資産・負債・収益・費用等を共同支配参加構成員が記録する方法には仕訳処理法と合併計算書法の2つがあります。合併計算書法とは、共同企業体の諸勘定のうち共同支配参加構成員の持分に相当する部分について、仕訳で構成員の帳簿に記帳するのではなく、報告書上だけで合算する方法をいいます。

合併減資差益 《1級財表》
（がっぺいげんしさえき）

合併の際に、人格合一説（持分プーリング法）による処理を行った場合には、被合併会社の資本準備金、利益準備金、任意積立金、未処分利益などは原則としてそのまま帳簿価額で引継がれます。合併に当たって合併会社が交付した株式等の額が、被合併会社の資本金より少ない場合の差額を合併減資差益といいます。

合併差益 《2級》
（がっぺいさえき）

合併によって消滅した会社から承継した財産の価額が、(1)その会社から承継した債務の額およびその会社の株主に支払った金額、(2)合併後存続する会社の増加した資本の額または合併により設立した会社の資本の額を超える場合の超過額　をいいます。（⇐資本）

〔仕訳例〕

甲会社は、下記の財政状態の乙会社を吸収合併し、額面50千円の株式200株を発行して被合併会社株主に交付した。なお資産、負債とも帳簿価額で引継ぐこととした。

　　諸資産　21,500千円
　　諸負債　 9,850千円
　　資本金　 8,000千円
　　剰余金　 3,650千円

諸資産　21,500	諸負債　　9,850
	資本金　10,000
	合併差益　1,650

過度な保守主義
≪1級財表≫
（かどなほしゅしゅぎ）

企業会計は、予測される将来の危険に備えて、慎重な判断に基づく会計処理を行わなければなりません。このような考え方を保守主義と呼びますが、これが認められた会計基準の範囲を超えているときは、経営成績の真実な報告をゆがめることになります。そのような会計処理は過度な保守主義として認められません。

過年度税効果調整額
≪1級財表≫
（かねんどぜいこうかちょうせいがく）

税効果会計が適用される最初の事業年度において、過年度に発生した一時差異等に係わる税効果相当額については、損益計算書の当期未処分利益の計算区分において前期繰越利益（損失）の調整項目として、過年度税効果調整額を用います。適用初年度においては、まず期首における一時差異等に係わる繰延税金資産と繰延税金負債を算出し、貸借対照表に計上します。損益計算書の区分において、その純額を損益計算書の未処分利益の計算において「過年度税効果調整額」として前期繰越利益に加減する形式で記載します。
なお、適用初年度に限り、当該年度中に法人税率等が変更された場合には、期首の一時差異等に係わる繰延税金資産と繰延税金負債の計算は、当該決算期末現在における変更後の税率を用いて計算することになります。　　（☞税効果会計）

株価指数先物取引等
≪1級財表≫
（かぶかしすうさきものとりひきとう）

証券取引所が定めた基準および方法に従い、当事者間で約定した株価指数と将来の一定の時期における現実の株価指数の差に基づいて、金銭の授受を行う取引をいいます。代表的な例としては東京証券取引所第一部銘柄の時価総額の動きを表す指数として東証株価指数を用いた先物取引（TOPIX）があげられます。

株式　≪3級≫
（かぶしき）

(1) 企業が営業活動に必要な資金を広く大衆から集めるために発行する債券のことをいいます。

(2) 株式の所有者（株主）の会社に対する権利義務関係（株主権）をいいます。株主と会社との間の権利義務関係は、①利益配当請求権、②議決権、③株主代表訴訟権、④株式の額面額を限度とした出資義務などの総体をいいます。

株式会社　≪1級財表≫
（かぶしきがいしゃ）

資本主義社会における企業形態として最も代表的な法人形態の組織です。主な特徴としては、(1)株主有限責任であること、(2)出資額が小口に分割されていること、(3)株式の譲渡が自由であること　などがあげられます。

株式会社の資本　≪2級≫
（かぶしきがいしゃのしほん）

株式会社の資金調達の手段は、株式発行により不特定多数の株主から払込みを受ける形で行われていますが、当該企業の経営活動によって稼得した利益の一部も留保され主要な資金源泉の1つを構成しています。これらを総称して資本といい、図表で示すと次のとおりになります。

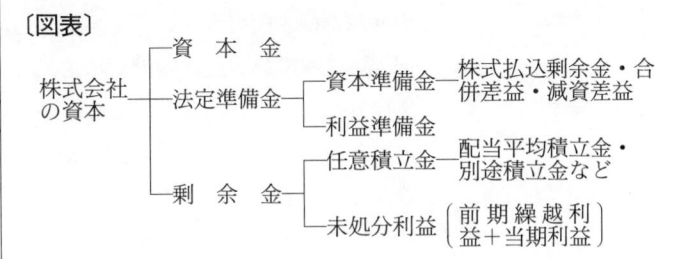

〔図表〕

```
株式会社 ─┬─ 資 本 金
の資本　　├─ 法定準備金 ─┬─ 資本準備金 ── 株式払込剰余金・合併差益・減資差益
　　　　　│　　　　　　　└─ 利益準備金
　　　　　└─ 剰 余 金 ─┬─ 任意積立金 ── 配当平均積立金・別途積立金など
　　　　　　　　　　　　　└─ 未処分利益 ［前期繰越利益＋当期利益］
```

株式市価基準法　≪1級財表≫
（かぶしきしかきじゅんほう）

企業の合併や買収をする際に、合併比率や買収価額を決めるための会社の評価方法のうち、企業の発行済株式の市場価額等を基準に評価する方法を株式市価基準法といいます。

株式の分割　≪1級財表≫
（かぶしきのぶんかつ）

資本金はそのままで発行済株式数を増加させることをいいます。市場の株価が高くなりすぎた場合に株式を分割して市場の流通性を高めるときなどに行われることがあります。

株式の併合
≪1級財表≫
(かぶしきのへいごう)

発行済株式2株を1株にするというように、数株を合わせることをいいます。株式2株を1株にして資本金を半分にする場合（減資）や、資本金はそのままで発行済株式数を減らす場合などがあります。

株式払込剰余金
≪2級≫
(かぶしきはらいこみじょうよきん)

株主からの払込金は原則として金額を資本金に組み入れますが、商法の規定でその一部を資本金に組み入れないことが認められています。その非組入額を株式払込剰余金といいます。（⇐資本準備金）

〔仕訳例〕

額面株式（額面50千円、発行価額80千円）20株発行し、額面額を資本金に組み入れた。なお、払込金は新株式払込金勘定で処理してある。

新株式払込金	1,600	資本金	1,000
		株式払込剰余金	600

株主配当金 ≪2級≫
(かぶぬしはいとうきん)

企業が事業活動により利益をあげた場合に、株主に分配される金額を株主配当金といいます。配当は株式の所有に応じ、配当可能限度額の範囲内で、株主総会で承認された利益処分案に基づいて行われます。なお、株主配当金および役員賞与の社外分配については、商法288条により資本金の1／4に達するまで当該分配額の1／10以上を利益準備金として積み立てることとなっています。

株主持分
≪1級財表≫
(かぶぬしもちぶん)

貸借対照表の借方は資金の運用を表し、貸方はその資金の調達源泉を表します。資金の提供者が企業の資産に対して有する請求権のことを一般に「持分」とよびますが貸借対照表の貸方のうち自己資本部分を株主持分といいます。

貨幣価値一定の公準
≪１級財表≫
(かへいかちいっていのこうじゅん)

企業会計の基礎的前提である会計公準の１つであり、企業会計において財、用役を測定する尺度として貨幣額を用いるに当たり貨幣価値は不変であるという前提のことです。現在の取得原価主義会計は、この貨幣価値一定の公準のうえで展開されています。　　　　　　　　　　（☞会計公準）

貨幣資産の評価
≪１級財表≫
(かへいしさんのひょうか)

貨幣資産とは、現金および将来の現金（金銭債権）をいいます。したがって貨幣資産の評価は、原則として回収不能の金額を控除した、将来現金として回収できる見込金額である回収可能額で評価されます。

貨幣・非貨幣法
≪１級財表≫
(かへいひかへいほう)

外貨建資産・負債を換算するに当たり貨幣項目は決算日レートで、非貨幣項目は取得日または発生日レートで換算する方法をいいます。

借入金　≪４級≫
(かりいれきん)

事業のために企業が金融機関、取引先等から資金を借入れた場合に処理する勘定です。（⇐負債）

〔仕訳例〕
　全国銀行から10,000千円を６ケ月後に返済する約定で借入れ、普通預金とした。
　普通預金　10,000／　借入金　10,000

借入金依存度
≪１級分析≫
(かりいれきんいぞんど)

総資本に対する借入金の割合をみる比率で、企業の資本構造の健全性を表します。総資本は、自己資本と他人資本により構成されていますから、この比率は企業の経営活動のために調達された総資本のなかに他人資本である借入金により調達したものがどのくらいあるかを表し、低いほど良いことになります。

〔計算式〕
$$借入金依存度(\%) = \frac{短期借入金＋長期借入金}{総資本} \times 100$$
（注）　借入金には、割引手形、社債も含まれます。

借入金自己資本依存度 ≪1級分析≫
（かりいれきんじこしほんいぞんど）

総資本に対する借入金と自己資本の合計の割合をみる比率で、企業の資本構造の健全性を表します。この比率は、企業活動のために調達された総資本のなかに他人資本である借入金により調達した資本と自己による調達資本の合計がどのくらいあるのかを表しますから、低いほど資本構造が健全であることになります。なお、この比率は、建設省建設経済局の「建設業の経営分析」において採用されていますが、一般的な比率ではありません。

〔計算式〕

$$\text{借入金自己資本依存度(\%)} = \frac{\text{短期借入金}+\text{長期借入金}+\text{自己資本}}{\text{総資本}} \times 100$$

借入有価証券 ≪2級≫
（かりいれゆうかしょうけん）

取引先等から資金を直接借入れる代わりに、有価証券を借入れる場合があります。借入側はこの有価証券を担保にして銀行から融資を受けることができます。（⇐負債）

（☞貸付有価証券）

仮受金 ≪3級≫
（かりうけきん）

入金があったが、その内容が不明のとき、または記入すべき勘定が不明のとき、それが判明するまで一時的に記入しておく勘定です。その内容が判明したとき適切な勘定に振替えます。（⇐負債）

〔仕訳例〕

(1)銀行の普通預金に甲工務店から550千円振込まれたが、内容が不明である。

　普通預金　550／　仮受金　550

(2)上記の振込みは貸付金の利息分を含まない元金の一部入金であることが判明した。

　仮受金　550／　貸付金　550

借方 ≪4級≫
（かりかた）

複式簿記においては、「勘定科目」と「金額」を左右に併記しますが、そのうち左側の記入欄のことをいいます。

（☞貸方）

仮払金 ≪3級≫
（かりばらいきん）

現金の支払があったが、勘定科目または金額が確定していない場合に、一時的に処理しておく勘定です。それらが判明したときには適切な勘定へ振替えます。（⇐資産）

〔仕訳例〕
営業担当者に受注交渉用の旅費その他の費用分として現金200千円を概算払いした。

仮払金　200／　現金　200

仮払法人税等 ≪2級≫
（かりばらいほうじんぜいとう）

1年決算法人は6ケ月を経過した日から2ケ月以内に、前事業年度の税額の1／2に当たる額または6ケ月間の仮決算をした税額で、法人税等（法人税、住民税、事業税）を申告納付しなければなりません。その中間申告納付額は一時的に仮払法人税等勘定で処理しておきます。その事業年度の確定申告では当該仮払法人税等を差し引いた額を納付することになります。（⇐資産）　　（☞法人税、住民税及び事業税）

〔仕訳例〕
予定申告に際して前期の法人税等の50％の税額1,500千円を納付した。

仮払法人税等　1,500／　現　金　1,500

為替換算調整勘定 ≪1級財表≫
（かわせかんざんちょうせいかんじょう）

在外子会社の財務諸表項目を換算するに当たり資産・負債は、決算時の為替相場で換算します。ただし親会社に対する債権債務は親会社が用いた為替相場により換算しますので、その結果生じた換算差額は為替換算調整勘定として、貸借対照表の資産の部または負債の部に記載されます。

為替差損益 ≪1級財表≫
（かわせさそんえき）

外貨建取引の発生日からその取引にかかる外貨建金銭債権債務の決済日までの間の為替相場変動による換算差額、および外貨建金銭債権債務について決算時の為替相場を付した場合

の取引日と決算時の為替相場変動による換算差額をいいます。

為替スワップ ≪1級財表≫
（かわせすわっぷ）

同額の外国為替を同時に売り買い逆方向に交差的に売買することをいいます。為替スワップには主に直物と先物の相互の同時売買（直先スワップ）と受け渡し期間が異なる先物同士の同時売買（先先スワップ）などがあります。

為替相場 ≪1級財表≫
（かわせそうば）

外国通貨で表示されたものを日本円に換算するためには、両通貨の間に換算するための比率がなくてはなりません。このような異なる通貨の間の換算比率を為替相場あるいは為替レートといいます。

為替手形 ≪3級≫
（かわせてがた）

振出人（手形を発行する人・宮古工務店）が名宛人（実際に支払う人・沖縄商会）に対して、一定の期日に一定の金額を受取人（石垣建材社）に支払うことを依頼した証券のことです。約束手形と違い名宛人が支払人になります。

（☞名宛人）

№234 住所	為替手形 QW6112	
収入印紙	沖縄商会 殿	支払期日 平成○年6月20日
	金額 ¥500,000 ★	支払地 東京都港区
	石垣建材社 殿またはその指図人へこの為替手形と引替えに上記金額をお支払いください	支払場所 八丁堀銀行八重洲支店
	平成○年5月20日　　拒絶証書不要	引受 平成○年5月21日
	振出地住所 東京都中央区八丁堀2丁目9番地	東京都中央区八丁堀1丁目2番地
	振出人 宮古工務店	沖縄商会
	代表者 大地三太 ㊞	代表者 土木二郎 ㊞
		用紙交付 八丁堀銀行

```
表記金額を下記被裏書人またはその指図人へお支払い下さい。
平成○○年○月○日                              拒絶証書不要

住所   沖縄県那覇市南風原3丁目5番地
       石垣建材社
           代表者   建設太郎  ㊞

被書
裏人  [                    ]                        殿
```

```
表記金額を下記被裏書人またはその指図人へお支払い下さい。
平成○○年○月○日                              拒絶証書不要

住所

被書
裏人  [                    ]                        殿
```

```
表記金額を下記被裏書人またはその指図人へお支払い下さい。
平成○○年○月○日                              拒絶証書不要

住所

被書
裏人  [                    ]                        殿
```

```
表記の金額を受け取りました。
平成○○年○月○日

住所
```

為替レート
　《1級財表》
（かわせれーと）

（☞為替相場）

換金価値
　《1級財表》
（かんきんかち）

売却等によって現金に換えることが可能なものをいいます。静態論における資産は、債権者保護の立場から、企業が解散したときに処分できる換金価値のあるものとされていました。

換金可能価値説
　《1級財表》
（かんきんかのうかちせつ）

会計における資産について、売却により現金に換金することが可能なものを資産とする考え方をいいます。この説では債権者保護の立場から、債務弁済能力を表示するため、処分価値のあるものを資産として貸借対照表に計上することになります。

関係会社株式
≪1級財表≫
（かんけいがいしゃかぶしき）

関係会社とは、財務諸表提出会社の親会社、子会社および関連会社並びに財務諸表提出会社が他の会社の関連会社である場合における当該他の会社をいいます。関係会社の株式を所有する場合には性格的に重要であることから、財務諸表規則上は関係会社株式の科目で独立して表示します。（⇐資産）

関係官公庁提出書類作成目的
≪1級原価≫
（かんけいかんこうちょうていしゅつしょるいさくせいもくてき）

原価計算の目的は対外的と対内的に大別することができます。その対外目的のなかに関係官公庁提出書類作成目的があります。建設業は公共工事を手がけることが多いために、官公庁から独特な調査資料等の報告が要求される場合があり、それに対応するための原価計算をしておく必要があります。代表的なものとして、「公共事業労務費調査等」があります。これは単なる財務諸表の組替え作業ではできません。部分原価計算を必要とします。

関係比率分析
≪1級分析≫
（かんけいひりつぶんせき）

比率分析手法の1つで相互に関係のある項目を組み合わせて比率（関係比率）に置き換えるものです。例えば、完成工事高と経常利益で利益率を、総資本と自己資本で自己資本比率をみる場合がそれです。特殊比率分析ともいいます。
（☞比率分析、特殊比率分析）

監査特例法
≪1級財表≫
（かんさとくれいほう）

資本の額が5億円以上または負債の合計金額が200億円以上の株式会社および資本の額が1億円以下の株式会社における監査等に関して商法の特例を定めた、株式会社の監査等に関する商法の特例に関する法律をいいます。

換算差額
≪1級財表≫
（かんざんさがく）

外貨建取引の取引発生時の為替相場による円換算額と、決算時における円換算額との差額をいいます。決算時における換算によって生じた換算差額は、当期の為替差損益として処理します。

換算損益 ≪1級財表≫ (かんざんそんえき)	外貨建取引に関して取引発生時から、決算時または決済時までの間の為替相場の変動の結果生じるもので、取引発生時の為替相場による円換算額と、決算時または決済時の為替相場による円換算額との差損をいいます。換算損失は換算益と相殺した純額で表示されます。
勘定 ≪4級≫ (かんじょう)	企業会計において、取引が発生した場合、どのような内容の資産、負債、資本、収益、費用が発生したのかを細かく記録・計算するために設けられた簿記上の区分のことをいいます。
勘定科目 ≪4級≫ (かんじょうかもく)	「勘定」につけられた、それぞれの名称のことをいいます。
勘定科目精査法 ≪1級分析≫ (かんじょうかもくせいさほう)	固変分解の具体的方法の1つで、原価あるいは費用を、勘定科目別に内容を精査して、固定費と変動費に分解する方法で、個別費用法ともいわれます。原価あるいは費用の中には、固定費と変動費の中間的な性格のものもあるので、この方法は必ずしも理論的とはいえませんが、実践的な方法ではあります。　　　　　　　　　　　（☞固変分解）
勘定記録の正確性の検証 ≪2級≫ (かんじょうきろくのせいかくせいのけんしょう)	通常、取引が行われた場合には、その取引は仕訳帳を通じて総勘定元帳の勘定口座へ転記されます。しかし、転記は機械的で単純なルールによるものなので、その際、勘定口座への誤記、脱漏の危険があります。 そこで、総勘定元帳、補助元帳の勘定記録を定期的に検証する必要が生じ、これは、試算表の作成によって実施されます。
勘定口座 ≪4級≫ (かんじょうこうざ)	企業の経営活動は勘定科目等を用いて記録・計算するために設けられた、帳簿上の場所のことをいいます。勘定口座には「標準式」と「残高式」の2つの形式があります。

かんじょう

勘定式　≪2級≫
（かんじょうしき）

財務諸表の作成に当たり、損益計算書の費用と収益を左右対照の形で示す形式および貸借対照表の資産と負債・資本を左右対照の形で示す形式を勘定式といいます。（☞報告式）

関数均衡分析　≪1級分析≫
（かんすうきんこうぶんせき）

2項目間の分岐点、均衡点をグラフや関数式によって把握しようという分析手法です。主に利益管理の分野で活用されます。代表例として、損益分岐点分析があげられますが、これは売上高とコストが一致する点、すなわち利益が0となる採算点がいくらなのかを求めようとするものです。

（☞損益分岐点）

完成工事原価　≪4級≫
（かんせいこうじげんか）

完成工事高として計上したものに対応する工事原価のことです。（⇐費用）

〔仕訳例〕

工事に関する次の諸支出を完成工事原価勘定に振替える。材料費160千円、労務費70千円、外注費100千円、経費30千円。ただし当期末において工事はすべて完成引渡し済みである。

完成工事原価　360	材料費　160
	労務費　 70
	外注費　100
	経　費　 30

完成工事原価報告書　≪3級≫
（かんせいこうじげんかほうこくしょ）

建設会社が作成する財務諸表の様式について定めている建設業法施行規則では、損益計算書に記載されている完成工事原価の内訳を報告するため、損益計算書の付表として、完成工事原価を材料費、労務費、外注費および経費の4つの要素に区分して記載した完成工事原価報告書を作成することになっています。完成工事原価報告書は、貸借対照表や損益計算書などと同様に財務分析を行う場合の重要な資料です。

〔様式〕

完成工事原価報告書

　　　　　自平成　　年　　月　　日
　　　　　至平成　　年　　月　　日
　　　　　　　　　　　　　　　　（会社名）

　Ⅰ．材　料　費　　　　1,000　千円
　Ⅱ．労　務　費　　　　2,000
　　（うち労務外注費　1,000）
　Ⅲ．外　注　費　　　　3,000
　Ⅳ．経　　　費　　　　4,000
　　（うち人件費　1,000）
　　　完成工事原価　　　10,000

完成工事総利益　≪2級≫
（かんせいこうじそうりえき）

損益計算書においては、収益と費用とが対応表示されます。このうち、完成工事高からこれに対応する完成工事原価を差し引いたものが完成工事総利益で、当期に完成引渡された工事の直接の利益を示しており、「粗利益」とも呼ばれています。

完成工事高　≪4級≫
（かんせいこうじだか）

工事が完成し、その引渡しが完了したものについての請負高のことです。（⇐収益）

〔仕訳例〕
　工事が完成し青森株式会社へ引渡し代金3,000千円は同社振出しの小切手で受取った。
　　現金　3,000／完成工事高　3,000

完成工事高営業利益率　≪1級分析≫
（かんせいこうじだかえいぎょうりえきりつ）

完成工事高に対して、営業利益がどの程度あがったかをみる比率です。分子の営業利益は、完成工事高から完成工事原価と販売費及び一般管理費を差し引いて計算されるもので、企業本来の営業活動による利益です。したがって、この比率は、財務活動の収支に左右されない企業本来の営業効率を表

します。

〔計算式〕

$$完成工事高営業利益率(\%) = \frac{営業利益}{完成工事高} \times 100$$

完成工事高経常利益率　《1級分析》
（かんせいこうじだかけいじょうりえきりつ）

完成工事高に対して、経常利益がどの程度あがったかをみる比率です。分子の経常利益は、企業本来の営業活動による営業利益に財務活動などの営業活動以外の活動による営業外収益（受取利息、受取配当金など）を加えて、それから営業外費用（支払利息割引料、社債利息など）を差し引いて計算されるもので、企業の経常的な活動による利益です。したがって、この比率は、企業の経常的な経営活動の収益性を表します。

〔計算式〕

$$完成工事高経常利益率(\%) = \frac{経常利益}{完成工事高} \times 100$$

完成工事高増減率　《1級分析》
（かんせいこうじだかぞうげんりつ）

完成工事高が前期と比較して当期はどの程度増減したかを表し、企業の成長度合をみる比率です。完成工事高は、企業の規模を示す指標であり、かつ付加価値や利益の源泉です。したがって、この比率は、企業の成長性をみる比率のなかでも重要な指標です。なお、この比率の数値がプラスになれば完成工事高増加率であり、マイナスになれば完成工事高減少率となります。また、増収率（減収率）といわれることもあります。この比率は、プラスの成長度合をみることを強調して、単に完成工事高増加率とよばれることもあります。

〔計算式〕

完成工事高増減率(%)

$$= \frac{当期完成工事高 - 前期完成工事高}{前期完成工事高} \times 100$$

完成工事高総利益率　≪1級分析≫
（かんせいこうじだかそうりえきりつ）

完成工事高に対して、総（粗）利益がどの程度あがったかをみる比率で、粗利益率ともいわれます。分子の完成工事総利益は、完成工事高から完成工事原価を差し引いて計算されるものですから、この比率は、工事の採算性の良否を表し、完成工事原価率と表裏一体の比率です。すなわち、完成工事原価率が低ければ低いほど利幅がそれだけ大きくなりますから、完成工事高総利益率は高くなります。

〔計算式〕

$$完成工事高総利益率(\%) = \frac{完成工事総利益}{完成工事高} \times 100$$

完成工事高対外注費率　≪1級分析≫
（かんせいこうじだかたいがいちゅうひりつ）

完成工事高に対する外注費の割合をみる比率です。完成工事高1単位当たりどれだけ外注費を負担しているかを表します。完成工事高総利益率の良否は完成工事原価率の良否に影響されます。したがって、完成工事高総利益率の良否を検討する場合に、完成工事原価を構成する材料費、労務費、外注費、経費の完成工事高に対する割合を個別に検討する必要がありますが、建設業の場合は完成工事原価に占める外注費の割合が大きいので、特にこの比率による分析が重要といえます。

〔計算式〕

$$完成工事高対外注費率(\%) = \frac{外注費}{完成工事高} \times 100$$

完成工事高対金融費用率　≪1級分析≫
（かんせいこうじだかたいきんゆうひようりつ）

完成工事高に対する金融費用（支払利息割引料、社債利息、社債発行差金償却など）の割合をみる比率です。完成工事高1単位当たりどれだけ金融費用を負担しているかを表し、完成工事高利子負担率ともいわれます。この比率は、完成工事高経常利益率の大小に影響する重要な比率です。

〔計算式〕

$$完成工事高対金融費用率(\%) = \frac{金融費用}{完成工事高} \times 100$$

完成工事高対人件費率　≪1級分析≫
（かんせいこうじだかたいじんけんひりつ）

完成工事高に対する人件費の割合をみる比率です。完成工事高1単位当たりどれだけ人件費を負担しているかを表します。人件費は費用のなかでも固定費に属するものですから、この比率はできるだけ低い方が、企業の収益性のうえでは良いことになります。なお、人件費は販売費及び一般管理費と工事原価である経費のなかの人件費の合計です。人件費は、役員報酬、従業員給料手当、退職金、法定福利費、福利厚生費などです。

〔計算式〕

$$完成工事高対人件費率(\%) = \frac{人件費}{完成工事高} \times 100$$

完成工事高対販売費及び一般管理費率　≪1級分析≫
（かんせいこうじだかたいはんばいひおよびいっぱんかんりひりつ）

完成工事高に対する販売費及び一般管理費の割合をみる比率です。販売費及び一般管理費は、販売活動や一般管理活動に関して発生する費用で、役員報酬、従業員給料手当、福利厚生費、広告宣伝費、交際費などの費用です。この比率が低いほど販売活動や管理活動が効率良く行われていることを表します。

〔計算式〕

$$完成工事高対販売費及び一般管理費率(\%) = \frac{販売費及び一般管理費}{完成工事高} \times 100$$

完成工事高当期利益率　≪1級分析≫
（かんせいこうじだかとうきりえきりつ）

完成工事高に対して、当期利益がどの程度あがったかをみる比率です。分子の当期利益は、企業の経常的な経営活動の成果である経常利益に特別利益（固定資産売却益など臨時に発生した利益）を加えて、それから特別損失（固定資産売却損など臨時に発生した損失）を差し引いて計算される税引前当期利益から法人税、住民税及び事業税を控除したものです。したがって、この比率は、企業の全体的な活動による収益性を表します。

〔計算式〕

$$完成工事高当期利益率(\%) = \frac{当期利益}{完成工事高} \times 100$$

完成工事高値引引当金　≪2級≫
（かんせいこうじだかねびきひきあてきん）

完成工事高値引引当金は負債性引当金です。値引（割戻）についての決済は、通常、その代金の決済時に行われます。しかし当事業年度に行われた値引であって、しかもその決済がまだ行われていない部分については、その金額が重要でない場合を除き、期末に完成工事高からその金額を控除するとともに当該引当金を設定することになります。（⇐負債）

〔仕訳例〕

川崎建設㈱は決算に際し、当期の完成工事高に対して200千円の値引引当金を設定する。

完成工事高　200／　完成工事高値引引当金　200

完成工事高利益率　≪1級分析≫
（かんせいこうじだかりえきりつ）

完成工事高に対して、利益がどの程度あがったかをみる比率で、この比率が高いほど企業の収益性が良いことを表します。この比率は、資本回転率とともに、資本利益率を構成する重要な要素であり、完成工事高と対比する利益の種類により、完成工事高総利益率、完成工事高営業利益率、完成工事高経常利益率などがあります。

〔計算式〕

$$完成工事高利益率(\%) = \frac{利　益}{完成工事高} \times 100$$

完成工事高割戻引当金　≪2級≫
（かんせいこうじだかわりもどしひきあてきん）

完成工事高値引引当金と同様、完成工事高割戻引当金も当事業年度に行われた取引に伴う割戻で、その決済が行われていない分につき、期末に完成工事高からその金額を控除するとともに当該引当金を設定することになります。（⇐負債）

（☞完成工事高値引引当金）

〔仕訳例〕
　日本建設㈱は決算に際し、当期完成工事高に係る割戻引当金400千円を設定する。
　　完成工事高　400／完成工事高割戻引当金　400

完成工事補償引当金　《2級》
（かんせいこうじほしょうひきあてきん）

工事完成引渡後の一定期間内に、故障や不良箇所が生じたとき「無償修理」の特約または慣習がある場合、当期の工事に関して、将来発生すると見込まれる工事補償費を見積り計上するときの貸方科目です。一般的にはその繰入額は完成工事原価のうち経費で処理します。（⇐負債）

完成工事補償引当金戻入　《2級》
（かんせいこうじほしょうひきあてきんもどしいれ）

過年度における完成工事補償引当金の設定が過大であったために生ずる前期損益の修正額をいいます。（⇐収益）
〔仕訳例〕
　前期において設定した完成工事補償引当金37千円が当期末において残っているので戻入れる。
　　完成工事補償引当金　37／完成工事補償引当金戻入　37

完成工事補償引当損　《1級財表》
（かんせいこうじほしょうひきあてそん）

完成工事補償引当金繰入額とも呼ばれ、期末に当期の完成工事に係る将来の補修のための支出額を見積もり、これを当期の工事原価として計上するものです。対応する貸方科目は完成工事補償引当金です。（⇐工事原価）
〔仕訳例〕
　甲建設㈱は当期末に当期の完成工事高100,000千円に対して0.2％の補修費を計上した。
　　未成工事支出金　200　／　完成工事補償引当金　200
　　（完成工事補償引当損）

完成工事未収入金　《3級》
（かんせいこうじみしゅうにゅうきん）

完成工事高に計上した請負代金のうち、未収となっている額のことです。（⇐資産）

かんせつき

〔仕訳例〕
工事が完成し引渡が完了したので、請負代金10,000千円を請求したが、翌月に精算されることになった。
完成工事未収入金　10,000／　完成工事高　10,000

完成工事未収入金滞留月数 ≪1級分析≫
（かんせいこうじみしゅうにゅうきんたいりゅうげつすう）

平均月商の何ケ月分の完成工事未収入金をかかえているかをみる比率です。受取勘定のなかの完成工事未収入金だけについて、その滞留月数をみる比率で、企業の短期的な支払能力を表します。この比率が低いほど完成工事未収入金の回収期間が短く、企業の資金繰りに良い影響を与えることになります。　　　　　　　　　　　　　　　　（☞受取勘定滞留月数）

〔計算式〕
$$完成工事未収入金滞留月数(月) = \frac{完成工事未収入金}{完成工事高 \div 12}$$

完成度評価法 ≪1級原価≫
（かんせいどひょうかほう）

完成品と仕掛品とに原価を配分するに当たり、仕掛品を完成品と同じ数量の尺度基準を用いて仕掛品数量を完成品数量に換算することをいいます。完成品換算法ともいいます。

〔計算式〕
仕掛品の完成品換算量＝仕掛品数量×仕掛品進捗度

間接記入法 ≪2級≫
（かんせつきにゅうほう）

減価償却の記帳方法の１つで、直接記入法に対応するものです。
固定資産の取得原価はその耐用期間にわたって減価償却により各期間に費用として配分されます。この方法は、取得原価は据置いたままにして、毎期の償却額を減価償却累計額勘定という評価勘定を設けてその貸方に記入します。
したがって、当該固定資産の未償却残高は当該固定資産勘定の借方残高と減価償却累計額勘定の貸方残高の差額によって示されます。　　　　　　　　　　　　　　　　　（☞直接記入法）

間接費 ≪2級≫
（かんせつひ）

原価は最終的には製品との関連で直接的に消費されたかどうかにより、直接費と間接費に区分されます。したがって、間接費とは、原価ではあるが製品との関連で直接的に把握することが困難な費用であり、建設業においては工事間接費として区分されます。必要があればこれはさらに細分化されます。

還付税額 ≪1級財表≫
（かんぷぜいがく）

法人税、住民税、事業税の更正等により還付された税額を還付税額といいます。法人税、住民税の更正による還付税額は、税引前当期利益に加えて表示し、事業税の更正による還付税額は、原則として特別利益として表示します。

簡便法 ≪2級≫
（かんべんほう）

補助部門費を施工部門へ配賦するには3つの方法がありますが、その1つに相互配賦法があります。相互配賦法とは、補助部門間のサービス授受の実態を適正に反映させるため他の2方法より理論的です。相互配賦法には、連続配賦法や連立方程式などの厳密な配賦法がありますが、補助部門にそれほど重要性がない場合、実務上効率的経済的とはいえません。そこで相互配賦法に簡便法が使われています。つまり第1次配賦のみ相互配賦を行い、第2次配賦では直接配賦してしまう方法です。

（☞相互配賦法、直接配賦法、階梯式配賦法）

管理会計 ≪1級分析≫
（かんりかいけい）

企業内部の経営者や管理者に対して、経営管理に役立つ会計情報を提供するために行われる会計で、内部報告会計ともいわれます。管理会計の目的は、設備投資計画などの意思決定や業績の測定などに役立つ会計情報の作成にありますが、財務分析のデータも経営管理資料として有効なものとなります。

管理可能性分類 ≪2級≫
(かんりかのうせいぶんるい)

原価の発生を管理者によって管理できるか否かによって分類する方法で、原価の基礎的分類基準の1つであり、管理可能費と管理不能費に分類されます。しかし、建設業では各工事現場においてその管理基準が異なるため、それぞれの工事において管理可能費と管理不能費が異なることもあります。

管理可能費 ≪2級≫
(かんりかのうひ)

管理者により管理可能な費用をいい、それは各管理者の権限と責任に大きく依存しており、また短期的観点に立つか長期的観点に立つかにより、同じ管理者でも管理可能費となる原価の内容が異なることもあります。したがって、どの管理者層にとって可能かを特定しなければ無意味となってしまいます。

管理不能費 ≪2級≫
(かんりふのうひ)

管理者が管理できない費用をいいます。　（☞管理可能費）

き

機械運転時間基準 ≪2級≫
(きかいうんてんじかんきじゅん)

工事間接費の具体的配賦基準の1つで、各工事の機械運転時間に基づいて配賦計算を行うものです。

〔計算式〕

$$機械等経費配賦率 = \frac{一定期間の機械等経費実際額あるいは予定額}{同上期間の機械運転時間総数}$$

$$各工事への配賦額 = 各工事の機械運転時間 \times 同上配賦率$$

機械運転時間法 ≪1級原価≫
(きかいうんてんじかんほう)

工事間接費を工事現場別に配賦する基準には価額法、時間法、数量法、売価法等があります。そのうち時間法はさらに直接作業時間法、機械運転時間法、車両運転時間法等に細分されます。機械運転時間法は各工事現場の機械使用時間によって工事間接費（機械の減価償却費、燃料費、修繕費、運搬費等）を配賦する方法のことです。

機会原価　≪1級原価≫
（きかいげんか）

ある事柄を行わなかったことから生ずる利益の喪失です。ある財貨について、その代替的な諸用途のうち1つを取り、他を棄てた結果失われる利益を貨幣価値をもって測定したものです。例えば、いま1,000万円の手元現金で設備投資を計画している場合に、1,000万円を銀行に定期預金すれば年1％で10万円の利息を受取ることができます。この1,000万円を設備投資にあてた場合に失われた年10万円の利息が機会原価に当たります。その機会原価10万円は設備獲得のための消極的な原価です。　　　　　　　　　　（☞特殊原価調査）

機械装置　≪3級≫
（きかいそうち）

工事用および修理用等の機械装置を計上する勘定です。（⇦資産）

〔仕訳例〕
　自動木材加工機一式を据付工事費込みで1,500千円で購入し代金は掛とした。
　　機械装置　1,500／　未払金　1,500

機械損料　≪2級≫
（きかいそんりょう）

機械の利用による減価あるいは減耗分のことです。したがって損料には単に減価償却費のみではなく定期的なメンテナンスや修繕、補修さらにそれらの作業の経常的な管理業務に関連するコストも含まれます。

機械損料の構成要素は、(1)機械の減価償却費、(2)機械の維持修繕費、(3)機械の公租公課等管理費　からなっています。

機械中心点　≪2級≫
（きかいちゅうしんてん）

（☞マシン・センター）

機械等経費　≪2級≫
（きかいとうけいひ）

建設業の独特な科目であり、次のような費用が含まれます。(1)機械等の賃借料、(2)機械等損料、(3)機械等修繕費、(4)機械等運搬費

しかし、企業規模の拡大によってその重要性が高まった場合

には、機械部門費としてこれら費用を一括把握して、後に合理的に配賦をするほうが優れているといえます。(⇦工事原価)

機械部門　≪2級≫
(きかいぶもん)

施工部門を直接的にサポートする補助部門の1つです。通常、企業規模の拡大に伴い原価部門は効率性、責任の明確化および正確な工事原価の把握を目的として、直接工事にたずさわる施工部門とこれをサポートする補助部門とに区分されます。

補助部門はその用役提供の内容によって補助サービス部門と現場管理部門に区別されます。このうち、補助サービス部門は施工部門に直接的なサービスを提供する部門のことで、仮設部門、車両部門、および機械部門等がこれに属します。

機械部門費　≪1級原価≫
(きかいぶもんひ)

部門別原価計算をする場合、仮設部門、機械部門、車両部門等を設定し、機械部門で発生する費用(減価償却費、燃料費、修繕費等の部門個別費と事務用消耗品費、家賃等の部門共通費)の合計額を機械部門費として把握します。機械部門は補助部門であり、そこで発生する費用を施工部門すなわち工事現場に負担させなければ原価の回収はできません。したがって補助部門費を施工部門費化する必要があります。

機械率　≪2級≫
(きかいりつ)

機械部門を機種別に分類し、それぞれをマシン・センター(機械中心点)としたうえで使用1時間当たり、あるいは使用1日当たりの配賦率を求め各工事に間接費を配賦します。この配賦率を機械率といいます。

これは次の算式によって求められます。

〔計算式〕

$$機械率 = \frac{一定期間のマシン・センター別機械関係費予算額}{同期間の機械予定使用時間あるいは使用日数}$$

期間計画
≪1級原価≫
（きかんけいかく）

一定の期間について設定された目標を実現するために行われる総合計画です。期間計画は個別計画を基礎とし、その期間の長短によって長期期間計画と短期期間計画に分かれます。長期期間計画の典型が長期利益計画であり、短期期間計画の典型が予算制度です。期間計画はトップマネジメントが設定し、個別計画はミドルマネジメントが設定します。
（☞個別計画）

期間計算の公準
≪1級財表≫
（きかんけいさんのこうじゅん）

（☞継続企業の公準）

期間原価
≪1級財表≫
（きかんげんか）

発生費用のうち建設工事に直接必要とされなかった部分をいいます。期間原価は発生原因および活動種類別に発生額が集計され、一定期間の収益に対応する費用として処理されます。
（☞ピリオド・コスト）

期間対応
≪1級財表≫
（きかんたいおう）

期間損益計算を行う場合には、当期の収益に対応するものが当期の費用となりますが、会計期間を媒介として、当期に計上された収益に対して当期に発生した費用を対応させる間接的な対応を期間対応といいます。
（☞個別対応）

期間比較
≪1級財表≫
（きかんひかく）

企業の財政状態や経営成績を判断するために、当期と前期を比較するというように、異なった期間を比較することをいいます。この場合に、選択した会計処理の原則および手続きが期間によって異なった場合、期間比較が困難となるため、選択した会計処理の原則および手続きは毎期継続して適用することが必要となります。

企業会計原則
≪1級財表≫
(きぎょうかいけいげんそく)

企業会計の実務の中に慣習として発達したものの中から一般に公正妥当と認められたところを要約したものであって、すべての企業がその会計を処理するに当たって従わなければならない基準であり、商法、税法等が制定改廃される場合に尊重されなければならないものです。
昭和24年に設定された企業会計原則は、一般原則、損益計算書原則および貸借対照表原則で構成されており、これには企業会計原則注解が付せられており企業会計原則を補足する役割を果しています。

企業会計原則の注解
≪1級財表≫
(きぎょうかいけいげんそくのちゅうかい)

企業会計原則のうち重要項目については注解がつけられています。企業会計原則注解は、企業会計原則の解釈を示すものであり、また実践規範としての性格も持っています。

企業間比較
≪1級財表≫
(きぎょうかんひかく)

企業の財政状態や経営成績を判断するために、2つ以上の企業の財務諸表を比較することをいいます。公表される財務諸表の様式が企業によって異なる場合は、企業間比較は困難となるため、建設業法などで財務諸表の様式について定めています。

企業財務の流動性
≪1級財表≫
(きぎょうざいむのりゅうどうせい)

短期の支払能力を表すものです。企業が事業を継続していくためには、支払が円滑に行われるように必要なときに流動資金の準備が出来なければなりません。流動性を示す代表的な指標として流動比率などがあります。

企業残高基準法
≪2級≫
(きぎょうざんだかきじゅんほう)

当座預金の自社記帳残高と銀行からの残高証明書が一致しているかどうかを定期的に照合する場合、実際には両者が一致しないことが多くあります。記帳時点のずれ等に起因する差異を調整して自社残高と銀行残高の一致を確認するために銀行勘定調整表を作成します。その作成方法の1つに企業残高基準法があります。これは自社残高に差異項目を加減して銀

企業残高・銀行残高区分調整法 ≪2級≫
（きぎょうざんだかぎんこうざんだかくぶんちょうせいほう）

行残高証明書と一致させる形で作られるものです。
（☞銀行残高基準法、企業残高・銀行残高区分調整法）

銀行勘定調整表の作成法の1つです。これは、自社の当座預金勘定の残高と銀行残高証明書の残高との差異項目の金額をそれぞれに加減することによって当座預金勘定の実際有高を算出する形で作られるものです。
（☞企業残高基準法、銀行勘定調整表）

企業実体 ≪1級財表≫
（きぎょうじったい）

会計が行われる単位を指します。通常は、1つの企業が1つの企業実体となりますが、密接な関係にある親会社と子会社が1つの会計単位となることもあれば、1つの企業であっても本店、支店がそれぞれ独立した会計単位となることもあります。

企業実体の公準 ≪1級財表≫
（きぎょうじったいのこうじゅん）

会計が行われる範囲についての前提です。これは、会計が行われる単位が企業であり、出資を受けた企業は出資者から独立し、企業に関するものだけを会計の対象とします。
（☞会計公準）

企業利益 ≪1級財表≫
（きぎょうりえき）

企業は、一般に公正妥当と認められた会計原則に基づき、当期の収益の額から当期の費用の額を差し引いて当期利益の計算をします。税法会計において法人税の所得金額は、この企業利益から、収益と益金の差異および費用と損金の差異を加減することによって算出します。

起債会社 ≪1級財表≫
（きさいがいしゃ）

社債を発行する会社のことを起債会社と呼びます。社債は株式会社に特有の長期債務であり、一般に確定利子付証券によって代表されますが、転換社債や新株引受権付社債等の発行も認められています。

機材等使用率　≪1級原価≫
（きざいとうしようりつ）

建設業において、各工事に共通して発生する原価、例えば会社に1台しかないクレーン車を各工事現場に使用すれば、このクレーン車の費用の取扱いが工事原価を決定するキーとなります。このようなクレーン車およびその他機材の費用を各工事現場に負担させる1つの方法に機械等使用率があります。その典型が機械や仮設材料の使用率です。機械の1日当たりの使用率であり、仮設材料の供用1日当たりの損料です。　　　　　　　　　　　　　（☞仮設材料の損料）

期首　≪4級≫
（きしゅ）

会計期間の一番初めの日のことをいいます。

機種別センター使用率　≪1級原価≫
（きしゅべつせんたーしようりつ）

機械、車両の使用1時間あるいは1日当たりの費用を機種別センター使用率といいます。施工部門がA機種の支援を受けた時間が分かれば、A機械の費用を施工部門に転化していくことができます。その使用率の算式を示すと次のとおりとなります。　　　　　　　　　　　　　　　　（☞機械中心点）

〔計算式〕

$$\text{機械使用1時間あるいは1日当たり使用率} = \frac{\text{一定期間マシン・センター別機材費予算額}}{\text{同期間機械予定使用時間あるいは日数}}$$

基準操業度　≪2級≫
（きじゅんそうぎょうど）

操業度とは、年度設備を一定とした場合におけるその利用度をいいます。固定費は操業度の増減にかかわらず変化しない原価要素をいい、変動費とは操業度の増減に応じて比例的に増減する原価要素をいいます。固定予算を作成する場合に予定される1つの操業度を基準操業度といいます。これには(1)次期予定操業度、(2)長期正常操業度、(3)実現可能最大操業度等があります。
（☞次期予定操業度、長期正常操業度、実現可能最大操業度）

基準標準原価
≪1級原価≫
(きじゅんひょうじゅんげんか)

標準原価の改定頻度を基準として区分した場合、指数として固定的に使用していくものを基準標準原価といいます。これとの比較で実際原価の趨勢を知ることができます。経営の基本構造が変化した場合や製造方法などが変化して数量標準が変化した場合には改訂されます。

擬制資産
≪1級財表≫
(ぎせいしさん)

担保力および換金価値を有しない資産のことで、繰延資産がこれに該当します。資産として擬制されたものであるため、商法は早期に償却することを要請しています。

期中取引の記帳
≪2級≫
(きちゅうとりひきのきちょう)

簿記手続の流れとして(1)開始記入、(2)期中取引の記帳、(3)試算表の作成、(4)決算整理、(5)精算表の作成　があります。期中取引の記帳は次の順序で記帳されます。
取引の発生→証憑の作成→仕訳帳へ記入→総勘定元帳へ転記
仕訳帳への記入と元帳への転記を通じて取引の歴史的記録を期間ごとに保持することができます。

機能的減価
≪1級財表≫
(きのうてきげんか)

固定資産は物質的原因や機能的原因によって減価します。機能的減価とは物質的にはまだ使用に耐えうるが、新技術の発明などによって資産が陳腐化したり、または、製造方法の変更などにより資産が不適応化したことによる減価をいいます。

機能別原価計算
≪1級原価≫
(きのうべつげんかけいさん)

作業機能別に把握しようとする原価計算を機能別原価計算といいます。建設業では機能別原価計算を工種別原価計算といいます。工種別とは仮設工事、鉄筋工事、タイル工事、左官工事等20種類程度に分類されています。工種別原価計算は事前原価計算において実施される場合が多いのですが、これは原価管理に適した原価計算です。実行予算の作成も機能別原価計算を前提にした工種別分類によっている例が多いです。

寄付金　≪3級≫ （きふきん）		社会福祉団体等に対する寄付金を計上する勘定です。（⇐販売費及び一般管理費） 〔仕訳例〕 　町内の神社の祭礼に30千円の寄付を現金で支払った。 　　寄付金　30／現金　30
基本計画設定目的 　　≪1級原価≫ （きほんけいかくせっていもくてき）		原価計算基準が示す原価計算の目的の第5番目に基本計画設定目的があります。これは、経済の動態的変化に対応していくために、経営立地の変更、生産設備の更新や新規投資、組織改革、新製品の研究開発など、経営の基本構造に影響を及ぼす長期的、戦略的な意思決定過程のことです。
基本予算 　　≪1級原価≫ （きほんよさん）		期間を会計年度と合わせて1年ないし6ヶ月として決定し、会計年度にわたる予算計画を示して業務執行に対する目標を与え、コントロール性のある実行予算編成の基礎となるものをいいます。　　　　　　　　　　　（☞実行予算）
期末　≪4級≫ （きまつ）		会計期間の一番最後の日のことをいいます。
期末仕掛品の評価 　　≪1級原価≫ （きまつしかかりひんのひょうか）		総合原価計算においては、完成品原価を決定するために期末仕掛品の評価は重要です。期末仕掛品の評価方法は完成度評価法、主原価評価法、無評価法の3つがありますが、一般には、完成度評価法が適用されます。その場合には製造工程におけるインプット要素（期首仕掛品原価と当期製造費用）と、アウトプット要素（期末完成品原価と期末仕掛品原価）にどのように配分されるべきかを仮定しなくてはなりません。この仮定には先入先出法、平均法、後入先出法の3つの方法があります。

逆計算法
≪1級原価≫
（ぎゃくけいさんほう）

材料消費量を把握する方法の1つです。これは、製品の生産量から逆算して材料消費量を求める方法で、あらかじめ、製品単位当たり基準消費量を算定しておかなければなりません。　　　　　　　　　（☞継続記録法、棚卸計算法）

〔計算式〕
　　材料消費量＝製品単位当たり基準消費量×製品生産量

キャッシュ・フロー計算書 ≪1級財表≫
（きゃっしゅふろーけいさんしょ）

キャッシュ・フローとは、現金および現金同等物の増加（キャッシュ・イン・フロー）および減少（キャッシュ・アウト・フロー）を表すものであり、キャッシュ・フロー計算書は企業の一会計期間におけるキャッシュ・フローの状況を報告するものです。連結財務諸表は、従来の連結貸借対照表、連結損益計算書に、新たに第3の財務諸表といわれる連結キャッシュ・フロー計算書を加えたものになります。

キャッシュ・フロー計算書が他の財務諸表を補完することにより、利用者はより的確な意思決定を行うことができます。

キャッシュ・フロー計算書の構造 ≪1級財表≫
（きゃっしゅふろーけいさんしょのこうぞう）

キャッシュ・フロー計算書は、営業活動によるキャッシュ・フロー、投資活動によるキャッシュ・フロー、財務活動によるキャッシュ・フローに区分されます。

(1)営業活動によるキャッシュ・フロー　企業の営業活動からどれだけの現金および現金同等物が稼得されたかを示します。具体的には工事および役務の提供による収入・支出、役員・従業員等に対する報酬の支出、さらに請負先からの前受金に係る収入も含まれます。災害による保険料収入、法人税等の支払等投資活動および財務活動として明確に識別できないものも、営業活動によるキャッシュ・フローに含めます。

(2)投資活動によるキャッシュ・フロー　将来の利益または資金の獲得を意図した投資にどの程度の支出および収入がなされているかを示します。具体的には資金の範囲に含まれ

(3)財務活動によるキャッシュ・フロー　営業活動および投資活動を維持するためにどの程度の資金が調達・返済されたかを示します。具体的には、借入金による収入、およびその返済による支出、株式発行による資金調達等があります。

脚注　≪1級財表≫
（きゃくちゅう）

企業の財政状態や経営成績を判断するために重要な補足事項は貸借対照表や損益計算書の注記事項としなければなりません。貸借対照表および損益計算書の末尾に注記事項を記載したものを脚注といいます。

キャパシティ・コスト　≪2級≫
（きゃぱしてぃこすと）

工事原価を発注源泉別に分類するとキャパシティ・コストとアクティビティ・コストの2つに区分されます。
キャパシティ・コストとは、平常の年間施工能力（例えば建築（木造）年間100戸、道路年間施工5m×100km）を維持するために必要な年間の人的・物的な所要コストをいいます。固定費の分類に入るものです。（☞アクティビティ・コスト）

キャピタルリース　≪1級財表≫
（きゃぴたるりーす）

米国の会計基準において用いられる用語で、我が国のファイナンスリースと同意義のものです。
（☞ファイナンスリース）

吸収合併　≪1級財表≫
（きゅうしゅうがっぺい）

会社の合併において、合併当事会社のうち1社が存続し、他方の会社が吸収され消滅する合併の形態をいいます。合併会社は、被合併会社の資産・負債を引き継ぎ、被合併会社の株主に株式を交付します。

級数法　≪1級財表≫
（きゅうすうほう）

級数法とは、毎期の減価償却費が等差級数的に減少していく減価償却費の計算方法です。耐用年数を1から合計したもの

を分母とし、残存耐用年数を分子として、これを償却可能限度額（減価償却総額）に乗じて減価償却費を計算します。

給料　≪4級≫
（きゅうりょう）

本・支店の従業員等に対する給料・諸手当のことです。（⇐販売費及び一般管理費）

〔仕訳例〕
　給料500千円を現金で支払った。
　　給料　500／　現金　500

共通仮設費　≪1級原価≫
（きょうつうかせつひ）

工事原価は純工事費と現場経費に分かれ、純工事費は直接工事費と共通仮設費に分かれます。直接工事費は工事番号毎に把握されます。仮設材は一時的には、個別の工事にのみ使用され、同時的に共用されることはありませんが、当該工事が完了すれば、再び繰り返し他の工事に使用されていきます。共通仮設費の計算方式には社内損料計算、すくい出し方式の2つがあります。　　　（☞社内損料計算、すくい出し方式）

共通費　≪1級原価≫
（きょうつうひ）

原価計算では、中間的な原価計算客体として部門が設定されます。この部門を原価計算対象とした場合に、発生費用を部門単位で把握される費用が部門個別費で、各部門の共通費としてしか把握することができない費用を共通費といいます。この部門共通費は一定の配賦基準で各部門に配賦することになります。例えば、部門共通費である地代等を各部門の占有面積で配賦をするような場合です。

共同企業体　≪1級財表≫
（きょうどうきぎょうたい）

2つ以上の企業が共同して工事を受注し、施工する事業方式です。共同企業体の構成員は出資割合に応じて持分を持つことになり、共同企業体の経理事務は独立した会計単位として処理されます。

共同支配権 ≪1級財表≫
（きょうどうしはいけん）

共同企業体のうち、すべての構成会社が過半数に満たない出資をすることにより成立しているものがあります。そのような共同企業体の場合は、構成員が出資割合に応じて共同して支配することになるので、その構成員の権利を共同支配権といいます。

業務予算 ≪1級原価≫
（ぎょうむよさん）

所与の設備を前提として編成される経常的業務活動の期間予算です。通常の企業予算の編成は業務予算を中心に作成されます。業務予算または経常予算に対するものが資本予算です。　　　　　　　　　　　　　　　　　　（☞経常予算）

切放法 ≪1級財表≫
（きりはなしほう）

低価基準を採用する場合に、評価損を直接帳簿価額から減額する方法をいいます。翌期へは減額された価額で繰り越され、翌期に低価基準を採用する場合の原価は評価切下後の簿価になります。

記録と事実の照合 ≪2級≫
（きろくとじじつのしょうごう）

決算修正直前の試算表により正確性の検証が行われますが、その際帳簿残高と実際の現物有高の照合を行う必要があります。これを記録と事実の照合といいます。帳簿記録を実際有高に修正することを決算整理といい、各資産・負債の実際有高は棚卸表で明らかにします。

銀行勘定調整表 ≪2級≫
（ぎんこうかんじょうちょうせいひょう）

企業は、当座預金の記録の正確性を検証するために、銀行から残高証明書を定期的に取り寄せ、企業の当座預金の帳簿残高と銀行の当座預金の残高との一致の有無を確認しなければなりません。しかし実際にはいろいろな理由で不一致が生じます。この不一致の原因を明らかにするために作成するのが銀行勘定調整表です。

銀行残高基準法 ≪2級≫
（ぎんこうざんだかきじゅんほう）

企業残高基準法と同様に銀行勘定調整表の作成方法の1つです。企業残高基準法が自社の当座預金勘定を主として銀行の残高に一致させるのと対象的に、これは、銀行の残高証明書の残高を主として差異項目を加減することにより自社の当座預金勘定の残高に一致させる形で作る方法です。

（☞企業残高基準法、企業残高・銀行残高区分調整法）

金銭債権の評価 ≪2級≫
（きんせんさいけんのひょうか）

当該債権の貸借対照表価額を評価決定することです。
(1) 金銭債権（受取手形、貸付金等）を債権金額より低い価額で取得したときの評価
　①債権金額基準、②取得価額基準、③アキュムレーション法　の3法が認められています。

（☞アキュムレーション法）

(2) 貸倒引当金を設定したときの評価
　営業債権（受取手形、完成工事未収入金）、貸付金等の金銭債権の貸借対照表価額はその債権金額または取得価額から貸倒見込額（回収不能額）を差引いて計上し、この見込額を費用とします。　　　　　（☞貸倒引当金）

金銭債務 ≪1級財表≫
（きんせんさいむ）

将来金銭による支払義務が生じる債務をいいます。

金銭信託 ≪1級財表≫
（きんせんしんたく）

信託の引き受けの際に信託財産の運用を指図する者から信託財産として金銭を受け入れ、信託終了時に信託財産を受益者に金銭で交付することを約した信託をいいます。

金融先物取引 ≪1級財表≫
（きんゆうさきものとりひき）

外国通貨、債券、預金金利、株価指数などの金融商品の先物取引のことをいいます。トウモロコシなどの農産物や貴金属などの先物取引と区別してこのように呼んでいます。また狭義では預金金利と通貨の先物取引のみを金融先物取引と呼ぶこともあります。

金融収支率　≪1級分析≫
（きんゆうしゅうしりつ）

金融費用に対する金融収益の割合をみる比率で、この比率が高いほど、企業の金融収支が良いことを表します。金融収支とは、受取利息や受取配当金などの金融収益と支払利息、手形割引料などの金融費用に係る収支のことです。

〔計算式〕

$$金融収支率(\%) = \frac{金融収益}{金融費用} \times 100$$

金融商品　≪1級財表≫
（きんゆうしょうひん）

金融資産、金融負債およびデリバティブ取引に係る契約を総称して金融商品といいます。現金預金、金銭債権債務、有価証券、デリバティブ取引により生じる正味の債権債務等の具体的な資産負債項目をもってその範囲とします。なお、デリバティブ取引により生じる正味の債権は金融資産となり、正味の債務は金融負債となります。

金融資産の評価は、時価評価を基本としますが、保有目的に応じた処理方法が適当とされます。また、金融負債については、デリバティブ取引による正味の債務を除き、債務額をもって貸借対照表価額とし、時価評価の対象としないことが適当とされます。

金融商品には、複数種類の金融資産または金融負債が組み合わされているものも含まれます。この種の金融商品は複合金融商品といいます。

金融手形　≪3級≫
（きんゆうてがた）

金融目的で授受される手形を金融手形といいます。具体的には、借用証書の作成に代えて貸付債権や借入債務の関係を明らかにするために振り出される手形をいいます。営業取引に基づいて振り出された「商業手形」と区別するため、受取手形勘定や支払手形勘定とは別に、「手形貸付金」勘定または「手形借入金」勘定を設けて仕訳をします。

金利先物取引　≪1級財表≫
（きんりさきものとりひき）

預金（円、ユーロ、ドル預金等）や債券（トレジャリーボンド等）の金利を取引対象とした先物取引のことを指します。我が国では日本円短期金利先物や米ドル金利先物が上場されています。

金利スワップ　≪1級財表≫
（きんりすわっぷ）

金利を交換することをいいます。例えば、同一通貨間で変動金利と固定金利を交換したり、同一通貨間で変動金利同士を交換する場合などに用いられます。金利スワップを行う目的としては金利コストを低減させたり金利のリスクをヘッジするなどがあげられます。

金利負担能力　≪1級分析≫
（きんりふたんのうりょく）

営業利益と受取利息の合計が支払利息の何倍あるかをみる比率で、営業利益と受取利息の合計が支払利息をどの程度負担する力を持っているかを表します。この比率が1以下のときは、支払利息の負担によって経常利益がマイナスになることが多く、借入金が多すぎるなど企業の資本構造が不健全なことを表します。

〔計算式〕

$$\text{金利負担能力(倍)}（インタレスト・カバレッジ） = \frac{\text{営業利益} + \text{受取利息}}{\text{支払利息}}$$

（注）　支払利息＝借入金利息＋手形割引料＋社債利息
　　　　　　　　＋その他他人資本に付される利息

偶発債務　≪2級≫
（ぐうはつさいむ）

手形を裏書譲渡したり割引いたりした場合に、手形期日に支払人（振出人または引受人）が支払わなかったとき、その支払人に代わって手形代金を支払う「遡求義務」が生じます。一般にこの義務を偶発債務と呼んでいます。簿記上、正規の勘定記録を保持すべき必要はありませんが、これを記録しておくと便利ですので、評価勘定や対照勘定を用いて記録します。

（☞評価勘定、対照勘定）

偶発損失積立金 ≪1級財表≫ （ぐうはつそんしつつみたてきん）	将来一定の事象が生じた場合に損失を生じるものを偶発損失といい、その発生の原因が当期以前にあるものについて、その損失に備えるため見積損失を利益処分によって積み立てたものを、偶発損失積立金といいます。
組入資本金 ≪1級財表≫ （くみいれしほんきん）	株式会社は、法定準備金を取締役会の決議によって資本に組み入れることが出来ますが、株式の発行を行わないで法定準備金を資本金に組み入れた部分を組入資本金といいます。
組間接費 ≪1級原価≫ （くみかんせつひ）	組別総合原価計算において、各組に対して共通的に発生し、特定の組製品に関係づけて把握できない原価をいいます。これは複数種類の製品を製造する場合の各製品の共通費のことですから、個別原価計算の場合に準じて、何らかの合理的な基準に基づいて各組製品に配賦します。組直接費に対する概念です。
組間接費の配賦 ≪1級原価≫ （くみかんせつひのはいふ）	組別総合原価計算に発生する組間接費を、最終的に各組に割り当てることです。これは個別原価計算における工事間接費を各工事現場に配賦する手法と同じです。組間接費の配賦基準は価額法、時間法、数量法等を適用することになります。例えば機械運転時間法等です。
組直接費 ≪1級原価≫ （くみちょくせつひ）	組別総合原価計算では、費用の発生を組直接費と組間接費に区分して把握します。一定期間に発生した費用のうち、それぞれの組に対して直接的な関係が認識され、賦課することができる費目です。その組独自において発生した費用すなわち組固有の費用です。要するに、組別継続指図書番号あるいは特定指図書番号が付与されて集計されるものが組直接費です。

組別総合原価計算 ≪1級原価≫
（くみべつそうごうげんかけいさん）

種類を異にする2種類以上の製品が同一作業場所を反復継続して通過し、これに加工を施す場合に用いられる原価計算方法をいいます。例えば製菓・缶詰・製薬業などに適用されます。計算手順は、製造費用を組直接費と組間接費とに分けて、組直接費は個別計算に準じて各製品に賦課し、組間接費は、何らかの合理的基準に基づき各製品に配賦します。次に各組ごとに月末仕掛品の評価をして、これを控除して完成品原価を算定します。

繰越記入 ≪4級≫
（くりこしきにゅう）

英米式決算法で用いられる勘定口座の締め切り法です。決算日において、残高のあるそれぞれの勘定を、決算日の日付で、「資産」は貸方、「負債」「資本」は借方に繰越額を記入し、摘要欄に「次期繰越」と朱書する方法をいいます。

〔様式〕

現　金

平成×年		摘　要	仕丁	借　方	平成×年		摘　要	仕丁	貸　方
1	1	諸　口	1	100,000	1	1		1	50,000
					1	3		〃	20,000
						31	次期繰越		30,000
				100,000					100,000
2	1	前期繰越		30,000					

繰越試算表 ≪4級≫
（くりこししさんひょう）

英米式決算法で用いられる試算表です。繰越記入において、繰越記入が正しく行われたかどうか確かめるために次期繰越額を集めて作成されます。

〔様式〕

繰越試算表
平成〇年3月31日

借　方	元丁	勘定科目	貸　方
30,000	1	現金	
50,000	2	当座預金	
100,000	3	備品	
500,000	4	建物	

繰越損失 ≪1級財表≫
(くりこしそんしつ)

当期損失が前期繰越利益を超える場合などには、当期未処理損失が生じます。当期未処理損失は株主総会で積立金を取り崩して補塡されるか次期に繰り越されます。この次期に繰り越された損失を繰越損失といいます。(⇐資本)

繰越利益 ≪2級≫
(くりこしりえき)

当期未処分利益は当期損益＋前期繰越利益（または前期繰越損失）となりますが、当該未処分利益は株主総会の決議によって株主配当金等に処分が決定され、そのうち次期に繰越す残高を繰越利益といいます。(⇐資本)

〔仕訳例〕
　当期の利益処分は以下のように決定された。
　当期未処分利益55千円、株主配当金30千円、役員賞与金10千円、利益準備金4千円、別途積立金10千円

未処分利益	55	株主配当金	30
		役員賞与金	10
		利益準備金	4
		別途積立金	10
		繰越利益	1

繰延 ≪3級≫
(くりのべ)

工事代金等の支払方法として延払基準を採用した場合、工事が完成しても工事代金の回収期限が未到来となる部分が発生します。
この未到来となる事象を「繰延」といいます。

繰延経理 ≪1級財表≫
(くりのべけいり)

繰延資産は、すでに対価を支払いこれに対応する役務の提供を受けたにもかかわらず、その効果が将来にわたって発現するものとして、その支出額を当期のみの費用とせず、翌期以降の期間に配分するため繰り延べたものです。このような会計処理を繰延経理といいます。

繰延工事利益 ≪2級≫
（くりのべこうじりえき）

完成工事高の計上基準の1つに延払基準があります。これは完成引渡時に全額を当期の収益に計上せず、代金回収時または回収期限到来時に当該金額のみを収益として計上する基準ですが、この記帳処理として収益基準と利益基準の2通りがあります。このうち利益基準では、引渡時に一応全額を完成工事高・完成工事原価として計上しますが、工事代金の未回収分または回収期限の未到来分に含まれている未実現の工事利益を総工事利益から控除することとしており、この未実現の工事利益を繰延工事利益といいます。（⇐資産）

（☞延払基準）

繰延工事利益控除 ≪2級≫
（くりのべこうじりえきこうじょ）

繰延工事利益を利益基準により総工事利益から控除する場合に相手科目として繰延工事利益控除を借方に計上します。

（☞繰延工事利益）

〔仕訳例〕

総工事利益1,000千円のうち繰延工事利益として800千円を次期に繰越す。

　　繰延工事利益控除　800／　繰延工事利益　800

繰延工事利益戻入 ≪1級財表≫
（くりのべこうじりえきもどしいれ）

工事収益の計上基準として延払基準を適用する場合の会計処理法として、利益基準法を採用していた場合に用いられる科目です。延払基準においては、延払工事代金の回収または回収期限の到来に応じて工事利益が実現するため、過年度に完成引渡した工事代金の回収が当期中に行われた場合、または当期中に回収期限の到来した工事代金がある場合、当該部分に係る工事利益を繰延工事利益戻入として損益計算書の完成工事総利益に加算する形式で記載します。

〔仕訳例〕

甲建設㈱は前期にB工事（工事代金100,000千円、工事原価80,000千円）を完成引渡し、延払代金のうち20,000千円

を当期に回収した。なお延払基準を採用し、利益基準法により会計処理をしている。

繰延工事利益　4,000／　繰延利益戻入　4,000
20,000×（100,000−80,000）／100,000＝4,000

繰延資産　《1級財表》
（くりのべしさん）

すでに対価の支払いが完了し、これに対応する役務の提供を受けたにもかかわらず、その効果が将来にわたって発現すると期待される費用をいいます。繰延資産はその効果が及ぶ数期間に合理的に配分するため、経過的に貸借対照表上資産として計上することができます。

繰延資産原価の期間配分　《1級財表》
（くりのべしさんげんかのきかんはいぶん）

繰延資産は本来費用ではあるが、その効果が将来にわたって発現するため、経過的に貸借対照表上資産として計上されたものです。したがってその効果が及ぶ数期間の費用として合理的に配分されます。

繰延税金資産　《1級財表》
（くりのべぜいきんしさん）

税効果会計を適用した場合、企業会計上の純資産と法人税法上の純資産の一時差異に係る税金を、貸借対照表の資産の部に計上する前払額のことです。

さらに繰延税金資産は流動資産と固定資産（長期繰延税金資産）に区分されます。それは将来減算一時差異の発生原因となった資産が会計上の流動資産（賞与引当金）か、固定資産（退職給与引当金等）かの区分によって決定されます。

（☞繰延税金負債）

繰延税金負債　《1級財表》
（くりのべぜいきんふさい）

税効果会計を適用した場合、企業会計上の純資産と法人税法上の純資産の一時差異に係る税金を、貸借対照表の負債の部に計上する未払額のことです。繰延税金負債も繰延税金資産と同様、流動負債と固定負債（長期繰延税金負債）に区分されます。

なお、繰延税金資産と繰延税金負債は相殺した上で残高を計

グループ別配賦法 ≪2級≫
（ぐるーぷべつはいふほう）

上することとします。ただし、流動資産と固定負債、固定資産と流動負債に区分した各繰延税金を相殺することはできません。　　　　　　　　　　（☞繰延税金資産）

工事間接費を各工事原価に配賦する方法には(1)一括的配賦法、(2)グループ別配賦法、(3)費目別配賦法　の3つがあります。このうち一番細かい方法は(3)で、これは各費目ごとに配賦の基準を設けて各工事に配賦します。一番粗い配賦方法は(1)で、これは工事間接費をまとめて1つの配賦基準で配賦する方法です。その中間的な方法が(2)で、類似の原価グループをまとめ、グループ別に配賦基準を設けて各工事に配賦する方法です。　　　　　　（☞一括的配賦法、費目別配賦法）

グループ法 ≪1級財表≫
（ぐるーぷほう）

棚卸資産の評価で低価基準を採用する場合に、原価と時価を比較する単位として、個々の品目ごとに比較する方法、種類ごとに比較する方法、全部を一括して比較する方法があります。この種類ごとに比較する方法をグループ法といいます。

クロス・セクション分析 ≪1級分析≫
（くろすせくしょんぶんせき）

自社と同業他社との比較、あるいは業界平均との比較をすることにより、自社の優位・不利等を判断しようとするものです。企業間比較分析ともいわれます。

け

経営意思決定 ≪1級原価≫
（けいえいいしけってい）

原価計算の目的の1つに経営意思決定のためのコスト情報の提供があります。意思決定には短期的意思決定と長期的意思決定があります。前者は日常の業務執行と密接な関連のある戦術的なもので、後者は経営構造の構築に関わる戦略的なものです。いずれについても未来原価を中心にした原価情報の提供が求められます。この情報を提供するのは原価計算の中でも特殊原価調査の分野になります。

経営事項審査
≪1級分析≫
(けいえいじこうしんさ)

建設企業が公共工事を発注者から直接請負う場合に、建設大臣または都道府県知事が行う建設企業の経営に関する客観的事項（規模・経営状況等）の審査をいいます。略称で「経審」ともいいます。経営事項審査の項目や基準は中央建設業審議会によって審議されます。　　　　　（☞公共工事）

経営資本
≪1級分析≫
(けいえいしほん)

貸借対照表の貸方の総額である総資本は、企業活動に運用されていますが、総資本のうちで企業本来の営業活動に運用されている資本を経営資本といいます。すなわち、営業活動に直接投下された資本ですから、経営資本の金額は、貸借対照表の総資産（総資本）から建設仮勘定、未稼働資産、投資有価証券などの投資資産、繰延資産などを控除して算出します。

経営資本営業利益率
≪1級分析≫
(けいえいしほんえいぎょうりえきりつ)

企業本来の営業活動に運用されている資本である経営資本に対してどれだけの営業利益があがったかをみる比率です。企業本来の目的である営業活動による収益性を表します。なお、経営資本営業利益率は、完成工事高営業利益率および経営資本回転率によって構成されていますから、経営資本営業利益率の良否は、この構成要素の良否に左右されます。したがって、この比率の良否の原因は以下のように分解して分析することが必要です。　　　　　　　　（☞経営資本）

〔計算式〕

$$経営資本営業利益率(\%) = \frac{営業利益}{経営資本(平均)} \times 100$$

$$\frac{営業利益}{経営資本(平均)} = \underbrace{\frac{営業利益}{完成工事高}}_{(完成工事高営業利益率)} \times \underbrace{\frac{完成工事高}{経営資本(平均)}}_{(経営資本回転率)}$$

（注）　平均は、「(期首＋期末)÷2」により算出します。

経営資本回転率　≪1級分析≫
（けいえいしほんかいてんりつ）

経営資本に対する完成工事高の割合をみる比率で、企業が本来の営業活動に投下した経営資本が1年間に何回転したか（何回回収されたか）、つまり経営資本の活動効率を表します。この比率が高いほど経営資本の活動効率が良いことになります。この比率は、完成工事高営業利益率とともに経営資本営業利益率を構成している重要な比率です。

（☞経営資本、経営資本営業利益率）

〔計算式〕

$$経営資本回転率(回) = \frac{完成工事高}{経営資本(平均)}$$

（注）　平均は、「(期首＋期末)÷2」により算出します。

経営資本利益率　≪1級分析≫
（けいえいしほんりえきりつ）

資本利益率の算式の分母に、企業本来の営業活動に直接投下された資本である経営資本を用いた比率で、経営資本に対してどれだけの利益があがったかをみる比率です。なお、この比率の経営資本と対比させる利益には営業利益が用いられます。したがって、単に経営資本利益率といった場合には、経営資本営業利益率を指しています。　（☞経営資本）

〔計算式〕

$$経営資本利益率(\%) = \frac{利益}{経営資本(平均)} \times 100$$

（注）　平均は、「(期首＋期末)÷2」により算出します。

経営状況の分析　≪1級分析≫
（けいえいじょうきょうのぶんせき）

経営事項審査の審査項目の1つで完成工事高経常利益率等の12指標を用いて企業の財務内容の良否を総合的に判断する手法です。多変量解析手法（因子分析、判別分析）を用いて、企業の財務諸表を4つの要素（収益性・流動性・安定性・健全性）に分解し、それぞれにウエイトづけを行って総合点を算出する仕組みになっています。　（☞経営事項審査）

経営分析
≪1級分析≫
(けいえいぶんせき)

企業内部の経営管理者や企業外部の関係者である株主、投資家、取引先、金融機関などが、関係する企業の財務諸表や経営情報などに基づいて、その企業の経営の内容を分析し評価することです。経営分析の基本となるのは、財務諸表に基づいて企業経営の内容を計数的に分析すること（財務分析といわれます）ですが、経営分析というと、財務分析以外に、経営者、労使関係、技術力、業界の動向などの企業経営に影響を与える計数に表れない要因を加えて総合的に企業経営の内容を分析することをいいます。したがって、経営分析は、財務分析より分析の対象が広くなります。　　　（☞内部分析、外部分析）

経済的実体
≪1級財表≫
(けいざいてきじったい)

企業会計は、出資を受けた企業が出資者から独立してその企業の実態を記録計算することになります。このことを企業実体の公準といいます。企業実体の概念としては、株式会社等の法的に独立した実体を1つの企業実体と捉えるほか、連結財務諸表のように支配従属関係にある2つ以上の会社からなる企業集団についても経済的実体として認識し、会計単位として捉えています。

経済的等価係数
≪1級原価≫
(けいざいてきとうかけいすう)

連産品の結合原価を按分する基準として適用される考え方です。これは負担能力主義に基づいて売価の高い製品により多くの原価を負担させ、反対に売価の低い製品には原価を少なく負担させようとするものです。経済的等価係数には正常市価、市価マイナス分離後加工費などがあります。

（☞物理的等価係数）

経済的有用期間
≪1級財表≫
(けいざいてきゆうようきかん)

無形固定資産の取得価額は有用期間にわたって配分されます。有用期間には、法律で認められた法的有効期間と、実際に経済上の便益を享受できる期間である経済的有効期間がありますが、無形固定資産の実際の効用は法的有効期間前に無くなることもあり、経済的有用期間が用いられます。

計算書類規則　＜1級財表＞
（けいさんしょるいきそく）

商法に基づいて作成される貸借対照表、損益計算書、営業報告書、附属明細書の記載方法について規定したもので、正式には「株式会社の貸借対照表・損益計算書・営業報告書及び附属明細書に関する規則」といいます。
株式会社が株主総会に提出する財務諸表は、この会計規定に従って作成されなければならないとされています。（法務省令）

計算対象との関連性分類　＜2級＞
（けいさんたいしょうとのかんれんせいぶんるい）

原価の基礎的分類基準の1つとして、計算対象との関連で分類するものがあります。原価は計算対象との関連で、直接的に認識されるか否かで直接費と間接費に分類されます。すなわち製造業では製造直接費と製造間接費に、建設業では工事直接費と工事間接費とに分類されます。また原価計算部門が設定された場合、部門個別費と部門共通費に分類されるのもこの基準による分類といえます。これらを計算対象との関連性分類と称しています。

計算の迅速性　＜2級＞
（けいさんのじんそくせい）

工事間接費を各生産物へ配賦するに当たり、実際発生額を把握してから配賦計算を実施することは、計算の迅速性と配賦の正常性の2面より欠陥があります。そこであらかじめ合理的に算出された配賦を行う予定配賦法が通例となっています。つまり予定配賦の大きな優位点の1つに「計算の迅速性」があるわけです。何故ならば工事間接費の配賦計算を実際額によって行うとすれば、その計算は実際額が集計される原価計算期末以降でなければ実施できないからです。

計算目的別分類　＜2級＞
（けいさんもくてきべつぶんるい）

原価計算をどのような目的のために行うかという観点から原価を分類する方法で、これによれば原価は(1)取得原価、(2)製造原価（工事原価）、(3)販売費及び一般管理費　に大別されます。

形式的減資　＜2級＞
（けいしきてきげんし）

商法では、債権者保護の立場から債権担保力の充実を目的としているため、みだりに資本金を減少させることを禁止して

います。したがって、資本金を減少させることは株主総会での特別決議、債権者保護規定の遵守などの厳格な手続きに従うことによってのみ容認されます。減資は、実質的減資（有償減資）、形式的減資（無償減資）および両者の併用型の3形態に分類され、このうち、形式的減資は会社に欠損が生じているとき、これを塡補するために資本金と相殺する目的で実施される減資形態をいいます。すでに資本の実体が失われているのを形式的にも実体に合わせるために行う減資であり、資本金を減らしても資産の減少は伴いません。

形式的正確性　≪2級≫
（けいしきてきせいかくせい）

決算を行う際、仕訳帳から総勘定元帳への転記が正確に行われているか否かを検証するために試算表等が作成されます。しかし、この段階では仕訳帳の取引が当該勘定に正確に転記されているかという「形式的正確性」の確認にすぎません。したがって、勘定残高が適正かどうかはもう1つの「記録と事実の照合」手続きを経て行われることになります。

（☞記録と事実の照合）

経常予算　≪1級原価≫
（けいじょうよさん）

設備が一定であることを前提として、これを変更することなく編成される経営業務活動に関する期間予算です。
業務予算ともいわれます。資本予算に対する概念です。

経常利益　≪2級≫
（けいじょうりえき）

財務諸表のうち、損益計算書は一定期間における企業の経営成績を明らかにするために作成されるものです。この作成形式に勘定式と報告式とがありますが、報告式の損益計算書は各段階ごとに利益が示されます。まず完成工事総利益が記載され、それから販売費及び一般管理費を差し引いたものが営業利益であり、さらに営業利益に営業外の収益と費用を加減したものが経常利益となります。

〔報告式の例〕

完成工事高	1,000,000
完成工事原価	800,000
完成工事総利益	200,000
販売費及び一般管理費	100,000
営業利益	100,000
営業外収益	30,000
営業外費用	50,000
経常利益	80,000

(以下略)

経常利益増減率 ≪1級分析≫
（けいじょうりえきぞうげんりつ）

経常利益が前期と比較して当期はどの程度増減したかを表し、企業の成長度合をみる比率です。経常利益は、企業の経常的な活動による収益性を示す重要な指標です。したがって、この比率は、企業の成長性をみる比率のなかで最も重要なものです。なお、この比率の数値がプラスになれば経常利益増加率となり、マイナスになれば経常利益減少率となります。また、増益率（減益率）といわれることもあります。この比率は、プラスの成長度合をみることを強調して、単に経常利益増加率と呼ばれることもあります。

〔計算式〕

$$経常利益増減率(\%) = \frac{当期経常利益 - 前期経常利益}{前期経常利益} \times 100$$

継続企業の公準 ≪1級財表≫
（けいぞくきぎょうのこうじゅん）

会計公準の1つで、企業は半永久的に継続するものであるという仮定のもとでその経営成績を明らかにするため、企業の存続期間を人為的に一定期間ごとに区切って期間損益計算を行うという前提です。　　　　　　　（☞会計公準）

継続記録法 ≪2級≫
（けいぞくきろくほう）

材料払出（消費）数量計算法の1つです。この方法は、材料の受払を個別的、原因的に材料元帳に記録する方法であるこ

とから、帳簿上で常に受入数量、払出数量および在庫数量を把握することができ、材料管理目的には優れています。

継続性 ≪1級財表≫
(けいぞくせい)

1つの会計事実に対し2つ以上の会計処理の原則または手続きの選択適用が認められている場合、会計処理の方法、様式、作成方法などについて毎期同一のものを継続して適用することをいいます。企業が採用した会計処理の方法を継続して適用しない場合、期間比較が困難となりますので、この継続性は重視されます。ただし、正当な理由による変更は認められます。

継続性の原則 ≪1級財表≫
(けいぞくせいのげんそく)

企業会計原則は、第1一般原則5に「企業の会計は、その処理及び手続きを毎期継続して適用し、みだりにこれを変更してはならない。」と規定しています。この規定を継続性の原則と呼びます。　　　　　　　　　　　（☞継続性）

形態別原価 ≪2級≫
(けいたいべつげんか)

一般には要素別（または費目別）原価と呼ばれていますが、原価要素を多様に分類する現在では形態別原価と呼ぶほうが適切です。形態別原価（材料費、労務費、外注費、経費）は外部報告用に使用されます。

形態別原価計算 ≪2級≫
(けいたいべつげんかけいさん)

工事原価計算はその目的等によっていろいろの種類に分類されますが、そのうち形態別原価計算と工種別原価計算に分類されるものがあります。形態別原価計算は工事原価を材料費、労務費、外注費、経費に区分して主として財務諸表の作成に寄与し、副次的に原価管理にも利用します。しかし事前の管理を含めて広義の原価管理は工種別原価計算が不可欠です。　　　　　　　　　　　　　（☞工種別原価計算）

経費 ≪4級≫
(けいひ)

工事について発生した、材料費、労務費、外注費以外の費用を処理する勘定です。動力用水光熱費、機械等経費、設計

費、労務管理費等がその例です。（⇐工事原価）

(☞完成工事原価)

〔仕訳例〕

工事現場の水道代40千円を現金で支払った。

経費　40／　現金　40

契約単価差異　《１級原価》
（けいやくたんかさい）

建設業は外注工事費が工事原価の中で比較的ウエイトが高いので、独立原価要素項目として扱われています。原価管理を適正にするためには、契約の段階において標準設定をしておくと外注費の原価管理が可能になります。外注は原則として工種単位で作業を完了することを約束した契約ですから、特に工種別の差異分析を重視します。標準設定には、例えば塗装業であれば材工共１㎡当たり、ケレン、さび止塗料塗り、ペイント塗りはいくらといったような標準を設定しておくと、実際の契約単価との契約単価差異を算出でき、外注費の管理が可能となります。

経理自由の原則　《１級財表》
（けいりじゆうのげんそく）

企業会計は、１つの事象に対し複数の会計処理の方法を認めています。企業は、企業会計原則の範囲内で最も妥当な会計処理の方法を選択することができます。これを、経理自由の原則といいます。

欠陥品　《１級財表》
（けっかんひん）

棚卸資産について、品質の低下や陳腐化または損傷があるものをいいます。このような場合には、棚卸資産について相当の評価減をする必要があります。

結合原価　《１級原価》
（けつごうげんか）

結合原価はジョイント・コストともいいます。例えば石油精製業では、ガソリン、灯油、重油等を原油の沸点の差により分溜しますが、この３製品は同一の原材料を同一の生産工程に投入して製造された品質、重量、純分度などの異なった異種製品です。この３製品の製造原価を３製品に分ける前の原

価を結合原価といいます。この結合原価は最終的に各製品ごとに按分しなくてはなりません。結合原価を按分するために等価係数計算を適用します。

決済基準 ≪1級財表≫
(けっさいきじゅん)

先物取引の損益を認識する方法としては、決済基準と値洗基準の2つの方法があります。決済基準とは当初の約定に対する反対売買が行われ、先物差金の決済が行われたときに損益を認識する方法です。　　　　　　　　　　（☞値洗基準）

決算 ≪4級≫
(けっさん)

企業は毎年一定の時期（年1回または2回）に帳簿を締め切って、その期間の経営成績と期末における財政状態などを、損益計算書および貸借対照表等の財務諸表を作成して明らかにしなければなりません。この一連の手続きを決算といいますが、決算は次の3つの手続きと順序で実施されます。
(1)決算予備手続　①試算表の作成、②棚卸表の作成、③精算表の作成
(2)決算本手続　①費用・収益の各勘定残高を損益勘定に振り替え、当期損益を算出して締め切る。②資産・負債・資本の各勘定を締め切る。
(3)決算報告　損益計算書や貸借対照表等の決算報告書を作成する。

決算残高 ≪3級≫
(けっさんざんだか)

決算報告書では貸借対照表と損益計算書を作成しますが、貸借対照表は、資産・負債・資本の勘定を振り替えた残高勘定をもとに作成します。この振替残高を決算残高といいます。
　　　　　　　　　　　　　　　　　　　　　（☞損益）

決算仕訳 ≪4級≫
(けっさんしわけ)

決算時に行われる仕訳をいいます。具体的には、「整理仕訳」と「締切仕訳」を総称したものです。
　　　　　　　　　　　　　　　　（☞整理仕訳、締切仕訳）

決算整理 ≪2級≫
（けっさんせいり）

決算手続の第一段階は、財務諸表作成の基礎となる各勘定残高の実質的な正確性を確認することですが、その前段階として試算表等による勘定記録の形式的な正確性が検証されます。この形式的正確性は単に仕訳の結果が規則どおりに元帳に転記されたかどうかをみるにすぎず、これを実質的正確性に修正するためには「記録と事実の照合」という手続きの追加が必要となります。すなわち、帳簿残高と実際有高とを照合して、帳簿記録の訂正を行うことを決算整理といいます。

（☞記録と事実の照合）

決算整理事項 ≪3級≫
（けっさんせいりじこう）

１会計期間の正しい損益（期間損益）を把握するために、帳簿の記録を修正する事柄をいいます。
例えば、未収、未払、前払、前受の諸勘定の修正や、引当金の過不足の修正、有価証券の期末評価の反映などがこれに該当します。

決算整理手続 ≪2級≫
（けっさんせいりてつづき）

決算において、試算表の作成等で行われた「形式的正確性」によって確認された資産・負債・資本勘定を、資産の実地棚卸等を通じて「実質的正確性」に修正する手続きをいいます。

決算貸借対照表 ≪4級≫
（けっさんたいしゃくたいしょうひょう）

決算時に作成される貸借対照表のことをいいます。

（☞開始貸借対照表）

決算日レート ≪1級財表≫
（けっさんびれーと）

決算時の為替相場をいいます。決算時の為替相場としては、決算日の直物為替相場のほか、決算日の前後一定期間の直物為替相場に基づいて算出された平均相場を用いることができます。

決算日レート法 ≪1級財表≫ （けっさんびれーとほう）	外国通貨で表示された財務諸表項目を本邦通貨へ換算するに当たり、決算時の為替相場を適用して換算する方法をいいます。
決算報告書 ≪1級財表≫ （けっさんほうこくしょ）	企業が、企業の経営活動や外部の経済変動によって生起する企業の経済現象に関する会計情報を、企業の利害関係者に対して報告するために、一定の形式をもって作成する書類をいいます。これらの計算書類は一般に財務諸表と呼ばれ、貸借対照表、損益計算書（付完成工事原価報告書）、利益処分の作成が主として必要とされています。
月初未成工事原価 ≪2級≫ （げっしょみせいこうじげんか）	未成工事支出金勘定の借方は、建設工事に投入した額が記入されます。前月以前に投入した額は「前月繰越」として総額で記入され、これを月初未成工事原価といいます。つまり、前月から繰越された未完成工事原価のことです。これに当月発生した工事原価を借方に記入し、貸方には当月完成工事原価と月末未成工事原価を記入します。 〔図表〕　未成工事支出金 | インプット 投入原価	月初未成工事原価	当月完成工事原価	アウトプット 算出原価
---	---	---	---
	当月発生工事原価	月末未成工事原価		
欠損金 ≪2級≫ （けっそんきん）	商法上において、資本に欠損が生じた場合に記載される貸借対照表の資本の部の一区分名称をいいます。欠損金とは、決算期末において未処理損失勘定が存在し、繰越利益、任意積立金の順に取崩しても、なお塡補できない未処理部分をいい、決算後の株主総会においてその処理が決定されます。

欠損金の塡補　≪1級財表≫
（けっそんきんのてんぽ）

決算の結果、損益計算書上損失が生じた場合には、当期未処分利益または当期未処理損失の内容として当期損失を表示しなければなりません。当期損失が前期繰越利益で賄いうる場合は簡単ですが、なお欠損が残る場合には、未処理損失勘定で処理しておき、株主総会でその処理を決議しなければなりません。損失処理は、法令に違反しないように欠損塡補の順序に従って処理しなければなりません。

月末未成工事原価　≪2級≫
（げつまつみせいこうじげんか）

前月から繰り越してきた原価（月初未成工事原価）と当月発生した工事原価の合計金額を、当月完成した工事原価と月末現在未完成の工事原価に振り分けます。この月末現在未完成の工事原価を月末未成工事原価といい、製造業における月末仕掛品と同様です。　　　　　　　（☞月初未成工事原価）

〔計算式〕
　　月末未成工事原価＝月初未成工事原価
　　　　　　＋当月発生（投入）工事原価－当月完成工事原価

原価　≪3級≫
（げんか）

材料を仕入れ、これを加工し販売する業種において（建設業もこれに含まれる）、消費した製造コストのことをいいます。建設業では工事のために消費した材料費、労務費、外注費、経費の合計額をいいます。

限界利益図表　≪1級分析≫
（げんかいりえきずひょう）

限界利益と固定費を比べて、損益を示すようにした図表で、限界利益の大きさや、限界利益と固定費の関係が損益分岐図表より明確に把握できます。限界利益図表には、いくつかの形式がありますが、1つの形式として以下のようなものがあります。この図表の作成の方法を設例の損益計算書で説明しますと以下のようになります。
(1)完成工事高が100万円ですから横軸100万円の上に垂線を引きます。
(2)固定費が20万円ですから、(1)で引いた垂線の上の20万円の

ところをF点として、横軸と平行に固定費線を引きます。

(3)限界利益が40万円ですから、(1)で引いた垂線の上の40万円のところにP点をとり、P点と原点0と結びます。0P線が限界利益線になります。

この図表から、損益分岐点完成工事高が50万円であることが分かります。すなわち、損益分岐点完成工事高は、固定費と限界利益が一致し、利益も損失も発生しない完成工事高をいいます。また、完成工事高が100万円のときは、限界利益が40万円で、固定費20万円より大きいので20万円の利益を得られることが分かります。　　（☞損益分岐図表、損益分岐点）

〔設例〕

損益計算書

（単位：万円）

Ⅰ	完成工事高	100
Ⅱ	変 動 費	60
	限 界 利 益	40
Ⅲ	固 定 費	20
	利　　　益	20

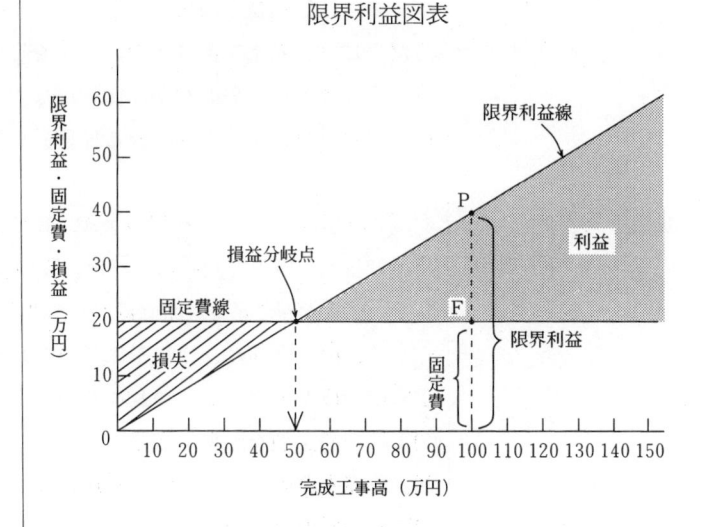

限界利益図表

限界利益率
≪1級分析≫
(げんかいりえきりつ)

完成工事高に対して限界利益がどの程度あがったかをみる比率です。限界利益は完成工事高から変動費を控除した利益ですから、限界利益率は、（1－変動費率）×100という算式でも計算できます。限界利益は固定費の回収と利益の獲得に貢献する利益という意味で貢献利益ともいわれ、管理会計で用いられる利益概念です。

〔計算式〕

$$限界利益率(\%) = \frac{完成工事高 - 変動費}{完成工事高} \times 100$$

あるいは、（1－変動費率）×100

$$変動費率(\%) = \frac{変動費}{完成工事高} \times 100$$

原価管理
≪1級原価≫
(げんかかんり)

利益管理の一環として、企業の安定的発展に必要な原価引き下げ目標を明らかにするとともに、その実施のための計画を設定し、これを実現するための管理活動のことでコスト・マネジメントともいいます。利益＝売上－費用の関係にあります。まず目標利益を設定しますので、その目標利益を実現するためには、売上を伸ばすか、費用を押えるかですが、その費用を押えるための計画が原価管理なのです。手法としては標準原価計算、予算管理、直接原価計算等があります。

原価管理目的
≪1級原価≫
(げんかかんりもくてき)

原価管理目的とは、「原価計算基準1 原価計算の目的」の第3に挙げられているところによれば、「経営管理者の各階層に対して、原価管理に必要な原価資料を提供すること」です。
そして、原価管理は、次の手順で行われます。
(1)原価の標準を設定してこれを指示する。
(2)実際の発生額を計算し記録する。
(3)実際発生原価と標準原価とを比較して差異を把握する。
(4)原価差異の原因を分析し、これに関する資料を経営管理者に報告する。
(5)経営管理者は、この報告を受けて、原価能率を増進すべく

措置を講じる。

減価基準 ≪1級財表≫
(げんかきじゅん)

他社発行の社債を打歩で取得した場合、購入会社ではそれを取得価額で記録します。取得価額を償還時まで据え置くと社債金額との差額が償還差額となるため、この差額を償還期に至るまで一定の方法で逐次減額する処理基準です。

(☞増加基準)

原価基準 ≪1級財表≫
(げんかきじゅん)

資産の評価基準の1つで、資産の取得原価に基づいて貸借対照表価額を決定する方法です。取得原価とは資産の購入代価または製造原価に、それが経営に使用できるまでに支出した付帯費用を加えた価額で、貸借対照表には、費用配分の原則に基づいて将来に配分される費用部分を記載します。この方法によれば、評価損益は発生しません。

(☞時価基準、低価基準)

原価計算期間 ≪2級≫
(げんかけいさんきかん)

経営管理目的の重視から1ケ月とすることが多く、またこの場合の1ケ月は暦のとおり1日から月末までとするのがほとんどです。しかし企業によってはいわゆる20日締と称して21日から翌月の20日までとする企業もあります。
米国では4週間を1期間としている企業が多いようです。

原価計算基準 ≪1級原価≫
(げんかけいさんきじゅん)

原価計算基準は昭和37年企業会計審議会から公表されたものですが、企業会計原則の一環を成しているものとされています。この原価計算基準は、実践規範として、我が国現在の企業における原価計算の慣行のうちから、一般に公正妥当と認められるところを要約して設定されたものです。だからといって、この基準は、個々の企業の原価計算の手続きを画一に規定するものではなく、個々の企業が有効な原価計算手続を実施するための基本的な枠を明らかにしたものです。

原価計算制度
≪2級≫
(げんかけいさんせいど)

一般的に会計を分類すると、外部利害関係者に対して定期的に財務報告をする財務会計と、内部において経営管理者に諸管理活動に利用してもらう情報を提供する管理会計とがあります。原価計算制度は、財務会計すなわち財務諸表作成のために諸原価データを提供することが基本目的です。しかし日常的、継続的な原価管理等は、事前の予定数値の算定と、事後の実績数値の把握、両者の比較という作業で構成されていますから、原価計算制度は管理会計上も必要不可欠であるといえます。

原価計算単位
≪2級≫
(げんかけいさんたんい)

あらゆる原価計算において、発生する原価を関係づける給付量の単位をあらかじめ決めておく必要がありますが、これを原価計算単位といいます。一般的には、個数、kg、mなどの製品の単位を使用しますが、建設業では各々の工事に工事番号をつけて、それを原価計算単位とするほか、中間的な原価管理を重視する場合には、機械や車両の運転時間、作業時間・日数を原価計算単位として使用することもあります。

原価計算の目的
≪2級≫
(げんかけいさんのもくてき)

原価計算は(1)財務諸表の作成、(2)売買価格の計算、(3)原価節減、(4)予算編成と統制、(5)経営の基本計画の設定　の5つの目的を達成するために作られます。(「原価計算基準」による)

原価計算表 ≪3級≫
（げんかけいさんひょう）

工事番号別に工事原価を計算、集計、明示するために使われる表のことです。

〔様式〕

原価計算表（工事別）

工事番号	工事名称	完・未	材料費	労務費	外注費	経費	合計
101	木下ビル	未					
102	⋮	未					
103		完					
104		未					
105		完					
⋮	⋮	⋮					
119		未					
完成工事原価							
未成工事原価							
合　　　　計							

原価計算表
自○○年○月○日　至○○年○月○日

原価差額 ≪1級財表≫
（げんかさがく）

完成工事原価は、原則として工事のために実際に消費した実際工事原価ですが、原価要素につき、予定価格または標準価格を適用して算定された工事原価によることも一般に認められています。その場合に生じる実際発生額との差額を原価差額といいます。

原価時価比較低価基準 ≪1級財表≫
（げんかじかひかくていかきじゅん）

資産の取得原価と時価とを比較していずれか低い方の価額を評価額とする方法です。一般的には低価基準と呼ばれています。低価基準によれば、あるときは取得原価で評価し、あるときは時価で評価することになり評価に一貫性がない欠点があります。また、低価基準は原価基準の例外として採用することが容認されています。　　　　　（☞原価基準、時価基準）

原価主義 ≪1級財表≫
（げんかしゅぎ）

（☞原価基準）

減価償却総額 ≪1級財表≫
（げんかしょうきゃくそうがく）

固定資産の取得原価から残存価額を控除した残額、すなわち各事業年度に配分される額のことをいいます。現在では残存価額は取得原価の10％とされていますので、減価償却総額は取得原価の90％に相当する額をいいます。

減価償却の計算要素 ≪2級≫
（げんかしょうきゃくのけいさんようそ）

有形固定資産は年月の経過とともに、使い古した分だけ価値が下がり減価償却費という費用になります。この計算を行うためには、次の3つの要素があります。
(1)基礎価額　その資産を取得するために要した取得原価が計算の基となります。
(2)残存価額　その資産が企業に不用となった時の純処分価額ですが、通常基礎価額の10％として計算します。
(3)配分基準　減価総額（(1)－(2)）を各期間に合理的に配分する基準として一般に、耐用期間や総利用高が用いられます。
（☞減価償却費）

減価償却費 ≪3級≫
（げんかしょうきゃくひ）

土地を除く建物・機械・車両等の固定資産は使用や時の経過とともに価値が減少します。決算に際しこの価値減少分を見積って減価償却費として費用に計上します。減価の見積り方に次のようなものがあります。
(1)定額法（3級出題区分）
　（残存価額を1割とする）
　　減価償却費＝固定資産の取得原価×（1－0.1）÷耐用年数
　　　耐用期間中は、毎年度同額の減価償却費となる。
(2)定率法（2級出題区分）
　　減価償却費＝未償却残高（取得原価－減価償却累計額）×償却率取得年度当初の減価償却費は多く、年度を経るごとに金額は少なくなります。しかし耐用年数が満了した年度の

残存価額は定額法と同様1割となるよう償却率が計算されています。なお、減価償却費のうち工事関係の部分は工事原価に算入し、本社関係の部分は販売費及び一般管理費として処理します。(⇐販売費及び一般管理費、工事原価)

(☞減価償却累計額)

〔仕訳例〕

減価償却費の当期計上分は機械装置80千円と事務所の備品75千円である。

　　経費　　　　　　　　　80／機械減価償却累計額　80
　（未成工事支出金）
　　減価償却費　　　　　　75／備品減価償却累計額　75
　（販売費及び一般管理費）

減価償却累計額
≪3級≫
（げんかしょうきゃくるいけいがく）

固定資産を使用することで発生する減価を定額法や定率法によって毎期、費用計上した合計額のことをいいます。これらの記帳方法には直接法と間接法があります。

(1)直接法　固定資産の貸方に減価償却額を直接に記入してその帳簿価額を引下げます。

(2)間接法　固定資産の貸方に減価償却額を直接に記入せず、別に減価償却累計額勘定を設けてその貸方に減価償却額を累積しておきます。固定資産の残高（取得価額）からこの累計額を差引くことによって、固定資産の現在額を知ることができます。

機械、車両等固定資産の種類別に減価償却累計額を計算します。(⇐固定資産のマイナスの科目　評価勘定)

(☞減価償却費)

〔仕訳例〕

当期末において工事用機械装置の減価償却費150千円を計上した。

　　経費（未成工事支出金）150／機械装置減価償却累計額　150

原価性 ≪1級原価≫
（げんかせい）

原価性とは原価の本質の要件に合致したものをいいます。そうでないものを非原価といいます。例えば、通常正常な状態のもとで発生する仕損費は原価として扱うが、異常な数量で臨時的に発生した仕損費は原価として認めるわけにはいかないのです。このような異常な仕損費は原価性がないといわれ、非原価費用として製品原価や工事原価には算入されず、損益計算書に記載されます。原価性の判断は原価になるか損失とするかの判断となります。

原価の一般概念 ≪2級≫
（げんかのいっぱんがいねん）

「原価計算基準」では原価とは、経営における一定の給付に関わらせて、把握された財貨または用役の消費を貨幣価値的に表わしたものであるとしています。さらに、具体的にその本質を次の4つにまとめています。
(1)経済価値の消費である。
(2)給付に関わらせて、把握したものである。
(3)経営目的に関連したものである。
(4)正常的なものである。

原価の本質 ≪1級原価≫
（げんかのほんしつ）

（☞原価の一般概念）

原価部門 ≪2級≫
（げんかぶもん）

「原価計算基準」によれば、「原価部門とは、原価の発生を機能別、責任区分別に管理するとともに、製品原価の計算を正確にするために、原価要素を分類集計する計算組織上の区分をいい、これを諸製造部門と諸補助部門とに分ける。」と定義されています。

建設業では広義の原価部門として工事関係部門と本社管理部門があり、工事関係部門として施工部門と補助部門が原価部門として分類されています。

原価補償契約 ≪2級≫ (げんかほしょうけいやく)	請負契約の形態の1つに原価補償契約があります。これは実際工事原価の総額に一定の利益を加算した額をもって工事代金とする形態です。 　　　　工事代価＝実際工事原価×（1＋利益率） で計算されますが、問題は「実際工事原価」は正常なものでなければならず、この正常性の判定が困難であることおよびコストをかければかけるほど利益額が多くなることなどから、一般に妥当な契約形態とは認められていません。
研究開発費等 ≪1級財表≫ (けんきゅうかいはつひとう)	「研究開発費等に係る会計基準の設定に関する意見書」では、研究・開発の範囲を次のように定義しています。 研究とは「新しい知識の発見を目的とした計画的な調査及び探求」をいい、開発とは「新しい製品・サービス・生産方法（以下製品等）についての計画若しくは設計として、研究の成果その他の知識を具体化すること」とされています。 したがって、研究開発費は新製品の計画・設計または既存製品の著しい改良等のために発生する費用で、一般的には原価性がないと考えられ、発生時の費用（一般管理費）として処理されます。また、製造現場で発生したものについては製造原価に算入されます。 なお、一般管理費および製造費用として処理された研究開発費等の総額は当該財務諸表に注記しなければならないとされています。
現金 ≪4級≫ (げんきん)	紙幣や硬貨などの通貨のほかに、通貨代用証券（ただちに通貨と引き換えることのできる証券）も含まれます。当座小切手、送金小切手、郵便為替証書等を手許に保管しているときは現金として扱います。現金出納帳の残高と総勘定元帳の残高は合致しなければなりません。（⇐資産）

け

〔仕訳例〕
　請負工事代金10,000千円を小切手で受取った。
　　現金　10,000／　完成工事高　10,000

現金及び現金同等物 ≪1級分析≫
（げんきんおよびげんきんどうとうぶつ）

国際会計基準IAS第7号の45、46項に規定する「キャッシュフロー計算書」にいうところの「資金」概念です。
具体的には、現金や要求払預金のほかに短期の現金支払債務にあてるために保有する流動性・換金性の高い投資をいいます。

現金過不足 ≪3級≫
（げんきんかふそく）

（☞現金過不足の処理）

現金過不足の処理 ≪2級≫
（げんきんかふそくのしょり）

期中において、現金の帳簿上の残高と実際有高とが一致しない場合は、原因を調査しなければなりませんが、原因が判明するまでの間この現金の過不足額を一時的に「現金過不足」勘定で処理しておきます。しかし、決算日になっても原因不明である場合には、現金不足額は「雑損失」勘定に、また過剰額は「雑収入」勘定に振替えられます。

〔仕訳例〕
(1)現金残高を照合した結果、750円不足していることが判明した。
　　現金過不足　750／　現　金　　750
(2)調査の結果、不足額のうち700円は本社の電話代の記帳洩れと判明した。
　　通信費　　　700／　現金過不足　700
(3)決算につき、未判明の不足額50円は雑損失勘定で処理することにした。
　　雑損失　　　 50／　現金過不足　 50

現金基準 ≪1級財表≫
（げんきんきじゅん）

費用・収益の認識基準の1つで、費用の発生を現金の支出によって把握し、収益の発生を現金の収入によって把握する方法を現金基準といいます。費用および収益の認識基準として

は、古くは現金基準によっていたのが、半発生基準を経て今日では発生基準に基づいています。
（☞現金主義、実現主義、半発生主義、発生主義）

現金主義 ≪1級財表≫
（げんきんしゅぎ）

帳簿上の給付に関わりなく、現金収入・支出の事実に基づいて収益・費用を計上する方法です。この方法を基礎とする収益・費用計上基準を現金基準といいます。
この基準が適用される例としては、受取家賃・受取利息、支払地代・支払利息等が挙げられます。　　（☞現金基準）

現金主義会計 ≪1級財表≫
（げんきんしゅぎかいけい）

期間費用・期間収益の会計処理を現金主義に基づいて処理する会計方法のことです。
現金の移動に着目して、現金収入額を収益とし、現金支出額を費用とし、両者を比較して損益を求める会計方法です。

〔会計方式〕　収益　－　費用　＝　損益
　　　　　　　‖　　　　‖　　　　‖
〔貨幣の流れ〕収入　－　支出　＝±現金

現金出納帳 ≪4級≫
（げんきんすいとうちょう）

現金の収入・支出・残高の明細を記入する帳簿（補助簿）のことをいいます。

現金同等物等 ≪1級財表≫
（げんきんどうとうぶつとう）

現金とは、手元現金および要求払預金です。現金同等物とは、容易に換金可能であり、かつ、価値変動について少ないリスクしか負わない短期投資をいいます。具体的には満期または償還期までの期間が3ケ月以内の定期預金、譲渡性預金、コマーシャル・ペーパー、売戻し条件付き現先、公社債投資信託等があります。

現金比率 ≪1級分析≫
（げんきんひりつ）

企業の短期的な支払能力をみるもので、現金を流動負債で除して百分比で表示したものです。一般的には、高ければ高いほど短期的な支払能力があることになります。

け

現金預金手持月数 ≪1級分析≫
（げんきんよきんてもちげっすう）

〔計算式〕

$$現金比率(\%) = \frac{現金}{流動負債} \times 100$$

平均月商の何ヶ月分の現金預金を保有しているかをみる比率です。現金預金は最も確実な支払手段ですから、この比率が高いことは企業の流動性（短期的な支払能力）が高いことを表します。この比率は、手元流動性ともいわれます。

〔計算式〕

$$現金預金手持月数(月) = \frac{現金預金}{完成工事高 \div 12}$$

現金預金比率 ≪1級分析≫
（げんきんよきんひりつ）

流動負債に対する現金預金の割合をみる比率で、短期的な債務である流動負債を現金預金で支払う能力がどの程度あるかを表します。この比率の分子に当座資産を用いた当座比率よりも厳格に企業の短期的な支払能力をみるための比率です。なお、預金のなかに借入のために拘束されている預金や担保に差入れている預金などがあれば、それらの預金を控除して計算する必要があります。　　　　　（☞当座比率）

〔計算式〕

$$現金預金比率(\%) = \frac{現金預金}{流動負債} \times 100$$

現金割引 ≪1級財表≫
（げんきんわりびき）

工事未払金および完成工事未収入金を支払い、または入金期日以前に受払いしたときに、決済日から期日までの利息に相当する金額を控除する慣習があります。これを現金割引といい、工事未払金についての仕入割引（収益）と、完成工事未収入金についての売上割引（費用）とがあります。（⇐費用・収益（営業外損益項目））　　　　　　（☞売上割引）

〔仕訳例〕

材料掛買代金2,000千円の支払に当たり、期日前につき2％の現金割引を受け、小切手を振り出して支払った。

　　工事未払金　2,000　／　当座預金　1,960
　　　　　　　　　　　　／　仕入割引　　　40

現金割戻 ≪1級財表≫ （げんきんわりもどし）	割戻とは、特定の取引先とのある期間中の総売買高について、あるパーセントの値段の減額をすることをいいます。したがって、割戻は売手側からは売上高の減少となり、買手側からは仕入高の減少となります。
減債基金 ≪2級≫ （げんさいききん）	一般から公募される社債の返済を確実にするため、社債発行会社は、当期未処分利益のうち一定額を減債積立金として積み立て、一方で減債用の資金を特定預金や有価証券等で保持することが要求されています。これを減債基金といいます。 （☞減債積立金、減債用有価証券） 〔仕訳例〕 甲社は社債権者との特約により、当期未処分利益のうち2,000千円を減債積立金として積み立てるとともに、同額の減債基金を保持するため有価証券を購入し、その代金2,000千円を支払うため小切手を振り出した。 未処分利益　2,000　／　減債積立金　2,000 減債用有価証券　2,000／　当座預金　2,000
減債積立金 ≪2級≫ （げんさいつみたてきん）	社債を発行する企業が、将来の社債償還に備えて当期未処分利益の一部を積立てたもので、任意積立金の一種です。なお、この積立金を運用して得られた利益も同積立金に組み入れるのが一般的です。
減債積立金取崩額 ≪2級≫ （げんさいつみたてきんとりくずしがく）	社債償還にあたり、当該減債積立金がある場合、これを取り崩し、未処分利益に振替えるときに使用する勘定です。 （☞減債積立金） 〔仕訳例〕 乙社は発行社債（額面5,000千円）を満期償還した。なお、償還には減債用特定預金をあて、同額の減債積立金を取崩した。

社 債	5,000	減債用特定預金	5,000
減 債 積 立 金	5,000	減債積立金取崩額	5,000
減債積立金取崩額	5,000	未 処 分 利 益	5,000

減債用有価証券 ≪2級≫
（げんさいようゆうかしょうけん）

減債基金を保持するために購入された有価証券のことです。
（⇐資産）　　　　　　　　　　（☞減債基金）

減資 ≪1級財表≫
（げんし）

会社は厳格な手続きを要件に資本金を減少することができます。これを減資といい、減資の方法として、額面金額を減少する方法と発行株式数を減少する方法とがあります。減資をする理由としては、企業がその経済活動の範囲を縮小しようとする場合、または巨額の欠損を生じ、近い将来に利益をもってこれを塡補する望みがないため、資本の切捨てによって塡補しようとする場合などが挙げられます。

減資差益 ≪2級≫
（げんしさえき）

減資により減少した資本の額が、株式の消却または払戻しに要した金額および欠損の補塡に充てた金額を超える場合、その超過額を減資差益といいます。（⇐資本（資本準備金））

〔仕訳例〕
　甲会社は、株主総会の決議に基づき額面50千円の株式400株につき、2株を1株に併合し、欠損金9,500千円を補塡した。

資本金	10,000	未処理損失	9,500
		減 資 差 益	500

減資の処理 ≪2級≫
（げんしのしょり）

減資をする場合に株式払込剰余金があるとき、いかに処理するかですが、これには2つの方法が考えられます。1つは商法が要求している「資本金基準」で資本金の額のみを減少させる方法です。他の1つは「払込資本基準」で、これは資本金と株式払込剰余金の両方の金額を減少させる方法です。前

者は資本金の減少額と当該株主に交付される金額との差額が減資差益として処理されます。この場合、株主がかつて振込んだ株式払込剰余金が残りますので、会計理論上は後者が妥当といえます。

建設仮勘定 ≪2級≫
（けんせつかりかんじょう）

自家用建物等の固定資産の新設、または増設のために支出した諸費用を完成するまでの間一時的に処理するための勘定です。したがって、その工事が完成して使用できる状態になると、この勘定の残高を当該固定資産勘定に振替えることになります。（⇐資金）

〔仕訳例〕
　本社建物新築のため、材料1,000千円を現金で購入した。
　　建設仮勘定　1,000／　現　金　1,000

建設業 ≪2級≫
（けんせつぎょう）

土木・建築に関する建設工事の完成を請負うことを業とする受注産業のことです。建設業法第2条においては、「建設業とは、元請、下請その他いかなる名義をもってするかを問わず、建設工事の完成を請負う営業をいう。」と定義しています。

建設業会計 ≪2級≫
（けんせつぎょうかいけい）

建設業を営む企業の経済活動を、一定の会計ルールに従って記録・測定・伝達するシステムであって、その基本目的は企業の利害関係者に対して、財務諸表を用いて企業の経営成績と財務状態とを明らかにすることです。

建設業の財務諸表 ≪2級≫
（けんせつぎょうのざいむしょひょう）

建設業者による企業の経営成績と財務状態を一定の会計ルールによって外部利害関係者に伝達する報告書を「建設業の財務諸表」といいます。すなわち、一般の企業が拘束を受ける商法・証券取引法以外に建設業法の規制も十分斟酌せねばなりません。　　　　　　　　　　（☞建設業会計、建設業法）

建設業法　≪1級財表≫
（けんせつぎょうほう）

この法律は、建設業を営む者の資質の向上、建設工事の請負契約の適正化等を図ることによって、建設工事の適正な施工を確保し、発注者を保護するとともに、建設業の健全な発達を促進し、もって公共の福祉の増進に寄与することを目的に作成されたものです。

建設業法施行規則　≪1級財表≫
（けんせつぎょうほうせこうきそく）

建設業の作成する財務に関する書類等は、この規則によって規制されています。この施行規則は財務書類作成の様式と科目の内容を定めたものであり、商法に対する例外規定となっています。

建設業簿記　≪4級≫
（けんせつぎょうぼき）

建設業で利用する簿記で、工業簿記の一形態です。簿記には他に、商業簿記、工業簿記、銀行簿記などがあります。

建設工業原価計算要綱案　≪1級原価≫
（けんせつこうぎょうげんかけいさんようこうあん）

昭和23年に当時の物価庁が建設工業原価計算要綱案を公表したもので、建設業における原価計算方法の基準を示し、合わせて適正な工事価額の算定および経営能率の増進に資することを目的としています。建設業原価計算に関するまとまった基準として、わが国最初のものであり、最後のものとなっています。原価計算を行う対象は土木工事、建築工事およびその付帯工事となっています。

建設工事　≪1級分析≫
（けんせつこうじ）

土木・建築に関する工事のことで、建設業法では次の28種類の工事をいいます（建設業法第2条）。
土木一式工事、建築一式工事、大工工事、左官工事、とび・土工・コンクリート工事、石工事、屋根工事、電気工事、管工事、タイル・れんが・ブロック工事、鋼構造物工事、鉄筋工事、舗装工事、しゅんせつ工事、板金工事、ガラス工事、塗装工事、防水工事、内装仕上工事、機械機具設置工事、熱絶縁工事、電気通信工事、造園工事、さく井工事、建具工事、水道施設工事、消防施設工事、清掃施設工事

建設利息 ≪1級財表≫
(けんせつりそく)

商法第291条第1項の規定で繰延資産として認められるもので、この規定によると、会社は、その目的とする事業の性質により、会社の成立後2年以上その営業の全部を開始することができないと認められるときは、定款にその旨を定めて、開業前一定の期間内に一定の利息を株主に配当することができるとされています。この株主への利息配当を建設利息といいます。(⇐資産)　　　　　　　　　　　(☞繰延資産)

〔仕訳例〕
定款の定めにより、裁判所の認可を得て、開業前に株主に対し1,200千円の配当をすることとし、小切手を振出して支払った。
　建設利息　1,200／　当座預金　1,200

建設利息請求権 ≪1級財表≫
(けんせつりそくせいきゅうけん)

株主は、株式の所有を媒介として、会社に対していろいろの権利を取得します。この株主の権利は、権利行使の目的から、自益権と共益権に分けられます。株主が会社から経済的利益を受けることを目的とする権利を自益権といい、利益配当請求権、建設利息請求権、残余財産分配請求権等があります。　　　　　　　　　　　　　　　　　(☞建設利息)

建設利息の償却 ≪1級財表≫
(けんせつりそくのしょうきゃく)

商法第291条の第4項は、建設利息について、1年につき資本金に対し6％を超える利益配当を行うときは、その都度、その6％を超える金額と同額以上を償却しなければならないと規定しています。この償却は、建設利息が利益配当の前払という性格からみて、理論的には利益処分として処理されます。

健全性 ≪1級分析≫
(けんぜんせい)

企業の安全性分析のうち長期的な観点から財務構造のバランスをみていこうというものです。健全性に関する指標としては負債比率、固定比率、固定長期適合比率等が挙げられます。　　　　　　　　　　　　　　　　　(☞健全性の分析)

健全性の分析
≪1級分析≫
(けんぜんせいのぶんせき)

企業の資本構造・投資構造・配当性向をみるもので、財務構造バランスの良否分析です。資本構造では自己資本と他人資本とのバランス等を、投資構造では有形固定資産と長期資本とのバランスを、配当性向では利益分配のバランスを分析します。

現場管理費
≪1級原価≫
(げんばかんりひ)

工事原価の材料費、労務費、外注費等以外の費用を経費としていますが、経費はさらに形態別分類、機能別分類、測定方法により分類されます。機能別分類では直接費と間接費に区分されます。間接費の代表例が現場管理費です。現場管理費は人件費、光熱費、減価償却費、通信費、福利厚生費等その他現場事務所で消費される費用です。

現場管理費差異
≪1級原価≫
(げんばかんりひさい)

現場管理費は機能的分類による間接経費であるので、その内容には種々の経費科目があります。実行予算のなかに現場管理費として各科目ごとに予算化されていますので、その予算額と実際額の差異をまず算出します。その額が現場管理費差異になるのですが、さらにその差額について、発生原因を分析する必要があります。その分析は予算化の方法、つまり固定予算、変動予算かによって一般的な手法で行われます。

(☞現場管理費)

現場管理部門
≪2級≫
(げんばかんりぶもん)

各工事現場の管理的機能を担当する部門のことをいい、材料管理・労務管理・事務管理などを担当する部門のことです。工事原価の部門別計算を行うときに設定されるもので、原価部門(工事関係部門)を「施工部門」と「補助部門」に大別したとき、「補助部門」の1つとして位置づけられるものです。

(☞施工部門)

現場管理部門費
≪1級原価≫
(げんばかんりぶもんひ)

現場管理部門は補助部門の1つであって、そこで発生する費用を集計したものが現場管理部門費です。この部門費は部門個別費と共通費に分けて計算されます。

現場共通費 《2級》
(げんばきょうつうひ)

(☞工事間接費)

現場経費 《1級原価》
(げんばけいひ)

工事原価の構成は直接工事費＋共通仮設費＋現場経費からなっています。この構成は官民一体で研究、作成された「建設請負工事費内訳明細書標準書式」で明示をされているものです。現場経費は共通仮設費を除く共通費で、いわゆる工事間接費（現場共通費）です。この現場経費は適切な配賦基準に基づいて配賦率を算定して各工事へ配賦されます。

現物オプション取引 《1級財表》
(げんぶつおぷしょんとりひき)

(☞オプション取引)

現物出資 《1級財表》
(げんぶつしゅっし)

株式の払込みは現金によるのが最も正確公平ですが、すでに存在する企業を株式会社組織とするときなどは現物出資による必要があります。すなわち、現金以外の財貨、債権、無形財産等が出資の目的として払込まれます。現物出資は過大評価され易く、その結果、とくに現金出資に併行して行われるときは、現金出資者の利益をおかすことになり易く、また資本の水増しを生じ、債権者が害せられることもあるため、商法は現物出資について厳格な規定を設けています。

現物出資説 《1級財表》
(げんぶつしゅっしせつ)

会社の合併は、合併前に法律上別個の会社であったものが、合併によって結合され、1つの会社となります。この合併の見方の1つに現物出資説があります。これによれば、合併差益は発行株式について額面価額以上の現物払込みが行われたとみることができます。よって株式払込剰余金と同一性質のものであるとみなし、合併差益は被合併会社の正味有高の構成内容とは無関係に、合併会社の資本準備金となります。

(☞人格承継説)

こ

考課法 ≪1級分析≫
（こうかほう）

企業の総合評価の手法の1つで、複数の指標をいくつかの観点から分析し、それに一定の点数付け（ウエイト付け）をすることに特徴があります。指標の選択や経営分析の観点において評価者の主観が入りやすいという欠点もあります。

交換 ≪2級≫
（こうかん）

固定資産取得方法の1つです。自己所有の固定資産と交換に新たな固定資産を取得する方法をいいます。その場合、新たに取得した固定資産の取得原価は次の計算式で示されます。

（☞購入、自家建設）

〔計算式〕
　譲受資産の取得原価＝
　　　　譲渡資産の適正簿価（未償却残高）＋交換差金

工期差異 ≪1級原価≫
（こうきさい）

標準原価計算では標準の設定をする場合、数量と単価について設定します。工事外注費の標準設定の数量は工期でとらえることができます。さらに工期そのものを第3の要素として標準設定することもできます。数量、単価では外注費を計算できない場合があります。例えば、外壁の足場の標準設定で1㎡当たりの足場代と外壁の面積で1日の足場代を積算して、その足場を設置している期間によって外注としての仮設足場代が積算されることになるのです。この意味での工期の標準値と実際値に関連する差異を工期差異といいます。

公共工事 ≪1級分析≫
（こうきょうこうじ）

建設業法施行令第15条によれば、道路、橋、鉄道、ダム、上下水道、庁舎、発電施設、公営住宅、公団住宅工事等のことをいいます。国民の福祉や生活の利便を支えたり、災害防止等の安全対策に寄与しています。

工具器具　≪3級≫
（こうぐきぐ）

耐用年数1年以上かつ、取得原価が相当額以上の工具器具を計上する勘定です。移動性仮設建物も工具器具勘定で扱います。（⇐資産）　　　　　　　　　（☞移動性仮設建物）

〔仕訳例〕

測定機一式を購入し代金210千円を小切手で支払った。

工具器具　210／　当座預金　210

合計残高試算表　≪4級≫
（ごうけいざんだかしさんひょう）

合計試算表と残高試算表を1つの表にまとめたものです。
（☞合計試算表、残高試算表）

合計試算表　≪4級≫
（ごうけいさんひょう）

総勘定元帳の各勘定口座で計算した借方合計と貸方合計を集計し、転記して作成した表です。借方合計と貸方合計は一致します。総勘定元帳への転記の正確性を検証するために作成されます。

合計仕訳　≪2級≫
（ごうけいしわけ）

特殊仕訳帳から総勘定元帳へ合計転記する場合、2通りの方法があります。1つは直接その合計を転記する方法であり、もう1つが合計仕訳を経由して転記する方法です。これは合計額によって普通仕訳帳への記入を行い、それをもとに総勘定元帳へ転記する手順をとります。　　　　（☞合計転記）

〔仕訳例〕

3月の当座預金出納帳の借方合計が900千円、貸方合計が820千円であった。

当 座 預 金　900／　受 取 手 形　400
支 払 手 形　350／　完成工事未収入金　500
工 事 未 払 金　470／　当 座 預 金　820

合計転記　≪2級≫
（ごうけいてんき）

勘定別に特殊仕訳帳を設ける場合、その勘定については個別に総勘定元帳に転記せず、合計額を転記します。例えば「特殊仕訳帳」として当座預金出納帳を利用する場合、月末に一

括してその月の合計額（借方・貸方）を当座預金勘定へ転記します。　　　　　　　　　　　　　　　　　（☞個別転記）

広告宣伝費 ≪3級≫
（こうこくせんでんひ）

広告宣伝に要する費用のことです。（⇐販売費及び一般管理費）

〔仕訳例〕
従業員募集の新聞折込広告料150千円を小切手で支払った。
　広告宣伝費　150／　当座預金　150

交際費 ≪3級≫
（こうさいひ）

法人が得意先、仕入先、来客等事業に関係するものに対して行った接待、供用、慰安、贈答、慶弔およびこれらに類する行為のために支出された費用のことです。

〔仕訳例〕
営業部長にかねて仮払いしていた100千円は得意先の接待費として70千円使用したとのことで、その領収書を添え、残金30千円を現金で返金された。
　現　金　30　／　仮払金　100
　交際費　70／

工事請負高 ≪3級≫
（こうじうけおいだか）

工事の注文主と取り交わした契約額をいいます。期間損益を考慮することなく（完成工事高とは別概念です）、契約書上の金額のことをいいます。

合資会社 ≪1級財表≫
（ごうしがいしゃ）

企業は自然人企業と法人企業とに分類されます。自然人企業とは、企業主が企業の主体となり、企業が企業主から独立した主体として認められない企業をいい、法人企業は法律上の人格を認められている企業をいいます。この法人企業は社員の責任の違いから、株式会社、有限会社、合資会社、合名会社に区分されます。合資会社は、出資者が無限責任社員と有限責任社員とからなり、出資資本および純損益の処理は合名会社に

準じて行います。　　（☞株式会社、有限会社、合名会社）

工事外注費差異 ≪1級原価≫
（こうじがいちゅうひさい）

標準原価計算を採用していると原価差異を分析可能にするように各経費発生の数量、単価の標準を設定しています。工事外注費差異を分析する標準設定の数量・単価を工期と契約単価でとらえています。工事外注費差異を契約単価差異と工期差異で分析します。例えば5階建マンションの外壁足場を外注した場合、工期が標準日数より長くかかった時には、工事外注費差異のうち、工期差異は足場仮設の1日契約単価×工期の標準日数超過日数で計算されることになります。

工事完成基準 ≪2級≫
（こうじかんせいきじゅん）

工事収益計上基準の1つです。請け負った工事が完成し、検収・引渡が完了した時点で完成工事高を計上する方法で、最も一般的なものです。請負総額を一括して完成工事高の貸方に計上します。

〔仕訳例〕

工事5,000千円が完成して発注者に引き渡した。代金のうち1,500千円は受け取っており、残りは未収となった。

　　未成工事受入金　1,500　／　完成工事高　5,000
　　完成工事未収入金　3,500

工事間接費 ≪2級≫
（こうじかんせつひ）

工事間接費は工事に直接賦課しえない原価のことで、現場共通費ともいいます。その例としては取得原価に算入しなかった材料副費、2つ以上の工事現場を管理している管理者の給料、現場事務所の諸経費等です。建設業のように個別原価計算を行う業種での工事原価計算の最も重要かつ困難な計算作業が工事間接費の取扱いです。この工事間接費を各工事の工事原価に算入していく手続きを工事間接費の配賦といいます。　（⇐工事原価）　　　　　　　　　　（☞工事直接費）

〔仕訳例〕
　工事監督者の給料100千円を支払ったが、そのうち40千円は各工事に共通的に発生したものである。
　　未成工事支出金　60　／　現金　100
　　工　事　間　接　費　40／

工事間接費の配賦
　　　　《1級原価》
　（こうじかんせつひのはいふ）

工事間接費は、最終的には工事原価の中に含めて回収する必要があります。工事間接費を工事原価に含めることを、工事間接費の配賦といいます。この配賦の要素となるものは配賦基準と配賦率です。この配賦基準の設定方法には(1)一括的配賦法、(2)グループ別配賦法、(3)費目別配賦法　等があります。配賦基準数値は価額法、時間法、数量法等があります。配賦率は（一定期間の工事間接費）÷（一定期間の配賦基準数値の総額）で算出します。その配賦には配賦工事間接費の実際、予定の差異によって、実際配賦法と予定配賦法があります。

工事間接費配賦差異
　　　　《2級》
　（こうじかんせつひはいふさい）

工事間接費を各工事に予定配賦率を用いて配賦した場合に、その予定配賦額と実際配賦額との差異をいいます。配賦超過（予定＞実際）の場合を貸方差異（有利差異）、配賦不足（予定＜実際）の場合を借方差異（不利差異）といいます。（⇐工事原価）

〔仕訳例〕
　工事間接費の各工事への予定配賦額は480千円、実際発生額475千円であったので差額を工事間接費配賦差異に振替えた。
　　工事間接費　5／工事間接費配賦差異　5

工事経費差異
　　　　《1級原価》
　（こうじけいひさい）

工事経費の標準設定方法には、固定予算方式と変動予算方式があります。この予算の設定の方法によっては標準との差異について、差異原因の分析の方法が相違します。固定予算の場合は予算差異、能率差異、操業度差異の3区分に分析されます。一方、変動予算の場合は、変動費と固定費に分けて予

算設定しているので、差異分析も変動費差異と固定費差異に分けて分析します。このうち変動費差異はさらに予算差異と能率差異に、固定費差異もさらに予算差異、操業度差異、能率差異に分けて分析します。

工事原価 ≪4級≫
（こうじげんか）

工事の施工に消費した財・用役の総称です。材料費、労務費、外注費、経費の4つの費用科目からなります。

工事原価記入帳 ≪2級≫
（こうじげんかきにゅうちょう）

特殊仕訳帳の1つで、工事原価の発生に係る取引が原価要素別（材料費・労務費・外注費・経費）に、その発生順に記入されます。他の特殊仕訳帳、例えば当座預金出納帳との重複記入がなされないように注意する必要があります。これを避けるためには、工事原価記入帳への記入は掛購入を前提として工事未払金勘定に一本化するなどの工夫が必要です。

工事原価計算 ≪2級≫
（こうじげんかけいさん）

原価計算を行うとき、工事原価だけで行おうとするものです。具体的には工事直接費（直接材料費など）と工事間接費の合計で原価計算を行います。　　　　　（☞総原価計算）

工事原価明細表 ≪2級≫
（こうじげんかめいさいひょう）

材料費・労務費・外注費・経費（内訳金額として人件費）を、「当月発生工事原価」と「当月完成工事原価」とに並記して明らかにした表のことをいいます。

〔計算式〕
　　月初未成工事原価＋当月発生工事原価－月末未成工事原価＝当月完成工事原価

工事材料費差異 ≪1級原価≫
（こうじざいりょうひい）

標準原価計算を採用していると、標準額に対して実際額が計算された時に必ず差異が発生します。この差異のなかで、工事原価のうち材料費について発生するものを工事材料費差異といいます。工事材料費の計算は単価×消費量で計算されますので、差異についても価格面と物量面に区分して算出しま

す。価格差異については購入時と消費時のいずれかで算定する方法があります。算式で示すと次のようになります。

　材料価格差異＝(標準単価－実際単価)×実際消費量

　材料消費量差異＝(標準消費数量－実際消費数量)×標準単価

それぞれの計算結果が、マイナスの場合には不利差異、プラスの場合には有利差異と判定します。

工事指図書　≪1級原価≫
（こうじさしずしょ）

工事命令書のことです。1つの工事に1つの工事指図書が発行され、その工事指図書には一連の番号が付与されています。材料出庫伝票、出来高票、作業時間票等に指図書番号が付与されているものは直接費で、番号の付与されないものは工事間接費ということになります。工事原価の発生は工事番号ごとに整理され、各工事台帳に記帳されていくわけです。指図書番号の付与されていないものは工事間接費ですから、工事間接費配賦表で各工事に配賦します。

工事実行予算　≪1級原価≫
（こうじじっこうよさん）

各工事別に設定された予算書のことです。その作成の目的は(1)内部指向コスト・コントロール、(2)利益計画の具体的達成を果す基礎、(3)責任会計制度を効果的にすすめる手順　の3つです。

工事別実行予算は上層部より達成目標として示される場合と、目標利益のみ示されて各部門または各現場で作成される場合があります。この工事実行予算を作成する時に事前原価計算がなされます。工事実行予算は後に差異分析等でコントロールに役立つように、形態別原価によって設定しておくと便利です。

工事収益額　≪1級財表≫
（こうじしゅうえきがく）

収益とは、企業の生産した財貨またはサービスの評価額であり、財貨またはサービスの価値はそれが生産される過程において形成されるもので、販売時点で一挙に形成されるものではありません。このように、収益を稼得する過程が時間的幅のある

段階からなりたっているので、どの段階において工事収益額を認識するかは重要な問題です。この計上基準には、工事完成基準、部分完成基準、工事進行基準、延払基準等があります。

工事収益の稼得プロセス　≪2級≫
（こうじしゅうえきのかとくぷろせす）

受注から工事の施工・引渡し・代金回収に至る過程のことです。発生過程（①契約締結→②財・用役の購入→③施工→④工事の完成）と、それを回収して現実の財貨にするための実現過程（⑤工事物の引渡→⑥代金の回収）とに大別されます。

工事収益率　≪1級財表≫
（こうじしゅうえきりつ）

（☞工事進捗度）

工事進行基準　≪2級≫
（こうじしんこうきじゅん）

工事収益計上基準の1つです。収益計上の期間的な偏りを修正しようとするもので、工期が1年を超える工事が対象となります。決算期において該当の工事が未完成であっても、工事の進行程度を見積もり、適正な工事収益率によって工事収益の一部を当期の損益計算に計上するものです。

〔計算式〕

当期完成工事高＝総請負金額×(各期工事進捗度)

工事進捗度　≪1級財表≫
（こうじしんちょくど）

工事進行率のことであり、実際発生工事原価と見積総工事原価との割合によって算出されます。工事進捗度の計算方法には、いろいろな方法が考えられます。その1つは、実際作業量を重視するもので、実際工事日数等と工事完成までの見積総所要工事日数等との割合を工事進捗度とするもので、その2は工事原価を重視し、当期の実際工事原価と見積総工事原価との割合をもって工事進捗度とするものです。

〔計算式〕

$$工事進捗度 = \frac{各期工事原価発生額}{総見積工事原価}$$

工事台帳 ≪3級≫
（こうじだいちょう）

各工事ごとの原価の明細を把握するために、工事ごとに取引を記録・集計した帳簿（補助簿）のことです。

工事直接費 ≪1級原価≫
（こうじちょくせつひ）

工事原価を完成工事との関連で分類すると、直接費と間接費に分類されます。この直接費を工事直接費といいます。この工事直接費を費目別計算で細分すると、直接材料費、直接労務費、直接外注費、直接経費となります。この費目別直接費を工事原価計算の段階で把握するのは工事指図書番号または工事番号が付与されたものです。番号を付与されないものは工事間接費となります。　　　　　　　　　　（☞工事間接費）

工事伝票 ≪2級≫
（こうじでんぴょう）

仕訳帳の代りとして工事原価関係の取引を記入します。他の伝票との重複記入を避けるため、工事原価記入帳と同様に相手科目を工事未払金勘定に一本化する必要があります。
　　　　　　　　　　　　　　　　　　（☞工事原価記入帳）

工事番号 ≪2級≫
（こうじばんごう）

受注した工事の施工や原価計算を円滑に行うために、各工事別に付される番号のことです。

工事費 ≪2級≫
（こうじひ）

発注者との契約に基づく工事価額のことをいいます。工事直接費と工事間接費の合計として把握される狭義の工事原価（プロダクト・コスト）に販売費・一般管理費（ピリオド・コスト）を加えて総原価が求められます。この総原価に工事利益や工事期間中の利息などを加えたものとして工事費が計算されます。

工事費取下率 ≪1級分析≫
（こうじひとりさげりつ）

主として支払能力を判断するのに用いられる建設業独特の指標です。別名未成工事収支比率ともいわれ、仕掛工事に必要な運転資金が工事の前受金等でどの程度まかなわれるかを示す指標です。この比率が100％以上あれば良好と判断しています。　　　　　　　　　　　　　　　　　（☞未成工事収支比率）

〔計算式〕

$$工事費取下率(\%) = \frac{未成工事受入金}{未成工事支出金} \times 100$$

工事負担金 ≪1級財表≫
（こうじふたんきん）

電力会社やガス会社などが、電気やガスなどを提供するに当たり、供給設備建設のための資金の一部を、当該受益者から徴収することがあります。これが工事負担金です。これは、長期間にわたり給付提供を行うことを前提とするものですから、その資金も永久的資本の意味を有するものであり、会計学上は資本剰余金として維持すべきものです。しかし税法上では、圧縮記帳の処理を認め、もし圧縮記帳を行わない場合には、これは益金となります。　　　　　（☞国庫補助金）

工事別計算 ≪1級原価≫
（こうじべつけいさん）

原価計算には計算段階があります。その段階は原価の費目別計算、原価の部門別計算、原価の工事別計算の3段階になります。工事別計算は原価計算の最終段階です。建設業では工事別計算は個別原価計算を適用します。個別原価計算である工事別計算では、特定指図書または工事番号で工事直接費を把握しますが、工事間接費の把握または配賦が困難な問題として発生します。

工事別原価計算 ≪2級≫
（こうじべつげんかけいさん）

原価要素を一定の工事単位に集計し、工事別原価を算定する手続きのことをいいます。事後原価計算として実際工事原価を把握していく手順の最後のステップとして位置づけられるもので、費目別原価計算、部門別原価計算の次の手順として行われます。

工事未収入金台帳 ≪3級≫
（こうじみしゅうにゅうきんだいちょう）

工事収益にかかる取引のうち、未収入となっている取引先、金額等を記載した帳簿（補助簿）のことをいいます。

工事未払金 ≪3級≫
（こうじみはらいきん）

工事費に関する未払額のことです。材料仕入、材料費、労務費、外注費、経費の未払分の発生をこの勘定の貸方に記入し、これを支払ったときに借方に記入します。（⇐負債）

〔仕訳例〕
外注先の乙建設から4号、5号工事の外注工事代金700千円の請求を受けたので350千円を小切手で支払い、残額は翌月末日払いとした。

　　外注費　　700　　／　工事未払金　350
　　（未成工事支出金）／　当 座 預 金　350

工事未払金台帳 ≪3級≫
（こうじみはらいきんだいちょう）

工事原価にかかる取引のうち、未払となっている取引先、金額等を記載した帳簿(補助簿)のことをいいます。

公社債の利札 ≪3級≫
（こうしゃさいのりふだ）

国債等を含む利付有価証券で配当される利子の証拠として、債券につけられている小さな札のことで、クーポンとも称されます。なお、期限の到来した公社債の利札は現金として処理されます。

工種 ≪1級原価≫
（こうしゅ）

工事種類のことで、建設業を業種として分類すると総合業種と専門業種に大別されます。総合業種は専門業種の工事を総合化する大規模業者です。それに対して専門業種はそれぞれ専門工事を担当する比較的小規模の業者です。この専門業者が担当する工事が工事種類を形成している場合もあります。工事種類は鉄骨工事、木工工事、鉄筋工事等の20種類を超えています。工事を種類別に分類するのは、実行予算をはじめ、原価管理を適正に実施する上で工種別に予算を組み原価計算をすることが、原価管理上合理的であるからです。

工種共通費 ≪1級原価≫
（こうしゅきょうつうひ）

工種別原価計算を実施する場合に、部門別原価計算と同様に部門個別費、部門共通費に代わるものとして工種個別費と工種共通費に分けて原価を把握します。工種共通費は工種番号を付与されないものです。例えば資材庫として各工種の専門業者が使用している賃借建物の家賃などが工種共通費です。この工種共通費を工種共通費配賦表に集計し、一定の基準で各工種に配賦することによって各工種の工事原価が算出されます。

工種個別費 ≪1級原価≫
（こうしゅこべつひ）

工種別原価計算を採用している場合に工種番号または工種名を付与できる費用を工種個別費といいます。例えば、資材購入請求書に工種名または工種番号を付与できるものが工種個別費というものです。工種個別費は工種原価計算の手続きのなかでも比較的正確に把握できるものです。

工種別原価 ≪2級≫
（こうしゅべつげんか）

（☞工種別原価計算、形態別原価）

工種別原価計算 ≪2級≫
（こうしゅべつげんかけいさん）

工事原価計算を仮設工事費、躯体工事費、設備工事費などの工事工種ごとに分類・計算した原価を工種別原価といい、建設業において、作業機能別に把握した原価計算のことを工種別原価計算といいます。見積書の作成や実行予算の作成に採用される事前原価計算に適用されて、原価管理目的で実施されるものです。　　　　　　　　　　（☞形態別原価計算）

工場管理部門 ≪2級≫
（こうじょうかんりぶもん）

一般製造業での原価部門は製造部門と補助部門に大別され、補助部門はさらに補助経営部門と工場管理部門に分けられます。工場管理部門は、主に労務管理や工場一般事務などの、工場全般の管理事務を担当する部門です。

工事用の機械等 ≪2級≫
（こうじようのきかいとう）

有形固定資産のうち、建設業の工事用機械等は物そのものの運搬を目的とするか否かで、次の2つに大別されます（税法の耐用年数表による分類）。
(1)機械　ブルドーザ、パワーショベル、可搬式コンベヤ等
(2)車両運搬具　貨物自動車、フォークリフト等

控除法 ≪1級分析≫
（こうじょほう）

関係2項目の実数を相互に控除して差額を算出し、その大きさから判断を行う分析方法です。例えば流動資産の合計額から流動負債の合計額を控除した残額を運転資本といい、これで保有運転資本の状態をみて、支払能力の大小を判断します。また付加価値を求める計算で、生産高から外部購入高を差引く方法も控除法といいます。

工事労務費差異 ≪1級原価≫
（こうじろうむひさい）

予定原価計算および標準原価計算を採用している場合、実際額との間に生じる差異のことです。一般的に労務費の計算は賃率×作業時間によって決定されますので、賃率および作業時間に、予定または標準を設定した場合には、実際との間に差異が生じます。工事労務費差異は賃率差異と作業時間差異とに原因分析することができます。

構成比率分析 ≪1級分析≫
（こうせいひりつぶんせき）

財務諸表を用いて分析を行う際に、全体数値の中に占める構成要素の数値の比率を算出して、その内容を分析する手法をいい、百分率法ともよばれます。この手法の適用例としては、百分率損益計算書、百分率貸借対照表が代表的なものです。この手法は、全体を100として構成部分を百分比で表すので、企業の損益構造や財務構造の特徴の把握や期間比較を容易にするなどの長所をもっています。

構築物 ≪3級≫
（こうちくぶつ）

建物以外の土地に定着する工作物、例えばダム・橋のほか、壁、庭園、下水道、焼却炉等を記入する勘定です。（⇦資産）

工程　《1級原価》
（こうてい）

〔仕訳例〕

野立看板300千円を外注していたのが完成したので、小切手で支払った。

構築物　300／当座預金　300

原価部門の一種で、製品が製造開始から完成までに経由しなければならない連続する製造部門の1つ1つをいいます。これは個別原価計算において用いられるよりも、総合原価計算において用いられる場合が多いです。本来の意味における工程は複数工程を前提とするもので、各工程は一定の順序にしたがって配列されており、工程別に集計される原価を工程費といいます。この工程は原価の計算ないし原価管理を適正にする必要性から設定、区分される場合があります。

高低2点法　《1級分析》
（こうていにてんほう）

2つの異なった稼働水準（操業水準）における費用額の差額を求め、これを2つの稼働水準の差を示す数値で除して変動費率を求めて、費用額から変動費率にその稼働水準を乗じた金額（変動費）を差引いた残額を固定費とする方法です。変動費率法と呼ばれることもあります。　　（☞固変分解）

〔計算式〕

稼働水準	期間費用発生額
335時間	787千円
485時間	955千円

$$変動費率 = \frac{955千円 - 787千円}{485時間 - 335時間} = \frac{168千円}{150時間} = 1.12千円／時間$$

$$固定費の額 = 787千円 - 1.12千円 \times 335時間 = 411.8千円$$

工程別計算　《1級原価》
（こうていべつけいさん）

製造業で採用されている工程別総合原価計算を意味します。建設業においては個別原価計算が原則となっているので、個別原価計算における工程別計算を対象にしなくてはなりません。総合工事における工事において工程別計算、例えば基礎工程、

躯体工程、外壁工程等について工程別計算を採用する場合は個別原価計算が前提となるので工事間接費についての予定配賦を部門別計算する方法で実施をすることになります。

工程別総合原価計算　≪1級原価≫
（こうていべつそうごうげんかけいさん）

総合原価計算の1形態です。製造工程が連続する2つ以上の工程からなる場合、1原価計算期間における製造費用を工程別に集計し、各工程製品の総合原価を算定するものです。
この工程別計算の方法には
(1) 累加法　各工程の完成品原価を順次、次工程へ振替えていく方法
(2) 非累加法　工程ごとの振替計算を行わず、各工程の完成品原価のうちから当該工程負担原価を直接に把握し、各工程原価の総和をもって最終製品原価とする方法
の2つがあります。

購入　≪2級≫
（こうにゅう）

固定資産取得方法の1つです。なお購入によって固定資産を取得したときの取得原価は、固定資産そのものの価額に付随費用を加えた額となります。　　　　　（☞自家建設、交換）

〔**計算式**〕
　購入資産の取得原価＝購入代価（送状価額－値引・割戻）
　　＋付随費用（引取運賃、据付費、試運転費など）

購入原価　≪3級≫
（こうにゅうげんか）

（☞購入）

購入時材料費処理法　≪2級≫
（こうにゅうじざいりょうひしょりほう）

材料購入時の処理方法の1つです。材料の受払記録を省略し、購入時にすべて消費されたと仮定して、総額を材料費として処理してしまう方法で、簡便な方法といえます。残存材料が発生した場合、材料費勘定から材料勘定へ振替える必要があります。

購入時資産処理法 ≪2級≫ （こうにゅうじしさんしょりほう）	材料購入時の処理方法の1つです。材料元帳に材料の受入を記録し、購入原価を決定した上で在庫として貯蔵しておきます。つまりいったん「材料」という資産勘定で処理するわけです。消費（出庫）の際、この購入原価をもとに金額を確定し、材料勘定から材料費勘定へ振替えます。この手法には、原価計算上消費単価の問題、棚卸減耗損、材料評価損等の問題が伴います。
購入代価 ≪1級財表≫ （こうにゅうだいか）	送状価額から値引額および割戻額を差引いた額をいいます。この場合の送状価額は現金送状価額を指し、値引額は品質不良、品目不足等による減額分をいい、割戻額は一定期間に多量または多額の取引による返戻額をいいます。　（☞購入）
購買時価 ≪1級財表≫ （こうばいじか）	（☞再調達原価）
後発事象 ≪1級財表≫ （こうはつじしょう）	貸借対照表日（決算日）後に発生し、財務諸表を作成する日までに明らかになった事象で、次期以降の財政状態や経営成績に影響を及ぼすものをいいます。後発事象は、企業の将来の財政状態および経営成績を理解するために補足的情報として有用なものです。 企業会計原則注解（注1-3）は、後発事象について次の5つを例示しています。 (1)火災、出水等による重大な損害の発生 (2)多額の増資または減資および多額の社債の発行または繰上償還 (3)会社の合併、重要な営業の譲渡または譲受 (4)重要な係争事件の発生または解決 (5)主要な取引先の倒産　　　　　　　　　（☞会計方針）

合名会社 ≪1級財表≫ （ごうめいがいしゃ）	企業が債権者または債務者となることについて法律上の人格を認められている会社の1つで、出資者、すなわち社員の全部が企業の債務について無限の責任を負う会社をいいます。 （☞株式会社、有限会社、合資会社）
子会社 ≪1級財表≫ （こがいしゃ）	ある会社が他の会社を支配するため、他の会社の株式を取得することがあります。この場合、支配する会社を親会社または支配会社といい、支配される会社を子会社または従属会社といいます。親会社および子会社はともに法律上は独立した会社であり、このため別々の会計単位としての計算を行います。 （☞親会社）
子会社株式 ≪2級≫ （こがいしゃかぶしき）	他企業の支配を目的として所有する長期保有の株式を処理する勘定です。その株式を所有されている会社を子会社といいます。（⇦投資等） 〔仕訳例〕 当社は甲社の発行済株式40％10,000千円（投資有価証券で処理）を保有しているが、さらに2,750千円を現金で追加取得した結果51％を所有することになった。 　　子会社株式　12,750　／　投資有価証券　10,000 　　　　　　　　　　　　　　　現　　金　　 2,750
子会社株式評価損 ≪2級≫ （こがいしゃかぶしきひょうかそん）	子会社が損失を計上した場合、保有する株式の比率に応じて株式の帳簿価額を引下げます。（⇦費用） 〔仕訳例〕 当社はA社（総発行済株式20,000千円）のうち12,000千円を保有している。決算に際し甲社が11,500千円の当期損失を計上したので、帳簿価額を引下げることにした。 　　子会社株式評価損　6,900／　子会社株式　6,900 　　　　（11,500×12,000／20,000＝6,900）

小書き ≪4級≫ （こがき）	仕訳帳や伝票の摘要欄に小さく書く取引の内容のことをいいます。
小切手 ≪3級≫ （こぎって）	預金者が金融機関と当座取引契約を締結している場合、小切手の発行者が金融機関に対して、小切手の持参人にその金額の支払いを委託した証券のことをいいます。
国際会計基準 ≪1級財表≫ （こくさいかいけいきじゅん）	国によって異なる会計基準を統一して、世界中どこにおいても通用する会計の基準を設けようというのが国際会計基準です。我が国も国際会計基準に沿った会計処理やディスクロージャー（情報開示）制度への移行が進んでいます。 IAS（国際会計基準）の作成を目的としてIASC（国際会計基準委員会）が、オーストラリア、カナダ、フランス、ドイツ、日本、メキシコ、オランダ、イギリス、アメリカの9カ国をメンバーにして1973年に設立されています。 　　　（☞連結財務諸表、キャッシュ・フロー計算書、税効果会計、金融商品の処理、研究開発費等の処理）
小口現金 ≪3級≫ （こぐちげんきん）	交通費・通信費等、日常の小口経費の支払いにあてるため社内の担当者に前渡ししている現金をいいます。定額資金前渡制度（前渡額を一定額に定めた小口現金制度）を採用する場合も小口現金勘定を用います。（⇐資産） 〔仕訳例〕 　定額資金前渡制度を採用し、現金100千円を4号現場の現場主任に交付した。 　　小口現金　100／　現金　100
小口現金出納帳 ≪3級≫ （こぐちげんきんすいとうちょう）	小口現金の受入れ・支払いの明細を記録する帳簿（補助簿）のことをいいます。

コスト・コントロール　≪1級原価≫
（こすとこんとろーる）

事後的原価統制を中心に展開される原価管理のことです。この原価管理は原価の標準を設定してこれを指示し、原価の実際の発生額を計算記録し、これを標準と比較して、その差異の原因を分析し、これに関する資料を経営管理者に報告し原価能率を増進する措置を講ずるものです。このコスト・コントロールは標準原価という原価数値を使用して、その管理活動を実践しようとする考えです。この考えは伝統的なコスト・コントロールの概念と位置づけられています。

コストドライバー　≪1級原価≫
（こすとどらいばー）

活動基準原価計算（ABC）を採用していると、工事間接費を各活動（アクティビティ）に結びつけて各工事に配賦しなくてはなりません。この配賦を結びつける基準をコストドライバーといいます。原価作用因とも訳されています。活動別の一例としては機械利用費、段取費、修繕維持費、運搬関係費等があげられ、これらの活動費を各工事に配賦する場合のコストドライバーとして、具体的には機械運転時間、均等割、修繕回数、運搬回数×距離等があります。

コスト・マネジメント　≪1級原価≫
（こすとまねじめんと）

コスト・コントロールが伝統的な原価管理であるとすれば、現在的な原価管理がコスト・マネジメントということになります。コスト・マネジメントは利益管理の一環であって、原価計画と原価統制とからなっています。原価計画は目標利益を実現するための原価計画ですが、企業全体の製品計画、設備投資計画、販売計画、購買計画等との関連のもとに作成しなければなりません。この原価計画で原価の計画目標が設定されたならば示達、実行、実績の記録目標との差異分析を行って是正措置をするのが原価統制になります。このように原価の面から管理をすることによって利益計画の目標利益を達成するものです。

国庫補助　≪1級財表≫ （こっこほじょ）	（☞国庫補助金）
国庫補助金　≪1級財表≫ （こっこほじょきん）	国家または地方公共団体から建設補助のために受けた補助金（助成金）をいいます。国庫補助金は、企業経営の資本とすべき目的で設備資金を助成する場合の資本助成と、損失塡補を目的とした利益助成の場合に区分されますが、資本剰余金に属するのは資本助成の場合の補助金です。それは企業経営の維持のための資本として、企業内に留保すべき性質を重視するからです。商法や税法では株主以外の者からの資金提供は利益とみなしています。企業会計原則注解24では次のように規定しています。「国庫補助金等で取得した資産については、それに相当する金額をその取得原価から控除することができる。（圧縮記帳の容認） この場合、貸借対照表の表示は次のいずれかによる。 (1)取得原価から国庫補助金等に相当する金額を控除する形式で記載する。 (2)取得原価から国庫補助金等に相当する金額を控除した残額のみを記載し、当該国庫補助金等の金額を注記する。」 　　　　　　　　　　　　　　　　　　　　（☞工事負担金）
固定資産　≪4級≫ （こていしさん）	企業が事業を営むために長期（1年を超えて）にわたって使用する目的で所有する資産のことです。建物、土地、備品などが該当します。（⇦資産）
固定資産回転率　≪1級分析≫ （こていしさんかいてんりつ）	固定資産に対する完成工事高の割合をみる比率で、固定資産の利用度を表します。この比率が高いほど、固定資産が有効に利用されていることを示し、固定資産に投下された資本の活動効率が良いことになります。この比率を高めることは、総資本回転率を高めることにつながります。　　　　　　（☞総資本回転率）

〔計算式〕

$$固定資産回転率（回）＝\frac{完成工事高}{固定資産（平均）}$$

（注） 平均は、「（期首＋期末）÷2」により算出します。

固定資産原価の期間配分　≪1級財表≫
（こていしさんげんかのきかんはいぶん）

建物、機械装置、器具備品など土地以外の固定資産は、使用にともない次第にその価値を減少するので、それらの取得原価を使用した各会計期間に費用として配分することをいいます。この取得原価の期間配分を減価償却といいます。固定資産の期間配分の目的は、その資産の価値減少につき適正な費用配分を行うことによって、その年度の損益計算を正確ならしめることにあります。　　　　　　　　（☞費用配分の原則）

固定資産の廃棄　≪2級≫
（こていしさんのはいき）

固定資産を売却等により処分することです。使用途中に固定資産が廃棄された場合、その固定資産の未償却残高と純処分価額との差額は、固定資産売却損益または固定資産除却損益として処理されます。

〔仕訳例〕

機械装置（取得原価4,000千円、減価償却累計額2,500千円、間接記入法）を売却し、代金900千円を現金で受け取った。

減価償却累計額	2,500	機械装置	4,000
現　　　金	900		
固定資産売却損	600		

固定資産の評価　≪1級財表≫
（こていしさんのひょうか）

固定資産とは、通常1年以上その形態を変えないで経営のために利用する資産のことで、流動資産のように短期間での売却や現金化を目的とするものではありません。固定資産はさらに、有形固定資産、無形固定資産および投資等の3つに区分されます。固定資産の貸借対照表価額は原則として取得原価によって評価されますが、特に、有形・無形の固定資産については、当該資産の取得原価から減価償却累計額を控除した

価額をもって貸借対照表価額とします。固定資産の評価には、費用配分の原則が適用されます。　　　（☞費用配分の原則）

固定長期適合比率
《1級分析》
（こていちょうきてきごうひりつ）

固定負債と自己資本の合計に対する固定資産の割合をみる比率で、固定資産への投資が固定負債と自己資本でどの程度賄われているかを表します。固定資産への投資は原則として自己資本で賄われるのが望ましいのですが、自己資本だけで賄えなくても、長期借入金などの返済期限が長期の固定負債は、自己資本と同様に長期的に安定した資本と考えられるので、この比率で企業の投資構造が健全であるかどうかを判断します。この比率は低いほど良く、100％以下が望まれます。
（☞固定比率）

〔計算式〕

(1) 固定長期適合比率(%) $= \dfrac{\text{固定資産}}{\text{固定負債}+\text{自己資本}} \times 100$

(2) 固定長期適合比率(%)（別法） $= \dfrac{\text{有形固定資産}}{\text{固定負債}+\text{自己資本}} \times 100$

(2)は固定資産のなかの有形固定資産への投資が、固定負債と自己資本でどの程度賄われているかを表す比率です。

(注)　「自己資本」については、当該期間の利益処分が確定しその資料が得られる場合には、その利益処分による社外流出分（株主配当金、役員賞与金等）を除外して計算することもあります。

固定費　《2級》
（こていひ）

原価は操業度との関連で変動費と固定費に区分されますが、ある特定の期間中（通常は1年以内）操業度の増減にかかわらず変化しない原価を固定費といいます。例えば、減価償却費、租税公課、支払家賃等が該当します。

固定比率
《1級分析》
（こていひりつ）

自己資本に対する固定資産の割合をみる比率で、固定資産への投資が自己資本でどの程度賄われているかを表します。固定資産は企業活動を遂行する上で基本となる資産であり、固

定資産に投下された資本の回収には長期間かかりますから、固定資産への投資は、原則として自己資本で賄われるのが望ましいといえます。したがって、この比率が低いほど企業の投資構造が健全であることを表し、100％以下が望ましいとされています。　　　　　　　　　　　　（☞固定長期適合比率）

〔計算式〕

$$固定比率(\%) = \frac{固定資産}{自己資本} \times 100$$

（注）「自己資本」については、当該期間の利益処分が確定しその資料が得られる場合には、その利益処分による社外流出分（株主配当金、役員賞与金等）を除外して計算することもあります。

固定負債　≪1級分析≫
（こていふさい）

貸借対照表の貸方の負債のうち、企業の営業取引以外の取引から発生した債務で、決算日の翌日から1年を超えて支払期限が到来するものをいい、社債、長期借入金、退職給与引当金などが該当します。短期的な債務である流動負債に対して、長期的な債務ということになります。　（☞流動負債）

固定負債比率　≪1級分析≫
（こていふさいひりつ）

固定負債を自己資本でどの程度賄っているかをみる比率です。自己資本は他人資本の返済に充てる担保という意味もあるので、この比率が低いほど資本構造が健全であることを表します。なお、負債比率の内容を検討する場合、この比率が流動負債比率よりも高い方が望ましいといえます。それは、一般に固定負債は短期に返済しなければならない流動負債に比べて、企業の安全性を害する程度が少ないと考えられるからです。　　　　　　　　　（☞流動負債比率、負債比率）

〔計算式〕

$$固定負債比率(\%) = \frac{固定負債}{自己資本} \times 100$$

（注）「自己資本」については、当該期間の利益処分が確定し、その資料が得られる場合には、その利益処分による社外流出分（株主配当金、役員賞与金等）を除外して計算します。

固定予算
≪1級原価≫
(こていよさん)

工事間接費の予算の設定方法には2つあります。1つの操業度を前提として編成されたものが固定予算であって、一部の原価項目について、操業度の変化に対応するように編成されたものが変動予算です。固定予算は、次年度に予定される1つの基準操業度を想定して、その操業度における工事間接費を予算化するものです。現実の操業度が想定した基準操業度と遊離しても、当初に想定した操業度で差異分析を行うことになります。簡便な方法ですが、操業度が大きく変化する場合は不適当であるといえます。変動費との分析差異は次図のように違ってきます。

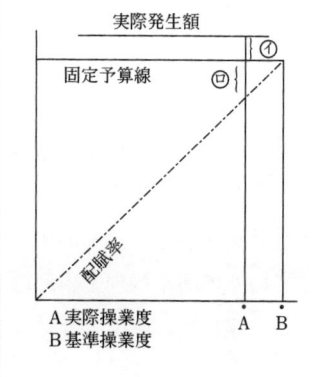

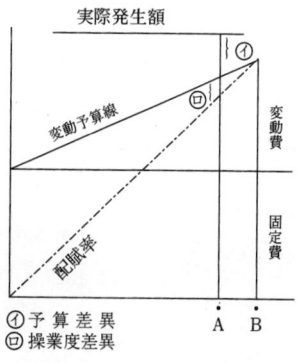

<固定予算の場合>　　　<変動予算の場合>

実際発生額　　　　　　実際発生額

固定予算線　　　　　　変動予算線

配賦率　　　　　　　　配賦率

A 実際操業度　　　　　㋑ 予算差異
B 基準操業度　　　　　㋺ 操業度差異

固定予算方式
≪2級≫
(こていよさんほうしき)

(☞固定予算、変動予算方式)

個別計画
≪1級原価≫
(こべつけいかく)

経営方針または経営目標に基づいて期間計画が設定されるとそれを具体化するために期間予算が編成されます。その期間予算は例えば資材庫を増設するとか、建設機材機械購入するといった個別計画をベースに編成されます。期間予算は期間計画の実現手段ですが、その期間計画は個別計画と有機的一体の関係になっています。

個別原価計算 ≪2級≫
（こべつげんかけいさん）

受注産業である建設業の原価計算に適した計算方法といえます。具体的には、工事原価を工事直接費と工事間接費に分類、工事直接費は未成工事支出金勘定に直接に集計、工事間接費は工事間接費勘定に集計しておき、一定基準に従って各工事に配賦する計算方法です。　　　　（☞総合原価計算）

個別工事原価管理目的 ≪1級原価≫
（こべつこうじげんかかんりもくてき）

原価計算の目的のなかに原価管理目的があります。建設業の原価管理は、基本的には個別工事単位で実施されます。建設業の原価の発生場所が主として工事現場であり、その現場は期間的に有限であり、移動的な単品生産であるために個別工事単位となるのです。具体的な原価管理は工事別の実行予算書で実施されることになります。実行予算書との比較で事後には予算と実績との差異分析を行い、原価管理を実施します。

個別工事原価計算 ≪2級≫
（こべつこうじげんかけいさん）

建設業では受注した工事別に工事番号を付し、工事指図書を発行して工事を進めていきます。この工事指図書に指示された範囲を原価計算単位とし、その生産について費消された原価を把握していく方法を個別工事原価計算といいます。受注生産形態をとる建設業の原価計算に適した方法であるといえます。　　　　　　　　　　　　　　（☞総合原価計算）

個別財務諸表 ≪1級財表≫
（こべつざいむしょひょう）

財務諸表は、企業の経営活動や外部の経済変動によって生起する企業の経済現象に関する会計情報を、企業の利害関係者に対して報告するために、一定の形式をもって作成される書類をいいます。このように、個々の企業について作成される一組の計算書を一般に個別財務諸表といいます。

個別財務諸表基準性の原則 ≪1級財表≫
（こべつざいむしょひょうきじゅんせいのげんそく）

連結財務諸表の作成原則の1つです。この原則は、まず第1に連結財務諸表は個別財務諸表を資料とし、これに準拠して作成されなければならないこと、第2に個別財務諸表は一般に公正妥当と認められる企業会計の基準に基づいて作成されたもの

でなければならないことの2つの意味をもっています。これは、個別財務諸表準拠性の原則とも呼ばれています。

個別償却法 ≪2級≫
(こべつしょうきゃくほう)

個々の資産ごとに減価償却の計算と記帳を行う方法で、一般的なものです。資産ごとに固定資産台帳を設けて正確な計算と記帳を行います。　　　　　　　　　　　(☞総合償却法)

個別対応 ≪1級財表≫
(こべつたいおう)

今日の期間損益計算においては、企業が獲得した実現収益と、これを獲得するために発生した費用とを対応し、比較することが要請されています。その対応形態には一般に個別対応と期間対応の2つがあります。個別対応とは、役務などの給付の提供によって得られた収益と、それを獲得するために要した費用を直接的に対応することです。長期の請負工事などは、その請負価格と工事総原価が対応されてその採算関係をみます。　　　　　　　　　　　　　(☞期間対応)

個別賃率 ≪2級≫
(こべつちんりつ)

個々の作業者ごとに把握された賃率のことをいいます。建設業の場合、受注産業であるため直傭労働者だけで工事が行われることはほとんどなく、平均賃率を適用しにくい面があります。工事の能率を測定する上で、個別賃率によって各工事原価を把握した方がよい場合もあります。　(☞平均賃率)

個別転記 ≪2級≫
(こべつてんき)

特殊仕訳帳から総勘定元帳へ転記する場合、相手科目への転記は個別に行われます。例えば特殊仕訳帳として当座預金出納帳を利用する場合、当座預金勘定への転記は月末に一括してその月の合計額が転記されますが、相手科目への転記は個別に行います。　　　　　　　　　　　(☞合計転記)

個別費 ≪1級原価≫
(こべつひ)

原価計算では、中間的な原価計算客体として部門が設定されることがあります。この部門を原価計算の対象にした場合に、直接費、間接費の概念区分と区別して、個別費と共通費

の用語を用いています。個別費はその部門に個有に発生する費用です。この費用の把握方法は伝票に発生部門名を記入することによって、個別費として把握します。部門名を記入できないものは部門共通費として把握されます。

個別法 ＜2級＞
（こべつほう）

材料消費単価決定方法の1つです。材料払出の際、いつの時点で購入したものかを個別に特定し、単価を決定します。引当材料には適した方法ですが、常備材料の消費単価決定に適用するには無理があるといえます。

固変分解 ＜1級分析＞
（こへんぶんかい）

損益分岐点分析やCVP分析を行うために、原価あるいは費用を、固定費と変動費に分解することをいいます。費用分解ともいいます。固変分解の方法には、個別費用法と一括分解法（総費用法）があります。個別費用法は、費用項目を個別に固変分解する方法であり、一括分解法は、特定の費用項目あるいは全部の費用項目を一括して分解する方法です。なお、固変分解の具体的な方法には、勘定科目精査法、高低2点法などがあります。

（☞損益分岐点、損益分岐点分析、CVP分析、勘定科目精査法、高低2点法）

コンピュータ会計システム ＜2級＞
（こんぴゅーたかいけいしすてむ）

経理事務は最も早くからコンピュータ化が進んだ分野の1つです。パッケージソフトにも優れたものが多く、自社向けのオーダーソフトを開発する余裕の少ない中小企業に適しています。その場合でも業務を見直してシステムへの適合を検討しなければなりません。今後の方向としては、①入力の分散化（LAN）、②管理会計分野への活用、③表計算ソフトなどへのデータ活用　といったところがあげられます。

さ

在外子会社の財務諸表項目の換算 ≪1級財表≫
（ざいがいこがいしゃのざいむしょひょうこうもくのかんさん）

外国にある子会社または関連会社では、その所在地国の通貨で会計記録および財務諸表を作成しているので、これを邦貨に換算してから連結しなければなりません。したがって、連結財務諸表の作成または持分法の適用に当たり、外国にある子会社または関連会社の外国通貨で表示されている財務諸表項目の換算に当たっては、一般に公正妥当と認められる換算の基準に従わなければならないと「外貨建取引等会計処理基準」に規定されています。

在外支店の財務諸表項目の換算 ≪1級財表≫
（ざいがいしてんのざいむしょひょうこうもくのかんさん）

在外支店においては、当該所在国の貨幣単位で会計処理が行われ、かつ独立会計単位としての独自の財務諸表が作成されているはずですから、本店においては、支店の外貨建財務諸表を円表示に換算し、本支店合併財務諸表を作成しなければなりません。在外支店の換算は修正テンポラル法によっており、財務諸表項目の種類によって適用される為替レートが異なり手数を要します。　　　　　　　（☞修正テンポラル法）

債権 ≪4級≫
（さいけん）

他人に対して一定の行為をなすべきことを請求できる権利のことです。例えば、他人に資金を貸し付ければ、その返済期日に資金の返済を請求できる権利が生じます。その権利を債権といい、記録・計算上では貸付金勘定で処理します。他に受取手形や完成工事未収入金等も債権に属する勘定です。
　　　　　　　　　　　　　　　　　　　　　（☞債務）

債券 ≪3級≫
（さいけん）

法人の債務が存在していることの証明として発行する証券のことをいいます。国債、地方債、社債などのことです。

債権金額基準 ≪2級≫
（さいけんきんがくきじゅん）

受取手形・貸付金等の金銭債権をその債権金額よりも低い価額で取得した場合、貸借対照表価額をいくらに決定するかが問題となります。その場合、金銭債権の額で計上する方法を債権金額基準といいます。

〔仕訳例〕
　得意先に対する貸付のため現金5,800千円を支出し、その見返りに得意先振出しの約束手形6,000千円を受取った。

　　手形貸付金　6,000　／　現　　金　5,800
　　　　　　　　　　　　　　受取利息　　 200

債券先物取引 ≪1級財表≫
（さいけんさきものとりひき）

（☞先物取引）

債権者持分 ≪1級財表≫
（さいけんしゃもちぶん）

企業は経営上の資金を投資者、債権者その他の利害関係者から受け入れます。これら企業資本は、利害関係者側の立場からみれば、企業に対し請求し得る権利を意味することになります。すなわち利害関係者は、自らの出資または貸与した債権につき、企業の所有する資産に対して請求権を有することになるのです。このうち、債権者その他利害関係者の請求権を債権者持分といいます。

債権償却特別勘定 ≪2級≫
（さいけんしょうきゃくとくべつかんじょう）

個々の債権について、個別に取立不能見込み額を計上する場合に用いる勘定で、次の場合に債権額の1/2の範囲内で設定できます。
(1)商法による会社の整理開始命令　(2)破産の宣告　(3)和議の開始決定　(4)更生手続きの開始決定　(5)手形交換所においての取引停止処分　（⇦資産）

〔仕訳例〕
　乙社に対して完成工事未収入金1,000千円があるが、同社が銀行取引停止処分を受けたので、50%の債権償却特別勘

定を設定する。

　　貸倒引当金繰入額　500／　債権償却特別勘定　500
　（注）　平成10年7月の建設業法施行規則の改正により、従来の「営業債権貸倒償却」は「貸倒引当金繰入額」と「貸倒損失」に変更。

差異項目の調整に係る整理仕訳 ≪2級≫ （さいこうもくのちょうせいにかかるせいりしわけ）	銀行勘定調整表によって自社当座預金残高と銀行残高を調整した時であっても、次のような場合は整理仕訳が必要となります。 (1)入金通知未達項目（当座預金増加の仕訳を行う） (2)出金通知未達項目（当座預金減少の仕訳を行う） (3)未渡小切手（当座預金増加の仕訳を行う） (4)誤記入訂正 〔仕訳例〕 　当座預金勘定を調査した結果、材料買掛代金の支払として処理した小切手で、相手に未渡しのもの1,000千円があった。 　　当座預金　1,000／　工事未払金　1,000
財産法 ≪1級財表≫ （ざいさんほう）	期間損益計算の1つの方法で、期首の純財産と期末の純財産との比較により当期間の損益を算定する方法です。これは、実地棚卸によって資産と負債の実際有高を確かめ、純財産を計算する方法であり、正規の簿記による記録は必ずしも必要としません。したがって、財産法では損益を包括的に示すのみであり、損益の発生原因は明らかにされないという欠点があります。　　　　　　　　　　　　　　　（☞損益法）
財産目録 ≪1級財表≫ （ざいさんもくろく）	貸借対照表の諸項目の内容を知る明細表であり、一定時点において企業が所有する資産と、その負っている債務の明細を示して正味財産を明らかにする計算書です。資産と負債はその種類や性質にしたがって個別に表示され、企業がどのよう

な資産を持ち、どのような債務を負っているかを詳細に知ることができます。この財産目録は、債権者を保護する目的をもって作成されます。

最終取得原価法 ≪1級財表≫
（さいしゅうしゅとくげんかほう）

取得日付の一番近い棚卸資産の取得原価をもって期末棚卸資産の単価とする方法です。この方法によれば、時価または時価に最も近い価格によって期末の棚卸資産が評価されることになります。この方法は期末に少量の物品を適当な価格で購入することにより利益操作を行い得るという欠点をもっています。

最小自乗法 ≪1級分析≫
（さいしょうじじょうほう）

過去の実績データに数学的処理を加え、変数間の回帰分析を行う統計的な推定方法の1つであり、実績値との誤差の自乗和が最小になるように回帰直線を求める方法です。原価の固変分解や、売上高予算を編成する場合等に用いられます。

財政状態 ≪3級≫
（ざいせいじょうたい）

企業会計では、貸借対照表においてすべての資産、負債および資本を記載し、株主や債権者等の利害関係者に対して、企業資金の調達源泉と運用形態を対照表示するものとされています。

再調達原価 ≪1級財表≫
（さいちょうたつげんか）

購買時価または再買原価ともいわれるもので、当該資産を新たに買い入れると仮定した場合の時価をいいます。製造業の場合は再製造原価ということになりますが、これが算定困難であるときは、将来の販売行為を考慮に入れて正味実現可能価額から正常利益を控除したものが再調達原価となります。

再調達原価額 ≪1級財表≫
（さいちょうたつげんかがく）

（☞再調達原価）

再振替仕訳 ≪3級≫	前期末に行われた経過勘定項目の整理仕訳を当期の期間損益に振替えるために期首の日付で行う仕訳のことです。
(さいふりかえしわけ)	

〔仕訳例〕

〔再振〕1/1　受取利息　300／未収利息　300

未収利息

12/31	受取利息	300	12/31	次期繰越	300
1/1	前期繰越	300	1/1	受取利息	300 ←

受取利息

→ 1/1	未収利息	300		

（再振替仕訳）

債務　　　≪4級≫	将来の支払義務または給付義務を伴うものをいいます。
(さいむ)	（☞債権）

財務安全性 ≪1級分析≫	企業の支払能力や資金繰り、企業体質の健全性をみるもので、代表的な指標として、次のようなものがあります。
(ざいむあんぜんせい)	(1)短期的な支払能力を表すもの。（流動比率、当座比率、経常収支比率等）
	(2)資金繰り状態を表すもの。（受取勘定回転期間、工事費取下げ率、借入金依存等）
	(3)健全性を表すもの。（固定比率、固定長期適合比率、自己資本比率等）

財務会計 ≪1級分析≫	企業外部の利害関係者（株主、債権者、投資家、国・地方公共団体など）に対して、損益計算書や貸借対照表などの財務諸表によって企業の経営成績および財政状態に関する会計情報を報告するために行われる会計で、外部報告会計ともいわれます。企業の作成した財務諸表を資料として、企業外部の利害関係者はそれぞれの目的に応じた財務分析を行いますから、財務会計と財務分析は密接な関係があります。
(ざいむかいけい)	

財務諸表 《3級》
（ざいむしょひょう）

貸借対照表、損益計算書、利益処分計算書等から構成され、企業の財政状態と経営成績を明らかにするため決算時に作成する会計書類のことです。会計諸法令によって構成される書類が異なりますが、建設業では、上記のほかに完成工事原価報告書が含まれます。

財務諸表作成目的 《1級原価》
（ざいむしょひょうさくせいもくてき）

原価計算の目的として、「原価計算基準」は財務諸表作成目的を第1に掲げています。建設業における原価計算の財務諸表作成目的は、最終的には損益計算書の完成工事原価、貸借対照表の未成工事支出金、材料、貯蔵品等の棚卸資産の数値を決定することであり、完成工事原価報告書を作成する数値を提供することです。

財務諸表の作成 《2級》
（ざいむしょひょうのさくせい）

損益計算書・貸借対照表を作成することをいいます。決算手続きの最後に位置します。損益計算書は損益勘定、貸借対照表は残高勘定に基づいて作成されます（大陸式決算法）。いずれも「勘定式」「報告式」という2種類の形式があります。さらに、建設業では完成工事原価の内訳を示す計算書として完成工事原価報告書も作成しなければなりません。

（☞勘定式、報告式）

財務諸表の利用 《2級》
（ざいむしょひょうのりよう）

財務会計は外部報告のための会計ですから、財務諸表は第一義的には外部の企業関係者に利用されることを想定しているといえます。具体的には株主、債権者（銀行など）、債務者などです。将来的に企業への投資を検討している人々も対象となるでしょう。経営者の意思決定の材料とするには決算後の財務諸表では時間的に遅すぎますので、この目的のためには内部的な月次決算や管理会計的な手法が必要となります。

財務諸表付属明細表 ≪１級財表≫ (ざいむしょひょうふぞくめいさいひょう)	貸借対照表および損益計算書は、利害関係者が企業財務に関する情報を大局的に把握できるように概観性を高めておかなければなりません。そのため、これらの財務諸表は簡潔にして明瞭性を保つため、記載される科目は総括的であり、価額表示のみで物量的報告がなされていません。利害関係者が企業財務について吟味し判断する場合には、財務諸表に記載されていない各種の詳細な資料を必要とします。これらの要求を満たすために作成されるのが財務諸表付属明細表です。
債務の弁済 ≪１級財表≫ (さいむのべんさい)	(☞債務弁済の手段)
財務の流動性 ≪１級財表≫ (ざいむのりゅうどうせい)	貸借対照表における資産、負債および資本の内容を項目の性質に従い規則的に配列して、企業の財政状態の判断を正確かつ容易に行うことができるようにしようとするものです。資産については換金性または費用化が早いか遅いか、負債については現金支払の期限の到来が早いか遅いかに基づいて企業の支払能力を判断するための資料とします。流動資産と流動負債がそれぞれ最初に表示され、流動比率をみるのに便利です。また、配列の下部からみると固定資産を賄っている資金は、まず自己資本で足りているかいないか、また固定負債を加えれば充分に賄っているかなど、企業財務の状況を観察するために比較吟味することができます。 　　　　　　　　　　　(☞正常営業循環基準、一年基準)
財務費 ≪１級原価≫ (ざいむひ)	資金調達のための費用すなわち支払利息、割引料等です。「原価計算基準」では支払利息等の財務費用は非原価項目として財務諸表上の営業外費用として扱っています。この財務費用の原価性について「原価計算基準」とは別に原価性を認めているところが一部にあります。大蔵省企業審議会の連続

意見書では、自家建設の固定資産取得原価の中に、建設に要する借入金の資本利子で稼働前期間に応ずる金利については取得原価に算入することができるとしています。財務費の原価性については今後も議論を残すところです。

財務分析 ≪2級≫
（ざいむぶんせき）

財務諸表の内容を検討し、各種の分析比率を算出して指標となる数値と比較検討して財務内容の分析を行うことです。収益性・流動性・健全性・活動性・生産性・成長性などの面から分析比率を算出します。最低でも2期連続した財務諸表が必要です。比較対照に当たっては業種・企業規模を選択し、その中での平均値や、黒字企業の平均値、赤字企業の平均値などと比較する方法が多くとられています。

債務弁済の手段 ≪1級財表≫
（さいむべんさいのしゅだん）

資産を債務弁済の手段と考える傾向は静態論的な会計思考です。その会計の目的は第1に財産保全機能であり、財産計算が中心であるとする会計観です。すなわち、資産を費用性の面というより支払能力評定のための換金価値、つまり売却時価に基づいて評価しようとする債権者保護のための会計をいいます。したがって、資産を債務弁済の手段とみるわけです。

債務保証 ≪1級財表≫
（さいむほしょう）

他人の債務の保証をすることで偶発債務の1つです。これは、通常の債務保証のほか、保証予約や経営指導念書等の差入れについても保証類似行為として含まれていると解されています。偶発債務が現実の債務となり、その債務を履行したときは、その対価として法律上の求償権を獲得することができます。また、債務保証について、他人の債務の保証を行って保証料を受入れることを業とする事業においては、ある程度の債務保証の危険があると考えなければなりません。この場合には、過去の経験率に基づいて債務保証損失引当金を設定することが必要となります。

債務保証損失引当金
　　　　≪1級財表≫
（さいむほしょうそんしつひきあてきん）

他人の債務を保証した場合には、保証人は主たる債務者がその債務を弁済することができなくなったとき、債務者に代わって債権者に対し支払いをしなければなりません。支払いを行った場合には、もちろん主たる債務者に対し法律上の求償権が発生しますが、主たる債務者が弁済不能に陥った場合には、求償権を実行することが困難となり、損失となる可能性が高いとみなければなりません。この損失に対する引当金が債務保証損失引当金です。（⇐負債）

財務レバレッジ
　　　　≪1級分析≫
（ざいむればれっじ）

企業は通常、総資本を自己資本のほか他人資本（負債）によって調達しています。すなわち、他人資本を利用しているわけです。このような、企業の資本調達における他人資本の利用を財務レバレッジといいます。企業が他人資本を利用すると、総資本利益率が負債利子率より高い場合には、総資本に占める他人資本の割合が大きくなればなるほど、自己資本利益率が高くなり、逆に総資本利益率が負債利子率より低い場合には、他人資本が多ければ多いほど、自己資本利益率が低くなるという関係が生じます。すなわち、他人資本の利用が自己資本利益率を高くしたり低くしたりと、レバレッジ（てこ）の役割をするので、財務レバレッジといわれています。

材料　　≪3級≫
（ざいりょう）

工事用の材料を事前手配して購入し本社倉庫に納入としたときに使用する勘定です。倉庫から工事現場に払出したときは、材料費（未成工事支出金）となります。（⇐資産）

〔仕訳例〕
　秋田建材より甲材1,000個@430円を買入れ、本社倉庫に搬入し、代金は小切手で支払った。
　　材料　430,000／　当座預金　430,000

材料受入価格差異
≪1級原価≫
（ざいりょううけいれかかくさい）

材料の購入時点で把握される予定または標準単価と実際購入単価との差額をいいます。消費の段階では全て予定単価または標準単価で原価計算が行われることになります。材料受入時に価格差異を把握する方が原価管理上より効果的です。この手法を採用している場合、一定の時期に、材料消費分と材料棚卸分に按分しなければなりません。

材料受入報告書
≪2級≫
（ざいりょううけいれほうこくしょ）

材料の購入から消費に至る一連の管理活動のなかで使用される帳票です。材料注文書に基づいて材料が搬入されたとき、規格・数量などについて照合し、検収のうえ作成されるものです。

材料価格差異
≪1級原価≫
（ざいりょうかかくさい）

材料費は単価×数量で把握されますが、単価に予定単価、標準単価を用いる場合に実際単価との間に生じた差額のことをいいます。材料受入価格差異と材料消費価格差異の2つに区分されます。前者は仕入または購入時に把握され、後者は消費時に把握されます。そのいずれを選択すべきかの観点からは材料受入価格差異を算定する方が原価管理上より効果的です。建設業の場合は材料受入価格差異は、常備材料に適用される考え方であって、引当材料の場合はおのずと材料受入価格差異を算定することになります。上式の計算結果がマイナスの場合は不利差異、プラスの場合には有利差異と判定します。　　　　　　　　　　　　　　　（☞価格差異）

材料購入価格差異
≪1級原価≫
（ざいりょうこうにゅうかかくさい）

（☞材料受入価格差異）
　実際受入数量×（標準単価－実際単価）

材料購入請求書
≪2級≫
（ざいりょうこうにゅうせいきゅうしょ）

工事責任者あるいは在庫管理者が作成し、材料購入担当者に回付するものです。材料の購入から消費に至る一連の管理活動のなかで最初に位置する帳票です。

材料仕入帳 ≪2級≫
（ざいりょうしいれちょう）

特殊仕訳帳の1つで、材料仕入に関する記録を集中管理するためのものです。仕入先・摘要・元丁・工事未払金・諸口・内訳などの記入欄があります。

材料主費 ≪1級原価≫
（ざいりょうしゅひ）

送り状価額から値引や割戻しを控除して算出される材料の購入代価のことです。原則的には、この材料主費に材料副費を加算して、材料の購入原価を決定します。（☞材料副費）

材料仕訳帳 ≪2級≫
（ざいりょうしわけちょう）

特殊仕訳帳の1つで、材料消費に関する記録を直接材料費と間接材料費に分けて集中管理するためのものです。

材料貯蔵品勘定 ≪1級財表≫
（ざいりょうちょぞうひんかんじょう）

経営の目的とする生産物の製造および販売のために外部から購入した物品をいいます。なお、建設関連資材を自社で製造している場合には、原価計算によって製品原価を決定し、材料貯蔵品等として処理します。（⇦資産）

材料の搬送取引 ≪2級≫
（ざいりょうのはんそうとりひき）

支店独立会計制度を採用している場合、本店から支店へ、あるいは支店から本店へ常備材料などを搬入することがあります。その場合の本支店間の勘定振替のことをいいます。振替価格の決定には次の3通りの方法があります。
(1)原価を振替価格とする。
(2)原価に一定の利益を加算して振替価格とする。
(3)市場価格を振替価格とする。
〔仕訳例〕
　本店は青森支店に材料350千円を原価のまま搬入した。
　【本　　店】青森支店　350／　材料　350
　【青森支店】材　　料　350／　本店　350

材料費 ≪4級≫
（ざいりょうひ）

工事のために消費した材料の購入費用のことをいいます。
（⇦工事原価）　　　　　　　　　（☞完成工事原価）

〔仕訳例〕
秋田建材から工事用資材を購入し、現場に直送し、代金150千円を現金で支払った。

材料費　150／現金　150

材料評価損 ≪2級≫
（ざいりょうひょうかそん）

ある一時点で材料の原価と時価を比較したとき、時価が原価を下回っている場合の差額のことをいいます。発生する場合として次のようなものがあり、それにより会計処理も異なります。
(1)低価基準を適用したとき　売上原価、営業外費用
(2)回復の見込みがない時価下落　営業外費用、特別損失
(3)品質低下・陳腐化等
　①原価性があるとき　工事原価（経費）、工事間接費等
　②原価性がないとき　営業外費用、特別損失

材料副費 ≪1級原価≫
（ざいりょうふくひ）

原材料の購入から消費に至る過程において、材料に関連して発生する費用をいいます。これは、大別して下記のように分類されます。
(1)外部材料副費　購入手数料、引取運賃、荷役費、関税等の材料購入に際して発生する引取費用をいいます。
(2)内部材料副費　購入事務費、検収・整理・選別・手入・保管等に要する費用をいいます。

材料副費の配賦差異 ≪1級原価≫
（ざいりょうふくひのはいふさい）

材料副費を材料の購入原価に算入する方法として予定配賦法を採用した場合には、実際配賦よりも材料費の計算を早く行うことができると同時に、副費の正常な配賦にも役立ちます。予定配賦法を採用すると、実際額との間に材料副費の配賦差異が発生することになり、借方差異（配賦不足）または貸方差異（配賦超過）として把握されます。月次計算では発生額の記録のみにとどめ、会計期末でその残高は原則として当期の完成工事原価に賦課して処理します。

材料元帳　≪3級≫ （ざいりょうもとちょう）	仕入先からの材料の購入（受入）、現場への材料の払出および在高を、材料の種類別に記入する帳簿のことです。
差額補充法　≪3級≫ （さがくほじゅうほう）	引当金を計上するときに、引当金の期末残高を戻入せずに、期末残高に対して当期に計上する見積額の過不足を加減する方法をいいます。　　　　　　　　　　　　　（☞洗替法） 〔仕訳例〕 　決算に当たり、貸倒引当金60千円を計上する。ただし、貸倒引当金の残高が50千円ある。（差額補充法で行うこと） 　　貸倒引当金繰入額　10／貸倒引当金　10 　　60千円－50千円＝10千円
差額利益分析 　　　≪1級原価≫ （さがくりえきぶんせき）	原価計算の目的に経営の基本計画を設定する際、これに必要な原価情報を提供することが掲げられています。製品、経営立地、生産設備等経営構造に関する基本的事項についての経営意思の決定が求められる場面があります。この経営意思の決定の問題解決には基本的に未来原価を中心とする差額利益分析の手法が用いられます。 新製品導入の事例をあげると、いま、甲会社は単一種類の製品甲を生産しています。現在新しい新製品乙を付け加えることを検討中です。乙製品は甲製品の製造設備の遊休能力を使用して生産できるので、乙製品の生産のために新しい設備を投入する必要はありません。ただ50,000千円の運転資金の増加が必要であると仮定します。乙製品は毎期間1個当たり1.75千円の価格で40,000個販売できる見込みです。しかし同期間についてこの販売量を維持するためには、8,000千円の販売費が付加的に生ずる見込みです。製品乙の変動製造費用は製品1個当たり1.1千円の見込みです。製造固定費は同一期間に5,000千円増加するでしょう。この製品乙を生産することから生ずる差額利益は、次のようになります。

		単価当たり	総　体
売　　上　　高	40,000個	1.75千円	70,000千円
差　額　原　価			
変動費		1.10	44,000千円
固定費		5,000	49,000
差額売上総利益			21,000
差　額　販　売　費			8,000
差　額　利　益			13,000千円

したがって、この乙製品だけの限界投資利益率は次のように税引前で26%となります。

$$\frac{13,000千円}{50,000千円} \times 100 = 26\%$$

この26%が甲社の乙製品を生産する以前の総資本税引前利益率以上であれば、乙製品を導入した方が有利ということになります。

先入先出法 ≪3級≫
（さきいれさきだしほう）

建設業において、材料等の払出しや、原価計算時にその材料費の金額を把握する方法の1つです。企業が先に購入した材料から順次消費したと仮定して払出額等を算出します。

先物オプション取引 ≪1級財表≫
（さきものおぷしょんとりひき）

（☞オプション）

先物損益 ≪1級財表≫
（さきものそんえき）

（☞先物取引）

先物取引 ≪1級財表≫
（さきものとりひき）

将来の一定時点までに一定の価額である債券等を売買することを約束する取引です。通常、証券を現物で取引するためにはそれ相応の資金が必要です。債券等の売買を行うとき契約

時に資金が全額そろわなくても、将来のある時点を支払日とし、契約時にはそのうち若干の委託証拠金を支払うだけでよいとする取引です。その委託証拠金は先物取引差入保証金として処理します。
なお、当該時点で当該時点の相場価額と契約価額とに差額が生じた場合は、これを先物損益として処理します。

先物取引差入保証金 ≪1級財表≫
（さきものとりひきさしいれほしょうきん）

（☞先物取引）

作業機能別分類 ≪2級≫
（さぎょうきのうべつぶんるい）

原価要素を分類するための基準の1つです。原価が企業経営を遂行していく上でどのような機能のために発生したか、という観点から分類します。実践的には目的別・形態別分類に基づいて区分けされた原価をさらに細分類するために利用されることが多いといえます。例えば材料費を主要材料費・修繕材料費・試験研究材料費などに分類することがこれに当たります。建設業において、原価を工種別に区分することもこの分類に属します。

作業屑 ≪1級原価≫
（さぎょうくず）

製造作業または工事作業の途上で発生する使用材料の残り屑を作業屑といいます。作業屑は原材料と同質のもので副産物と異なり加工価値を有しないものと理解されています。金属や木材の裁断屑、削り屑などがあります。作業屑はそのまま売却する場合には見積売却価格で、自家消費する場合は節約されるべき物品の見積購入価格等で評価をします。そして発生した工事現場の工事原価または直接材料費等から控除します。

作業時間 ≪1級原価≫
（さぎょうじかん）

労務費は原則として、実際作業時間に賃率を乗じて算出されます。この作業時間は原価計算における労務費の時間的要素です。この時間的要素の時間の概念は次図のように分解でき

ます。
定時休憩時間、職場離脱時間は作業時間に算入しませんが、手待時間（アイドル・タイム）は正常なものは作業時間に含め、異常なものは作業時間に算入できません。

一般的な時間の概念

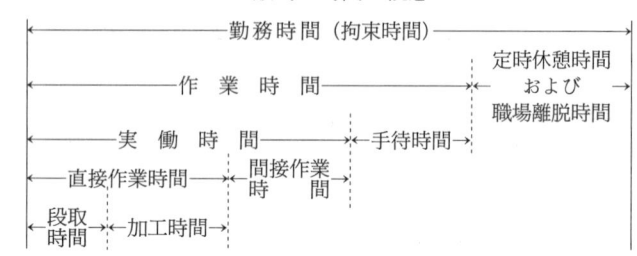

```
├──────────── 勤務時間（拘束時間）────────────┤
├──────── 作 業 時 間 ────────┤ 定時休憩時間
                                  および
                               職場離脱時間
├──── 実 働 時 間 ────┤← 手待時間 →┤
├── 直接作業時間 ──┤ 間接作業
                    時  間
├段取┤├─加工時間─┤
 時間
```

作業時間差異　≪1級原価≫
（さぎょうじかんさい）

工事労務費は賃率と作業時間によって決定されますが、標準原価計算では標準賃率×標準作業時間によって標準労務費を算定します。標準労務費と実際労務費の間に生じた差異を標準労務費差異といい、次のように賃率差異と作業時間差異に分析します。

賃率差異＝（標準賃率－実際賃率）×実際直接作業時間
作業時間差異＝標準賃率×（標準直接作業時間－実際直接作業時間）

いずれの計算においてもマイナスの場合に不利差異、プラスの場合に有利差異と判定します。

期末の会計処理としては、原価性がなければ営業外損益または特別損益で処理します。原価性があるものは工事原価または未成工事支出金に加減をします。

作業時間報告書　≪2級≫
（さぎょうじかんほうこくしょ）

労務費を正確に把握するためにはすべての作業者に対して的確に作業時間を把握する必要があります。作業時間報告書はそのために用いられる帳票で、氏名、年月日、開始・終了時刻、作業時間などが記入できる様式になっています。

差入保証金 ≪2級≫
（さしいれほしょうきん）

債権者に対して契約の履行を担保するために、あるいは入札者が入札の保証金として差し入れた現金のうち1年以内に返還されるものをいいます。（⇦資産）

〔仕訳例〕

　国から土地が売り出されたので入札し、保証金として1,000千円を差し入れた。

　　差入保証金　1,000／　現金　1,000

差入有価証券 ≪2級≫
（さしいれゆうかしょうけん）

営業の必要のため担保に提供し、または差入保証金の代用として提供する有価証券のうち、取引慣行において短期間に返還されるものを処理します。所有権の移転を伴わないものですが、担保に供されているという事実を明らかにするため、有価証券勘定からの振替仕訳が行われます。（⇦資産）

〔仕訳例〕

　建材取引契約締結に当たり、保証金の代用として甲社株式（簿価1,000千円）を差し入れた。

　　差入有価証券　1,000／　有価証券　1,000

差引計算 ≪1級原価≫
（さしひきけいさん）

原価計算は計算過程のテクニックによって、加算方式と分割方式に大別されます。加算方式の例としては、建設業に適用される個別原価計算の直接費を指図書番号（工事番号）によって工事番号毎に工事台帳に加算されていくものなどがあります。また分割計算は複数の現場を持っている場合に工事間接費を各工事番号に分ける方法です。

この分割計算の中の差引計算は総合原価計算において適用される計算テクニックです。具体的には総製造費用から期末仕掛品を差引いて完成品総合原価を計算し、これを完成品数量で除して単位原価を算出します。これが差引計算の例です。

雑収入 ≪4級≫
（ざっしゅうにゅう）

営業に間接的に関係のある収益で発生が稀であり、かつ重要性の乏しいものを処理する勘定です。（⇦収益）

雑損失 《4級》
（ざつそんしつ）

〔仕訳例〕
使用不能となった消耗工具を30千円で売却し、代金は現金で受取った。
　　現金　30／　雑収入　30

盗難、火災等から生じた物品の滅失分などで金額が僅少なものをいいます（巨額なものは特別損失勘定で処理します）。雑費とは区別されます。（⇦費用）　　　　　（☞雑費）

〔仕訳例〕
過日、現金の実際有高と帳簿残高の差額10千円を現金過不足勘定で処理していたが、決算になっても原因が判明しないため、雑損失として処理した。
　　雑損失　10／　現金過不足　10

雑費 《4級》
（ざっぴ）

諸団体会費、社内打合せ等の費用、ならびに他の販売費及び一般管理費の科目に属さない金額的に僅少な費用のことです。（⇦販売費及び一般管理費）

〔仕訳例〕
社内打合せ会議用の茶菓子代20千円を現金で支払った。
　　雑費　20／　現金　20

参加優先株 《1級財表》
（さんかゆうせんかぶ）

株式のうち、他の株式に先んじて利益または利息の配当や残余財産の分配を受ける権利を与えられている株式を優先株式といいます。そのうち、利益配当に関する優先株とは、定款所定の配当率の配当を受けたのち、残った利益についてさらに普通株とともに配当を得ることができる株式をいいます。

残存価額 《3級》
（ざんぞんかがく）

将来固定資産の使用を終えたときに、この固定資産を売却すると仮定して、手元に入ってくるであろう価額のことをいいます。税法では、有形固定資産について一律に取得価額の10％を残存価額としています。

残高
（ざんだか）　≪3級≫

大陸式決算法において、総勘定元帳の各勘定の期末残高をゼロにするために、一時的に使用する集合勘定です。この方法のもとでは、費用および収益に属する勘定の残高は損益勘定に振替え、資産・負債・資本に属する勘定の残高は残高勘定に振替えます。損益勘定は損益計算書、残高勘定は貸借対照表の作成資料になります。（⇐その他）

（☞損益勘定、大陸式決算法、英米式決算法）

〔仕訳例〕

①期末の現金残高153,657千円を残高勘定に振替える。

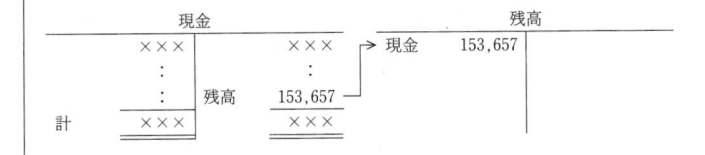

	現金				残高	
	×××	×××		→現金	153,657	
	⋮	⋮				
	⋮	残高	153,657			
計	×××	×××				

（大陸式）
残高　153,657／現金　153,657

（英米式）
仕訳なし

②期末の完成工事高の残高は345,865千円であり、損益勘定に振替える。

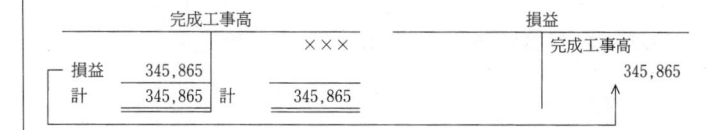

	完成工事高				損益
		×××		完成工事高	345,865
損益	345,865				
計	345,865	計	345,865		

（大陸式）
完成工事高　345,865／損益　345,865

（英米式）
大陸式と同様

残高試算表 ≪4級≫ （ざんだかしさんひょう）	試算表作成時点において、各勘定口座の借方と貸方の差額を集計して作成した試算表のことです。
3伝票制 ≪3級≫ （さんでんぴょうせい）	取引を現金取引と振替取引とに区分し、現金が入ってくる取引を「入金伝票」、現金が出て行く取引を「出金伝票」、現金が登場しない取引を「振替伝票」として、3種類の伝票で取引を記入する制度をいいます。
散布図表法 ≪1級分析≫ （さんぷずひょうほう）	損益分岐点分析の前提となっている費用を固定費と変動費に分解する方法の1つで、スキャッターグラフ法ともいいます。縦軸に総費用、横軸に完成工事高をとって、過去の実績数値をプロットしていくと一定の傾向線を描くことができます。この傾向線が縦軸を切る点が固定費、傾向線の勾配が変動費率を表示します。この手法は簡便ですが、分析者の主観に左右される欠点があります。
残余財産の分配 ≪1級財表≫ （ざんよざいさんのぶんぱい）	会社が合併および破産以外の理由で解散する場合、営業活動を停止し、会社に属する一切の財産を処分し、債権・債務を整理しなければなりません。すなわち、具体的には資産を現金化し、負債を弁済した後、残余財産を株主に分配しなければなりません。これを残余財産の分配といいます。
残余財産分配請求権 ≪1級財表≫ （ざんよざいさんぶんぱいせいきゅうけん）	(☞建設利息請求権)

し

CVP関係 ≪1級分析≫ （しーぶいぴーかんけい）	(☞CVP分析)

CVP分析　≪1級分析≫
（しーぶいぴーぶんせき）

費用（Cost）と売上高（Volume）と利益（Profit）の関係をCVP関係といい、それに関する諸分析をCVP分析といいます。CVP分析では、目標利益を達成するために必要な売上高の分析（目標利益達成売上高分析）や実際（あるいは予定）の売上高が損益分岐点の売上高をどれだけ超えているかを示す安全余裕率の分析などが行われます。

（☞損益分岐点、安全余裕率）

仕入割戻　≪2級≫
（しいれわりもどし）

特定の購入先から一定期間に多額あるいは多量の資材等を購入したことにより、仕入代金の一部が払戻されることをいいます。仕入原価の控除項目として扱われます。

（☞仕入値引、仕入割引）

〔仕訳例〕

材料掛買代金2,000千円の支払いの際、10千円の仕入割戻を受け、小切手で支払った。

工事未払金　2,000	当座預金　1,990
	材　　料　　　10

時価　≪1級財表≫
（じか）

評価時における市場価格（購買時価または販売時価）をいいます。

時価基準　≪1級財表≫
（じかきじゅん）

評価時における市場価格をもって資産の払出価格および期末棚卸高を評価する方法をいいます。

自家建設　≪2級≫
（じかけんせつ）

固定資産取得方法の1つです。固定資産を自家建設した場合には、適正な原価計算基準に従って計算した正常実際製造原価をもって取得原価とします。なお、建設に要した借入資本の利子で稼働前の期間に属するものは取得原価に算入できるものとされています。

（☞購入、交換）

時価主義会計 ≪1級財表≫
（じかしゅぎかいけい）

購買時価および販売時価のいずれかをもって記帳処理する会計制度を時価主義会計といいます。わが国の企業会計原則ならびに商法では、時価主義会計は認められていません。

（☞インフレーション会計）

自家保険積立金 ≪1級財表≫
（じかほけんつみたてきん）

将来の災害損失補塡目的のために留保した利益を自家保険積立金といいます。（⇐資本）

自家保険引当金 ≪1級財表≫
（じかほけんひきあてきん）

将来において生ずるであろう災害損失の費用の引当計上額を自家保険引当金といいます。（⇐負債）

時間基準 ≪1級財表≫
（じかんきじゅん）

工事収益の認識基準の1つで、時間の経過に比例して収益は発生するものとして認識する方法です。資金の貸付や不動産の賃貸に伴う受取利息や受取家賃の計上はその一例です。

時間法 ≪1級原価≫
（じかんほう）

建設業は個別原価計算の典型ですが、建設業の工事原価計算で最も困難な計算過程は、工事間接費を各工事番号に配賦することです。その配賦の要素は配賦基準と配賦率よりなっていますが、配賦基準に時間を採用する方法を時間法といいます。採用する時間の内容によって直接作業時間法、機械運転時間法、車両運転時間法等があります。

次期繰越利益 ≪1級財表≫
（じきくりこしりえき）

株主総会において、当期の未処分利益が処分されたあとの残高をいいます。利益処分の残高は次期に繰越され、次の事業年度の未処分利益に合算されて処分の対象となります。

事業拡張積立金 ≪2級≫
（じぎょうかくちょうつみたてきん）

任意積立金の1つで、将来の事業拡張に備えて利益の一部を積み立てるものです。（⇐資本）

（☞事業拡張積立金取崩額）

〔仕訳例〕

倉庫（取得原価9,000千円）を新築し、代金は小切手を振り出して支払った。あわせて事業拡張積立金6,500千円を取り崩した。

建　　　　　物	9,000	当　座　預　金	9,000
事業拡張積立金	6,500	事業拡張積立金取崩額	6,500
事業拡張積立金取崩額	6,500	未　処　分　利　益	6,500

事業拡張積立金取崩額　《2級》
（じぎょうかくちょうつみたてきんとりくずしがく）

事業拡張積立金の取崩額を処理する勘定です。損益計算書の未処分損益計算区分に記載されます。

（☞事業拡張積立金）

事業税　《2級》
（じぎょうぜい）

地方公共団体から事業が受けた便益に対して納付する税金ですが、法人税法上の課税所得に一定率をかけて計算されます。期中に支払われる固定資産税・自動車税などと異なり、法人課税所得に対して課せられるものです。

（☞法人税、住民税）

事業主貸勘定　《3級》
（じぎょうぬしかしかんじょう）

4・3級では、個人企業を前提とした出題がされます。この勘定も個人企業独特のもので、事業主が企業から資金を引き出した場合に事業主貸勘定の借方に記入します。期末には、この勘定の残高を資本金勘定に振替えます。（⇐資本）

（☞事業主借勘定）

〔仕訳例〕

家計費として現金120千円を支払った。

事業主貸勘定　120／現金　120

事業主借勘定　《3級》
（じぎょうぬしかりかんじょう）

4・3級では、個人企業を前提とした出題がされます。この勘定も個人企業独特のもので、事業主から企業が資金を借りた場合に事業主借勘定の貸方に記入します。期末には、この

勘定の残高を資本金勘定に振替えます。（⇦資本）

（☞事業主貸勘定）

〔仕訳例〕
　資金不足のため現金200千円を事業主から借入れた。
　　現金　200／　事業主借勘定　200

事業利益　≪1級分析≫
（じぎょうりえき）

他人資本利子（支払利息および割引料、社債利息、社債発行差金償却など）を控除する前の経常利益をいい、その額は、経常利益と他人資本利子の合計額になります。したがって、事業利益は営業利益に、主として営業外収益（受取利息や受取配当金など）が加えられるため、営業活動の成果に財務活動の成果を加えた利益概念といえます。

（☞総資本事業利益率）

次期予定操業度　≪2級≫
（じきよていそうぎょうど）

予定配賦のための基準操業度の1つです。対象期間において現実に予想される操業度であり、単年度のキャパシティ・コストをその期間の生産品（建設業では建設工事物）にすべて吸収させてしまおうとする方法です。短期予算管理制度にはマッチした方法ですが、長期保有資産のキャパシティ・コストの配賦には適当とはいえません。

（☞長期正常操業度、実現可能最大操業度）

資金　≪1級分析≫
（しきん）

企業において資本は現金から棚卸資産や固定資産へ、それから現金に近い売上債権へ、そしてまた現金に戻るというように循環しています。このように資本の循環過程のうちに資本が現金または現金等価物の形態にあるときを資金といいます。一般的に資金概念には次のようなものがあります。
(1)現金（小切手、送金小切手、送金為替手形等を含む）
(2)現金および預金
(3)現金および預金プラス市場性のある一時所有の有価証券
(4)現金および現金同等物

(5)当座資産・当座資金
(6)運転資本および正味運転資本　など

資金運用精算表 ≪1級分析≫
（しきんうんようせいさんひょう）

資金運用表を能率的に作成するために使用されるワークシートをいいます。期首貸借対照表、期末貸借対照表、資金の増減欄、修正記入欄および資金の運用、調達欄の8桁よりなっており、修正欄で非資金費用等の修正をすることにより資金の運用、調達の状況を一覧することができるので資金運用表を作成するのに有用です。

資金運用表 ≪1級分析≫
（しきんうんようひょう）

2時点間の貸借対照表を比較し、各勘定科目間の残高の増減を捉え、資金の調達と運用に分類・整理し、当該期間における資金の動きを示したものです。資金運用表において使われる資金概念は、流動資産の額から流動負債の額を差し引いた正味運転資金であり、短期的および長期的観点からの資金管理において有用です。　　　　（☞資金運用表分析）

資金運用表分析 ≪1級分析≫
（しきんうんようひょうぶんせき）

資金のストックの状態を分析する流動性や健全性の分析では一定期間の資金の動きは分かりません。この資金の動きを把握するためには資金のフローの分析が必要です。これが資金運用表分析です。期首に企業に投入されていた資金が期末にいくら残留して、それが何に運用されたかを示すものです。資金の源泉として、当期利益、および減価償却費等の社内に残留している資金を主体として、これに社債、借入金等を加算して資金の源泉を求め、これから有形固定資産への投資、金銭債務の支払い等を資金の運用として、最後に流動資産の増減にいかに影響したかを分析するものです。
　　　　　　　　　　　　　　　（☞資金運用表）

資金繰 ≪1級分析≫
（しきんぐり）

一定期間における資金収支を予測し、これに繰越現金額を加えて資金の過不足が生じないように計画することです。一定

期間には、毎日、毎週、毎月、四半期ごと等があります。

資金繰表
≪1級分析≫
（しきんぐりひょう）

一定期間における資金の収入と支出を分類・整理し、資金の過不足の状況を分析し、収入と支出を計画的に管理するために作成されるものです。
資金繰表において使われる資金概念は、現金・預金であり、短期的観点からの資金管理において有用です。

資金計算書
≪1級分析≫
（しきんけいさんしょ）

資金報告書の1つで、毎月の資金活動についての報告書です。この報告書を作成する目的は1ヶ月間に行われた資金の収支活動の実績報告をすることと、あらかじめ作成されている資金予算とを対比することです。具体的なものとしては、資金運用表、正味運転資本型資金運用表、資金収支表、資金繰表等があります。

資金収支表
≪1級分析≫
（しきんしゅうしひょう）

短期的な資金の収支を分析するものです。資金収支表は、内部の情報に基づいて企業内部で作成します。資金収支表で使われる資金概念は、現金・預金に市場性のある一時所有の有価証券を加算したものです。証券取引法により有価証券報告書の開示情報とされているものです。

資金増減分析
≪1級分析≫
（しきんぞうげんぶんせき）

1期間の収入・支出を計算し、計算過程を明らかにするものをいいます。複数期間の資金の増減の原因を明らかにするものですが、損益計算書、2期間の貸借対照表での増減分析によって資金変動の原因を明らかにするものです。例えば、完成工事高収入＝当期完成工事高－（期末受取債権－期首受取債権）で計算をします。
この資金増減分析をしたものを資金増減分析表といいます。

資金の調達源泉
≪1級財表≫
（しきんのちょうたつげんせん）

企業が必要とする資金の調達先をいいます。調達方法としては(1)株主からの資本の払込み、(2)銀行からの借入れ、(3)原材料等の掛買　などがあります。このようにいろいろな方法によって、企業に投下された資金が貸借対照表の貸方項目として処理されます。会計学上は他人資本と自己資本とに区分され、前者は負債として、後者は資本として表示されます。

資金変動性
≪1級分析≫
（しきんへんどうせい）

一定時点の資金のストックの状態を分析するのではなく、一定期間のフローの状態を分析することによって、より資金の動きをみようとするものです。期首の手持の資金がどのような原因で期末資金に至ったかを動態的にみるものです。このように資金の動きをみるものとしては資金運用表、資金収支表等があります。

資金変動性分析
≪1級分析≫
（しきんへんどうせいぶんせき）

資金の分析には資金のストックの状態における分析と資金のフロー状態における分析があります。ストックの状態における分析は流動比率のように一定時点の分析です。
一方、フローの状態における分析は一定期間の資金の動きを分析するものですので、資金運用表や資金収支表による分析をします。資金の動きの過程を分析するので資金のストック、つまり結果に対する原因分析をすることができるのです。これを資金変動性分析といいます。

試験研究費
≪1級財表≫
（しけんけんきゅうひ）

新製品の試作、新製法の研究、あるいは新技術の発見などのために特別に支出した費用をいいます。商法では、その支出後5年以内に毎決算期において均等額以上の償却をするよう定めています。（⇦資産）

〔仕訳例〕
　新製品試作のため、実験用器具1,400千円および材料700千円を買い入れ、小切手を振り出して支払った。
　　試験研究費　2,100／　当座預金　2,100

自己株式
≪1級財表≫
(じこかぶしき)

株式会社が自社の株式を所有するとき、これを自己株式といい、わが国では自己株式の取得は商法第210条に示す特定の場合（株式消却、合併・営業譲受、会社の権利実行、株式買取請求権等）にのみ許され、原則的には禁止されています。しかし、ストック・オプション制度の導入に伴い、商法第210条ノ2が示すように、会社が取締役・使用人に譲渡するために発行済株式総数の10％を超えない範囲内で自己株式を取得することは認められることになりました。このような制限のある理由としては自己株式は実質的には資本金の減少であり、有限責任の限度がそれだけ縮小すると考えられるからです。
（☞ストック・オプション制度）

事後原価
≪2級≫
(じごげんか)

実際に行われた結果を測定する原価で、実際消費量×実際価格で計算されるものです。歴史的原価といわれることもあります。実務上では原価計算を迅速に行うため実際消費量×予定価格で計算されたものも事後原価に含まれます。
（☞事前原価）

事後原価計算
≪2級≫
(じごげんかけいさん)

実際原価あるいは歴史的原価を測定するもので、工事の進行中に累積され、最終的には工事終了後に確定する原価計算であるといえます。第一の目的としては財務諸表作成のために行われますが、第二義的には予定原価計算や標準原価計算を行うための基礎データの収集という側面もあります。
（☞事前原価計算）

自己資本
≪1級分析≫
(じこしほん)

株主などの払込資本と、その運用により稼得され企業内に留保された利益により調達した資本をいいます。具体的には、貸借対照表の資本の部を構成する資本金、資本準備金、利益準備金、剰余金の合計です。財務分析では、貸借対照表の貸方合計を総資本とよび、総資本は自己資本と他人資本（負債）により構成されています。負債は株主など以外の企業外

部の債権者から調達した資本なので、自己資本に対して他人資本とよばれます。自己資本は、他人資本のように返済を要する資本ではないので、最も安定した資本です。

(☞総資本)

自己資本営業利益率 《1級分析》
(じこしほんえいぎょうりえきりつ)

自己資本に対して、企業本来の営業活動による利益がどの程度増減したかを表し、企業の出資者の立場から、経営活動に投下されている自己資本の収益性をみる比率です。

(☞自己資本)

〔計算式〕

$$自己資本営業利益率(\%) = \frac{営業利益}{自己資本(平均)} \times 100$$

(注) 平均は、「(期首+期末)÷2」により算出します。

自己資本回転率 《1級分析》
(じこしほんかいてんりつ)

自己資本に対する完成工事高の割合をみる比率で、自己資本が1年間に何回転したか(何回回収されたか)、つまり自己資本の活動効率を表します。この比率が高いほど自己資本の活動効率が良いことになりますが、この比率が高くても他人資本への依存度が大きくなり自己資本比率が低下して、財務内容が悪化している場合もあるので、必ずしも高いほど良いとはいえません。

〔計算式〕

$$自己資本回転率(回) = \frac{完成工事高}{自己資本(平均)}$$

(注) 平均は、「(期首+期末)÷2」により算出します。

自己資本経常利益率 《1級分析》
(じこしほんけいじょうりえきりつ)

自己資本に対して、企業の経常的な経営活動による利益がどの程度増減したかを表し、企業の出資者の立場から、経営活動に投下されている自己資本の収益性をみる比率です。出資者は、配当金としてどれだけ受け取れる可能性があるかなどを知ることができます。

(☞自己資本)

〔計算式〕

$$自己資本経常利益率(\%) = \frac{経常利益}{自己資本(平均)} \times 100$$

(注) 平均は、「(期首＋期末)÷2」により算出します。

自己資本増減率
≪1級分析≫
(じこしほんぞうげんりつ)

自己資本が前期と比較して当期はどの程度増減したかを表し、企業の成長度合をみる比率です。増資や利益の内部留保による自己資本の増加は、企業経営のための安定した資本の調達を意味しますから、企業の経営基盤を強化することになります。なお、この比率の数値がプラスになれば自己資本増加率となり、マイナスになれば自己資本減少率となります。この比率は、プラスの成長度合をみることを強調して、単に自己資本増加率とよばれることもあります。

(☞自己資本)

〔計算式〕

$$自己資本増減率(\%) = \frac{当期末自己資本 - 前期末自己資本}{前期末自己資本} \times 100$$

自己資本当期利益率
≪1級分析≫
(じこしほんとうきりえきりつ)

自己資本に対して、当期利益がどの程度増減したかを表し、企業の出資者の立場から、経営活動に投下されている自己資本の収益性をみる比率です。分子の当期利益は、税引前当期利益より法人税、住民税及び事業税を控除した処分可能な利益です。

(☞自己資本)

〔計算式〕

$$自己資本当期利益率(\%) = \frac{当期利益}{自己資本(平均)} \times 100$$

(注) 平均は、「(期首＋期末)÷2」により算出します。

自己資本比率
≪1級分析≫
(じこしほんひりつ)

総資本に対する自己資本の割合をみる比率で、企業の資本構造の健全性を表す重要な比率です。総資本は自己資本と他人資本により構成されていますが、自己資本は返済をする必要

のない最も安定した資本ですから、この比率が高いほど他人資本への依存が低く良いことになります。

(☞総資本、自己資本)

〔計算式〕

$$自己資本比率(\%) = \frac{自己資本}{総資本} \times 100$$

(注) 「自己資本」については、当該期間の利益処分が確定しその資料が得られる場合には、その利益処分による社外流出分(株主配当金、役員賞与金等)を除外して計算することもあります。

自己資本利益率
≪1級分析≫
(じこしほんりえきりつ)

資本利益率の算式の分母に、自己資本を用いた比率で、自己資本に対して利益がどの程度増減したかをみる比率です。企業の出資者に対する企業の貢献度を表します。なお、この比率には、自己資本と対比させる利益によって、自己資本営業利益率、自己資本経常利益率、自己資本当期利益率などがあります。

(☞自己資本)

〔計算式〕

$$自己資本利益率(\%) = \frac{利益}{自己資本(平均)} \times 100$$

(注) 平均は、「(期首+期末)÷2」により算出します。

自己単一分析
≪1級分析≫
(じこたんいつぶんせき)

財務分析は特定の企業の一時点、一期間の資料を出発点とします。この特定企業(自己)の特定の時点や期間の分析を自己単一分析といいます。これは、単一期の財務内容を分析するところから静態分析に属します。自己の単一期間の資本利益率、流動比率、損益分岐点分析等が自己単一分析の例です。自己単一分析の実績を積み上げていくと期間比較が可能となります。さらには他企業の自己単一分析の実績を積み上げることにより企業間比較が可能となります。

(☞静態分析)

自己比較分析 ≪1級分析≫
（じこひかくぶんせき）

自己単一分析の実績を積み上げていくと同一企業の各期間ごとの実績が集められます。それを比較すると期間比較をすることができます。この期間比較のことを自己比較分析といいます。この自己比較分析は必ずしも期間を異にするもののみでなく、例えば予算と実績の比較のような同一期間の場合においても自己比較分析ということができます。

（☞自己単一分析）

自己振出小切手 ≪3級≫
（じこふりだしこぎって）

自社が振出した小切手のことです。この小切手を振出した場合は当座預金勘定の減少、この小切手を受け取った場合は当座預金勘定の増加となります。（⇐資産）

試作品 ≪1級財表≫
（しさくひん）

新たな製品製造のために特別に生産されたものです。試作品の売上から生じた収益については、その金額を試験研究費から控除するか、もしくはその金額だけその期の償却額を増加させるものとされています。

資産 ≪4級≫
（しさん）

企業が事業を営むために所有する財産のことで、収益獲得に役立つ経済的な価値を有するものです。資産の性質により、流動資産、固定資産、繰延資産に分類されます。

資産回転率 ≪1級分析≫
（しさんかいてんりつ）

手持資産の有効利用の程度を示すものです。分母の資産は貸借対照表の借方を構成しているもので、資産の合計額の場合は総資産回転率、流動資産の場合には流動資産回転率といい分母の資産の態様によって異なってきます。分子は完成工事高とします。

〔計算式〕

$$資産回転率(回) = \frac{完成工事高}{資産}$$

資産の回転 ≪1級分析≫
(しさんのかいてん)

資産の回転は通常、回転率と回転期間の2つの側面から把握されます。その回転数と回転期間は反比例の関係にあります。2回転の回転期間は6ケ月（＝12÷2）となり、3回転の回転期間は4ケ月（＝12÷3）となります。

〔計算式〕

$$受取手形回転率（回）＝\frac{完成工事高}{受取手形}$$

$$受取手形回転期間（月）＝\frac{受取手形}{完成工事高÷12}$$

資産の取得原価 ≪1級財表≫
(しさんのしゅとくげんか)

当該資産を購入または製作し、これを使用し得る状態になるまでの一切の費用のことです。したがって、購入代価または製作原価に引取運賃等の付随費用を加算して取得原価が決定されます。

試算表 ≪4級≫
(しさんひょう)

複式簿記のもとで仕訳帳から総勘定元帳への転記の正確性を確かめるために集計する表のことです。その種類には合計試算表、残高試算表および合計残高試算表があります。

試算表等式 ≪4級≫
(しさんひょうとうしき)

残高試算表の借方と貸方の総額が等しくなることで、次の式で表されます。

　　資産＋費用＝負債＋資本＋収益

支出原価 ≪1級原価≫
(ししゅつげんか)

経営活動のために使用される経済資源を、それらの取得のために支払った現金支出額によって測定した原価のことです。機会原価に対する概念です。　　　　　（☞機会原価）

市場開拓 ≪1級財表≫
(しじょうかいたく)

販路の開拓や拡張のことで新市場を開拓することをいいます。したがって、これらのために特別に支出した費用は開発費として繰延資産に計上することができます。

（☞開発費）

市場性のある一時所有の有価証券 ≪1級分析≫
（しじょうせいのあるいちじしょゆうのゆうかしょうけん）

企業が所有している株式や社債などの有価証券のうち、必要なときに容易に換金可能な有価証券で、余裕資金の短期的運用のため、決算期後1年以内に処分する目的で所有しているものです。したがって、短期の利殖目的で所有する上場株式などが該当します。貸借対照表上は、有価証券という科目で記載されます。市場性のある一時所有の有価証券は、現金および預金とともに資金収支表の資金とされています。

（☞資金収支表）

指数法 ≪1級分析≫
（しすうほう）

標準状態にあるものの指数を100とし、分析対象の指数が100を上回るか否かによって、経営の良否を総合的に評価する方法です。指数法はアメリカのウォールが信用分析法として考案したもので、ウォールの指数法といわれることもあります。指数法には、経営全体の良否が評点によって明確に示されるなどの長所がありますが、ウェイトの付け方や、標準比率の選定において恣意性が介入するので、客観性に欠けるという短所があります。指数法による分析は次の手順によって行われます。

(1)分析目的によって比率を選び、各々の比率の合計が100となるようにウェイトを付けます。
(2)選定された比率ごとに標準比率を求め、標準比率と評価対象企業の実際比率を対比した比率を求めます。
(3)対比比率にウェイトを乗じて各比率の評点を求めます。
(4)各比率の評点を合計して総合評点を求めます。

以下の指数法の計算例の7個の比率とそのウェイトはウォールの指数法によっています。

（☞総合評価、ツリー分析法、フェイス分析法）

総合評価表

比率	(1)ウェイト	(2)標準比率	(3)実際比率	(4)対比比率 (3)÷(2)	(5)評点 (4)×(1)
流動比率	25点	137.3%	128.9%	94%	23.5点
固定比率	15	66.9%	64.9%	97	14.6
負債比率	25	27.7%	26.8%	97	24.3
売上債権回転率	10	7.5回	7.4回	99	9.9
棚卸資産回転率	10	12.2回	9.5回	78	7.8
固定資産回転率	10	7.4回	7.6回	103	10.3
自己資本回転率	5	8.8回	9.5回	108	5.4
総合評点	100点				95.8点

施設利用権 ≪2級≫
(しせつりようけん)

電気ガス供給施設利用権、水道施設利用権などの施設の利用を目的として支出した施設負担金を処理する勘定です。(⇐資産)

〔仕訳例〕

電力会社に対して電力の供給を受ける権利を取得するため、次の通り現金で支出した。供給施設設置費用460千円、利用権設定費用40千円。

　　電気ガス供給施設利用権　500／　現金　500

事前原価 ≪2級≫
(じぜんげんか)

行為の開始前に測定される原価で、予定原価といわれることもあります。次のようなものが考えられます。

(1)見積原価（注文獲得などのために算定）
(2)予算原価（現実の企業行動を想定して算定）
(3)標準原価（原価能率増進のために規準値として算定）

このうち(1)は一種の原価調査といえますが、(2)と(3)は予算管理制度・原価管理制度として有効にシステム化が可能であり、原価計算制度に直結した原価概念であるといえます。

（☞事後原価）

事前原価計算　≪2級≫
（じぜんげんかけいさん）

請負工事の実施前に原価の測定を行うもので、適正な価額で工事を受注するために重要なものです。おおよそ次のような段階に区分することができます。
(1)見積原価計算　積算（受注活動）
(2)予算原価計算　採算化のための内部的な原価測定
(3)標準原価計算　工事管理のための規準としての原価算定
（☞事後原価計算）

実現　≪1級財表≫
（じつげん）

（☞実現主義）

実現可能最大操業度　≪2級≫
（じつげんかのうさいだいそうぎょうど）

保有する能力（キャパシティ・コスト）を正常状態で最大限に発揮したときに期待される操業度をいいます。手待時間や移動時間などは除外されます。遊休状態となった経営能力（アイドル・コスト）を把握するために適した方法といえます。　（☞次期予定操業度、長期正常操業度）

実現主義　≪1級財表≫
（じつげんしゅぎ）

収益の計上は、収益が実現したときに行うという主義です。これは、企業の未実現収益を排除し、収益の把握を確実にするためのものです。収益計上基準としては、明確な買取意思を前提とした財・用役の提供、およびその対価としての現金等の取得が条件となります。
実現主義に基づく基準としては工事完成基準、延払基準、販売基準等があげられます。

実現主義の原則　≪1級財表≫
（じつげんしゅぎのげんそく）

実現主義に基づき、収益は収入の有無に関わりなく収益が実現した時点で計上することを要請する計算原則のことです。

実行予算
≪1級原価≫
(じっこうよさん)

工事別の個別予算で、会計期間に合わせて作成される基本予算を具体化したもののことです。実行予算は工事単位で作成されるのが原則ですが、月次や、3ケ月単位で作成される場合もあります。実行予算は工事責任者に対する予算で、工事命令を下しているともいえます。したがって責任者は実行予算の範囲で工事を進めることが求められます。企画設計部門から示達される場合もありますが、総予算額のみ示されて、細部の計画は現場の責任者が作成する場合もあります。実行予算は実際額と常に比較しながらコントロールを加えていくものですから着工前に作成されていなければ意味がありません。工事実行予算などがこれに当たります。

実行予算差異分析
≪1級原価≫
(じっこうよさんさいぶんせき)

原価管理実践では、各工事別に設定される実行予算を中心に工事は進められ、予算と実際額の差は日々把握されます。この予算額と実際額の差の原因を念頭におきながら施工を続けていくことがコスト・コントロールにつながり、工事が完了した段階の差異はその工事の採算性と工事管理者ごとの業績評価となって現れます。この実行予算額と実際額の比較検討は実行予算制度の要となります。

実際原価
≪1級原価≫
(じっさいげんか)

工事原価としての経済的資源を消費した後に把握される原価であって、原価の実績数値が正しく把握できるものです。この実際原価を歴史的原価ともよびます。実際原価の把握において、タイミングの問題、正常性の問題があります。タイミングの問題とは、実際原価の把握に時間を要することです。工事現場で工事は終了していても、工事台帳が締められないという問題です。また実際原価は歴史的原価であるために、工事現場によっては、異常性を含む原価となる場合があり、原価の比較性が保てない等の欠点を持っています。そこで予定原価、標準原価の設定により計算の迅速性、正常性を保つ工夫がなされています。

実際工事原価　≪1級原価≫
（じっさいこうじげんか）

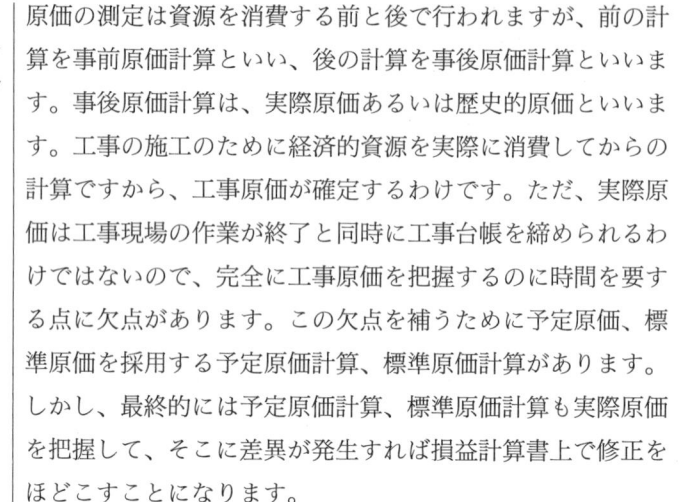

原価の測定は資源を消費する前と後で行われますが、前の計算を事前原価計算といい、後の計算を事後原価計算といいます。事後原価計算は、実際原価あるいは歴史的原価といいます。工事の施工のために経済的資源を実際に消費してからの計算ですから、工事原価が確定するわけです。ただ、実際原価は工事現場の作業が終了と同時に工事台帳を締められるわけではないので、完全に工事原価を把握するのに時間を要する点に欠点があります。この欠点を補うために予定原価、標準原価を採用する予定原価計算、標準原価計算があります。しかし、最終的には予定原価計算、標準原価計算も実際原価を把握して、そこに差異が発生すれば損益計算書上で修正をほどこすことになります。

実際賃率　≪2級≫
（じっさいちんりつ）

賃率とは、時間当たりあるいは出来高当たりの賃金額のことをいいます。その中でも、賃金の支払計算に用いられる金額を実際賃率と呼びますが、当然のことながら事後的に把握されるものですから、原価計算に利用されるものではありません。　　　　　　　　　　　　　　　　　（☞予定賃率）

実際配賦法　≪2級≫
（じっさいはいふほう）

工事間接費の配賦方法の1つで、実費配賦法ともいいます。分子に工事間接費実際発生額を置き、分母には計算の基準とすべき数値（直接材料費・直接労務費など）を置いて配賦率を求めます。原価計算期間での実際の工事間接費額が確定しなければ配賦計算を行うことができないため、迅速に原価計算を行うには適していないといえます。　（☞予定配賦法）

実質価額　≪1級財表≫
（じっしつかがく）

実際に回収される可能性がある価額をいいます。すなわち、取引所の相場のない株式について、その発行会社の財政状態が著しく悪化し、かつ回復の見込がない場合や、子会社株式の評価に用いられます。この場合、1株当たりの実質価額は、発行会社の正味財産額と発行株数との割合で求めます。

実質的減資 ≪2級≫
(じっしつてきげんし)

株式会社の資本金を減少させることを減資といいます。そのうち、商法に基づく株主総会の特別決議による厳格な手続きの実施を要件に認められているのが実質的減資です。株主に対する出資の一部払い戻しや株式の有償消却などが該当しますが、主に事業規模の縮小などを理由に実施されます。

(☞形式的減資)

実質的正確性 ≪2級≫
(じっしつてきせいかくせい)

勘定残高が実際の値を示していることをいいます。試算表等による勘定記録の正確性の確認は形式的なものに過ぎず、それらの勘定残高が実際の値を示していることを証明するものではありません。決算に当たってはこれらの勘定残高に実地調査を行って、実際有高として確定する必要があります。

(☞形式的正確性)

実数分析 ≪1級分析≫
(じっすうぶんせき)

財務諸表などの項目の実数(金額)そのものを用いて分析することをいいます。また、実数を用いて分析する方法を実数法といいます。実数分析は実数そのものを用いるので、事実を的確に把握することができるという長所がありますが、企業規模の異なる企業間比較を行う場合などには有効とはいえませんから、実数分析と比率分析を併用する必要があります。なお、実数分析には、単純実数分析、比較増減分析、関数均衡分析があります。

(☞比率分析)

実地棚卸 ≪1級財表≫
(じっちたなおろし)

棚卸は、当期に販売されず期末に残っている商品・半製品・材料等について、その取得原価を売上原価と棚卸資産残高とに分ける、すなわち損益計算書と貸借対照表とに配分するための手続きとして、決算時には欠かせないものです。実地棚卸とは、この棚卸の手続において、期末時に当期未販売で次期に繰越されるべき棚卸資産の現在有高を実際に調査してその数量を把握し、これから期中に払出された数量を一括的に算定する方法をいいます。

実地調査 ≪2級≫
（じっちょうさ）

決算手続きの1つで、資産・負債・資本の各勘定の実際有高を確定するために行われます。現金の実査、残高証明書による預金残高の確認、売上債権残高の確認、材料貯蔵品の実地棚卸などが具体的に行われる作業項目です。

（☞実質的正確性）

実用新案権 ≪2級≫
（じつようしんあんけん）

実用新案権の取得に要した費用で相当額（20万円）以上のものを処理します。この法律上の権利の存続期間は10年ですが、税法上は5年であるため、実務上は5年で償却します。
（⇐資産）　　　　　　　　　　　　　　（☞実用新案権償却）

〔計算式〕

実用新案権を500千円で取得し小切手で支払った。

実用新案権　500／　当座預金　500

実用新案権償却 ≪2級≫
（じつようしんあんけんしょうきゃく）

実用新案権を償却する勘定をいいます。実用新案権などの無形固定資産の減価償却費の計算と記帳は、残存価額を0とした定額法で行い、直接法によることを原則とします。（⇐費用）
　　　　　　　　　　　　　　　　　　　（☞実用新案権）

〔仕訳例〕

決算につき、今期2,000千円で取得した実用新案権を償却する。耐用年数5年とする。

実用新案権償却　400／　実用新案権　400

支店 ≪2級≫
（してん）

（☞支店勘定）

支店勘定 ≪1級財表≫
（してんかんじょう）

支店の会計を本店から完全に独立させる場合、本店と支店との取引は内部的な貸借関係とみて処理します。この貸借関係を処理するため、本店の元帳に設けられる勘定を支店勘定といいます。これに対し、支店の元帳に設けられる勘定は本店勘定といいます。なお、支店勘定と本店勘定のように相互に

照合する関係にある2つの勘定のことを照合勘定といいます。　　　　　　　　　　　　　　　　　（☞本店勘定）

〔仕訳例〕

(1)本店は、神奈川支店を独立会計単位として取り扱うこととし、次の諸勘定の金額を付替えることとした。

現　　　　　金　　450千円　　材　　　料　　600千円
機　械　装　置　　750千円　　工事未払金　　300千円
減価償却累計額　　135千円

【本店】

工 事 未 払 金　　300　／　現　　　　　金　　450
減価償却累計額　　135　　　材　　　　　料　　600
神 奈 川 支 店　1,365／　機　械　装　置　　750

【神奈川支店】

現　　　　　金　　450　／　工 事 未 払 金　　300
材　　　　　料　　600　　　減価償却累計額　　135
機　械　装　置　　750／　本　　　　　店　1,365

(2)本店は札幌支店に現金500千円を送金した。

【本　店】

札　幌　支　店　　500／　現　　　　　金　　500

【札幌支店】

現　　　　　金　　500／　本　　　　　店　　500

支店独立会計制度　《2級》 （してんどくりつかいけいせいど）	会計上、支店を本店から独立させて支店自ら総勘定元帳等の主要簿に取引を記録するとともに、支店独自の決算も行う方法をいいます。総勘定元帳では「本店」勘定、「支店」勘定を設けることにより、本支店の担当部分を明らかにします。
支店の固定資産・借入金取引　《2級》 （してんのこていしさんかりいれきんとりひき）	支店独立会計制度を採用している場合でも、支店の固定資産や借入金については本店の管理下におき、本店でまとめて記録することがあります。本店で支店のための備品等を購入したとき、支店では仕訳が不要ですが、支店で購入したときは

本店に対する立替払いとみなされますから仕訳が必要になります。

〔仕訳例〕
　青森支店では支店用に乗用車700千円を現金で購入した。
　　【本　　店】車両運搬具　700／　青森支店　700
　　【青森支店】本　　　店　700／　現　　金　700

支店分散計算制
≪1級財表≫
（してんぶんさんけいさんせい）

2つ以上の支店を有する企業では、本店の元帳には支店別に支店勘定を設ける必要があります。このような企業において支店相互間で取引が行われた場合、支店相互間の取引を直接取引があった支店勘定名で処理する方法のことです。

（☞本店集中計算制）

支店分散計算制度
≪2級≫
（してんぶんさんけいさんせいど）

支店が複数ある場合、支店相互間の取引を「本店」勘定を介在させずに処理する方法です。具体的な支店名を付した支店勘定を用いて支店相互間の貸借関係を明らかにします。

（☞本店集中計算制度）

〔仕訳例〕
　横浜支店は札幌支店に現金500千円を送金した。
　　【横浜支店】札幌支店　500／　現　　　金　500
　　【札幌支店】現　　　金　500／　横浜支店　500

支配基準
≪1級財表≫
（しはいきじゅん）

法律的には独立の企業単位である2つ以上の会社が、経済的経営的には1つ支配会社のもとに従属関係にある企業集団を形成している場合、企業集団の頂点にあって集団を支配するものが支配会社といい、その支配下にある会社が従属会社といわれます。この支配・従属の有無を判断する基準の1つであり、議決権の所有割合に関係なく、実際に支配・従属の関係があるかどうかで親・子会社を判定する基準をいいます。

（☞持株基準）

支払勘定 ≪1級分析≫
（しはらいかんじょう）

材料を仕入れたり、外注工事代金の請求を受けたりした場合などに、その代金を直ちに現金で支払わずに、一定期間をおいて支払うことがあります。この場合に会計上、貸借対照表に計上される勘定を支払勘定といい、工事未払金と支払手形がこれに当たります。なお、支払勘定は買掛債務ともよばれ、企業の営業取引から生じた債務ですから、財務分析では支払勘定の回転率などについての分析が行われます。

（☞支払勘定回転率）

支払勘定回転率 ≪1級分析≫
（しはらいかんじょうかいてんりつ）

支払勘定に対する完成工事高の割合をみる比率で、支払勘定が発生してから支払われるまでの速度を表します。この比率が高いことは、支払勘定の支払速度が速いことを示します。この比率が受取勘定回転率より低い方が資金的に有利ですが、受取勘定の回収を速くして、支払いもそれに合せて速くすることが、資本構成の改善や、総資本回転率を高めることなどにつながります。なお、支払勘定の回転期間（支払期間）は以下の算式により求めることができます。

（☞支払勘定、受取勘定回転率）

〔計算式〕

$$支払勘定回転率(回) = \frac{完成工事高}{(支払手形＋工事未払金)(平均)}$$

$$支払勘定回転期間(月) = \frac{(支払手形＋工事未払金)(平均)}{完成工事高÷12}$$

（注） 平均は、「(期首＋期末)÷2」により算出します。

支払経費 ≪2級≫
（しはらいけいひ）

経費（工事原価）を、測定方法の違いにより分類した場合の1つです。旅費・交通費・事務用消耗品費のように、実際の支払額に基づいて把握されるものがこれに当たります。

（☞月割経費、測定経費、発生経費）

支払地代 《4級》
(しはらいちだい)

本社事務所、寮、社宅等の借地に対する地代のことです。(⇦費用)

〔仕訳例〕

本社事務所用の、借地に対する地代50千円を現金で支払った。

支払地代　50／　現金　50

支払賃金計算 《2級》
(しはらいちんぎんけいさん)

労務費あるいは賃金の計算に際し、賃金支払の観点からみた場合に用いられる用語です。作業時間などの基準によって計算された賃金のことで、「賃金」勘定の借方に記入され、この額から預り金（所得税・社会保険料）や立替金が控除されて正味支払額が確定されます。　　　　（☞消費賃金計算）

賃　　　金	
支払賃金計算	消費賃金計算

支払手形 《3級》
(しはらいてがた)

営業取引上の手形債務の発生と消滅を処理する勘定です。約束手形の振出しや為替手形の引受けによって発生し、手形代金の支払いなどによって消滅します。自社が振出した手形によって代金回収がなされた場合、受取手形勘定でなく、支払手形勘定を用います。(⇦負債)　　（☞営業外支払手形）

〔仕訳例〕

材料購入の掛代金を支払うため、約束手形500千円を振り出した。

工事未払金　500／　支払手形　500

支払手形記入帳 《3級》
(しはらいてがたきにゅうちょう)

手形上の債権・債務の管理を適切に行うために支払手形の明細を記録する帳簿です。約束手形の振出し、または為替手形の引受順に手形記載の要件などを記載し、「てん末」欄には処理の結果を記入します。

支払手形記入帳

平成〇年	摘要	金額	手形種類	手形番号	受取人	振出人	振出日	満期日	支払場所	てん末 月日	摘要

支払家賃 ≪4級≫
（しはらいやちん）

本社事務所、寮、社宅等を借家している場合に支払った家賃のことです。（⇐費用）

〔仕訳例〕

本月分の社宅用の借家家賃100千円を小切手で支払った。

　支払家賃　100／当座預金　100

支払利息 ≪4級≫
（しはらいりそく）

借入金に対して支払う利息を処理する勘定です。（⇐費用）

〔仕訳例〕

借入金200千円の返済およびその利息15千円の支払いのため小切手を振り出した。

　借入金　200　／　当座預金　215
　支払利息　15／

支払利息割引料 ≪3級≫
（しはらいりそくわりびきりょう）

借入金の利息および手形の割引料のことです。（⇐費用）

〔仕訳例〕

手持ちの約束手形3,000千円を島根銀行で割引き、割引料46千円を差引かれ手取額を当座預金とした。

　当座預金　2,954　／　受取手形　3,000
　支払利息割引料　46／

指標性利益 ≪1級財表≫
（しひょうせいりえき）

利益概念に関する考え方の1つです。期間利益を、経営活動の良否ないし経営者の意思決定の適否を評価する基準値としてみる考え方をいいます。

資本　≪2級≫
（しほん）

企業が保有する純資産の額のことをいいます。企業が保有する資産総額から負債総額を差し引いた額で示されます。
（☞資本等式）

〔計算式〕
　　資本＝資産－負債

資本回収点　≪1級分析≫
（しほんかいしゅうてん）

（☞資本回収点分析）

資本回収点分析　≪1級分析≫
（しほんかいしゅうてんぶんせき）

資本回収点を求める分析のことをいいます。資本回収点は、企業の売上高と総資本の額が一致する点、すなわち総資本回転率（$\frac{売上高}{総資本}$）が1回転となる売上高をいいます。資本回収点の完成工事高は、以下の算式により求めることができます。この算式は損益分岐点の完成工事高を求める算式の原理と同じで、総資本を固定的資本と変動的資本に分解する必要があります。固定的資本は、完成工事高の増減と関係なく常に一定額を保持しなければならない資本で、固定資産と流動資産のなかの棚卸資産の正常在高に投下されている資本をいいます。変動的資本は、完成工事高の増減に応じて増減する資本で、流動資産に投下されている資本（棚卸資産の正常在高を除く）をいいます。

資本回収点を把握することにより、総資本回転率を1回転以上にするためには、資本回収点を超える完成工事高が必要であり、資本回収点以下の完成工事高であれば、総資本回転率は1を割ることが明らかになります。　（☞資本回転率）

〔計算式〕

$$資本回収点の完成工事高(円)=\frac{固定的資本}{1-\frac{変動的資本}{完成工事高}}$$

資本回転率 ≪1級分析≫
（しほんかいてんりつ）

資本に対する完成工事高の割合をみる比率で、事業に投下された資本が1年間に何回転したか（何回回収されたか）、つまり資本の活動効率を表します。企業の活動性を表す重要な比率です。資本回転率には、総資本、経営資本、自己資本などの回転率があります。なお、この比率は完成工事高利益率とともに資本利益率を構成する重要な要素ですから、この比率の良否は資本利益率の良否に影響を及ぼします。

（☞活動性の分析、総資本回転率、資本利益率）

〔計算式〕

$$資本回転率(回) = \frac{完成工事高}{資本(平均)}$$

（注）平均は、「（期首＋期末）÷2」により算出します。

資本金 ≪4級≫
（しほんきん）

一般的には株式会社を運営するための基本財産となる部分で、株主が出資した額のうち、資本に繰入れられた部分をいいます。

ただし、建設業経理事務士試験の4・3級では個人企業を前提として設問されるので、資本の元入、追加、引出し、当期利益、当期損失は、資本金勘定で処理します。（⇐資本）

（注）2級以上は法人企業を前提として設問されるので、資本金勘定は、原則として発行済株式の発行額の総額で、増資・減資のほかは資本金は変動しません。

〔仕訳例〕

（個人企業の場合）

①事業資金不足のため現金100千円を追加出資した。

現金　100／　資本金　100

②家計費として現金70千円を引き出した。

資本金　70／　現金　　70

資本金基準 ≪2級≫
（しほんきんきじゅん）

減資に当たり、対応する株式払込剰余金が存在する場合の処理法の1つです。資本金基準では株式払込剰余金はそのまま

にしておき、資本金の額のみを減少させます。

〔仕訳例〕

当社（資本金2,000,000千円）は980,000千円の欠損金を填補するため減資の決議をなし、2株を1株に併合した。この株式の額面50千円、発行額58千円、資本に組み入れなかった額8千円である。

　　資本金　1,000,000 ／ 未処理損失　980,000
　　　　　　　　　　　　　　減資差益　　20,000

資本金利益率
《1級分析》
（しほんきんりえきりつ）

自己資本の一部である資本金に対する利益の割合をみる比率です。株式会社の資本金は、株主への配当金支払いの根拠となるものですから、この比率は、株主に対する配当能力を表すものです。通常は、分子に処分可能な当期利益を用いた資本金当期利益率として計算されます。

〔計算式〕

$$資本金利益率(\%) = \frac{利益}{資本金(平均)} \times 100$$

（注）　平均は、「（期首＋期末）÷2」により算出します。

資本収益性
《1級分析》
（しほんしゅうえきせい）

資本利益率によって表される収益性をいいます。

（☞資本利益率）

資本集約度
《1級分析》
（しほんしゅうやくど）

職員1人当たりいくらの総資本が事業に投下運用されているかを表す比率で、職員1人当たり総資本ともいいます。生産性の基本的指標である労働生産性は、次のように資本集約度と総資本投資効率の2つの比率に分解することができますから、労働生産性を向上させるためには資本集約度と総資本の投資効率をともに高めることが必要となります。

（☞労働生産性、総資本投資効率）

〔計算式〕

$$資本集約度(円) = \frac{総資本(平均)}{総職員数(平均)}$$

$$\underbrace{\frac{付加価値}{総職員数(平均)}}_{(労働生産性)} = \underbrace{\frac{総資本(平均)}{総職員数(平均)}}_{(資本集約度)} \times \underbrace{\frac{付加価値}{総資本(平均)}}_{(総資本投資効率)}$$

(注) 1　付加価値＝完成工事高－(材料費＋労務費＋外注費)
　　　2　平均は、「(期首＋期末)÷2」により算出します。

資本準備金 ≪2級≫
（しほんじゅんびきん）

株主の出資した額のうち、資本に組み入れられなかった部分をいいます。具体的には株式払込剰余金、減資差益、合併差益等があります。

資本剰余金 ≪1級財表≫
（しほんじょうよきん）

企業の資本は他人資本および自己資本から構成され、その受入れは貨幣のほか、財貨または用役といった様々の形態でなされます。資本は、法律的または経済的持分の拘束のある限り、利害関係者の直接的持分であり、債権者の請求権は企業において債務ないし負債で、投資者の請求権は企業において資本です。受入資本のうち法的資本および債務以外のものが資本剰余金となります。資本剰余金は、その発生原因に基づいて、払込剰余金、受贈剰余金および評価替剰余金の3つに分類されます。

資本生産性 ≪1級分析≫
（しほんせいさんせい）

固定資産がいくらの付加価値をあげたかをみる比率で、固定資産の利用効率を表します。この比率が高いほど、固定資産に投下されている資本の利用効率が良いことになります。

〔計算式〕

$$資本生産性(\%) = \frac{完成工事高 - (材料費 + 労務費 + 外注費)}{固定資産(平均)} \times 100$$

(注)　平均は、「(期首＋期末)÷2」により算出します。

資本的支出 ≪3級≫
（しほんてきししゅつ）

固定資産取得後に改良、補修、修繕を行い、その結果固定資産の能率の増進、耐用年数の延長などの効果が生じる支出のことです。この支出は固定資産の取得原価に含めます。
（☞収益的支出）

資本的支出と収益的支出の区別 ≪2級≫
（しほんてきししゅつとしゅうえきてきししゅつのくべつ）

固定資産の取得後、その資産の能率の増進、耐用年数の延長など改良のために支出された部分は「資本的支出」とよばれ、その資産の取得原価に加算されます。これに対して破損箇所の復旧など原状回復のために要した支出は「収益的支出」とよばれ、その期の費用に計上されます。

〔仕訳例〕

建物の補修工事を行い、代金1,000千円を小切手で支払った。この支出のうち800千円は改良のための支出と認め、残りを原状回復のために要した支出として処理する。

建　　　物　　800　／　当座預金　1,000
修繕維持費　　200

資本等式 ≪4級≫
（しほんとうしき）

資産の総額から負債の総額を差し引いたものが資本の総額で、次の式で表されます。

資本＝資産－負債

資本取引 ≪1級財表≫
（しほんとりひき）

資本すなわち元本そのものの増減取引をいい、株主からの拠出による資本増加は代表的な資本取引です。これと比較されるのが損益取引です。これは調達した資本（元本）の運用取引のことです。資本取引と損益取引は明確に区別されなければなりません。　（☞資本取引・損益取引区分の原則）

資本取引・損益取引区分の原則
≪1級財表≫
（しほんとりひきそんえきとりひきくぶんのげんそく）

企業会計原則は、第一　一般原則三に「資本取引と損益取引とを明瞭に区別し、特に資本剰余金と利益剰余金とを混同してはならない。」と規定しています。この規定を資本取引・損益取引区分の原則といいます。これは、企業資金の増減が、元本そのものの増減取引によるものか、元本の運用によるものかに大別されるためで、この両者が混同されると企業の経営成績や財政状態が適正に表示されないことになるためです。

資本主持分
≪1級分析≫
（しほんぬしもちぶん）

企業の資本主（株主などの出資者）が、貸借対照表上の資産に対して持っている請求権のことをいい、総資産から他人資本（負債）を差し引いた純資産額である自己資本を意味します。株式会社の場合、会社の最終的所有者は株主であることから、自己資本のことを株主持分ともいいます。

（☞自己資本）

資本の運動サイクル
≪1級分析≫
（しほんのうんどうさいくる）

経営活動のために調達された資本が、経営活動に投下され、資産に形を変えて運用され、費用の発生によって費消され、収益の発生によって回収されて新しい資本に入れ替わり、再び経営活動に投下運用されるという過程をいいます。このような資本の運動サイクルの繰り返しを資本の回転といい、資本の回転の状況を表す比率を資本回転率といいます。

（☞資本回転率、総資本回転率）

資本の回転
≪1級分析≫
（しほんのかいてん）

資本の運動サイクルの繰り返しを資本の回転といいます。

（☞資本の運動サイクル、資本回転率）

資本の組入
≪1級財表≫
（しほんのくみいれ）

資本準備金・利益準備金などの法定準備金の全部または一部を取り崩して、これを資本金に組み入れることをいいます。法定準備金の取崩は取締役会の決議により行われますが、こ

資本の欠損 《1級財表》
（しほんのけっそん）

の際、増加した資本金について新株式を発行することは必ずしも必要ではありません。

純資産額が資本金と法定準備金の合計額より小さい状態のことをいいます。言い換えれば、欠損金の額が資本金と法定準備金の合計額に食い込んだ状態です。なお、株式会社は財産を中心とする物的企業であり、有限責任であることから、債権者保護という立場上、資本の充実を図る目的で資本準備金および利益準備金を取り崩して資本の欠損塡補にあてることができます。

資本の引出し 《4級》
（しほんのひきだし）

個人企業において個人事業主が企業の現金などを使用することです。

〔仕訳例〕
　営業資金から、家計費として現金100,000円を引き出した。
　　資本金　100,000／現金　100,000

資本予算 《1級原価》
（しほんよさん）

生産・販売に使用される固定資産に対する投資、つまり設備投資に関する財務的計画と統制のことです。将来の長期にわたる設備投資計画や、各種プロジェクトに関する資本的な支出予算です。

設備の一定を前提として、これを変更しない業務活動に関する経常予算に対する概念です。

資本利益率 《1級分析》
（しほんりえきりつ）

企業が経営活動のために投下した資本に対して利益がどの程度増減したか、つまり資本の運用効率をみる比率です。企業は利益を獲得することを目的として資本を運用していますから、この比率は企業の収益性を表す諸比率のなかで最も基本的かつ重要なものです。この比率によって表される収益性を資本収益性といいます。資本利益率には、分子の利益と分母の資本の組み合せによって、総資本営業利益率、総資本経常

利益率、経営資本営業利益率、自己資本当期利益率などがあります。なお、資本利益率は完成工事高利益率および資本回転率によって構成されていますから、この比率の良否は構成要素の良否に左右されます。したがって、資本利益率の良否の原因は以下のように分解して分析することが必要です。

(☞資本収益性)

〔計算式〕

$$資本利益率(\%) = \frac{利益}{資本(平均)} \times 100$$

$$\frac{利益}{資本(平均)} = \underbrace{\frac{利益}{完成工事高}}_{(完成工事高利益率)} \times \underbrace{\frac{完成工事高}{資本(平均)}}_{(資本回転率)}$$

(注) 平均は、「(期首＋期末)÷2」により算出します。

事務用消耗品費 ≪4級≫
(じむようしょうもうひんひ)

営業および一般事務に要した少額の机等の事務用備品、用紙類等事務用消耗品、新聞、図書の購入費のことです。(⇦費用)

〔仕訳例〕
新聞購読料80千円を現金で支払った。
事務用消耗品費　80／　現金　80

締切仕訳 ≪4級≫
(しめきりしわけ)

収益、費用などの勘定を締め切るためにする仕訳のことです。

〔仕訳例〕
損益勘定残高（当期利益）500千円を資本金勘定へ振り替えた。
損益　500／　資本金　500

社外分配項目 ≪2級≫
(しゃがいぶんぱいこうもく)

当期未処分利益を株主に分配するため、または取締役などの役員に対する賞与にあてるとき、それに伴って現金その他の資産が社外に流出し、会社の純資産の額はそれだけ減少することとなります。このように会社の純資産の減少を伴う利益

処分項目をいいます。　　　　　　　　（☞社内留保項目）

借地権　＜2級＞
（しゃくちけん）

借地法、地上権に関する法律などに規定する借地権、地上権および地役権の取得に要した費用を処理する勘定です。（⇐資産）

〔仕訳例〕
倉庫用地の借地権を取得し、代金3,000千円を現金で支払った。
借地権　3,000／　現金　3,000

社債　＜1級財表＞
（しゃさい）

株式会社が長期の資金調達の目的で発行する確定利子付証券のことで、長期金銭債務に当たります。社債には一定の利子が支払われ、期限にはその発行価額に関係なく、社債券面に表示された社債金額で償還されます。（⇐負債（固定負債））

〔仕訳例〕
関西建設株式会社は、償還期限5年、額面10,000千円、年8分5厘利付社債を95円で発行し、その払込金を当座預金とする。
当座預金　　9,500／　社債　10,000
社債発行差金　 500／

社債償還損　＜2級＞
（しゃさいしょうかんそん）

自社発行の社債を買入償還した際に生ずる損失を処理する勘定です。（⇐費用）

〔仕訳例〕
当社は市場より自社発行社債の買入償還をした。社債額面1,000,000千円、社債発行差金残高10,000千円、償還に要した現金1,200,000千円。
社　　債　1,000,000／　現　　金　1,200,000
社債償還損　 210,000／　社債発行差金　 10,000

社債の取得原価 ≪1級財表≫
（しゃさいのしゅとくげんか）

社債を買入れるために支出した金額を社債の取得原価といいます。社債の約定利率を市場金利に調和せしめるために社債の発行には割引発行、打歩発行、平価発行がありますが、いずれの場合であっても社債の買入れに要した支出額をもって当該社債の取得原価とします。社債金額と取得原価との差額については、増価基準または減価基準の適用が償還期に至るまで認められます。　　（☞割引発行、打歩発行、平価発行）

社債の償還 ≪2級≫
（しゃさいのしょうかん）

社債発行会社が、自己の社債を買入れることにより債務を決済することをいいます。社債の償還方法には、期限が到来したために償還する満期償還と償還期限の途中で償還する期限前償還（買入償還・抽選償還）があります。期限前に償還する場合、社債発行差金、社債発行費の未償却残高の処理や、買入償還による償還差額の処理が問題になります。

〔仕訳例〕

当社が発行した社債（償還期限5年、額面総額50,000千円、額面100円につき98円で発行）のうち額面総額10,000千円を満3年経過後に額面100円につき101円で買入償還し小切手で支払った。

　　社　　　債　10,000　／　当 座 預 金　10,100
　　社債償還損　　　180　／　社債発行差金　　　 80
　　(1,000×(5－3)／5)×10,000／50,000＝80

社債の発行 ≪2級≫
（しゃさいのはっこう）

株式会社は資金調達の手段として社債を発行することがあります。社債の発行価額は発行会社の財務内容・金融市場の状況などによって決定されますが、平価発行、打歩発行、割引発行の3つがあり、わが国では割引発行による場合がほとんどです。

　　　　　（☞社債の償還、平価発行、打歩発行、割引発行）

しゃさいは

〔仕訳例〕
当社は社債額面総額50,000千円を額面100円につき98円で発行し、全額の払込を受け、当座預金とした。社債発行費600千円は小切手を振出して支払った。

当 座 預 金　49,000 ／ 社　　　債　50,000
社債発行差金　 1,000 ／
社 債 発 行 費　　600 ／ 当座預金　　600

社債発行差金 ≪2級≫
（しゃさいはっこうさきん）

商法第287条の規定による社債額面総額と社債発行価額との差額を処理する勘定です。（⇦資産）

（☞社債発行差金償却）

〔仕訳例〕
社債額面総額1,000千円を額面100円につき95円で割引発行した。手取金は当座預金とした。

当 座 預 金　　950 ／ 社債　1,000
社債発行差金　　50 ／

社債発行差金償却 ≪2級≫
（しゃさいはっこうさきんしょうきゃく）

社債発行差金を償却する勘定です。社債発行差金は発行時に一時的に償却されるのではなく、社債償還の期限内に毎決算期に均等額以上の償却を行います。（⇦費用）

（☞社債発行差金）

〔仕訳例〕
決算に当たり当期に発行した社債の社債発行差金の償却を行う。社債発行差金は50,000千円で償還期限は5年であるため、毎期均等額を償却する。(50,000／5＝10,000)

社債発行差金償却　10,000 ／ 社債発行差金　10,000

社債発行費 ≪2級≫
（しゃさいはっこうひ）

商法第286条ノ5の規定による社債募集のための広告費・金融機関の取扱手数料・社債券の印刷費等、社債発行のために直接支出した費用を処理する勘定です。（⇦資産）

（☞社債発行費償却）

〔仕訳例〕

社債発行に当たり、広告費・印刷費等150,000千円を現金で支払った。

　社債発行費　150,000／　現金　150,000

社債発行費償却　≪2級≫
（しゃさいはっこうひしょうきゃく）

社債発行費を償却する勘定です。社債発行費は発行の年の費用として計上されるのではなく、発行後3年内に毎決算期に均等額以上の償却を行います。（⇦費用）（☞社債発行費）

〔仕訳例〕

決算に当たり当期に発行した社債の社債発行費150,000千円を毎期均等償却する。（150,000／3＝50,000）

　社債発行費償却　50,000／　社債発行費　50,000

社債利息　≪2級≫
（しゃさいりそく）

自社発行の社債に対する支払利息で、社債券に付された利札と引き替えに支払われます。（⇦費用）（☞有価証券利息）

〔仕訳例〕

社債の年1回の利払日につき現金で支払った。なお、発行社債の額面総額は1,000,000千円で年利率6％である。

　社債利息　60,000／　現金　60,000

社内センター　≪2級≫
（しゃないせんたー）

機能別あるいは責任区分別に原価を集計するときの単位を社内センター（コスト・センター）といいます。機械部門費などを配賦計算する際、細分化された社内センターごとに配賦率を持つことは効率的な原価管理の上で有用であるといえます。例えば機械部門費の中でも、各機械の機種別に配賦率を把握しておくことは正確な予定配賦を行う上で重要です。機種別に把握するとき、マシン・センターとよぶこともあります。　　　　　　　　　　　　　　（☞マシン・センター）

社内損料計算制度 ≪1級原価≫
（しゃないそんりょうけいさんせいど）

社内の他部門から受けるサービスを、あたかも社外から調達して使用料を支払うように計算し、その金額を工事原価の中に算入していく制度をいいます。

社内損料計算方式 ≪2級≫
（しゃないそんりょうけいさんほうしき）

仮設材料費や建設機械費の工事原価への算入を損料計算によって行う方法です。建設物の構造物となる工事消費材料と異なり、仮設材料は複数の工事で使用されるため、あらかじめ各工事での負担分を使用日数当たりで予定しておき、工事終了後に差異の調整を行う方式です。事前原価計算とも整合し、優れた方式といえます。

社内損料制度 ≪1級原価≫
（しゃないそんりょうせいど）

建設工事での機械や仮設材料は、一時的には個別の工事にのみ使用され、同時的に共用されることはありませんが、いったん当該工事が完了すれば再び他の工事に使用されていくことを繰り返すという特質があります。

そこで、機械や材料の時間当たりあるいは日数当たり等の使用料（損料）を事前に設定しておき、この使用料に基づき各工事が負担すべきコストを算出しようとするものが社内損料制度です。

社内留保項目 ≪2級≫
（しゃないりゅうほこうもく）

利益処分から社外分配項目を控除した残りが社内留保項目となります。具体的には(1)利益準備金（商法の規定による積立であるため法定準備金ともいわれる）、(2)任意積立金（法律の規定によらない積立）、(3)資本金への組み入れ、(4)繰越利益の4つをいいます。これらは会社の自己資本に組み入れられます。　　　　　　　　　　　　　（☞社外分配項目）

社内留保率 ≪1級分析≫
（しゃないりゅうほりつ）

当期に処分可能な利益のうち、どれだけ社内に留保されたかをみる比率です。この比率が高いほど、任意積立金などの社内留保額が増加し、自己資本が充実することになりますから、自己資本比率を高めるなど資本構成の改善につながりま

す。したがって、この比率は企業財務の健全性を表します。

〔計算式〕

社内留保率(%)

$= \dfrac{当期未処分利益 - (配当金 + 役員賞与金 + その他社外分配項目)}{当期未処分利益} \times 100$

車両運転時間基準 ≪2級≫
(しゃりょううんてんじかんきじゅん)

工事間接費の配賦基準のうち「時間基準」をさらに細分したときの分類の1つです。機械や人員の運搬・輸送に使用された車両の運転時間数を配賦基準とします。

（☞直接作業時間基準、機械運転時間基準）

〔計算式〕

$配賦率 = \dfrac{一定期間の工事間接費(実際額あるいは予定額)}{同上期間の車両運転時間合計}$

車両運転時間法 ≪1級原価≫
(しゃりょううんてんじかんほう)

工事間接費を各工事に配賦する際にとられる配賦基準数値に車両運転時間を採用するもので、時間法の1つです。

これは、1原価計算期間に発生した工事間接費を、各工事現場における車両運転時間数に基づいて各工事に配賦する方法です。　（☞時間法、直接作業時間法、機械運転時間法）

車両運搬具 ≪3級≫
(しゃりょううんぱんぐ)

乗用車、トラックのほかミキサー車、レッカー車等の特殊車両を計上する勘定です。ブルドーザー、ショベルローダー、トラッククレーン、ロードローラー等自走式作業用のものは、特殊車両ではなく機械装置とします。（⇐資産）

〔仕訳例〕

トラック1台2,500千円を購入し代金は小切手で500千円支払い、残りを掛とした。

車両運搬具	2,500	当座預金	500
		未 払 金	2,000

車両部門　≪2級≫
（しゃりょうぶもん）

（☞車両部門費）　　　　　（☞補助サービス部門）

車両部門費　≪1級原価≫
（しゃりょうぶもんひ）

部門別計算において、部門は直接工事の施工を担当する施工部門と、これをサポートする補助部門とに区分されます。この補助部門のうち、施工部門に直接的なサービスを提供する部門が補助サービス部門です。これに属するものの1つで、資材の運搬や廃棄物の搬出を担当する部門が車両部門（運搬部門）です。ここに集計される、燃料費・税金・人件費等が車両部門費を構成します。

収益　≪4級≫
（しゅうえき）

事業活動を通じて資本の増加に寄与する原因をいいます。代表的な収益として完成工事高があります。

収益還元価値　≪1級分析≫
（しゅうえきかんげんかち）

損益計算書の実績データをもとにして、総括的な企業評価指数を計算する際に用いられる重要な要素です。一般的には、合併時の企業評価額や営業権（のれん）を計算する際などに用いられることが多く、最も簡単な計算式は次のとおりです。
（☞収益還元法）

〔計算式〕

$$収益還元価値 = \frac{平均利益}{利子率}$$

（平均利益は、通常、過去3年間の評価対象企業の当期利益の平均値として求められることが多く、また、利子率は公定歩合、同業の平均利子率その他の市場金利を勘案した平均利子率を勘案して求めます。）

収益還元法　≪1級財表≫
（しゅうえきかんげんほう）

企業評価額の測定法の1つで、当該企業の現在価値、すなわち企業の総括的評価額を収益還元価値で測定する方法です。企業は収益獲得を目的としている有機体であり、企業の価値は企業の収益力のいかんによって決定されるべきものである

という考え方から、企業の真の価値は、企業の収益力を資本に還元したものでなければならないとするものです。

収益基準 ≪2級≫
（しゅうえききじゅん）

建設業における収益計上基準の1つです。延払基準を適用した場合、記帳処理には「収益基準」と「利益基準」の2つがあります。収益基準は当期の回収期限到来額（回収額）を完成工事高に計上するとともに、対応する工事原価を完成工事原価として計上する方法です。回収期限未到来の工事代金が会計記録の上で明らかにされないという欠点があります。

〔仕訳例〕
　　（収益基準法による会計処理例）
　　工事代金10,000千円、工事原価8,000千円、4年の延払契約、当期2,500千円の工事代金を現金にて回収。
　　　　現　　　　金　2,500　／　完 成 工 事 高　2,500
　　　　完成工事原価　2,000　／　未成工事支出金　2,000

収益基準法 ≪1級財表≫
（しゅうえききじゅんほう）

（☞収益基準）

収益控除の項目 ≪1級財表≫
（しゅうえきこうじょのこうもく）

完成工事高から控除される項目をいいます。規格違い、破損等の理由により工事の契約代価より控除されるもの、または一定期間に多額または多量の取引をしたことにより、得意先に対する工事代金の一部を返戻したりする項目をいいます。具体的には売上戻り（返品）、売上値引、売上割戻等が該当します。

収益性 ≪1級財表≫
（しゅうえきせい）

企業が投下した資本の運用効率をいいます。資本利益率で総称される利益獲得能力を収益性または収益力といい、企業が持つその他の能力、つまり支払能力（流動性）や成長力（成長性）などとともに、財務諸表分析の上では最も重要なもの

です。

収益性分析 ≪1級分析≫
（しゅうえきせいぶんせき）

企業の利益獲得能力を分析することをいい、財務分析の目的の1つです。企業は利益の獲得を目的としていますから、収益性分析は財務分析の中心となるものです。収益性分析は、投下資本に対する利益の割合を示す資本利益率や、売上高に対する利益の割合を示す売上高利益率を分析することなどにより行われます。　　　　　　（☞資本利益率、売上高利益率）

収益的支出 ≪3級≫
（しゅうえきてきししゅつ）

固定資産の壊れた箇所を修理したり部品を取り替えるなど、原状回復のために要する支出のことです。この支出は費用に含めます。　　　　　　　　　　　　　　　　（☞資本的支出）

収益取引 ≪4級≫
（しゅうえきとりひき）

損益取引のうち、収益を発生させる取引のことです。

収益の発生 ≪1級財表≫
（しゅうえきのはっせい）

建設業においては、材料・労働用役など工事に必要な生産設備を調達し、建造物等を完成・引渡すことを目的としています。このように、建設業における収益獲得の過程は時間的な幅があります。この生産過程において財・用役の費消を通じて新しい生産物を価値が徐々に形成されています。このように、生産物が完成・引渡しまでの過程で収益は発生しているのです。　　（☞発生主義、実現主義、費用収益対応の原則）

収益の分類 ≪1級財表≫
（しゅうえきのぶんるい）

収益とは、資本の出資および資本の修正以外の原因による一切の所有者持分の増加、すなわち、財・用役の生産・提供による収益と、受贈・発見など企業の努力と無関係の増加額を含むものとされています。この収益は給付を原因とする増加分とそれ以外の原因による増加分とに区分され、給付を原因とする増加分はさらに収益の発生の頻度を基準として、経常収益と非経常収益に区分されます。経常収益はさらに、その

発生原因が当期の経済活動に求め得るものであるか否かを基準として、期間収益と期間外収益とに区分されます。そして、期間収益は営業収益と営業外収益とに区分されます。

従業員給料手当 ≪3級≫
（じゅうぎょういんきゅうりょうてあて）

従業員に対して支払った給料、諸手当を処理する勘定です。なお、従業員給料手当が現場従業員に対して支払われた場合には、その業務内容により労務費または経費中の人件費で処理し、本店および支店の従業員に対して支払われた場合は販売費及び一般管理費で処理します。

従業員1人当たり売上高 ≪1級分析≫
（じゅうぎょういんひとりあたりうりあげだか）

従業員1人当たり売上高は、1人当たり付加価値とともに生産性測定方式の典型として取り上げられる比率です。この比率は、従業員の価値生産性（人的効率）を意味し、次の算式で計算します。なお、建設業の場合、売上高＝完成工事高（兼業売上高を含む）とし、さらに完成工事高を広義に解釈し、営業外収益を含める場合もあります。

〔計算式〕

$$1人当たり売上高 = \frac{売上高}{従業員数（技術＋事務）（平均）}$$

（注）　平均は、「（期首＋期末）÷2」により算出します。

従業員1人当たり付加価値額 ≪1級分析≫
（じゅうぎょういんひとりあたりふかかちがく）

従業員1人当たりがいくら付加価値をあげているかをみる比率です。この比率は、事業に投入されている人と付加価値の関係をみるもので、労働生産性と呼ばれています。

（☞労働生産性）

修正テンポラル法 ≪1級財表≫
（しゅうせいてんぽらるほう）

わが国の外貨建取引等会計処理基準において、在外子会社等財務諸表の換算に対して採用されているもので、当期利益および当期留保利益以外の財務諸表項目の換算についてはテンポラル法を適用し、当期利益および期末留保利益については決算時のレートで換算します。その結果、円貨においても当

修繕維持費 ≪3級≫
（しゅうぜんいじひ）

期利益および期末留保利益はそのまま示されることになります。

建物、機械装置等の修繕維持に要した費用のことです。（⇦費用、工事原価）

〔仕訳例〕

本社社屋の壁の塗装費100千円を小切手で支払った。

　修繕維持費　100／　当座預金　100

修繕引当金 ≪2級≫
（しゅうぜんひきあてきん）

所有する機械その他の固定資産について将来の修繕に要する支出を見積もり、そのうち当期の負担に属する部分を当期の費用として計上した場合の貸方科目です。（⇦負債）

〔仕訳例〕

今期末、工事用機械に対して650千円の修繕引当金を計上する。

　未成工事支出金　650／　修繕引当金　650
　（修繕引当損）

修繕引当損 ≪2級≫
（しゅうぜんひきあてそん）

修繕引当金に対応する借方科目です。（⇦費用）

〔仕訳例〕

今期末、工事用機械に対して500千円の修繕引当金を計上する。

　未成工事支出金　500／　修繕引当金　500
　（修繕引当損）

住民税 ≪2級≫
（じゅうみんぜい）

事業年度終了時にその年度の課税所得の大小を基準に企業に課せられる税には、法人税、住民税、事業税があります。そのうち住民税は、均等割額と法人税額に一定率をかけて計算されたものとの合計額で、法人税と同様当期利益からの控除項目として処理します。

重要性の原則
≪1級財表≫
(じゅうようせいのげんそく)

財務諸表の表示に関して適用され、企業会計原則注解（注1）によると「企業会計は、定められた会計処理の方法に従って正確な計算を行うべきものであるが、企業会計が目的とするところは、企業の財務内容を明らかにし、企業の状況に関する利害関係者の判断を誤らせないようにすることにあるから、重要性の乏しいものについては、本来の厳密な会計処理によらないで他の簡便な方法によることも、正規の簿記の原則に従った処理として認められる。」とされています。

その適用例として次の5つを例示しています。

(1) 消耗品、消耗工具器具備品その他の貯蔵品等のうち、重要性の乏しいものについては、その買入時または払出時に費用として処理する方法を採用することができる。

(2) 前払費用、未収収益、未払費用および前受収益のうち、重要性の乏しいものについては、経過勘定項目として処理しないことができる。

(3) 引当金のうち、重要性の乏しいものについては、これを計上しないことができる。

(4) 棚卸資産の取得原価に含められる付随費用のうち、重要性の乏しいものについては、取得原価に算入しないことができる。

(5) 分割返済の定めのある長期の債権または債務のうち、期限が1年以内に到来するもので重要性の乏しいものについては、固定資産または固定負債として表示することができる。

重要な会計方針
≪1級財表≫
(じゅうようなかいけいほうしん)

会計方針とは、企業が損益計算書および貸借対照表を作成するに当たって、その財政状態および経営成績を正しく示すために採用した会計処理の原則および手続きならびに表示の方法を意味しています。したがって、財務諸表の内容に関する明瞭性という観点から注記事項とされています。

企業会計原則注解（注1－2）は重要な会計方針を財務諸表

に注記しなければならないと規定し、会計方針として次の7つを例示しています。

　①有価証券の評価基準および評価方法
　②棚卸資産の評価基準および評価方法
　③固定資産の減価償却方法
　④繰延資産の処理方法
　⑤外貨建資産・負債の本邦通貨の換算基準
　⑥引当金の計上基準
　⑦費用・収益の計上基準

なお、代替的な会計基準が認められていない場合には、会計方針の注記を省略することができます。　　（☞後発事象）

主原価評価法
　≪1級原価≫
（しゅげんかひょうかほう）

月末仕掛品評価方法の1つです。完成度評価方法と異なり、製品原価を構成している素材費・直接労務費などの特定のものが、その製品の主要部分を占めるような場合に、その特定原価要素のみによって月末仕掛品の評価をしようとする方法です。　　　　　　　　　　（☞完成度評価法、無評価法）

授権株数
　≪1級財表≫
（じゅけんかぶすう）

（☞授権資本制度）

授権資本制度
　≪2級≫
（じゅけんしほんせいど）

株式会社を設立するには、発起人（1人以上）が定款を作成し、公証人の認証を受けなければなりません。この定款の記載事項に「会社が発行する株式の総数」、すなわち授権資本についての定めがあり、設立時に授権資本の4分の1以上の株数を発行しなければいけません。したがって授権資本は発行予定の株式数の枠を示し、発行済株数との差異（未発行株数）は新株発行の残を示し、金額でなく株式数により表示されます。

主産物 《1級原価》 （しゅさんぶつ）	副産物に対するもので、あらかじめ目的とする生産物をいいます。この主産物製造の過程から必ず生じる経済的価値を有する物品が副産物です。 豆腐製造業を例にとりますと、豆腐が主産物で、その過程で生ずるオカラが副産物です。　　　　（☞副産物、連産品）
主成分分析法 　　《1級分析》 （しゅせいぶんぶんせきほう）	統計学の多変量解析の手法を用いて財務分析の総合評価に利用される手法で、多変数の情報量をより要約された変数にまとめ、相関するものをグループ化するために役立つ手法です。財務分析でいえば、その対象となる比率は、総資本経常利益率、売上高営業利益率、いくつかの回転率、流動比率や当座比率など、数十にのぼりますが、これらの比率間には、かなりの相関があるものもあれば、まったく無相関のものもあります。これらを、より的確な少数のグループに区分けするために、主成分分析の手法が活用されます。 　　　　　　　　　　　　　　　　　　　　（☞因子分析法）
受贈　《1級財表》 （じゅぞう）	無償で取得することであり、流出対価の意味での取得原価は存在しません。したがって、有用な会計情報を提供するためには正常な取引において支払うべきはずの公正な評価額をもって取得原価とするのが合理的です。
受贈剰余金 　　《1級財表》 （じゅぞうじょうよきん）	企業が株主以外の利害関係者から企業資本の意味をもって資金を受け入れ、その返済を免除されているものをいいます。これには建設助成金や工事負担金などがあります。 　　　　　　　　　　　　　　　　　　　　　（☞資本剰余金）
受注請負生産業 　　《1級分析》 （じゅちゅううけおいせいさんぎょう）	建設業の特徴の1つとして挙げられるもので、建設業の受注生産形態を表すものです。建設工事は、建設業者が発注者から個別に請負として受注するのが原則です。製造業のように規格品を大量生産する経営形態ではなく、建設業の場合は個

別に受注して建設工事を完成させる経営形態をとるので、このように呼ぶ場合があります。

受注関係書類作成目的　≪1級原価≫
(じゅちゅうかんけいしょるいさくせいもくてき)

建設業原価計算の目的である対外的原価計算目的と対内的原価計算目的のうち、前者の1つとして、この目的があります。
受注産業である建設業では、工事請負契約を成立させるために「積算」という事前原価計算に基づき関係書類を作成します。

受注生産制　≪1級財表≫
(じゅちゅうせいさんせい)

建設業における収益稼得活動の特徴は受注生産制を採用していることです。それは、発注者から工事の注文を受け、契約にしたがって注文どおりの建造物や構築物を完成させ、発注者に引き渡す方式をいいます。この工事の受注の方式には、(1)入札方式、(2)特命方式、(3)見積合せ方式　などがあります。
（☞入札方式、特命方式、見積合せ方式）

出金伝票　≪3級≫
(しゅっきんでんぴょう)

3伝票制を採用した場合に用いる、出金取引を記入する伝票のことです。貸方の現金の記入を省略して借方科目と金額だけを記入します。　　　　　　　　　　　　　（☞3伝票制）

出資金　≪1級財表≫
(しゅっしきん)

出資金は有限会社等に対する投資を処理する勘定で、共同企業体会計においても使用されます。構成員が共同企業体に対する出資金を払い込んだ場合、受入れた側は××出資金として処理します。この場合の出資金は資本金の性質と構成員からの預り金の性質を有します。

出資者持分　≪1級財表≫
(しゅっししゃもちぶん)

企業は経営上の資金を投資家、債権者その他の利害関係者から受け入れます。これら企業資本は、利害関係者側の立場からみれば、企業に対し請求し得る権利を意味することになります。すなわち利害関係者は、自らの出資または貸与した債

権に基づき、企業の所有する資産に対して請求権を有することになるのです。このうち、投資家の請求権を出資者持分といいます。

出張所等経費配賦額 ≪2級≫
（しゅっちょうじょとうけいひはいふがく）

複数の工事を管轄する出張所等で発生した経費を各工事別に配賦したものです。しかし、原価計算の費目別計算の段階からこのような費目が発生するという意味でなく、出張所等で適当な費目別に把握し、工事間接費として各工事に配賦することが望ましいです。

取得価額基準 ≪2級≫
（しゅとくかがくきじゅん）

金銭債権等を評価する場合の基準で、受取手形、貸付金等の取得価額を基礎として貸借対照表上の価額を決定する方法です。その他の価額決定方法としては、債権金額基準、アキュムレーション法等があります。

（☞債権金額基準、アキュムレーション法）

〔仕訳例〕
千葉建設㈱は平成1年1月1日に得意先川崎商店に対する貸付金5,800千円を現金で支出し、その見返りに同店振出しの約束手形6,000千円を受取った（支払期日3年12月31日）。この約束手形の貸借対照表価額を取得価額基準で示した場合。

(1) 1年1月1日
　　手形貸付金　5,800 ／ 現　金　5,800
(2) 1年12月31日仕訳なし
(3) 3年12月31日
　　現　金　6,000 ／ 手形貸付金　5,800
　　　　　　　　　　　受取利息　　200

取得原価 ≪3級≫
（しゅとくげんか）

資産の取得に要した費用のことです。固定資産を購入によって取得した場合は、購入代価に購入手数料、運搬費、据付費、試運転費などの付随費用を加えた額になります。

(☞購入原価)

〔計算式〕
　　取得原価＝購入代価＋付随費用

取得原価の計算　≪2級≫
（しゅとくげんかのけいさん）

固定資産の取得原価の決定方法は取得の態様によって異なり（連続意見書第三参照）、次のようになります。
(1)購入　送状価額－（値引＋割戻）＋付随費用
(2)自家建設　適正に計算した実際工事原価
(3)交換　譲渡資産の適正価額＋交換差金
なお、自家建設に要した稼動前の期間の借入資本の利子は取得原価に算入できるものとします。

取得日レート　≪1級財表≫
（しゅとくびれーと）

外貨建取引における記録方法の1つで、当該取引発生時の為替相場による円換算額をもって記録する方法をいいます。なお、取引発生時の為替相場とは、取引が行われた日の直物為替相場または合理的に算定された平均相場をいいます。

(☞決算日レート)

主要簿　≪4級≫
（しゅようぼ）

事業活動を記録するなど、基本手続きを行う上で不可欠な帳簿のことです。仕訳帳と総勘定元帳の2つがあります。

主要簿と補助簿の分化　≪2級≫
（しゅようぼとほじょぼのぶんか）

複式簿記の原理に従って取引をその発生順に歴史的、組織的に記録する仕訳帳や元帳を主要簿といい、取引の明細を明らかにする帳簿を補助簿と呼びます。総勘定元帳は主要簿の代表例で、現金出納帳は補助簿の代表例です。このように主要簿と補助簿に分化した場合でも単一仕訳帳・元帳制をとっていることに変わりありません。　　　(☞単一仕訳帳)

純工事費　≪1級原価≫
（じゅんこうじひ）

直接工事費に共通仮設費を加算して計算される特定工事現場における工事費をいいます。
工事原価のうち現場経費を除いた部分でもあり、工事種類別

原価（工種別原価）に共通仮設費の合計額として把握されます。　　　　　　　　　　　　　　　　（☞直接工事費）

準固定費 ≪1級原価・分析≫
（じゅんこていひ）

操業度との関係で費用を分類すると、固定費と変動費に大別されます。固定費は操業度に関係なく一定額の費用が発生するものですが、例えば現場監督者給料のように完成工事高が仮に2億円に現場監督者1人を要するとすれば、現場監督者給料は次の図のように段階的に発生すると考えられます。このような費用の発生態様をとるものを準固定費、または段階費といいます。

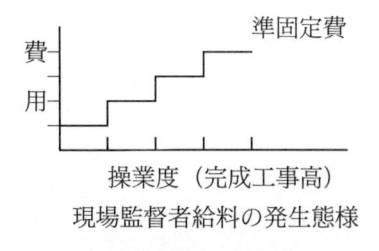

現場監督者給料の発生態様

準変動費 ≪1級原価≫
（じゅんへんどうひ）

製造原価を操業度の増減に対する原価発生の態様から分類すると、原価は変動費と固定費とに区分されます。これらの中間的なものとして、準変動費と準固定費とがあります。
準変動費とは、例えば電力料・ガス料・電話料等のように操業度が0の状態でも一定額が発生し、操業度の増加に伴って比例的に発生する原価をいいます。　　　　（☞準固定費）

ジョイントベンチャー（J・V） ≪1級財表≫
（じょいんとべんちゃー）

現存する複数の事業者が共同して工事を行うために用いられる共同経営の一方式をいいます。この制度は(1)融資力の増大、(2)危険分散、(3)技術の拡充・強化、経験の増大、(4)施工の確実性　などの利点を持っています。

償還株式 ≪1級財表≫
（しょうかんかぶしき）

会社が発行する株式にはいろいろの種類があります。つまり、会社の資金調達の便宜等の経済的要請に応えるため、権

利の内容に差異のある株式の発行が認められているからです。これには、利益または利息の配当、残余財産の分配、利益をもってする株式の償還等があります。とくに利益をもって償還する株式のことを償還株式といいます。

償却原価法
≪1級財表≫
（しょうきゃくげんかほう）

金融資産のうち、金銭債権や有価証券（満期保有債券）の評価に用いられる方法です。これら債権の取得において、債権金額と取得価額が異なる場合には、金利相当額を適切に各期の財務諸表に反映させることが必要です。したがって、債権について、取得価額と債権金額との差額を弁済期に至るまで毎期一定の方法で貸借対照表価額に加減する方法が適用されます。この方法を償却原価法といいます。なお、当該加減額は受取利息に含めて処理します。

償却債権取立益
≪2級≫
（しょうきゃくさいけんとりたてえき）

過年度に貸倒損失として処理済の債権が、その後の事業年度に一部または全額が回収された時、償却債権取立益勘定で処理をします。なお、損益計算書上は特別利益勘定に記載されます。（⇐収益）

〔仕訳例〕
貸倒損失として処理済の完成工事未収入金500千円が、現金で回収された。
現　金　500／　償却債権取立益　500

消極性積立金
≪1級財表≫
（しょうきょくせいつみたてきん）

任意積立金をその積立目的で分類すると、積極性積立金と消極性積立金とに区分されます。消極性積立金とは、特別の費用または損失を塡補する目的で積み立てられたもので、例えば相当巨額の役員退職金の将来の支払いに備えること、将来の巨額の臨時的・偶発的損失の発生に備えること、また将来企業利益が少額とか欠損となった場合でも株主配当を続けることなどを目的とする積立金で、企業の維持を目的として社内に留保したものをいいます。

象形法 ≪1級分析≫ （しょうけいほう）	企業の総合評価方法には、図形化によるもの、点数化によるもの、多変量解析を利用するものの3つの手法があり、象形法は、企業の全体評価を視覚に訴えて人間の顔（フェイス）や樹木（ツリー）で表現するものです。前者はフェイス分析法といわれ、顔付きの状況、つまり、嬉しそうな顔、渋い顔、悲しい顔等で企業の現況を表現しようとするものです。また、後者はツリー分析法と呼ばれ、樹木の生育ぶりで企業の状況を表現しようとするものです。いずれも日本経済新聞社の「日経テレコン経営情報」で利用されています。
条件付債務 ≪1級財表≫ （じょうけんつきさいむ）	完成工事補償引当金・退職給与引当金などのように、現在は確定的債務でないが、現在の特定の契約または協約などに基づいて、将来特定の事実が発生したときに法律上の債務を負うもので、法律的には条件付債務といいます。 　　　　　　　　　　　　　　　　（☞法的債務性）
証券取引法 ≪1級財表≫ （しょうけんとりひきほう）	有価証券の発行、売買等に関する取引を公正に行い、投資家を保護するため、昭和23年に制定、施行された法律です。
証券取引法・財務諸表規則 ≪1級財表≫ （しょうけんとりひきほうざいむしょひょうきそく）	証券取引法に基づいて提出される財務諸表について定めたもので、正式には「財務諸表等の用語、様式及び作成方法に関する規則」（大蔵省令）といいます。 財務諸表規則は、「貸借対照表」、「損益計算書」、「利益処分計算書又は損失処理計算書」等の用語・様式・作成方法について規定しています。
少数株主持分 ≪1級財表≫ （しょうすうかぶぬしもちぶん）	子会社に親会社以外の株式所有者がある場合には、当該株式所有者の子会社に対する持分を連結貸借対照表上、少数株主持分として負債の部に流動負債、固定負債と区別して表示します。（⇐負債）

証取法会計 ≪1級財表≫
(しょうとりほうかいけい)

証券取引法によって規制されている会計制度であり、一般投資家の投資決定に有用な財務情報を提供し、利益を保護するためのものです。証券取引法会計は公開会社すなわち上場証券発行会社、公募証券発行会社および店頭登録銘柄証券発行会社に適用されます。

消費価格差異 ≪1級原価≫
(しょうひかかくさい)

材料の消費時に把握される予定価格または標準価格と実際価格との差異のことです。
材料購入時に把握される受入価格差異と2つの価格差異があります。　　　　　　　　　(☞消費量差異、賃率差異)
(1)実際原価計算では
　　　(予定価格－実際価格)×実際消費数量
(2)標準原価計算では
　　　(標準価格－実際価格)×実際消費数量
いずれの計算においても、マイナスの場合は不利差異、プラスの場合には有利差異と判定します。

常備材料 ≪3級≫
(じょうびざいりょう)

材料の購入方法による分類の1つで、特定材料(引当材料)に対するものです。建設業は受注産業なので、材料を貯蔵しておくことは通常考えにくいのですが、用途が多様な材料や大量買付けや物価変動が激しいものについては材料を買い置きしておくことがしばしばみられます。

常備材料費 ≪2級≫
(じょうびざいりょうひ)

工事原価のうち常備材料を消費した場合に使用する勘定です。建設業界で多く使われる「材料費」は建設省告示第1660号勘定科目分類によるため、原価計算理論でいう材料費とは必ずしも一致しません。　(⇐工事原価)

消費賃金計算 ≪2級≫
(しょうひちんぎんけいさん)

材料費の計算と同様、労務費あるいは賃金の計算も、支払賃金と消費賃金計算に区分されます。消費賃金の計算は次の計算式によって決定されます。

　　　　　　労務費＝実際作業時間×賃率
したがって的確な作業時間を把握するには、「作業時間報告書」や「出来高報告書」等の作業票の提出が必要とされます。手待時間は原価計算上、正常な場合には作業時間に含め、異常な場合には作業時間には含めず、そのコストを非原価とします。　　　　　　　　　　　　　　（☞作業時間）

消費賃率 ≪2級≫
（しょうひちんりつ）

原価計算上で使用する賃率で、賃金支払用の賃率とは異なります。これには、実際賃率と予定賃率とがあります。
　　　　　　　　　　　　　　　　（☞実際賃率、予定賃率）

常備品 ≪1級財表≫
（じょうびひん）

常に一定量の在庫を手許においておく材料貯蔵品をいい、棚卸資産の一種です。期末評価基準として原価基準を採用していても損傷、品質低下、陳腐化等の欠陥品があれば相当の評価減をする必要があります。

消費量差異 ≪1級原価≫
（しょうひりょうさい）

材料費差異を価格差異と数量差異とに原因分析するときに把握されるもので、予定消費量または標準消費量と実際消費量との食い違いによって生じる差異をいいます。
(1)予定原価計算の場合
　（予定消費量－実際消費量）×予定単価＝消費量差異
(2)標準原価計算の場合
　（標準消費量－実際消費量）×標準単価＝消費量差異
いずれの場合にも計算結果がマイナスのときには不利差異、プラスのときには有利差異と判定します。　（☞価格差異）

商品先物取引 ≪1級財表≫
（しょうひんさきものとりひき）

将来のある一定期日に現物を授受する売渡または買受の契約をいいます。例えば商品取引所における綿糸、生糸、ゴムなどの先物売買をいいます。

商法　≪1級財表≫ （しょうほう）	企業の主体および形態、成立・変更および消滅、運営および管理、資金調達、会計および決算、活動および取引などに関してその法律関係を規制する法律です。企業に関係する個々の経済主体の利益の調整を目的とし、企業組織の確立と企業活動の円滑とを理念とします。
商法会計　≪1級財表≫ （しょうほうかいけい）	商法の会計規定（主として総則規定第32条から第36条、株式会社の計算規定第281条から第295条）、計算書類規則および監査特例法によって規制されている会計制度です。株式会社形態の企業の発展を背景に、第一に利害関係者に対して企業の経理内容の公正な報告を保証し、その利益の保護を図ること、第二に配当可能利益の公正な算定によって債権者と株主との間の利害の調整を図ることの2つを目的としています。
正味受取勘定回転率　≪1級分析≫ （しょうみうけとりかんじょうかいてんりつ）	企業の売上債権の回転速度（債権が回収される速さ）を示す財務比率として受取勘定回転率がありますが、建設業における商慣習として、工事代金の一部を未成工事受入金として前受けしていることが多いため、この未成工事受入金の額を控除した正味の受取勘定について回転率を算定し、資本の運用効率を吟味することも必要であり、正味受取勘定回転率は次の算式で計算されます。 〔計算式〕 $$\text{正味受取勘定回転率（回）} = \frac{\text{完成工事高}}{\text{受取勘定} - \text{未成工事受入金}}$$
正味運転資本　≪1級分析≫ （しょうみうんてんしほん）	流動資産から流動負債を差し引いた額のことで、この差額が多いほど資金的に余裕があることを意味します。資金運用表分析における資金概念はこの正味運転資本を指しますが、特定の資金を指定する概念ではなく抽象的なものです。

正味運転資本型資金運用表 《1級分析》
（しょうみうんてんしほんがたしきんうんようひょう）

企業が、ある一定の期間の財務活動において、いかに資金を調達し、運用したかを分析するために資金運用表が作成されます。正味運転資本型資金運用表とは資金運用表の1つの種類で、資金変動の内容の相違を重視して、正味運転資本の増減を重視した資金運用表です。正味運転資本の増減状況の見方としては、増加の場合は資金的な余裕を示すものであり、異常に巨額でなければほぼ健全な財務状況ということがいえます。これに対して減少の場合は、一時的であるか否かにかかわらず、固定資産への投資が短期的資金のなかで実施されていることになるので、窮屈な財務状況を強いられていることになります。

正味実現可能価額 《1級財表》
（しょうみじつげんかのうかがく）

低価基準を適用する場合の時価の種類として正味実現可能価額と再調達原価があります。正味実現可能価額とは販売予定価格から荷造費、運搬費など販売完了までに要する事後費用の見積額を差引いた額のことです。

剰余金 《2級》
（じょうよきん）

会計理論上は株式会社の資本を構成する部分で、会社の純資産額が法定資本（資本金）を超える部分です。
商法上は会社の純資産額が法定資本（資本金）と法定準備金（資本準備金・利益準備金）の合計額を超える部分を剰余金といいます。商法上の剰余金は企業が任意に積立てた利益の留保額で、配当可能な部分です。

除却時の処理 《2級》
（じょきゃくじのしょり）

減価償却の計算と記帳の方法には個別償却法と総合償却法の2つがあります。個別償却法を選択した場合、除却時の処理が個々の資産ごとに実施されるため手間と費用はかかりますが、簿記上の問題点は発生しません。一方、総合償却法を選択した場合は、除却資産の平均耐用年数の計算を単純平均法にするか、加重平均法にするかという問題と、未償却残高の取り扱い方法を個別償却法の簡便型にするか、個別償却とは

職員1人当たり完成工事高 ≪1級分析≫
（しょくいんひとりあたりかんせいこうじだか）

異なる方法にするかを考慮しなければならないという問題が発生します。

職員1人当たりの完成工事高をみる比率です。完成工事高は付加価値の源泉であり、企業は付加価値のなかから人件費などへ分配しなければなりませんから、この比率を高くする必要があります。この比率を高め、付加価値率を高めることが労働生産性の向上につながることになります。

（☞労働生産性）

〔計算式〕

$$職員1人当たり完成工事高(円) = \frac{完成工事高}{総職員数(平均)}$$

(注) 1　平均は、「(期首＋期末)÷2」により算出します。
　　 2　総職員数＝技術職員＋事務職員

諸口 ≪3級≫
（しょくち）

(1)仕訳帳で摘要欄に記入する勘定科目が複数のとき、勘定科目の上に記入する用語のことです。

〔仕訳例〕

平成○年4月1日、借入金200千円と資本金300千円を元入れして建設業を開業した。資産は現金300千円と建物200千円の形態で所有する。

現金　300　／借入金　200
建物　200　／資本金　300

仕　訳　帳　　　　　1

平成○年		摘　　要	元丁	借　方	貸　方
4	1	諸　口　　諸　口			
		（現　　金）		300,000	
		（建　　物）		200,000	
		（借　入　金）			200,000
		（資　本　金）			300,000
		元入れして建設業を開業			

(2)仕訳帳から総勘定元帳の各勘定口座へ転記する際に、勘定口座の摘要欄に仕訳の相手科目を記入しますが、その相手科目が複数であるとき摘要欄に諸口と記入します。

総 勘 定 元 帳

現　金　　　　　　　　　　　　　　　1

平成○年		摘　要	仕丁	借　方	平成○年		摘　要	仕丁	借　方
4	1	諸　口	1	300,000					

処分済利益剰余金 ≪1級財表≫
（しょぶんずみりえきじょうよきん）

未処分利益剰余金は、法律の規定または株主総会の決議によって、各種の目的をもって社内に留保されます。それには商法規定に基づいて留保したもの（利益準備金）または企業意思による経営上の目的に備え留保したもの（任意積立金）、税法規定により損金処理を認められるために留保したもの（税法上の準備金）があります。この留保部分を処分済利益剰余金といいます。

仕訳 ≪4級≫
（しわけ）

発生した取引をどの勘定科目の借方にいくら記入し、どの勘定科目の貸方にいくら記入するかを決めることです。

〔仕訳例〕
　現金200千円で机を購入した。
　　備品　200／　現金　200

仕訳処理法 ≪1級財表≫
（しわけしょりほう）

共同企業体の資産・負債・収益・費用等を、共同支配参加構成員が自ら会計記録する方法の1つです。この方法によると期末に共同企業体からの受入科目・金額を共同支配参加構成員が自社で記帳し、財務諸表上で報告した後、翌期首に振戻すための再振替仕訳をします。

し

仕訳帳 ≪4級≫
（しわけちょう）

取引の発生した順に仕訳を行う帳簿（主要簿）のことです。仕訳帳は、企業の経営活動の歴史的記録といわれます。

仕訳帳の分割 ≪2級≫
（しわけちょうのぶんかつ）

企業の規模が小さく取引量も少ない時は、単一仕訳帳→元帳制でも不便はありませんが、企業の規模が大きくなり、取引量も多くなってくると欠点が表面化してきます。これらの欠点を解消する手段として仕訳帳を分割し、特定の取引を記帳する「特殊仕訳帳」が採用されます。

（☞単一仕訳帳、特殊仕訳帳）

仕訳伝票 ≪3級≫
（しわけでんぴょう）

1伝票制を採用した場合に用いるもので、すべての取引を記入する伝票のことです。仕訳帳の場合と同じ内容が記載できるような様式になっていて1取引に1枚使います。

（☞1伝票制）

人格継承説 ≪1級財表≫
（じんかくけいしょうせつ）

合併を合併当時会社の人格が合一して1つの会社になるとする考え方のことです。被合併会社の資産・負債のみならず、資本項目（特に利益剰余金）もそのまま引き継がれます。

新株式申込証拠金 ≪2級≫
（しんかぶしきもうしこみしょうこきん）

申込期日までの間、新株式の申込証拠金を処理する勘定です。新株の申込に当たっては、払込みを確保するために、申込証拠金を徴収するのが一般の慣例となっており、新株式申込証拠金は、取扱金融機関の別段預金とされ、払込期日までは新株発行会社といえども運用することはできません。払込期日（申込期日の10日～14日後に定められます）が到来すると、別段預金として凍結されていた払込資金は当座預金に振替えられることになり、払込期日の翌日に新株式申込証拠金は資本金に振替えることになります。（⇐資本）

〔仕訳例〕
山口建設株式会社は、増資新株100株（額面50千円、発行価額65千円）を発行し、100株に対する申込証拠金（発行価額と同額）が取扱銀行に振込まれた。
　　別段預金　6,500／　新株式申込証拠金　6,500

新株発行費 ＜2級＞
（しんかぶはっこうひ）

「商法第286条の4」の規定による株式募集のための広告費、金融機関の取扱手数料、株券等の印刷費等、新株発行のため直接支出した費用を処理する科目です。（⇦資産）

〔仕訳例〕
新株発行に当たり広告費・印刷費等300千円を現金で支払った。
　　新株発行費　300／　現金　300

新株発行費償却 ＜2級＞
（しんかぶはっこうひしょうきゃく）

「商法第286条の4」の規定により繰延資産として処理された新株発行費は、新株発行後3年以内毎期均等額以上の償却をなすこととしています。（⇦費用）　　（☞新株発行費）

〔仕訳例〕
決算に当たり、新株の発行に関連して計上した株式募集広告費、株式募集手数料などの費用300千円のうち3分の1を償却する。
　　新株発行費償却　100／　新株発行費　100

新株引受権付社債 ＜1級財表＞
（しんかぶひきうけんつきしゃさい）

一定の条件下において発行する新株を引受ける権利を有する社債のことです。新株引受権と社債とが一体となっている非分離型と、新株引受権を社債と切り離して行使できる分離型とがあります。（⇦負債）

人件費 ＜3級＞
（じんけんひ）

一般管理費および工事原価の中の経費の一部です。完成工事原価報告書で経費の内書とする人件費は技術者、現場事務員等に関する給与等のことで、従業員給料手当、退職金、法定

福利費、福利厚生費の4つからなります。なお、現場の労務費は直接工事費に含まれ、人件費と区別します。(⇦一般管理費、工事原価)

〔仕訳例〕
現場事務員の給料、200千円を現金で支払った。
従業員給料手当　200／　現金　200

人件費対付加価値比率　≪1級分析≫
(じんけんひたいふかかちひりつ)

人件費の何倍の付加価値をあげているかを示す比率であり、賃金生産性ともよばれるものです。人件費対付加価値比率は、次の算式で計算されます。

〔計算式〕
$$人件費対付加価値比率(\%) = \frac{付加価値}{人件費} \times 100$$

真実性の原則　≪1級財表≫
(しんじつせいのげんそく)

真実性の原則は、企業会計原則の一般原則として規定されており、企業の公開する財務諸表が真実のものであることを要請する原則です。ここにいう「真実」とは、当該財務諸表が一般に認められた会計原則に準拠して作成されることを通じて達成されると考えられており、絶対的な真実でなく相対的な真実であることに注意すべきです。

新築積立金　≪2級≫
(しんちくつみたてきん)

利益処分に際して、株主総会の決議によって、将来の各種の目的に備えて社内に留保した積立金を任意積立金といい、任意積立金のうち会社建物等の新築に備えて積み立てられた金額をいいます。(⇦資本)

〔仕訳例〕
(1)当期未処分利益60千円のうち株主配当金40千円、利益準備金4千円、新築積立金5千円とすることが株主総会で決定された。

未処分利益 50	配当金 40
	利益準備金 4
	新築積立金 5
	繰越利益 1

(2)建物が完成し、新築積立金を取崩す。

　　新築積立金　5　／　新築積立金取崩額　5

人名勘定 ≪3級≫
(じんめいかんじょう)

完成工事未収入金、未成工事受入金等を処理していくうえで、取引相手の名称をつけた勘定を設定して記入することをいいます。

信用供与期間 ≪1級財表≫
(しんようきょうよきかん)

工事の完成引渡後、実際に入金するまでの期間をいいます。工事完成後、長期の分割払いが行われる延払取引においては、信用供与期間が長期にわたるため、代金回収時または回収期限到来時に、それに応じた工事収益額または利益額を計上する延払基準が適用される場合があります。

(☞延払基準)

す

趨勢比率分析 ≪1級分析≫
(すうせいひりつぶんせき)

ある年度（基準年度という）の財務データを100％として、その後の年度における同項目の財務データをこれに対する百分比として示すものです。計算された数値は趨勢比率ですが伸び率ともいいます。基準年度を常に前年度ないし前年同期として変更していく方法とある年度に固定する方法とがあります。趨勢比率による分析は、長期の傾向をみるのに効果的です。

数理計算 ≪1級財表≫
(すうりけいさん)

退職給付債務の計算は、割引率、年金資産の期待運用収益率、退職率等見積数値を用いて予定計算しますが、この計算を総称して数理計算と呼びます。

数量基準 ≪2級≫ （すうりょうきじゅん）	工事間接費の配賦基準の1つで、材料や製品の個数、重量、長さ等の数量を配賦基準にする方法です。
数量法 ≪1級原価≫ （すうりょうほう）	原価計算期間中に発生した工事間接費を各工事現場で消費された材料の数量・工事規模等を基準として各工事に配賦する方法です。配賦基準数値の相違から他に価額法、時間法、売価法等があります。
スキャッターグラフ法 ≪1級分析≫ （すきゃったーぐらふほう）	（☞散布図表法）
すくい出し方式 ≪2級≫ （すくいだしほうしき）	工事原価における仮設材料費の把握方法の1つです。仮設材料を工事に使用した時点で原価として処理し、当該仮設物の撤去時に何らかの資産価値があるとした場合、その評価額を工事原価から控除する方法です。（☞社内損料計算方式）
スクラップ・バリュー ≪1級財表≫ （すくらっぷばりゅー）	屑価値のことです。固定資産の場合には残存価額に当たるもので、最少価値のことをいいます。
図形化による総合評価法 ≪1級分析≫ （ずけいかによるそうごうひょうかほう）	企業の総合評価の具体的手法として、指数法やレーダー・チャート法などがありますが、これを形態的に分類すると、図形化による総合評価法、点数化による総合評価法、多変量解析を利用する総合評価法の3つに分類されます。図形化による総合評価法はその一形態で、その具体的手法には、レーダー・チャート法、象形法（フェイス分析法等）があります。
ストック・オプション制度 ≪1級財表≫ （すとっくおぷしょんせいど）	会社が取締役・使用人に対して、自社の株式をあらかじめ定められた価格（権利行使価格）で購入することができる権利を与える制度です。この制度では、会社の業績向上による株

価の上昇が行使価格を上回った場合、取締役・使用人がこの権利を行使して株式を取得し、後に株式を売却することにより、自己の利益と直接結びつくことになります。

スワップ取引
≪1級財表≫
(すわっぷとりひき)

異種通貨間（円の一部と米ドル・英ポンド等）の交換取引をいいます。その形態としては主に異種通貨による元本および利息を交換することが多いです。　　　　（☞通貨スワップ）

せ

正規の減価償却
≪1級財表≫
(せいきのげんかしょうきゃく)

一定の償却方法により、毎期計画的、規則的に行われる減価償却をいいます。正規の減価償却を行い、毎期の損益計算を正確に行うことが大切です。利益への影響を顧慮して各期の配分額を決定するとか、配分基準を適宜変更することなどは認められません。

正規の簿記の原則
≪1級財表≫
(せいきのぼきのげんそく)

企業会計原則に規定される会計原則の1つで、これが要請する規範理念は、帳簿記録の要件および財務諸表の作成方法の2つから構成されます。第一の帳簿記録の要件は、一定の要件にしたがって帳簿記録を実施することを要請するもので、記録の網羅性、記録の検証可能性および記録の秩序性を含意するものと解されます。具体的には、簿記原理に立脚して取引を記録し、証憑書類の保管整備をすることが要求されます。また、後者の財務諸表の作成方法に関する要請は、財務諸表が誘導法つまり会計帳簿に基づいて作成されなければならないことを要請するものです。

税効果会計
≪1級財表≫
(ぜいこうかかいけい)

企業における収益または費用と、法人税等における益金または損金の認識時期の相違によって生じる「税金の前払い」「税金の繰延べ」を決算書に反映させる会計処理で、税引前当期利益と法人税、住民税及び事業税における会計上と税務

上の違いを税金費用で調整しようとする会計手法のことです。

【計算例】
・会計上の税引前当期利益　　　　100,000千円
・税務上の課税所得　　　　　　　150,000千円
・法人税等の実効税率　　　　　　40%

(税効果会計を適用しない財務諸表)
　税引前当期利益　　　　　　　　100,000千円
　法人税、住民税及び事業税　　(－)60,000千円　(150,000千円×40%)
　当期利益　　　　　　　　　　　40,000千円

(税効果会計を適用した財務諸表)
費用と損金の認識時期の相違により税金の額を繰り延べる処理を以下のようにする。

　繰延現金資金 20,000千円／法人税等調整額 20,000千円
　　(150,000千円－100,000千円)×40%

　税引前当期利益　　　　　　　　100,000千円
　法人税等　　　　　　　　　　(－)60,000千円　(150,000千円×40%)
　法人税等調整額　　　　　　　(＋)20,000千円
　当期利益　　　　　　　　　　　60,000千円

生産性 ≪1級分析≫
(せいさんせい)

投入生産諸要素に対する成果の関係をみることによって生産諸要素の有効利用度を判断することをいいます。算式で示すと次のようになります。

$$生産性 = \frac{産出高（アウトプット）}{投入生産要素（インプット）}$$

投入生産要素に従業員数あるいは設備資本等をとることで次のような算式になります。

$$労働生産性 = \frac{産出高}{従業員数}$$

$$資本生産性 = \frac{産出高}{設備資本投下額}$$

$$総合生産性 = \frac{産出高}{労働力 + 設備資本}$$

この算式で分子の産出高に企業自ら生み出した成果をとる場合があります。この場合を付加価値生産性といいます。

生産性の分析
　　　≪1級分析≫
（せいさんせいのぶんせき）

生産性は、生産に使用された諸要素がその活動の成果に有効に利用された度合いを示す指標であり、単純には生産要素の投入高と産出高との関係といえます。生産性の指標は、企業の生産効率の測定に有効であることはいうまでもありませんが、同時に、活動成果の配分が合理的に実施されたかの判断にも利用されています。一般的に生産の諸要素は労働力と設備資本ですので、その投入高としては、労働力の場合には従業員数が、設備資本の場合には設備投下資本額が用いられ、次のように労働生産性と資本生産性の観点から評価・判断を行います。

〔計算式〕

$$労働生産性 = \frac{産出高}{従業員数}$$

$$資本生産性 = \frac{産出高}{設備資本投下額}$$

清算貸借対照表
　　　≪1級財表≫
（せいさんたいしゃくたいしょうひょう）

清算貸借対照表は企業を解散する場合の貸借対照表です。清算に当たってはすべての資産を現金化し、その手取金によって負債を支払い、残余があれば株主に分配します。このため清算貸借対照表もこの目的から作成され、資産の評価基準としては換金価額つまり売却時価が適用されます。

生産高比例法
　　　≪2級≫
（せいさんだかひれいほう）

減価償却費は、減価償却総額（取得原価－残存価額）× 配分割合で計算されますが、この配分割合に当該固定資産の利用量である製品生産量や運転時間などを用いる方法を生産高比

例法といいます。

減価償却費の計算方法には、ほかに定額法、定率法があります。　　　　　　　　　　　　　　（☞定額法、定率法）

〔計算式〕

$$(取得原価-残存価額) \times \frac{実際利用量}{見積総利用量} = 減価償却費$$

取得原価4,000千円、残存価額400千円、見積総生産量50,000単位、取得年度の実際生産量6,500単位の生産高比例法による減価償却費はいくらか。

$$(4,000-400) \times \frac{6,500}{50,000} = 468(千円)$$

精算表　≪4級≫
（せいさんひょう）

残高試算表から貸借対照表や損益計算書を作成する過程で、両者の関係を1つの表にまとめたものです。

精算表の作成　≪2級≫
（せいさんひょうのさくせい）

企業の経営成績および財政状態を明らかにするため、各事業年度末（決算日）に決算手続きを行います。総勘定元帳の帳簿残高と実際有高とが照合され、不一致の項目をまとめた棚卸表を作成し、それに基づいて精算表が作成されます。一般には、決算期末の残高試算表の隣りに整理記入欄を設け、決算修正後の損益計算書と貸借対照表を作成する8桁精算表が用いられます。

正常営業循環基準　≪1級財表≫
（せいじょうえいぎょうじゅんかんきじゅん）

資産と負債を流動・固定に分類する基準には正常営業循環基準と1年基準があります。そのうち正常営業循環基準は正常な営業循環過程の中で生じた債権、債務およびその過程の中で売却・消費される棚卸資産を、流動資産または流動負債として区分する基準のことで、営業周期基準ともいいます。営業循環過程とは企業の通常の経営過程すなわち購買、生産および販売における資金の循環過程のことをいいます。

正常実際製造原価 ≪1級財表≫
（せいじょうじっさいせいぞうげんか）

臨時的、偶発的に発生する原価を含まない当期の正常な実際発生工事原価をもとに、適正な原価計算基準によって算定した製造原価をいいます。

正常配賦法 ≪2級≫
（せいじょうはいふほう）

工事間接費の予定配賦法の1つです。工事間接費は操業度の変動にほとんど影響されることのない固定費が大半を占めています。このため正常配賦法では工事繁忙期・閑散期等による配賦額のばらつきを極力排除することを配賦の理念としています。実際配賦法に比べ、負担額の不公平感が軽減されます。　　　　　　　　　　　　　（☞予定配賦法、実際配賦法）

〔計算式〕

①配賦率 = $\dfrac{\text{一定期間の工事間接費実際発生額または予定額}}{\text{一定期間の配賦基準数値の総額}}$

②各工事への配賦額 = 各工事の配賦基準数値の実際値 × 配賦率

製造間接費 ≪1級原価≫
（せいぞうかんせつひ）

製造原価のうちで複数の製品の生産に共通的に発生し、製品を特定できない原価要素のことです。
建設業では工事間接費といわれるものです。
　　　　　　　　　　　　　　　（☞製造原価、製造直接費）

製造原価 ≪1級原価≫
（せいぞうげんか）

製品製造のために消費された一切の経済価値の合計額をいいます。この製造原価に販売費及び一般管理費を加えると総原価となります。また、製造原価の内容は、
(1)形態別には、材料費・労務費そして経費に区分されます。
(2)製品との関連では、直接費と間接費に区分されます。

〔図表〕　製造原価と総原価の関係

		販売費及び一般管理費	
	製造間接費	製造原価	総原価
直接材料費	製造直接費		
直接労務費			
直接経費			

製造原価計算　≪1級原価≫
(せいぞうげんかけいさん)

直接材料費・直接労務費および直接経費の製造直接費に製造間接費を加えて、製品単位当たりの原価を計算することをいいます。
これに、販売費及び一般管理費を加えて計算するものが総原価計算です。

製造直接費　≪1級原価≫
(せいぞうちょくせつひ)

複数の製品を製造する場合の費目別計算において、どの製品製造のために消費されたものであるかを特定できる原価要素のことです。
建設業では工事直接費といわれるものです。
（☞製造間接費、工事間接費、工事直接費）

製造部門　≪2級≫
(せいぞうぶもん)

製造業において製品の製造作業を直接行う部門をいいます。製品の種類別、製造の作業種類別などによって各種の部門に分けて原価計算を行うことにより、原価の発生を機能別・責任区分別に分類集計することができます。例えば機械製造業では、鍛造部門・鋳造部門・組立部門などがあります。

静態分析　≪1級分析≫
(せいたいぶんせき)

分析の対象とする資料（財務諸表）によって静態分析と動態分析に区分することがあります。分析の対象とする資料を単一期の貸借対照表とする場合、または一時点あるいは1会計期間の資料に基づいて分析する場合を静態分析といいます。特殊比率分析で静態分析の例を挙げると流動比率、当座比率等が該当します。　　　　　　　　　　　　　（☞動態分析）

静態論 ≪1級財表≫ (せいたいろん)		財産計算が会計の目的であるとする考え方で、財産の評価がまず行われ、その結果として損益の額が決定するというものです。　　　　　　　　　　　　　　　　　（☞動態論）
成長性 ≪1級分析≫ (せいちょうせい)		企業経営の拡大・発展の度合いをいいます。 （☞成長性の分析）
成長性の分析 　　　≪1級分析≫ (せいちょうせいのぶんせき)		成長性の分析は、基本的には2期間以上のデータを比較することですが、どのような指標を比較するかによって、おおよそ次の2つの方法があります。 (1)実数を比較する方法　売上高、付加価値、利益額、資本、従業員数等の実数そのものを比較する方法です。 (2)比率を比較する方法　総資本利益率、売上高利益率等の比率を比較する方法です。 比率表示の指標は、現実の企業規模や利益等の絶対額が隠れてしまうため、多くは実数表示の指標を対比して、その成長性を測定する傾向にあります。しかし、1企業内の分析であれば、比率の比較によって、「何ポイント上昇した」というような表現が理解しやすい場合もあります。
成長率 ≪1級分析≫ (せいちょうりつ)		成長性を比率で表現する場合、成長率と増減率の2つの方法があり、そのうち成長率は下記のような算式で計算されます。その結果、プラスの成長をしていれば100を超える数値が示され、マイナス成長の場合は100未満の数値が示されます。　　　　　　　　　　　　　　　　　（☞増減率） 〔計算式〕 $$成長率(\%) = \frac{当期実績値}{前期実績値} \times 100$$

静的貸借対照表 　　≪1級財表≫ （せいてきたいしゃくたいしょうひょう）	旧ドイツの商法の清算貸借対照表を典型とする企業の財産状態の表示をもって債権者保護を目的とした貸借対照表のことをいいます。資産の評価は売却時価基準が採られています。 （☞動的貸借対照表）
税引前当期利益 　　≪1級財表≫ （ぜいびきまえとうきりえき）	法人税、住民税及び事業税を差し引く前の当期の利益であり、経常利益に特別利益を加え、特別損失を差し引いて計算されます。
製品保証引当金 　　≪1級財表≫ （せいひんほしょうひきあてきん）	品質保証の特約付の製品販売に対して設定されるものであり、期間損益計算の合理化を主目的として設定された貸方項目であって、法的債務性（条件付債務）を有する性質のものです。（⇐負債）　　　　　（☞完成工事補償引当金）
税法会計 　　≪1級財表≫ （ぜいほうかいけい）	わが国の企業会計制度は、それを規制する法令との関連で、商法会計、証取法会計および税法会計の3つに区分されます。そのうち税法会計とは、法人税法によって規制される会計制度のことです。 国家は、企業の所得に対して税金を課します。したがって企業の計算を規制する必要が出てきます。このため税法の上からも会計理論が必要とされます。また税法には独自の目的があり、原則があります。すなわち、公平の原則、税収入確保の原則などがあります。
税法上の準備金 　　≪1級財表≫ （ぜいほうじょうのじゅんびきん）	租税特別措置法は特定の準備金を損金として計上することを認めています。しかしながら、会計学上は利益留保的性質を有するものと考えられているので、利益処分項目として処理され、任意積立金と同様に表示されます。

整理仕訳　＜4級＞	決算整理事項に基づいて行われる仕訳のことです。
（せいりしわけ）	〔仕訳例〕

　　当期に完成・引渡しをした工事に係る費用を完成工事原価
　　勘定に振り替える。

　　　完成工事原価　100,000　／　材料費　10,000
　　　　　　　　　　　　　　　　　労務費　20,000
　　　　　　　　　　　　　　　　　外注費　30,000
　　　　　　　　　　　　　　　　　経　費　40,000

責任予算 ＜1級原価＞	予算執行に責任を持つ管理責任単位別に編成され、その業績を評価するための測定基準となるものをいいます。その責任は、利益責任、収益責任そして原価責任に区分されます。
（せきにんよさん）	（☞プログラム予算）

施工部門　＜2級＞	建設業では原価構成部門を大きく分類すると、工事関係部門と、販売費及び一般管理部門とになり、施工部門は工事関係部門のうち直接工事の施工を担当する部門で、原則として工事種類（工種別）に細分されます。また工事区分（工区）に分割して施工部門を設定することもできます。
（せこうぶもん）	

積極性積立金 ＜1級財表＞	その取崩が純資産の額の減少を伴わない性質のものをいい、減債積立金や事業拡張積立金等はこれに属します。この積極性積立金の取崩額は、取崩期の未処分利益の増加要素として損益計算書の未処分利益計算の区分に記載されます。
（せっきょくせいつみたてきん）	

設計費　＜2級＞	完成工事原価報告書の中の経費項目の1科目で、外注設計料および社内の設計費負担額で直接経費の典型的なものです。
（せっけいひ）	（⇐工事原価）

設備投資効率 ≪1級分析≫
（せつびとうしこうりつ）

設備投資がいくらの付加価値をあげたかをみる比率で、設備資産の利用効率を表します。この比率が高いほど、設備資産の利用効率が良い（ムダな設備資産がない）ことを示し、労働生産性を向上させる要因になります。なお、建設仮勘定は経営活動のために利用されていないので、計算式の分母の有形固定資産より除外します。　　　　　　（☞労働生産性）

〔計算式〕

$$設備投資効率(\%) = \frac{完成工事高-(材料費+労務費+外注費)}{(有形固定資産-建設仮勘定)(平均)} \times 100$$

（注）平均は、「(期首＋期末)÷2」により算出します。

前期繰越利益 ≪1級財表≫
（ぜんきくりこしりえき）

前期の未処分利益のうち、定時株主総会で決議した利益処分項目を控除した残高をいいます。

前期工事補償費 ≪2級≫
（ぜんきこうじほしょうひ）

前期までに完成引渡済の工事に対して完成工事補償引当金を設定していないか、また引当金設定以上の補償工事を行った場合の支出を処理する科目です。（⇐特別損失）

〔仕訳例〕

前期完成引渡した建物に欠陥があったため、補償工事をし、560千円の材料を出庫した。なお完成工事補償引当金が400千円ある。

　完成工事補償引当金　400　／　材　料　560
　前 期 工 事 補 償 費　160

前期損益修正項目 ≪2級≫
（ぜんきそんえきしゅうせいこうもく）

財務諸表のうち、損益計算書は一定期間における企業の経営成績を明らかにするために作成されるもので、収益と費用項目から作成されます。当期の経常的な経営活動から計算された経常損益の部から前期の収益、費用の修正に係る損益項目（例えば法人税等の調査による棚卸等の否認金額等）が加減

されます。（⇐特別損益）　　　　　（☞臨時損益項目）

前工程費
≪1級原価≫
（ぜんこうていひ）

工程別総合原価計算では、各工程が独立した製造部門として取扱われ、工程ごとに単純総合原価計算を行います。
すなわち、各工程ごとに集計された製造費用に月初仕掛品原価を加え、その合計額から月末仕掛品原価を差引いて各工程の完成品原価を計算します。この場合、第1工程の完成品は第2工程へ、第2工程の完成品は第3工程へと順に振替えて計算が行われ、最終工程の作業を完了したものを完成品として計算します。このように、第1工程から第2工程へ、第2工程から第3工程へと順次振替えられる原価を、あとの工程からみて前の工程の費用であることから前工程費といいます。
（☞工程別総合原価計算、累加法）

潜在的用役提供能力説
≪1級財表≫
（せんざいてきようえきていきょうのうりょくせつ）

資産の本質に係る考え方の1つで、企業へのサービス提供能力を潜在的に有するもの（貨幣性資産、棚卸資産、固定資産等）を資産とみる考え方です。言い換えれば、将来の収益獲得能力を有するものに資産性を認める考え方で、これによれば、繰延資産も資産として扱うことになります。

全社的利益管理目的
≪1級原価≫
（ぜんしゃてきりえきかんりもくてき）

建設業原価計算の目的は、大きく
(1)対外的原価計算目的
(2)対内的原価計算目的
に区分されますが、全社的利益管理目的は、後者に含まれる目的の1つです。
これは、経営計画として長期利益計画または短期利益計画が必要ですが、このためには、目標工事高および工事原価を予定計算しなければなりません。これが全社的利益管理目的です。

船舶　≪3級≫
（せんぱく）

固定資産における勘定科目の1つです。しゅんせつ用の船舶などを保有している場合に記入する勘定です。（⇦資産）

〔仕訳例〕

中古のしゅんせつ用工作船5,000千円をしゅんせつ用機械装置1,500千円とともに購入し、代金6,500千円を小切手で支払った。

　船　　舶　5,000　／　当座預金　6,500
　機械装置　1,500／

全般管理費　≪1級原価≫
（ぜんぱんかんりひ）

原価計算基準37によれば、販売費及び一般管理費の要素を分類する基準として、(1)形態別分類、(2)機能別分類、(3)直接費と間接費、(4)固定費と変動費、(5)管理可能費と管理不能費を列挙しています。

これを機能別分類の観点から、(1)注文獲得費、(2)注文履行費、(3)全般管理費　に区分する考え方も存在します。この区分による全般管理費とは、企業全体の維持、管理に関係する費用と位置づけることができます。

これは(1)(2)とは無関係に発生するものですから極めて種類が多く、発生に規則性を見い出しにくいのが特徴です。

全部原価　≪2級≫
（ぜんぶげんか）

製品原価の集計範囲をどこまでにするかという分類の1つで、すべての製造関係費用を集計して原価を算定する場合をいいます。他に部分原価があります。建設業の場合は、販売費及び一般管理費も含めた、いわゆる総原価の全部か部分かが問題になりやすいところです。　　　　　（☞部分原価）

〔図表〕 価格と原価の一般的関係

直接材料費	製造直接費	製造原価	総原価	販売価格
直接労務費				
直接経費				
	製造間接費			
	販売費及び一般管理費（営業費）			
			利益	

増価基準
≪1級財表≫
（ぞうかきじゅん）

企業会計原則注解(23)によれば、債権は債権金額より低い価額で取得した場合には、その取得価額を貸借対照表価額として表示することができますが、その差額の経過期間に相当する金額を弁済期までの期間に毎期一定の方法で逐次加算することができることになっています。この方法を増価基準、またはアキュムレーション法といいます。

（☞アキュムレーション法）

総額請負契約
≪1級財表≫
（そうがくうけおいけいやく）

請負代金の決定方法の1つで、見積工費原価を確定し、それにいくらかの利益を見込んで請負契約の総額を決定し、契約する方法で一般に多く採用されています。

総額主義
≪1級財表≫
（そうがくしゅぎ）

（☞総額主義の原則）

総額主義の原則 ≪1級財表≫
（そうがくしゅぎのげんそく）

この原則は、販売活動その他経営活動の価値的総量、あるいは資産と負債の項目の総額を損益計算書や貸借対照表に表示し、利害関係者の判断の資料とするためのもので、純額主義に対立するものです。例えば売上高から売上原価を控除して売上総利益のみを損益計算書に表示したり、受取利息を支払利息から控除し、その差額だけを記載したりすることを禁ずる原則です。また貸借対照表では、受取手形と支払手形、あるいは貸付金と借入金を相殺してその差額だけを記載することも禁ずる原則です。

総勘定元帳 ≪4級≫
（そうかんじょうもとちょう）

仕訳帳から各勘定口座ごとに転記するための帳簿（主要簿）のことです。
総勘定元帳には取引を記録するすべての勘定口座が設けられています。

操業度差異 ≪1級原価≫
（そうぎょうどさい）

予算差異、能率差異と並ぶ工事間接費差異の1つで、操業度の変化に基づく差異です。
(1)実際原価計算の場合
　（予定作業時間－実際操業時間）×固定費率＝操業度差異
(2)標準原価計算の場合
　（標準作業時間－実際操業時間）×固定費率＝操業度差異
いずれの計算においてもその結果がマイナスの場合には不利差異、プラスの場合には有利差異と判定します。

（☞予算差異、能率差異）

操業度との関連性分類 ≪2級≫
（そうぎょうどとのかんれんせいぶんるい）

生産設備を一定とした場合の経営活動量（製品数量や作業時間）を操業度といい、操業度の増減に関連して原価の発生がどのように増減するかにより、固定費と変動費に分類されます。固定費は操業度に関係なく一定して発生する原価で、変動費は操業度の増減に比例して増減する原価をいいます。

〔図表〕

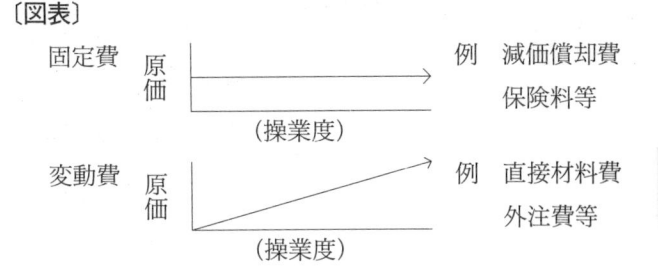

固定費	原価 → (操業度)	例 減価償却費 保険料等
変動費	原価 ↗ (操業度)	例 直接材料費 外注費等

送金取引 ≪2級≫
（そうきんとりひき）

本支店間で行われる取引のうち、資金の合理的な運用を行うために資金に余裕のある本店から資金が不足している支店に送金するという取引を送金取引といいます。

〔仕訳例〕

　本店から四国支店に現金500千円が送金された。

　　【本店】　　　　四国支店　500／現　金　500
　　【四国支店】　　現　　金　500／本　店　500

総原価 ≪3級≫
（そうげんか）

工事原価と販売費及び一般管理費で構成されるものです。工事原価はさらに以下のように分解できます。

工事原価＝工事直接費＋工事間接費

（工事直接費＝直接材料費＋直接労務費＋直接外注費＋直接経費
　工事間接費＝現場共通費）

総原価＝工事原価＋販売費及び一般管理費

総原価計算 ≪2級≫
（そうげんかけいさん）

原価計算を工事原価だけで行うのが工事原価計算で、販売費及び一般管理費などの営業費まで含めて行う計算を総原価計算といいます。建設業において事前では総原価計算、事後では狭義の工事原価計算が中心となります。

（☞工事原価計算）

〔図表〕

販　売　費 一　般　管　理　費	総　原　価
工　事　原　価	

増減分析 《1級分析》
（ぞうげんぶんせき）

2期間以上にわたる1企業の財務諸表の各項目を比較して、その増減の原因を分析するものです。成長性分析で最も多く利用される手法であり、完成工事高増減率や付加価値増減率、自己資本増減率等があります。　　　（☞増減率）

増減率 《1級分析》
（ぞうげんりつ）

増減率は成長性を比率で表現する場合に多く用いられる手法であり、下図の式で求められます。増減率がプラスになれば増加率であり、マイナスになれば減少率ということができます。しかし、増減率は一般にプラスの成長度合を測定しようとするものであり、単に増加率と呼ばれることが多いようです。

また、完成工事高の場合は増収率（減収率）、利益の場合は増益率（減益率）等と呼ばれることもあります。このほか成長性を表す比率としては、成長率があります。

〔計算式〕

$$増減率(\%) = \frac{当期実績値 - 前期実績値}{前期実績値} \times 100$$

総合原価計算 《2級》
（そうごうげんかけいさん）

見込生産企業に多く採用され、ある一定期（通常は1カ月）に発生した製造費用を集計し、期間中に生産した数量で割って、1単位当たりの原価を割り出します。建設業は受注生産型の産業なので個別原価計算方法を採用していますが、不動産開発事業などの開発では総合原価計算も必要になってきま

した。

総合償却 ≪1級財表≫
（そうごうしょうきゃく）

減価償却は個別償却が原則ですが、企業の所有する固定資産の数が非常に多い場合、個々の資産ごとに減価償却の計算と記帳を実施することは、多くの手数と費用を必要とします。そこで、いくつかの資産が結合され一体となって1つの用役を提供しているとみられる場合に、そのいくつかの資産を1つのグループとし、このグループごとに減価償却の計算と記帳を行う方法が考えられ、これを一般に総合償却といいます。総合償却では、平均耐用年数の計算、除却時の処理が問題となります。

総合償却法 ≪2級≫
（そうごうしょうきゃくほう）

（☞総合償却）

総合生産性 ≪1級分析≫
（そうごうせいさんせい）

労働力や設備資本ごとに生産性をみるのではなく、両者が一体となって生産活動を遂行していることが多いとの観点から、分母に両者を統合した数値を用いて生産性をみようとするのが総合生産性の考え方です。
しかし、異質の生産要素である労働力と設備資本をどのように評価し、加算するかの問題もあります。

〔計算式〕

$$総合生産性 = \frac{産出高}{労働力 + 設備資本}$$

総合評価 ≪1級分析≫
（そうごうひょうか）

財務分析における個々の指標を企業全体の評価という視点から何らかの形で統合化したものです。具体的な手法としては、図形化による方法のレーダー・チャート法やフェイス分析法、点数化による方法の指数法や考課法、多変量解析を利用した因子分析法や判別分析法等があげられます。

相互配賦法 ≪2級≫
（そうごはいふほう）

補助部門費を施工部門へ配賦するための方法の1つです。建設業の工事原価は工事直接費と工事間接費に大別されます。工事原価をより正確かつ妥当に計算するために、工事間接費を部門別に集計し、補助部門に集計された工事間接費は、さらに補助部門相互間のサービスの授受の程度を考慮して配賦されます。相互配賦法は、補助部門相互間のサービスの授受を全面的に計算に取り入れる配賦法です。その他の配賦方法として直接配賦法と階梯式配賦法があります。

（☞直接配賦法、階梯式配賦法）

〔計算例〕

次の資料1～3を参照して、「部門費振替表」を完成しなさい。

〈資料〉

(1) 補助部門費の施工部門への配賦は、相互配賦法（第二次配賦は直接配賦法）を採用している。

(2) 各補助部門の他部門への配賦比率は次のとおり。

	A-101 工事	B-102 工事	車両部門	機械部門	仮設部門	合計
車両部門	46	34	—	20	6	106
機械部門	20	28	6	—	4	58
仮設部門	7	9	0	0	—	16

(3) 補助部門費の施工部門への配賦の際、次のように仕訳している。

未成工事支出金 1,113,800 ／ 車両部門費　368,880
　　　　　　　　　　　　　　　機械部門費　430,360
　　　　　　　　　　　　　　　仮設部門費　314,560

部門費振替表

摘要	施工部門 A-101工事	施工部門 B-102工事	車両部門	機械部門	仮設部門
部門費計	2,307,140	2,038,860	368,880	430,360	(314,560)
第一次配賦					
車両部門	(160,080)	(118,320)	—	(69,600)	(20,880)
機械部門	(148,400)	(207,760)	(44,520)	—	(29,680)
仮設部門	(137,620)	(176,940)	0	0	—
第一次配賦額	(446,100)	(503,020)	(44,520)	(69,600)	(50,560)
第二次配賦					
車両部門	(25,599)	18,921			
機械部門	(29,000)	(40,600)			
仮設部門	(22,120)	(28,440)			
第二次配賦額	(76,719)	(87,961)			
施工部門原価	(2,829,959)	(2,629,841)			

増資 ≪2級≫
(ぞうし)

株式会社の設立後に授権資本の枠内で株式を新たに発行することを、増資といいます。新株発行も通常と特殊の場合に分けられ、通常は外部者からの資金調達が目的であり、特殊な場合は吸収合併・転換社債や転換株式の転換等があります。資本金の増加には、(1)有償増資　株主割当、第三者割当・公募、(2)無償増資　法定準備金の資本組入れ、利益の資本組入れ、(3)有償、無償の抱合せ増資、(4)その他　転換社債・転換株式の転換・吸収合併　などがあります。　（☞授権資本）

総資産 ≪1級分析≫
(そうしさん)

貸借対照表の借方合計のことです。貸借対照表の借方の総資産は、貸借対照表の貸方合計である総資本の運用形態を表しています。すなわち、総資本が経営活動に投下され、いろいろな資産に運用されている状態を表していることになります。　（☞総資産利益率、総資本）

総資産利益率 ≪1級分析≫
（そうしさんりえきりつ）

企業が所有している総資産に対してどれだけの利益があがったかをみる比率で、総資産の運用効率を表します。企業は事業活動のために資本を調達し、その資本を各種資産に投下し、資産を運用することにより利益を獲得するわけですから、この比率を高くすることが企業の収益性の向上につながります。ROA（Return on Assets）ともいいます。

（☞総資産、ROA）

〔計算式〕

$$総資産利益率(\%) = \frac{利益}{総資産(平均)} \times 100$$

（注）　平均は、「（期首＋期末）÷2」により算出します。

総資本 ≪1級分析≫
（そうしほん）

貸借対照表の貸方合計、すなわち、資本の部（自己資本）と負債の部（他人資本）の合計を財務分析では総資本といいます。総資本は企業の経営活動のために調達された資本の総額を意味し、この資本が企業の経営活動に運用されます。貸借対照表の借方は、経営活動に投下された資本の運用形態を表しており、貸借対照表の総資本の額と総資産の額は同じ額になります。

（☞総資産、自己資本）

貸借対照表

資本の運用を示す	資本の調達を示す	
資　産 100	負　債 80	他人資本
	資　本　20	自己資本
総資産　100	総資本　100	

総資本営業利益率 ≪1級分析≫
（そうしほんえいぎょうりえきりつ）

企業が経営活動のために投下した総資本に対して営業利益がどの程度増減したかをみる比率です。総資本の運用効率を、企業本来の営業活動による利益に限定してみる比率ですか

ら、財務構造の良否に左右されない営業活動による収益性を表します。なお、営業活動による収益性をみる場合、理論的には分母に経営資本を用いた経営資本営業利益率が適しています。　　　　　　　　　　　　　　（☞経営資本、総資本）

〔計算式〕

$$総資本営業利益率(\%) = \frac{営業利益}{総資本(平均)} \times 100$$

（注）　平均は、「(期首＋期末)÷2」により算出します。

総資本回転率
≪1級分析≫
（そうしほんかいてんりつ）

総資本に対する完成工事高の割合をみる比率で、事業に投下された総資本が1年間に何回転したか（何回回収されたか）、つまり総資本の活動効率を表します。この比率が高いほど総資本の活動効率が良いことになります。総資本は運用面では総資産でもあるので、この比率は総資産回転率とよばれることもあります。したがって、この比率を高めるためには、総資産を構成する受取勘定、棚卸資産、固定資産などの回転率を高める必要があります。なおこの比率は、完成工事高経常利益率とともに総資本経常利益率を構成している重要な比率です。
（☞活動性の分析、資本回転率、受取勘定回転率、棚卸資産回転率、固定資産回転率、総資本経常利益率）

〔計算式〕

$$総資本回転率(回) = \frac{完成工事高}{総資本(平均)}$$

（注）　平均は、「(期首＋期末)÷2」により算出します。

総資本経常利益率
≪1級分析≫
（そうしほんけいじょうりえきりつ）

企業が経営活動のために投下した総資本に対して経常利益がどの程度増減したかをみる比率です。企業本来の営業活動のほか、財務活動を含めた企業の経常的な活動による総資本の運用効率を示し、企業の収益性を総合的に表す最も重要な比率です。なお、この比率の良否の原因を分析するためには、

この比率を以下のように2つの比率に分解して、それぞれの比率の良否を分析する必要があります。　　（☞総資本）

〔計算式〕

$$総資本経常利益率(\%) = \frac{経常利益}{総資本(平均)} \times 100$$

$$\frac{経常利益}{総資本(平均)} = \underset{(完成工事高経常利益率)}{\frac{経常利益}{完成工事高}} \times \underset{(総資本回転率)}{\frac{完成工事高}{総資本(平均)}}$$

(注)　平均は、「(期首＋期末)÷2」により算出します。

総資本事業利益率　≪1級分析≫
（そうしほんじぎょうりえきりつ）

企業が経営活動のために投下した総資本に対して、事業利益がどの程度増減したかをみる比率です。分子の事業利益は、他人資本利子を控除する前の経常利益なので、資本構成の内容に影響されない、企業の営業活動と財務活動による総資本の運用効率を表します。　　（☞事業利益、総資本）

〔計算式〕

$$総資本事業利益率(\%) = \frac{事業利益}{総資本(平均)} \times 100$$

(注)1　平均は、「(期首＋期末)÷2」により算出します。
　　 2　事業利益＝経常利益＋他人資本利子（支払利息および割引料、社債利息、社債発行差金償却など）

総資本増減率　≪1級分析≫
（そうしほんぞうげんりつ）

総資本が前期と比較して当期はどの程度増減したかを表し、企業の成長度合をみる比率です。総資本の増加は、企業規模の拡大となりますが、総資本が増加して、完成工事高や経常利益なども増加し、総資本増加率よりも完成工事高増加率が大きく、さらに完成工事高増加率よりも経常利益増加率が大きいというようなバランスのとれた成長性が望ましいことになります。なお、この比率の数値がプラスになれば総資本増加率であり、マイナスになれば総資本減少率となります。この比率は、プラスの成長度合をみることを強調して、単に総資本増加率とよばれることもあります。

〔計算式〕

$$総資本増減率(\%) = \frac{当期末総資本 - 前期末総資本}{前期末総資本} \times 100$$

総資本当期利益率
《1級分析》
（そうしほんとうきりえきりつ）

企業が経営活動のために投下した総資本に対して、当期利益がどの程度増減したかをみる比率です。税引前当期利益から法人税、住民税及び事業税を控除した後の当期利益を用いますから、企業のすべての経営活動による総資本の運用効率を表します。　　　　　　　　　　　　　　（☞総資本）

〔計算式〕

$$総資本当期利益率(\%) = \frac{当期利益}{総資本(平均)} \times 100$$

（注）平均は、「(期首＋期末)÷2」により算出します。

総資本投資効率
《1級分析》
（そうしほんとうしこうりつ）

企業が事業活動に投下した総資本がいくらの付加価値をあげたかをみる比率で、この比率が高いほど総資本の投資効率が高いことを表します。この比率は、総資本の生産性を表します。　　　　　　　　　　　　（☞総資本、付加価値）

〔計算式〕

$$総資本投資効率(\%) = \frac{付加価値}{総資本(平均)} \times 100$$

（注）1　付加価値＝完成工事高－（材料費＋労務費＋外注費）
　　　2　平均は、「(期首＋期末)÷2」により算出します。

総資本利益率
《1級分析》
（そうしほんりえきりつ）

資本利益率の算式の分母に、自己資本と他人資本の合計である総資本を用いた比率で、企業活動のために投下した総資本に対して利益がどの程度増減したかをみる比率です。企業の総合的な収益性を表します。この比率が高いほど、総資本の運用効率が良いことになります。なお、この比率には、総資本と対比させる利益によって、総資本営業利益率、総資本事業利益率、総資本経常利益率、総資本税引前当期利益率、総資本当期利益率などがあります。　　　　　　　　　　（☞総資本）

〔計算式〕

$$総資本利益率(\%) = \frac{利益}{総資本(平均)} \times 100$$

(注) 平均は、「(期首＋期末)÷2」により算出します。

総職員数 ≪1級分析≫
(そうしょくいんすう)

建設業経理事務士検定試験の1級財務分析の出題範囲を示す「財務分析主要比率表」における総職員数は、技術職員と事務職員の合計数をいいます。したがって、労務者は常用の労務者であっても含まれません。

総平均法 ≪2級≫
(そうへいきんほう)

平均原価法の1つで、平均原価を一定期間（月または年等）の総平均原価を用いて算出する方法です。常備材料の場合、期首棚卸価額と期中受入価額の合計額を期首棚卸数量と期中取得数量の合計量で除して求めます。

〔計算式〕

$$総平均単価 = \frac{期首棚卸高＋期中受入高}{期首棚卸数量＋期中受入数量}$$

創立費 ≪2級≫
(そうりつひ)

商法第286条の規定による設立登記等のために支出した費用（定款作成費、株式募集その他の広告費、株式申込証、目論見書、株式等の印刷費、発起人が受ける報酬、設立登記の登録税等が含まれる）をいい、会社設立後5年以内に毎期均等額以上の償却を行うこととされています。（⇦繰延資産）

（☞創立費償却）

〔仕訳例〕

関西建設㈱を設立し創立総会終了後、発起人の立替えた設立諸費用1,000千円を小切手で支払った。

創立費　1,000／当座預金　1,000

| 創立費償却 ≪2級≫ | 創立費を償却する勘定をいいます。創立費は、会社設立後5年以内に毎決算期に均等額以上の償却を行います。(⇐営業外費用)　　　　　　　　　　　　　　　(☞創立費)
(そうりつひしょうきゃく) |

〔仕訳例〕
　決算に際して創立費1,000千円を5年間で毎期均等償却する。

　　創立費償却　200／創立費　200
　　(1,000×1/5)

| 遡及義務 ≪2級≫ | 手形の所持人が、資金繰りなどの必要から手形の支払期日前に銀行等の金融機関で割引をしたり、他人に支払いのため手形の裏面に必要事項を記入、捺印し譲渡したりした場合、手形債権は消滅しますが、手形の支払人が支払期日に手形代金を支払わなかった場合、割引依頼人、手形の裏書人は、支払人に代わって手形代金を支払わなければならない義務を負います。これを遡及義務といいます。このように現在は確定した債務でなくても将来発生する危険のある債務を「偶発債務」といいます。　　　　　　　　　　　(☞偶発債務)
(そきゅうぎむ) |

| 測定経費 ≪2級≫ | 完成工事原価を構成する経費のうち、計算期間中の消費額を備えつけの計器類等により測定し、それを基礎にして経費の額を決定するものを測定経費といいます。電力料・ガス代・水道料等があります。ただし期末と料金の支払いのための検針日が近い場合は、支払額を消費額としてもかまいません。
(そくていけいひ) |

| 租税公課 ≪2級≫ | 固定資産税・自動車税・印紙税など税法上損金にできる税金(租税)と、機械設備等の固定資産、道路、河川の占用等の公課を総称したものです。事業年度終了時、法人税法上の課税所得に一定率をかけて課せられる事業税も租税公課で処理します。(⇐販売費及び一般管理費、工事原価(経費))
(そぜいこうか) |

〔仕訳例〕
(1)本年分の固定資産税30千円を現金で支払った。

販売費及び一般管理費　30／現　金　30
(租税公課)

(2) 3号現場の契約書印紙代3千円を現金で支払った。

経　費　　3／現　金　3
(租税公課)

租税特別措置法　≪1級財表≫
（そぜいとくべつそちほう）

通常、一般の租税法とは別に何らかの政策目標を達成するため、租税を減免する措置を定めた法律をいいます。ここには、海外投資等損失準備金の設定等に代表される特別措置が多数定められています。

その他の剰余金　≪1級財表≫
（そのたのじょうよきん）

貸借対照表の資本の部のうち、資本金および法定準備金（資本準備金・利益準備金）以外をいいます。任意積立金、未処分利益がこれに当たります。

その他の剰余金期末残高　≪1級財表≫
（そのたのじょうよきんきまつざんだか）

連結財務諸表の1つである連結剰余金計算書において最終的に表示されるものです。連結剰余金計算書は、連結貸借対照表に示されるその他の剰余金の増減を明らかにするために作成されます。その他の剰余金の増減は、親会社および子会社の損益計算書と利益処分にかかる金額を基礎資料にし、連結会社間の配当に関する取引を消去して計算されます。連結剰余金計算書の作成手続きは、原則としてその他の剰余金の期首残高にその他の剰余金の減少高および当期利益を加減して、その他の剰余金の期末残高を示す順で行われます。

〔様式〕　　　　　連結剰余金計算書

その他の剰余金期首残高			1,000
その他の剰余金減少高			
利益準備金繰入額	80		
配　当　金	500		
役員賞与金	300	(−)	880
当期利益		(＋)	1,080
その他の剰余金期末残高			1,200

ソフトウェア　《1級財表》
（そふとうぇあ）

コンピュータソフトウェアをいい、その範囲は次のように定められています。ソフトウェアとは、コンピュータを機能させるように指令を組み合わせたプログラム集をいい、特にソフトウェア制作費と研究開発費との区分が問題となります。研究開発費に該当しないソフトウェア開発費は、原則として資産（無形固定資産）として処理されます。

ソフトウェアの取扱いには次のようなものがあります。

(1)市場販売目的のソフトウェア　研究開発費に該当する部分を除いたソフトウェア開発費は資産計上されます。ただし、性能維持のための費用は当該期間の費用として処理されます。

(2)自社利用のソフトウェア　ソフトウェア制作費の適正な原価または完成品を購入した場合は取得原価を資産に計上します。また、ソフトウェアの導入費用は原則として当該ソフトウェアの取得原価に算入します。

損益　《4級》
（そんえき）

総勘定元帳締切りの時に用いられる科目であって、総勘定元帳の費用・収益を集合させ、当期損益を計算する勘定科目です。英米式決算法・大陸式決算法のいずれでも使用されます。損益勘定の貸借差額は、個人企業の場合、資本金に振替えられます。（⇐その他）

〔仕訳例〕
当期利益40千円を資本金勘定に振替えた。
損益　40／　資本金　40

損益計算書　＜4級＞
（そんえきけいさんしょ）

企業の一会計期間の経営成績を示すために、期間中に生じた収益と費用の内訳を記して当期損益を明らかにする報告書です。

損益計算書等式　＜4級＞
（そんえきけいさんしょとうしき）

損益計算書の仕組みを表す等式で、勘定式の損益計算書では借方に記載される費用と当期利益の合計が貸方に記載される収益の額と等しいことを示しています。次の式で表されます。

費用＋当期利益＝収益

損益計算書分析　＜1級分析＞
（そんえきけいさんしょぶんせき）

損益計算書の各損益項目の内容や増減推移、各損益項目間の関連、さらには損益構造などを、実数や比率を用いて分析することをいいます。損益計算書は企業の経営成績を表していますから、損益計算書を分析することにより、企業の収益性を分析することができます。　　　　（☞収益性分析）

損益取引　＜1級財表＞
（そんえきとりひき）

貨幣としての資産が各種の生産要素または営業要素に変化し、これが消費されて費用となり、販売によって貨幣を得ることで投下した資本が回収されます。このような経営活動における資本運用の過程をいいます。　（☞資本取引）

損益分岐図表　＜1級分析＞
（そんえきぶんきずひょう）

売上高、費用、損益の関係を図表で示したもので、利益図表ともよばれています。損益分岐点（利益も損失も生じない点）の完成工事高は、算式（固定費÷限界利益率）によって求めることができますが、この図表によっても求めることができます。例えば、ある企業の完成工事高が100万円、変動費が60万円、固定費が20万円とすると、損益分岐点の完成工

事高は50万円（20万円÷0.4）となりますが、これを損益分岐図表で表すと以下のようになります。この図表によって、完成工事高が50万円を超えれば利益がでますが、逆に完成工事高が50万円より下がると損失が発生することが明らかになります。なお、この図表は次のような手順で作成します。

(1)正方形をえがき、横軸を完成工事高、縦軸を収益・費用・損益とします。
(2)0点から対角線（45°の直線）を引きます。これが完成工事高線です。
(3)縦軸に固定費20万円のA点をとり、横軸と平行線ABを引きます。これが固定費線です。
(4)横軸に完成工事高100万円のC点をとって、Cから垂直線を引き、完成工事高線との交点をDとします。
(5)CDの縦線上に総費用80万円の点Eをとります。点Eは、固定費20万円と変動費60万円の合計です。
(6)A点とE点を結ぶ線（総費用線）を引き、完成工事高線と交わる点をP_1とします。このP_1が損益分岐点です。P_1点からEC線に平行線を引き、横軸と交わる点P_2を読めば、損益分岐点の完成工事高は50万円であることが分かります。また、現在の完成工事高は100万円で損益分岐点の完成工事高50万円を超えているので利益（D～E）20万円がでていることが分かります。

（☞限界利益率、損益分岐点）

〔図表〕

損益分岐図表

```
(万円)
150
140                              完成工事高線
130
120        現在の完成工事高
110
100                    D
 90                      20
 80                    E   総費用線
 70   損益分岐点
 60    50
 50       P₁
 40              60
 30
 20                        固定費線
 10  A     P₂        20   C         B
  0  10 20 30 40 50 60 70 80 90 100 110 120 130 140 150
                → 完成工事高
```

縦軸：収益・費用・損益↑

右側：利益／変動費／固定費

損益分岐点
≪1級分析≫
（そんえきぶんきてん）

利益も損失も生じない点のことをいいます。ここでいう点は、売上高あるいは操業度などで表されます。建設業における損益分岐点は、工事原価と販売費及び一般管理費やその他の費用がちょうど回収される完成工事高ということになります。損益分岐点は個々の受注工事の採算点を知ることに役立ち、さらに企業が利益計画を立てるときの手法として活用できます。なお、損益分岐点の完成工事高を求める算式は以下のようになります。　（☞限界利益率、損益分岐点分析）

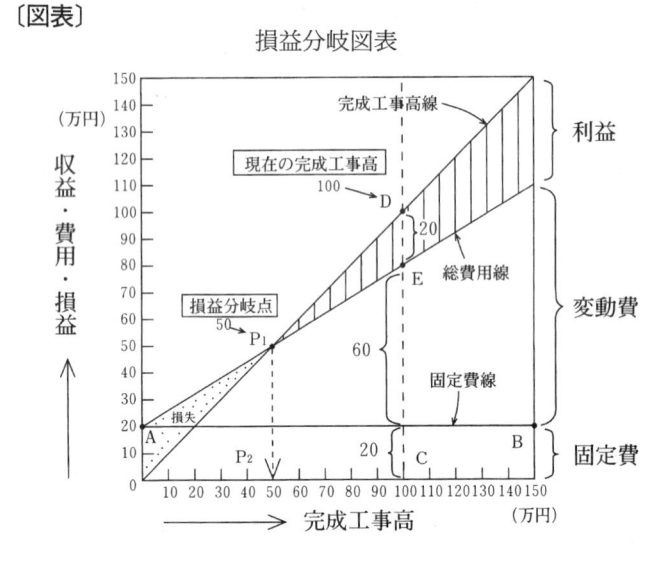

〔計算式〕

$$\text{損益分岐点完成工事高(円)} = \frac{\text{固定費}}{1 - \dfrac{\text{変動費}}{\text{完成工事高}}} = \frac{\text{固定費}}{\text{限界利益率}}$$

（注）　$\dfrac{\text{変動費}}{\text{完成工事高}}$は変動費率といい、（1－変動費率）を限界利益率といいます。

損益分岐点販売量
≪1級分析≫
(そんえきぶんきてんはんばいりょう)

収益（売上高）と費用が一致し、利益も損失も発生しない販売量をいいます。企業の損益分岐点を売上高という金額でみるのではなく、販売量でみようとするものです。商品や製品を販売している企業では、何個販売すれば採算がとれるかを把握するために用いられます。損益分岐点販売量は、損益分岐点の売上高を求めてから計算もできますが、商品1個の限界利益と企業全体の固定費が分かっていれば計算できます。

(☞損益分岐点)

〔設例〕

損益計算書

(単位：千円)

売上高	1,200	(@¥1,200×1,000個)
変動費	960	(@¥960×1,000個)
限界利益	240	
固定費	180	
営業利益	60	

(1)損益分岐点の売上高を求めて計算する方法

(単位：千円)

$$損益分岐点売上高 = \frac{固定費}{限界利益率} = \frac{180}{\frac{240}{1,200}} = 900$$

$$損益分岐点販売量 = 900 \div 1.2 = 750(個)$$

(2)商品1個当たり限界利益を求めて計算する方法

$$損益分岐点販売量 = \frac{固定費}{1個当たり限界利益} = \frac{180}{1.2 - 0.96} = 750(個)$$

損益分岐点比率
≪1級分析≫
(そんえきぶんきてんひりつ)

損益分岐点の完成工事高が実際（あるいは予定）の完成工事高の何％の位置にあるかをみる比率です。損益分岐点の完成工事高は利益も損失も生じない完成工事高ですから、損益分

岐点の完成工事高より実際（あるいは予定）の完成工事高が大きいほど利益がでます。したがってこの比率は低いほど良く、収益性が安定しており、不況に対する抵抗力が強いことを表します。企業は固定費の節減や変動費率の引下げなどにより、損益分岐点の完成工事高を小さくすることが必要です。なお、損益分岐点比率と安全余裕率とは次のような関係にあるので、損益分岐点比率が低いほど安全余裕率が高くなります。

（☞損益分岐点、安全余裕率、損益分岐点比率（簡便法））

〔計算式〕

$$損益分岐点比率(\%) = \frac{損益分岐点の完成工事高}{実際(あるいは予定)の完成工事高} \times 100$$

$$損益分岐点比率 = \frac{1}{安全余裕率(a)}$$

$$損益分岐点比率 = 1 - 安全余裕率(b)$$

（注）$$安全余裕率(a) = \frac{予算あるいは実績の売上高}{損益分岐点の売上高}$$

$$安全余裕率(b) = \frac{予算あるいは実績の売上高 - 損益分岐点の売上高}{予算あるいは実績の売上高}$$

損益分岐点比率（簡便法）≪1級分析≫
（そんえきぶんきてんひりつ（かんべんほう））

損益分岐点比率は、（損益分岐点÷実際の完成工事高）により求めることができます。しかし、この比率の算式の分子に当たる損益分岐点を求めるには、費用を固定費と変動費に区分することが必要となり、特に、企業の外部の者にとっては困難です。そこで、財務諸表上の数値をそのまま使用した簡便法が用いられています。すなわち、損益計算書の経常利益を算出するまでの費用のうち、販売費及び一般管理費と営業外費用の中に含まれている支払利息（割引料を含む。以下同じ）のみを固定費とし、それ以外の費用である完成工事原価と支払利息以外の営業外費用で営業外収益で賄えない部分を変動費として計算するものです。

損益分岐点比率は、以下(1)のように固定費と限界利益の割合からもみることができますから、この算式に上述の固定費と変動費の簡便法による区分を適用すると、損益分岐点比率（簡便法）を求める算式は(2)のようになります。

この比率は、分子の固定費を賄うのに必要な限界利益にどの程度の余裕（経常利益の幅）があるのかをみようとするものです。数値が低いほど経常利益がそれだけ多くあがり、経営成績は良好となります。　　　　　　　（☞損益分岐点比率）

〔計算式〕

(1) $\dfrac{損益分岐点の完成工事高}{実際の完成工事高} = \dfrac{\dfrac{固定費}{限界利益率}}{実際の完成工事高}$

$= \dfrac{固定費}{実際の完成工事高 \times 限界利益率} = \dfrac{固定費}{限界利益}$

(2) 損益分岐点比率(簡便法)(％)

$= \dfrac{販売費及び一般管理費 + 支払利息}{完成工事総利益 + 営業外収益 - 営業外費用 + 支払利息} \times 100$

限界利益 ＝ 完成工事高 － 変動費
　　　　＝ 完成工事高 －｛完成工事原価 ＋（営業外費用 － 支払利息 － 営業外収益）｝
　　　　＝（完成工事高 － 完成工事原価）＋（営業外収益 － 営業外費用）＋ 支払利息
　　　　＝ 完成工事総利益 ＋ 営業外収益 － 営業外費用 ＋ 支払利息

損益分岐点分析
《1級分析》
（そんえきぶんきてんぶんせき）

企業の収益と費用が等しく、したがって利益も損失も発生しない損益分岐点を分析することをいいます。この分析は、単に損益分岐点を把握するだけに用いられるものではありません。損益分岐点分析を行うということは、収益（完成工事高）、費用および利益の関係を明らかにすることになりますから、企業の損益構造を明らかにすることができ、利益計画の設定などに役立つ資料を提供することができます。

(☞損益分岐点)

損益法 ≪1級財表≫
（そんえきほう）

当期損益の算定方法の1つで、1会計期間の収益総額から費用総額を控除して損益を算定する方法です。損益の発生源泉が明らかとなります。今日の企業会社は損益法を中心としながらも財産法が補完的に用いられています。　（☞財産法）

損害補償損失引当金 ≪1級財表≫
（そんがいほしょうそんしつひきあてきん）

偶発債務を処理する勘定の1つです。将来の賠償義務その他現実には発生していない債務であり、将来において当該企業の負担となる可能性のあるもので、将来発生する可能性が高い場合に引当金を設けて費用または損失として計上しなければなりません。

損失 ≪1級財表≫
（そんしつ）

費用と損失は明確に区分されなければなりません。費用は収益の稼得活動と関連する財・用役の減少分をいい、損失はそれ以外の原因による減少分をいいます。　（☞費用）

損失処理計算書 ≪2級≫
（そんしつしょりけいさんしょ）

決算において当期損失を計上する場合、まず未処理損失勘定に振替えます。次に株主総会において損失の処理が決定された後、作成するのが損失処理計算書で、これは「財務諸表規則」によって規定されています。　（☞損失の処理）

〔計算例〕
平成×年6月25日の株主総会において、未処理損失、2,000千円について、別途積立金1,000千円、および利益準備金250千円を繰入れて補填し、残額は繰越すことと決議した。

損失処理計算書
平成×年6月25日

Ⅰ	当期未処理損失		2,000
Ⅱ	損失処理額		
	1　別途積立金繰入額	1,000	
	2　利益準備金繰入額	250	1,250
Ⅲ	次期繰越損失		750

損失填補 ≪1級財表≫
（そんしつてんぽ）

決算の結果、損益計算上損失が生じた場合には、前期繰越利益で賄える場合はよいのですが、なお未処理損失が残る場合は、それを次期に繰越すか、損失を填補しなければなりません。その場合には一定の順序にしたがって補填しなければならないとされています。

損失の処理 ≪2級≫
（そんしつのしょり）

決算において当期損失が計上されると未処理損失勘定に振替えられます。この未処理損失は、当期利益が計上された場合の未処分利益に対応します。損失の補填は過去の留保利益を充てる場合、その取崩順位が、(1)繰越利益、(2)任意積立金、(3)利益準備金　の順になります。それでも補填できない部分のあるときは資本の減少に及ぶこともあります。いずれも株主総会において決議されます。

損料計算 ≪1級原価≫
（そんりょうけいさん）

損料とは建設業独特の概念で、一般製造業では使用しないものです。
損料は仮設材料と建設機械において、共通費（現場共通費）の予定配賦計算の手法として用いられているもので、仮設材料ではその利用に伴う減価分として、また建設機械ではその利用に伴う減価分・修繕費およびその他の管理費として把握されます。
損料計算とは、上記の損料をあらかじめ予定配賦率として単位当たりにつき算定しておき、各現場の利用状況に応じて配

賦計算をするという一連の手法をいいます。

同じものをリース会社からリースした場合には、リース料が生じますが、これを社内的に使用料（リース料）を支払うかのように計算するものということができます。

損料差異
≪1級原価≫
（そんりょうさい）

社内損料計算制度を採用している場合に、損料計算により工事原価に導入された額と実際発生額との差額のことをいいます。　　（☞社内損料計算制度、有利な差異、不利な差異）

た

対完成工事高比率分析 ≪1級分析≫
（たいかんせいこうじだかひりつぶんせき）

完成工事高に対する利益の比率である完成工事高利益率の分析と、完成工事高に対する費用の比率である完成工事高対費用比率の分析のことをいいます。完成工事高利益率の分析には、完成工事高総利益率、完成工事高営業利益率などの分析があり、完成工事高対費用比率の分析には、完成工事高対販売費及び一般管理費率、完成工事高対人件費率などの分析があります。

代金回収時点 ≪1級財表≫
（だいきんかいしゅうじてん）

工事の完成引渡後、工事代金の一部または全部を回収した時点をいいます。通常は完成引渡時に工事収益または利益を計上しますが、工事代金の支払が工事の完成引渡後長期にわたる分割払いであるとき、完成引渡時に当該工事の収益または利益の全額を計上せず、代金回収時または回収期限の到来時にその都度工事収益額または利益額を計上する延払基準方法がとられることもあります。

貸借対照表 ≪4級≫
（たいしゃくたいしょうひょう）

企業の一定時点における財政状態を明らかにするための報告書のことです。

貸借対照表完全性の原則 ≪1級財表≫
（たいしゃくたいしょうひょうかんぜんせいのげんそく）

貸借対照表が資産、負債および資本の表示を目的とする限り、そのすべてを洩らすことなく記載することを要求するものです。なお一定の条件下においては企業の所有資産・負債でありながら貸借対照表に表示されない場合も例外的にあり、その場合は簿外資産・簿外負債が生じることになります。

貸借対照表等式 ≪3級≫
（たいしゃくたいしょうひょうとうしき）

貸借対照表の構成を示す式のことをいいます。貸借対照表は借方（左側）、貸方（右側）で構成され、左右の合計額は等しくなります。借方には資産が記載され、貸方には負債と資

本が記載されます。
したがって貸借対照等式は資産＝負債＋資本となります。

貸借対照表分析 ≪1級分析≫
（たいしゃくたいしょうひょうぶんせき）

貸借対照表の資産項目、負債項目、資本項目の内容や増減推移、各項目間の関連などを、実数や比率を用いて分析することをいいます。貸借対照表は、企業の財政状態（資本の調達と運用の状態）を表していますから、貸借対照表を分析することにより、企業の財務上の安全性を分析することができます。　　　　　　　　　　　　　　　　　　　（☞安全性分析）

貸借平均の原理 ≪4級≫
（たいしゃくへいきんのげんり）

複式簿記では、取引はすべて、借方と貸方が同額で記入されます。よって、仕訳帳や総勘定元帳等の帳簿では、借方合計と貸方合計が一致すること（借方合計＝貸方合計）をいいます。

対照勘定 ≪2級≫
（たいしょうかんじょう）

手形の割引や手形の裏書譲渡に伴う偶発債務の処理方法の1つです。手形の割引・裏書による受取手形の減少額を記入するとき、「手形割引義務見返」と「手形割引義務」、「手形裏書義務見返」と「手形裏書義務」のように借方と貸方を対にして同一の金額を入れ、発生も消滅も共にする勘定を対照勘定といいます。対照勘定は、一定の事実を備忘的に記録しておくために用いられるもので、資産勘定や負債勘定ではないため貸借対照表には記載されません。　　（☞評価勘定）

〔仕訳例〕
　手持ちの約束手形250千円を割引き、割引料10千円を差引き、手取金は当座預金とした。
　当　座　預　金　240　／　受取手形　　　　250
　支払利息割引料　　10／
　手形割引義務見返　250／　手形割引義務　　250
手形代金が支払われた場合
　手形割引義務　250／　手形割引義務見返　250

退職給付
≪1級財表≫
（たいしょくきゅうふ）

企業会計においては、退職給付は基本的に労働協約等に基づいて従業員が提供した労働の対価として支払われる賃金の後払いです。退職給付は、勤務期間を通じた労働の提供に伴って発生します。

なお、役員の退職慰労金については、労働の対価との関係が必ずしも明確ではないので、会計上の退職給付としては扱わないことになります。

退職給付債務
≪1級財表≫
（たいしょくきゅうふさいむ）

退職を事由として退職以後に従業員に支給される給付のうち、期末時点までに発生していると認められる部分の現在価値をいいます。退職以後に従業員に支給される給付は、退職一時金および退職年金等が典型です。

退職給付引当金
≪1級財表≫
（たいしょくきゅうふひきあてきん）

将来の退職給付のうち、当期の負担に属する額を当期の費用として引当金に繰入れ、当該引当金の残高が貸借対照表の固定負債の部に計上されたものです。

また、年金資産拠出部分は、退職給付費用から控除し、その残高が企業が計上すべき退職給付引当金となります。

（☞退職給付費用）

〔計算式〕

退職給付債務の増加－（年金資産の増加＋現金拠出額）
＝退職給付引当金当期計上額

退職給付費用
≪1級財表≫
（たいしょくきゅうふひよう）

将来の退職給付うち当期の負担に属する金額が、退職給付費用（退職給付債務の増加額）となります。この計算方法には、退職時に見込まれる退職給付の総額について合理的な方法により各期の発生額を見積り、これを一定の割引率および予想される退職時から現在までの期間に割り引く方法を採用します。

退職給付費用の構成は

(1)勤務費用　当期の労働の対価に係わる退職給付発生額の現

在価値
(2)利息費用　期首までに発生した退職給付の現在価値が時間の経過により増加する部分
(3)期待運用収益の額　企業年金制度における年金資産の運用により生ずると期待される収益で、退職給付費用の計算上控除する
(4)過去勤務債務のうち費用として処理した額　退職給付の給与水準の改訂等により従前の給与水準に基づく計算の差異として発生する過去勤務費用のうち、費用として処理した額（過去勤務債務の現状と新計算方式の差異は、残存勤務時間にわたって規則的に費用計上する）
(5)数理計算上の差異うち費用として処理した額　年金資産の期待運用収益と実際の運用成果との差異、退職給付債務の教理計算に用いた見積数値と実績との差異および見積数値の変更等により発生した差異のうち、費用として処理した額　です。　　　　　　　　　　（☞退職給付引当金）

退職給与積立金　《1級財表》
（たいしょくきゅうよつみたてきん）

従業員の利益保護を目的として、退職給与資金を確保するために当期未処分利益を留保するもので、経営上の理由で留保される任意積立金です。

退職給与引当金　《2級》
（たいしょくきゅうよひきあてきん）

労働協約等により退職給与規定を備えている企業は、従業員等の退職の際、一時金として支給される退職金や、退職後一定期間支給される退職年金を支払わなければなりません。この退職金等を一時期に計上すると期間損益が歪められてしまうので、当期の負担分だけを当期の損益計算に見積計上しますが、その際の貸方科目が退職給与引当金です。過去の実績ないし税法規定に基づいて計上されます。

退職給与引当金の繰入額 ≪1級財表≫
（たいしょくきゅうよひきあてきんのくりいれがく）

退職給与引当金とは退職給与規程にもとづいて算定した退職給与の引当額を計上したものです。退職給与引当金の繰入額は、当期が負担すべき将来の退職金債務の当期見積計上額です。（⇐販売費及び一般管理費、工事原価）

〔仕訳例〕
(1)当期の退職給与引当金を510千円見積計上する。

　　退職給与引当金繰入額　510／退職給与引当金　510

(2)従業員甲が退職し100千円を現金で支払った。
　　なお甲に対する引当金設定額は95千円であった。

　　退職給与引当金　　95／現　金　　100
　　退　職　金　　　　 5／

退職給与引当損 ≪2級≫
（たいしょくきゅうよひきあてそん）

退職給与引当金繰入額ともいいます。（⇐販売費及び一般管理費、工事原価）　　（☞退職給与引当金の繰入額）

退職金 ≪3級≫
（たいしょくきん）

従業員に対する退職金のことです（退職給与引当金繰入額、および退職年金掛金を含む）。（⇐販売費及び一般管理費、工事原価）

〔仕訳例〕
退職従業員に対し退職金400千円を現金で支給した。

　　退職金　400／現金　400

耐用年数 ≪3級≫
（たいようねんすう）

土地を除く固定資産は使用方法や使用時間によってその価値が減少し、やがて使用不可能となります。この固定資産が使用可能である期間を耐用年数といいます。

わが国の税法では減価償却費を合理的に算定するため、資産の耐用年数を種類別に詳細に定めており、法定耐用年数と称しています。

大陸式決算法　≪2級≫
（たいりくしきけっさんほう）

企業の財務計算は事業年度ごとに経営成績および財政状態を明らかにするために決算を行い、総勘定元帳の残高をすべてゼロにします。費用・収益勘定は損益勘定に振替えられ損益計算書が作成され、また資産・負債・資本勘定は残高勘定に振替えられ、貸借対照表が作成されます。損益勘定・残高勘定は総勘定元帳を締切るための集合勘定であり、この2つの集合勘定を用いて決算を行う方法を大陸式決算法といいます。

滞留月数分析　≪1級分析≫
（たいりゅうげっすうぶんせき）

支払資金に対して圧迫要因となる特定項目の滞留状況を、月数という実数によって分析しようとするものです。受取勘定または棚卸資産等を1ヶ月当たりの完成工事高で除して算出します。滞留月数は短ければ短いほど良く、逆に長期の滞留は財務の流動性に悪い影響を与えることになります。
受取勘定（売上債権）滞留月数、完成工事未収入金滞留月数、棚卸資産滞留月数等があります。

ダウンストリーム　≪1級財表≫
（だうんすとりーむ）

親会社から子会社に商品、製品等を販売した場合のことをいいます。連結財務諸表作成に当たって、ダウンストリームのときは親会社が販売した商品、製品等で期末に子会社に在庫している棚卸資産に含まれる未実現利益を全額消去し、その消去額を親会社が負担します。

多元的原価情報システム　≪1級原価≫
（たげんてきげんかじょうほうしすてむ）

原価計算は、「原価計算基準」によれば、複数の多元的な目的をもって実施されています。そして、そのコスト測定の仕組は、必ずしも単一的である必要はありません。ただ、制度としての原価計算においては、基礎となる原価のインプット・データは統一的でなければなりません。
このように、共通の原価関連資料をデータ・ベースとして多くの目的に有効な情報を提供できるようにシステム化されている原価計算システムのことを多元的原価計算システムとい

います。

立替金 ≪3級≫
(たてかえきん)

取引先等に一時的に金銭を立て替えて支払った場合の債権を記入する勘定です。(⇐資産)

〔仕訳例〕
(1)下請持ちの材料代50千円を現金で立替払いした。
　　立替金　50／　現金　50
(2)上記の立替金を控除した外注費250千円を小切手で支払った。
　　未成工事支出金　300／　立　替　金　　50
　　　（外注費）　　　　　　当座預金　　250

建物 ≪4級≫
(たてもの)

企業が所有権を持っていて、事業に使用している建物を処理する勘定です。賃貸している建物も含みます。(事務所、工場、倉庫、社宅等)(⇐資産)

〔仕訳例〕
　かねて建築中であった倉庫が完成し、工事代金の総額6,000千円を小切手を振出して乙社に支払った。
　　建物　6,000／　当座預金　6,000

他店の債権・債務の決済取引 ≪2級≫
(たてんのさいけんさいむのけっさいとりひき)

本支店間で発生する決済取引の事象をいい、以下のような場合があります。本店が支店に代わって工事代金の未収分や受取手形の回収をしたり、支店の工事未払金の支払いや支払手形の支払いをしたりする場合などです。また、支店が本店に代わって本店の債権債務の決済をする場合も含まれています。

〔仕訳例〕
(1)本店は栃木支店の得意先から、工事代金未収分20千円を得意先振り出しの本店受取りの約束手形で回収した。
　【本店】　　　受取手形　20／　栃　木　支　店　20
　【栃木支店】　本　　店　20／　完成工事未収入金　20
(2)北海道支店は本店の材料仕入代金の未払分を決済するた

め、小切手15千円を振り出した。

【本店】　　　　　工事未払金　15／　北海道支店　15
【北海道支店】　　本　　　店　15／　当 座 預 金　15

他店の費用・収益の立替取引　≪2級≫
（たてんのひようしゅうえきのたてかえとりひき）

本支店間で発生する立替取引の事象をいい、以下のような場合があります。(1)本店が支店の費用を立替払いしたり、支店の収益を受取ったり、その反対の取引を行う場合。(2)正確な営業成績を把握するために、本店で発生した販売費及び一般管理費を会社全体の共通費用とみて、その一部を支店に負担させ決算日に振替仕訳をする場合。

棚卸記入帳　≪1級財表≫
（たなおろしきにゅうちょう）

重要な棚卸資産について、その入庫・出庫を記録して残高を把握する補助簿をいいます。

棚卸計算法　≪2級≫
（たなおろしけいさんほう）

材料消費量の把握方法の1つをいいます。期首在庫量と期中受入量を把握しておき、期末の実地調査により期末在庫量を確定します。これを（期首在庫量＋期中受入量）－期末在庫量の式に基づき差引計算をして、期中の払出量を計算する方法です。ただし、この方法だけですと、正常な消費量とその他の減耗量等が区分できないという欠点があります。

棚卸減耗損　≪2級≫
（たなおろしげんもうそん）

材料の棚卸を行った結果、実地棚卸数量が継続記録に基づく帳簿棚卸数量より少ない場合、その数量の減少による価値喪失分を棚卸減耗損といいます。棚卸減耗費ともいいます。
(1)正常な原因による棚卸減耗損
　　①特定の工事のために発生したもの　→工事原価（経費）
　　②不特定、多数の工事に発生したもの　→工事間接費
(2)異常な原因による棚卸減耗損→営業外費用または特別損失
　（⇐費用、工事原価、営業外費用、特別損失）

（☞材料評価）

〔計算式〕

棚卸減耗損＝(帳簿棚卸数量－実地棚卸数量)×材料単価
5,000　＝(　100ケ　－　95ケ　)×1,000

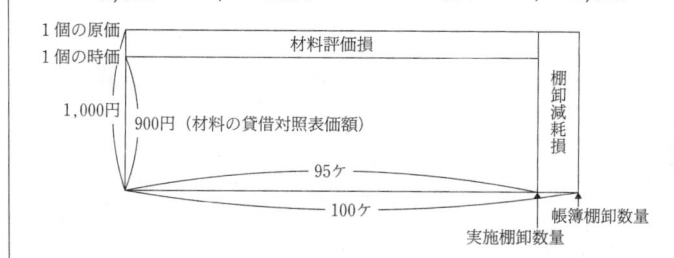

```
1個の原価 ┐
1個の時価 ┤      材料評価損           ┃棚
         │                           ┃卸
1,000円  │                           ┃減
         │ 900円（材料の貸借対照表価額）┃耗
         │                           ┃損
         └──────── 95ケ ─────────────┘
         └──────── 100ケ ─────────────┘帳簿棚卸数量
                    実施棚卸数量
```

棚卸減耗費 ≪2級≫ （たなおろしげんもうひ）	材料等棚卸資産の減耗を原因として発生する費用のことです。その発生原因により、区分処理に配慮が必要です。(1)正常な原因による棚卸減耗損は原価性があるので、工事原価中の経費または工事間接費、場合により販売費及び一般管理費として処理します。(2)異常な原因による棚卸減耗費は営業外費用または特別損失として処理されます。　（⇐工事原価、販売費及び一般管理費、営業外費用、特別損失） （☞棚卸減耗損）
棚卸減耗量 　　≪1級財表≫ （たなおろしげんもうりょう）	棚卸資産の受入数量、払出数量、残高数量を受入・払出の都度、継続して記録した帳簿に基づく帳簿数量から期末時点の実際数量を差し引いた数量をいいます。その発生原因に応じて、正常減耗量と異常減耗量による価値喪失分の処理が異なります。　　　　　　　　　　（☞棚卸減耗損（費））
棚卸資産 　　≪1級分析≫ （たなおろししさん）	引渡しを完了していない工事に要した工事原価の累計額である未成工事支出金や、手持ちの工事用材料および消耗工具器具などの材料貯蔵品ならびに販売の目的をもって所有する土地などの販売用資産のことをいいます。販売用資産は、建設業と不動産業を合わせて営んでいる場合の販売用の土地などが該当します。

棚卸資産回転率 ≪1級分析≫
（たなおろししさんかいてんりつ）

棚卸資産に対する完成工事高の割合をみる比率で、棚卸資産に投下されている資本が完成工事高によって、1年間に何回回収されたかを表します。この比率が高いほど在庫期間が短く、棚卸資産へ投下運用されている資本の活動効率が良いことになりますが、営業活動を維持するために一定の在庫も必要なので、この比率が低いから必ずしも悪いとはいえません。なお、建設業の場合は、棚卸資産のなかでも重要な未成工事支出金の回転率をみる必要があります。

（☞棚卸資産、総資本回転率、未成工事支出金回転率）

〔計算式〕

$$棚卸資産回転率(回) = \frac{完成工事高}{棚卸資産（平均）}$$

（注）1　棚卸資産＝未成工事支出金＋材料貯蔵品
　　　2　平均は、「(期首＋期末)÷2」により算出します。

棚卸資産原価の期間配分 ≪1級財表≫
（たなおろししさんげんかのきかんはいぶん）

棚卸資産には、企業の販売目的である商品・製品などと、これらを生産するための原材料、仕掛品などがあります。商品・製品などが販売されたとき、それらの取得原価は費用となります。この費用はとくに売上原価とよばれます。そして販売されずに保有されるものは棚卸資産として次期に繰越されます。これは費用配分の原則にしたがい、当期の費用と将来の費用に配分されることを意味します。

棚卸資産滞留月数 ≪1級分析≫
（たなおろししさんたいりゅうつきすう）

平均月商の何ヶ月分の棚卸資産をかかえているかをみる比率です。この比率が小さいほど棚卸資産の手持ち期間が短く、仕掛工事に対する資金負担が軽くなり、短期的な支払能力が高くなります。しかし、長期の大型工事を受注した場合などは、一時的にこの比率が大きくなることもあるので、単に月数で判断するのではなく、仕掛工事の受注内容の検討も必要です。

（☞棚卸資産）

〔計算式〕

$$棚卸資産滞留月数(月)=\frac{棚卸資産}{完成工事高÷12}$$

（注） 棚卸資産＝未成工事支出金＋材料貯蔵品

棚卸資産の評価 ≪1級財表≫
（たなおろしししさんのひょうか）

企業会計原則では、棚卸資産の評価につき原価主義を原則としつつ、低価基準の選択適用も認めています（貸借対照表原則五A）。低価基準を採用している場合、期末に時価が原価より下落していれば、時価まで評価減することになります。また棚卸資産の時価が著しく下落したときは、回復する見込みがあると認められる場合を除いて、時価まで評価減することになります。

棚卸表 ≪2級≫
（たなおろしひょう）

決算の際、予備手続の段階で作成する表です。元帳の各勘定口座の帳簿残高と実際有高を照合し、不一致の項目があれば、原因調査して帳簿残高を修正するための決算整理事項を1つの表にまとめたものをいいます。

他人振出小切手 ≪3級≫
（たにんふりだしこぎって）

第3者が振出した小切手のことです。この小切手を受取ったときは現金勘定の増加となります。　　（☞自己振出小切手）

多変量解析 ≪1級分析≫
（たへんりょうかいせき）

統計学の一手法で、複数の指標を用いて企業の経営状況等を判別するもので、分析者の主観的要素を極力排除してできる限り客観的に分析を行おうとするものです。

多変量解析による総合評価をする場合、用いられる指標を何らかの基準によってウェイト付けをしておくことが必要となります。

なお、経営事項審査による総合評価は、多変量解析の手法によって評点化が行われています。

単一工程総合原価計算 ≪1級原価≫
（たんいつこうていそうごうげんかけいさん）

総合原価計算では製造工程が単一か複数かによって区分されます。単一工程総合原価計算とは、製造部門の計算を工程別に区切ることなく全部門を1つの工程として総合原価計算する方式をいいます。

（☞工程別総合原価計算）

単一仕訳帳・元帳制 ≪2級≫
（たんいつしわけちょうもとちょうせい）

コンピュータ会計の時代においても、基礎的な帳簿組織の理解が必要です。最も基本的な帳簿組織は、原始的記録としての資料に基づき取引を発生順に仕訳帳に仕訳し、総勘定元帳に転記します。この原始的記録とは領収書、納品書、各種の伝票等の証憑書類をいいます。これを図解すると次のようになります。

〔図表〕

（取引）→ 記帳資料 ─仕訳→ 仕訳帳 ─転記→ 元　帳

単一性の原則 ≪1級財表≫
（たんいつせいのげんそく）

企業会計原則第一　一般原則七は「株主総会提出のため、信用目的のため、租税目的のため等種々の目的のために異なる形式の財務諸表を作成する必要がある場合、それらの内容は、信頼しうる会計記録に基づいて作成されたものであって、政策の考慮のために事実の真実な表示をゆがめてはならない」と規定しています。この規定を一般に単一性の原則とよんでいます。この原則は、財務諸表の形式的単一性を意味するものではなく、財務諸表の作成される基礎となる会計記録が単一でなければならないとする実質的単一性を要求するものです。

段階費 ≪1級分析≫
（だんかいひ）

（☞準固定費）

単価精算契約 ≪1級財表≫
(たんかせいさんけいやく)

単価を決定しておいて、その数量に応じて精算するという契約の仕方で、坑道、トンネルの掘削などに多く用いられます。この方法によるときは、完成作業単位量に単位当たりの請負工事収益額を乗じて工事収益が計算されます。

〔計算式〕
　　完成作業単位量×単位請負収益額＝工事収益額

短期予算 ≪1級原価≫
(たんきよさん)

予算は、経営方針や経営計画に基づき、短期または長期で編成されますが、予算編成期間が1年以内のものを短期予算といいます。　　　　　　　　　　　　　　（☞長期予算）

短期予定操業度 ≪1級原価≫
(たんきよていそうぎょうど)

標準原価計算制度を採用する場合に、製造間接費の能率測定の基準となる操業度の1つです。短期予定操業度は、次期の需要を想定し、これに対応して決定される操業度です。不況時に、4～5年にわたる長期的展望は困難であるが、とりあえず次期について需要を想定し、これに見合う水準に決定される操業度のことです。

単式簿記 ≪4級≫
(たんしきぼき)

取引の二面性のうちの一面、例えば現金で行った取引を現金の収支のみに着目して記入する簿記のことです。小規模企業などに使われます。現金出納帳、当座預金出納帳などがこれに該当します。　　　　　　　　　　　　　（☞複式簿記）

単純経費 ≪2級≫
(たんじゅんけいひ)

経費には、単純経費と複合経費の分類があり、経費の1科目が1つの原価要素だけの場合を単純経費といいます。例えば、仮設工事を外部に依頼した場合の経費処理は、1原価要素だけについての支出ですから単純経費になりますが、自社で仮設工事をした場合の経費処理では材料の消費や労務費の支出があるので、複合経費となります。

単純個別原価計算
≪1級原価≫
(たんじゅんこべつげんかけいさん)

特定の製品につき、単一の製造指図書に指示された生産数量を原価集計単位として、その生産に要した原価を把握する計算方法です。

これは、計算手順の違いにより、単純個別原価計算と部門別個別原価計算に区分されます。前者は、費目別計算と製品別計算の2段階からなり、間接費についてはなんらかの合理的基準に基づいて製品に配賦計算するにとどまります。

(☞部門別個別原価計算)

単純実数分析
≪1級分析≫
(たんじゅんじっすうぶんせき)

データの実数そのものを分析の対象とする手法をいいます。具体的には控除法と切下法の2種類があります。控除法とは関係する2項目の実数を比較して差額を求め、その差額の適否を検討する方法です。

一方、切下法とは企業の究極の支払能力、すなわち清算価値的な発想の下に、資産の財産換金価値を切下げの具体的な指標として評価する方法です。

いずれの方法を採用するにしても、単純実数分析は独立して有効なデータを提供できる場合は少なく、他の分析と連動して利用されることが多いです。

単純総合原価計算
≪1級原価≫
(たんじゅんそうごうげんかけいさん)

単一工程総合原価計算とも呼ばれるもので、総合原価計算の1形態です。単一種類または単一種類とみなしうる製品を単一工程で反復連続的に大量に生産している企業に適する原価計算の形態です。

〔計算式〕
　　完成品原価＝(月初仕掛品原価＋当月製造費用)－
　　　　　　　　月末仕掛品原価

単純分割計算
≪1級原価≫
(たんじゅんぶんかつけいさん)

1原価計算期間に発生した製造費用を、種々の工夫した生産データで分割して、製品単位原価を求める計算方法を分割計算テクニックといいます。

これには単純分割計算と等価係数計算がありますが、このうち前者は、原価額を単純に生産データで除して分割するもので、これによれば、すべての給付単位原価が同一となります。　　　　　　　　　　　　　　（☞等価係数計算）

単純分析
　≪1級分析≫
（たんじゅんぶんせき）

ある特定期間の損益計算書の項目について、その金額および内容等を分析することであり、単純に量的な分析を行うことを意味します。同様に貸借対照表における単純分析も、ある特定時点での単純な量的分析を意味しています。

これらの分析は、ある一定期間または一定時点の数値のみを対象としたものであり、この方法だけでは十分とはいえず、特殊比率や趨勢比率等の比率分析によってさらに踏み込んだ分析を行うことが必要です。

段取時間
　≪1級原価≫
（だんどりじかん）

作業開始前の作業準備や作業終了後の跡始末のための時間のことです。工具の交換取付け、機械の始動のための時間などがこれに当たります。賃金計算の対象となる就業時間は実働時間と手待時間とに分けられます。前者の実働時間はさらに加工時間と段取時間に分けられます。これは通常直接作業員が作業の一端として従事するものですから直接作業時間に含まれます。　　　　　　　　　　（☞就業時間、手待時間）

担保物件
　≪1級財表≫
（たんぽぶっけん）

債権の担保に供される物件をいいます。担保とは一般に、債務者が債務を履行しなかった場合に受ける債権者の危険を考慮してあらかじめ債務の弁済を確保し、債権者に満足を与えるために提供される手段をいいます。

ち

地域別分析　《1級分析》
（ちいきべつぶんせき）

建設業は屋外作業産業であり、その地域の天候・気候等に大きく左右されます。
例えば、雪寒地域と大都市周辺地域の企業の経営体質は大きく異なり、この意味からも経営比較または企業比較を行う前提として、地域別分析を行う意義は大きいといえます。
雪寒地域・大都市地域のほか、都道府県別等の分類が代表的です。

地代家賃　《2級》
（ちだいやちん）

現場事務所、倉庫、宿舎等の借地料、借家料を処理する科目です。借地料・借家料は、賃借した不動産等が現場事務所等で使用される場合は経費（工事原価）に含まれ、それ以外の本社や支店等で使用される場合には販売費及び一般管理費に計上します。（⇐工事原価、費用）

中間決算　《1級財表》
（ちゅうかんけっさん）

事業年度を1年とする会社において、利害関係者への情報提供機会を増加させるために中間時点で中間財務諸表を作成し、公表することをいいます。

中間財務諸表　《1級財表》
（ちゅうかんざいむしょひょう）

中間財務諸表とは、証券取引法の規定に基づき上場会社等が大蔵大臣に提出する目的で作成、開示されるものです。中間時点での公表が義務づけられる財務諸表であり、中間財務諸表作成基準に準拠しなければなりません。

中間財務諸表規則　《1級財表》
（ちゅうかんざいむしょひょうきそく）

正式には「中間財務諸表等の用語、様式及び作成方法に関する規則」といい、大蔵省令（昭和52年制定、最終改正平成6年）です。
年1回決算制が普及すると、企業内容開示の頻度および適時性が問題となりました。そこで、証券取引法の投資家保護の理念に立って、投資家の的確な投資判断に資するために、中

間会計期間に係る有用な会計情報の提供を目的として、中間時点において中間財務諸表の公表が義務づけられました。中間財務諸表は有価証券報告書の提出会社、いわゆる上場会社等に作成、開示が要求されます。中間財務諸表規則は、昭和52年に企業会計審議会がまとめた中間財務諸表作成基準が中間財務諸表の作成指針を示すにとどめ、その具体的な作成要領に触れていないのを受けて設けられた運用上の規定です。それは第一章総則、第二章中間貸借対照表の記載方法、第三章中間損益計算書の記載方法および第四章外国会社の中間財務書類から構成されています。

中間実績測定主義 ≪1級財表≫
（ちゅうかんじっせきそくていしゅぎ）

中間財務諸表作成を基本的にどのように考えるかについて、中間実績測定主義と年度業績予測主義の2つがあります。中間財務諸表の作成は半期を1つの独立した会計期間と考え、その間の業績を年間業績とは関係なく実績で測定しようとする方法です。投資者の的確な投資判断を可能ならしめるような投資情報を提供することを通じて、投資者保護を図る目的があります。

中間申告 ≪2級≫
（ちゅうかんしんこく）

法人税法は、事業年度が1年の会社に、6ケ月を経過した日から2ケ月以内に法人税等の中間申告納付をすることを求めています。申告方法は2通りあり、1つは前事業年度の税額の1/2に当たる法人税等を申告納付する方法です。他の1つは6ケ月間の所得金額を算出し仮決算を行い、それにより計算した法人税等を申告納付する方法です。いずれも確定申告では、中間申告分の税額は差引かれて納付することになります。中間申告時の納付額は仮払法人税等で処理します。

中間損益計算書 ≪1級財表≫
（ちゅうかんそんえきけいさんしょ）

中間損益計算書は中間貸借対照表とともに中間財務諸表の1つです。表示形式は、正規の決算に係る損益計算書に準じます。収益および費用に属する科目の明細は、中間会計期間に

係る会計情報の明瞭な表示を害しない範囲において集約して記載することが認められています。

中間貸借対照表 ≪1級財表≫
（ちゅうかんたいしゃくたいしょうひょう）

中間貸借対照表は中間損益計算書とともに中間財務諸表を構成するものです。表示形式は、正規の決算に係る貸借対照表に準じます。資産・負債・資本に属する科目の明細は、中間会計期間に係る会計情報の明瞭な表示を害しない範囲において、集約して記載することが認められています。

中間配当 ≪1級財表≫
（ちゅうかんはいとう）

事業年度を1年とする会社では、定款に規定して1営業年度に1回だけ営業年度中の一定の日を定めて、その日の株主に対して、取締役会の決議に基づいて金銭の分配ができることになっています。これを中間配当といいます。

中間配当額 ≪2級≫
（ちゅうかんはいとうがく）

中間配当を行う場合、その配当額を処理する科目です。中間配当は、繰越利益の額から控除されます。

〔仕訳例〕
平成×年9月20日取締役会において中間配当を次のとおり決定した。配当金700千円、利益準備金積立金として70千円積立てることにした。

中 間 配 当 額	700	株主配当金	700
利益準備金積立額	70	利益準備金	70
繰 越 利 益	770	中 間 配 当 額	700
		利益準備金積立額	70

中間配当金 ≪1級財表≫
（ちゅうかんはいとうきん）

（☞中間配当、中間配当額、中間配当に伴う利益準備金の積立額）

中間配当限度額 ≪1級財表≫ （ちゅうかんはいとうげんどがく）	資本充実のために商法は中間配当を無制限に認めず、商法第293条ノ5第3項において、中間配当限度額を定めています。これによれば、自己株式の取得や株式の消却等の特殊な事情がない限り、中間配当限度額は前年度末貸借対照表の純資産額より以下の金額を控除して求められます。 (1)前年度末資本金および準備金の額。 (2)前年度決算に関する定時株主総会において積み立てられた利益準備金および株主配当金や役員賞与金等の金銭の分配に関連して積立を要する利益準備金の額。 (3)前年度末、貸借対照表上の開業準備費、試験研究費および開発費の合計額が(1)および(2)の準備金の合計額を超過する額。 (4)前年度決算に関する株主総会において決定された株主配当金や役員賞与金の額および資本に組み入れた額。
中間配当に伴う利益準備金の積立額 ≪1級財表≫ （ちゅうかんはいとうにともなうりえきじゅんびきんのつみたてがく）	中間配当を行うときは、利益準備金が資本金の4分の1に達するまで、その金銭配当額の10分の1を社内に積立てなければなりません。この積立額は、中間配当額と同様に未処分利益を減少させることになります。
注記　≪1級財表≫ （ちゅうき）	利害関係者に適正な情報を開示するため、財務諸表本体を補足する目的で財務諸表に添付される注意書きをいいます。重要な会計方針・後発事象の開示、その他の注記等が企業会計原則・計算書類規則等によって定められています。
抽選償還 ≪1級財表≫ （ちゅうせんしょうかん）	社債の償還方法の1つで、社債発行後、一定期間据え置き、定期的に一定額ずつ利払時に償還していく方法です。社債が割引発行されているときには、社債の実利回りは高くなるので早期に償還される社債権者は有利です。よって社債権者へ不公平を生ずることから抽選によって償還します。当たった人はその時点で券面額で償還してもらえるものです。

注文獲得費 ≪1級原価≫
（ちゅうもんかくとくひ）

注文履行費に対する概念で、需要を喚起し売上注文を獲得する一連の費用のことです。具体的には、市場調査費・製品計画費・広告宣伝費・販売促進費・人的販売費などがこれに当たります。

注文履行費 ≪1級原価≫
（ちゅうもんりこうひ）

注文獲得費に対する概念で、獲得した売上注文を履行するに要する一連の費用のことです。具体的には、包装費・輸送費・保管費・荷役費・集金費などがこれです。

長期正常操業度 ≪2級≫
（ちょうきせいじょうそうぎょうど）

予定配賦率を求める算式の分母に当たる基準操業度の1つです。長期すなわち数年間の平均化された操業度をいい、長期利益計画を重視する企業で採用されます。

〔計算式〕

予定配賦の方法

$$\text{予定配賦率} = \frac{\text{一定期間の工事間接費予定額（予算額）}}{\text{同上期間の予定配賦基準数値（基準操業度）}}$$

$$\text{各工事への予定配賦額} = \text{各工事の配賦基準数値} \times \text{予定配賦率}$$

長期性預金 ≪1級財表≫
（ちょうきせいよきん）

定期預金、定期積金等のうち、その期限が決算期後1年を超えて到来する預金をいいます。預金の区分基準は1年基準によって次のように取扱われます。

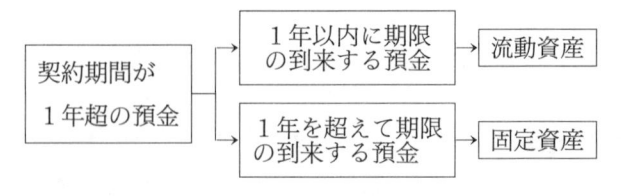

契約期間が1年超の預金
→ 1年以内に期限の到来する預金 → 流動資産
→ 1年を超えて期限の到来する預金 → 固定資産

長期の請負工事 ≪1級財表≫
（ちょうきのうけおいこうじ）

工期が2事業年度またはそれ以上にわたる請負工事をいいます。企業会計原則では、長期請負工事に係る工事収益の計上について、工事進行基準または工事完成基準のいずれかを選択適用することができるとしています。

長期前払費用 ≪2級≫ （ちょうきまえばらいひよう）	前払費用のうち、費用となる時期が決算日後1年以上経過してから到来するものをいいます。長期前払利息、長期前払保険料等を総称した勘定です。　　　　　　　　（☞投資等） 〔仕訳例〕 　本社事務所用の地代360千円が販売費及び一般管理費に計上されていたが、当期分は6ケ月分で、残りは来期以降の前払であることが決算整理で明らかになった。（1ケ月10千円） 　　前払費用（地代）　120／支払地代　300 　　長期前払費用（地代）180／
長期予算 ≪1級原価≫ （ちょうきよさん）	予算は経営方針や経営計画に基づき、短期までは長期で編成されますが、一般的に予算編成期間が3〜5年のものを長期予算といいます。　　　　　　　　　　　　　（☞短期予算）
調査研究費 ≪3級≫ （ちょうさけんきゅうひ）	技術研究、工法開発等の費用のことです。（⇐販売費及び一般管理費） 〔仕訳例〕 　外部に委託していた調査費50千円を現金で支払った。 　　調査研究費　50／現金　50
帳簿 ≪4級≫ （ちょうぼ）	企業の経営活動を記録・計算するための書式のことで、「日付欄」・「摘要欄」・「金額欄」の3つを備えているものをいいます。帳簿には、企業活動のどの側面を記録・計算するかによって種々のものがありますが、大別すると主要簿と補助簿からなっています。　　　　　　　（☞主要簿、補助簿）
帳簿決算 ≪3級≫ （ちょうぼけっさん）	（☞決算）

帳簿組織の基本形態 ≪2級≫ （ちょうぼそしきのきほんけいたい）	複式簿記の基本的な帳簿組織の流れは、原始記録を基に取引の発生順に仕訳帳→総勘定元帳の転記という形をとっています。しかし、取引が複雑になるに従い、経営管理上必要な情報を的確に把握するために補助簿の必要が生じてきました。その主なものに毎日記帳する現金出納帳があります。 （☞単一仕訳帳、元帳制）
直接記入法 ≪2級≫ （ちょくせつきにゅうほう）	減価償却の記帳方法に直接記入法と間接記入法との2つがあります。直接記入法は、毎期の減価償却相当額を資産の減少としてそれぞれの固定資産勘定の貸方に記入し、その分だけ帳簿価額を直接的に引下げ、引下げ後の帳簿価額を翌期の期首残高とする勘定記入方法です。この方法では固定資産の取得原価や減価償却累計額を簡単に知ることはできません。
直接原価基準 ≪2級≫ （ちょくせつげんかきじゅん）	工事間接費を各工事へ配賦する場合の配賦基準の1つです。直接材料費・直接労務費・直接外注費・直接経費の合計額、すなわち直接原価を配賦基準として用います。 （☞直接材料費基準、直接賃金（労務費）基準）
直接原価法 ≪1級原価≫ （ちょくせつげんかほう）	工事間接費を各工事に配賦する場合の配賦基準の1つで、直接原価基準ともいわれるものです。 一原価計算期間に発生した工事間接費を各工事の直接材料費・直接労務費・直接外注費・直接経費の合計金額を基準として配賦計算する方法です。（☞直接材料費法、直接労務費法）
直接工事費 ≪1級原価≫ （ちょくせつこうじひ）	特定の工事現場内部において、いくつかの工事（基礎工事・コンクリート工事・鉄筋工事等）が行われるとき、工事種類別に原価計算することを工種別原価計算といいますが、この工種別原価を特定の工事現場単位で集計したものをいいます。 （☞工事直接費、純工事費）

直接材料費基準 ≪2級≫
（ちょくせつざいりょうひきじゅん）

間接費を各工事に配賦する場合の価額基準の1つです。直接材料費の価額を配賦基準とします。配賦基準には価額基準、時間基準、数量基準、売価基準があり、価額基準は、ほかに直接労務費基準、直接原価基準等があります。

（☞直接賃金基準、直接作業時間基準）

〔計算式〕

工事間接費 × ○○工事の直接材料費 / 全工事の直接材料費の合計 ＝ ○○工事の工事間接費配賦額

または

工事間接費÷全工事の直接材料費の合計＝配賦率
○○工事の直接材料費×配賦率＝○○工事の工事間接費配賦額

直接材料費プラス直接労務費基準 ≪2級≫
（ちょくせつざいりょうひぷらすちょくせつろうむひきじゅん）

工事間接費を各工事に配賦する場合の価額基準の1つです。直接材料費と直接労務費を合わせたものを素価と呼んでいますので、素価基準ともいわれます。物と人によって加工製造する家内工業的生産形態に適した価額基準の1種といえるでしょう。

直接材料費法 ≪1級原価≫
（ちょくせつざいりょうひほう）

直接材料費基準法ともいい、工事間接費を各工事に配賦する場合の配賦基準の1つです。1原価計算期間に発生した工事間接費を、各工事の直接材料費を基準として配賦計算する方法です。
工事間接費の発生が、主として直接材料費の発生に比例している場合に適切な方法といえます。

（☞直接賃金法、直接原価法）

直接作業時間基準 ≪2級≫
（ちょくせつさぎょうじかんきじゅん）

工事間接費を各工事に配賦する場合の配賦基準の1つです。時間基準（直接作業時間基準・機械運転時間基準・車両運転時間基準）による方法に含まれます。直接作業時間基準の算式は下記のとおりで、それによって各工事への配賦額を計算

し、工事間接費配賦表を作成します。

（☞直接材料費基準、直接賃金基準）

〔計算式〕

直接作業時間基準

$$\text{工事間接費} \times \frac{\text{○○工事の直接作業時間}}{\text{全工事の直接作業時間の合計}} = \text{○○工事の工事間接費配賦額}$$

または

$$\text{工事間接費} \div \text{全工事の直接作業時間の合計} = \text{配賦率}$$

$$\text{○○工事の直接作業時間} \times \text{配賦率} = \text{○○工事の工事間接費配賦額}$$

直接作業時間法
《1級原価》
（ちょくせつさぎょうじかんほう）

工事間接費を各工事に配賦する場合の配賦基準の1つで、直接作業時間基準ともいいます。1原価計算期間に発生した工事間接費を各工事の直接作業時間を基準にして配賦計算する方法です。

工事間接費の発生が、人間の労働用役を中心とした生産活動に比例的である場合に適切な方法です。

（☞機械運転時間法、車両運転時間法）

直接賃金基準
《2級》
（ちょくせつちんぎんきじゅん）

工事間接費を各工事に配賦する場合の価額基準の1つです。工事間接費の発生が、工事に直接的に従事する労務者賃金と密接に関係している企業では適切な基準といえます。算式は直接材料費基準の算式中、直接材料費を直接賃金あるいは労務費に置換えたものです。

（☞直接材料費基準、直接作業時間基準）

直接賃金法
《1級原価》
（ちょくせつちんぎんほう）

工事間接費を各工事に配賦する場合の配賦基準の1つで、直接賃金基準あるいは直接労務費法ともいいます。
1原価計算期間に発生した工事間接費を各工事の直接賃金額を基準として配賦計算する方法です。

工事間接費の発生が、主として工事に直接従事する作業員の

賃金と比例的である場合に適切な方法です。
（☞直接材料費法、直接原価法）

直接配賦法　＜2級＞
（ちょくせつはいふほう）
部門費の振替計算方法の1つです。補助部門費を工事部門（施工部門）に配賦する際、補助部門相互間のサービスの授受を無視して、工事部門のみに配賦する方法で、他の方法に比べ簡便な手法です。　（☞階梯式配賦法、相互配賦法）

直接費　＜2級＞
（ちょくせつひ）
原価の構成要素を計算対象との関連で分類すると直接費と間接費になりますが、建設業ではこの分類で工事直接費と工事間接費に分けられます。工事直接費には直接材料費、直接労務費、直接外注費、直接経費があげられます。特定工事の工事原価として直接認識できるということが重要になります。（⇐工事原価）

直接労務費プラス外注費基準　＜2級＞
（ちょくせつろうむひぷらすがいちゅうひきじゅん）
工事間接費を各工事に配賦する場合の価額基準のうちの1方法です。建設業では外注を含む工事労務費の割合が多いときに選択できる方法です。ただし、作業現場の形態により材料購入と外注に含む材料との区別が難しい場合、外注費より材料費分を除くのが不可能なので、他の基準を選択する方がよいでしょう。

貯蔵品　＜3級＞
（ちょぞうひん）
手持ち工事用原材料、仮設材料など以外の、機械部品等の消耗工具器具および備品ならびに事務用消耗品等のうち、未成工事支出金または販売費及び一般管理費として処理されなかったもので貯蔵している分を処理する勘定です。上記の消耗工具器具および備品のうち、固定資産として計上すべきものは除かれます。（⇐資産）
　　(注)企業は、多量の事務用品等をまとめて購入することがあります。その場合、購入額の全額を購入時に事務用消耗品費等の勘定で処理しておき、決算期末に未使用分を事務用消

耗品費勘定等の残高から貯蔵品勘定に振り替える処理が一般的です。

〔仕訳例〕
決算期末に事務用品の実地棚卸しをした結果、未使用の事務用品260千円があることが判明した。なお、この事務用品は購入時に事務用消耗品費で処理したものである。

貯蔵品　260／　事務用消耗品費　260

直課法 ≪1級原価≫
（ちょっかほう）

材料の購入原価は、原則として下記によります。

材料購入原価＝材料主費＋材料副費

直課法とは、材料副費をその発生に帰する購入材料代価に直接的に賦課する方法をいいます。これは、引取運賃などのように各材料の購入口別に把握しやすい費目に適しています。

（☞材料主費、材料副費、配賦法）

賃金支払帳 ≪3級≫
（ちんぎんしはらいちょう）

従業員別に賃金支払いの明細を記入する帳簿のことです。支払賃金の計算に用いられます。

賃金仕訳帳 ≪2級≫
（ちんぎんしわけちょう）

賃金支払帳で把握した当月支払高に未払賃金を加減して計算した賃金消費額のうち、直接労務費分を「未成工事支出金」欄に、間接労務費分を「工事間接費」欄に細分化して記載する帳簿のことです。

〔図表〕

賃　金　仕　訳　帳

年月日	作業票	番号又は枚数	借　　　方		貸　方
			未成工事支出金	工事間接費	賃　金

(「未成工事支出金」欄には直接労務費分、「工事間接費欄」には間接労務費分を示します。)

賃金生産性 ≪1級分析≫
(ちんぎんせいさんせい)

生産性は、一般的には生産要素の投入高に対する産出高の関係をいいます。投入高は労働、設備、原材料、資本などがあります。一方産出高は、物量や価値（金額）で把握されます。賃金生産性は投入高を人件費、産出高を付加価値として生産性の測定をする比率です。

〔計算式〕

$$\text{賃金生産性（人件費対付加価値比率）} = \frac{\text{付加価値}}{\text{人件費}} \times 100$$

賃率差異 ≪1級原価≫
(ちんりつさい)

予定賃率と実際賃率との差異または標準賃率と実際賃率との差異に基づいて生じる労務費差異をいいます。材料費でいう価格差異に相当するものです。
(1) 実際原価計算では
　　（予定賃率－実際賃率）× 実際作業時間
(2) 標準原価計算では
　　（標準賃率－実際賃率）× 実際作業時間
いずれの計算においても、マイナスの場合には不利差異、プラスの場合には有利差異と判定します。
　　　　　　　　　　　　　（☞価格差異、時間差異）

つ

追徴税 ≪1級財表≫
(ついちょうぜい)

（☞追徴税額）

追徴税額 ≪1級財表≫
(ついちょうぜいがく)

追加的に納付される法人税または住民税をいい、損益計算書上は、当期の負担に属する法人税及び住民税と同列に扱われることになります。しかし、重要性の乏しい追徴税額は損益

計算書上、法人税、住民税及び事業税の科目に含めて記載することができます。

通貨スワップ ≪1級財表≫
（つうかすわっぷ）

（☞スワップ取引）

通貨代用証券 ≪3級≫
（つうかだいようしょうけん）

名宛人（金融機関）に要求すれば通貨に引き換えることができる証券のことです。他人振出小切手、送金小切手、郵便為替証書などがあります。（⇦資産）

通信費 ≪4級≫
（つうしんひ）

営業および一般事務に要した連絡・通信用の切手類の購入費、電話料等の支払額を処理する勘定です。（⇦販売費及び一般管理費）

〔仕訳例〕
9月分の電話料20千円を全国銀行当座預金から自動引落しされた旨の通知書を受取った。
　通信費　20／　当座預金　20

通知預金 ≪3級≫
（つうちよきん）

預金してから7日以上据置き、2日前に予告して引出すことのできる預金のことです。（⇦資産）

〔仕訳例〕
全国銀行より4,000千円借入れし、とりあえず通知預金とした。
　通知預金　4,000／　借入金　4,000

月割経費 ≪2級≫
（つきわりけいひ）

工事原価のうち経費の発生額を測定する方法の1つです。経費の支払額ないしは発生額が1年または長期間にわたる場合、それらの額を通常の原価計算期間の1ヶ月に割り当てて、その月の発生額を測定する経費のことです。減価償却費が最も代表的な月割経費で、その他に保険料、賃借料、租税

公課等も1ケ月ごとの月割経費として負担額が計算できます。

付替価格 ≪1級財表≫
（つけかえかかく）

本支店会計において、本支店間や支店相互間の取引で用いられる社内価格であり、一般には原価に内部利益を加算した価格です。その場合、付替価格を付した商品等が決算日現在在庫としていれば、当該在庫価額に含まれている利益相当分は全社的にみると未実現利益となります。こうした本支店間の取引から発生した未実現利益を内部利益といい、全社的な損益計算の観点からこれを控除する手続を内部利益の控除といいます。
（☞内部利益の控除、振替価格）

積上げ型予算 ≪1級原価≫
（つみあげがたよさん）

積上げ型予算とは、天下り型予算に対するもので、経営方針や経営計画に基づいて予算編成されますが、その場合の予算のタイプの1つです。

これは、各部門での自主的な予算編成を尊重し、これを若干修正することで総合予算化する予算編成方式です。
（☞天下り型予算）

積立金・準備金の取崩順位 ≪1級財表≫
（つみたてきんじゅんびきんのとりくずしじゅんい）

決算の結果、損失が生じた場合には繰越利益で塡補し、なお損失が残る場合は、そのまま次期繰越損失として繰り越すか、塡補しなければなりません。この損失処理は法令に反しないように欠損塡補の順序に従って資本勘定を取崩さなければなりません。①任意積立金 ②その他の資本剰余金 ③利益準備金 ④資本準備金 の順となります。

積立金の目的取崩 ≪1級財表≫
（つみたてきんのもくてきとりくずし）

特定目的の積立金をその目的のために取崩すことをいいます。積立金の目的取崩額は、取崩期の、未処分利益の増加要素として損益計算書の未処分利益計算区分に記載されます。ただし、配当平均積立金の目的取崩しや別途積立金の取崩しは株主総会の承認が必要で、その取崩額は利益処分計算書に

記載されます。

ツリー分析法 ≪1級分析≫
(つりーぶんせきほう)

企業全体の評価を総合的に検討するときに用いられる手法の1つで、企業全体の評価を樹木（ツリー）の生育ぶりで表現する方法です。企業の実態を図形化して、視覚に訴えて表現しようとするもので、日本経済新聞社の日経テレコム経営情報で採用されており、その具体的な経営指標と樹木の姿との関連は以下のようになっています。なお、ある業種の平均値による樹木と、評価対象企業の実際値による樹木を比べた例は以下のようになります。

　　　　　　　（経営指標）　　　　　　　（樹木の姿）
(1)　総資本回転率……………………枝の張り具合と小枝の数
(2)　従業員1人当り売上高………幹の太さ
(3)　総資本経常利益率……………果実の数
(4)　5年間平均増収率……………葉の多少
(5)　売上高……………………………木の高さ
(6)　自己資本比率…………………根の張り具合

　　　平均値 　　　　　甲社 　　　　　乙社
　　　　　　　　　　　　　　（☞総合評価）

低価基準 ≪1級財表≫
(ていかきじゅん)

低価法ともいわれ、原価と時価とを比較し、いずれか低い価額で評価する方法です。したがってこの方法はある時は原価で、またある時は時価で評価することになるので理論的一貫性がなく、期間損益計算の見地から、合理性をもたないとも

いわれています。しかしながら古くから認められた慣行的評価思考であり、企業会計原則も特定の資産の評価基準として容認するところで、実務界において広く支持されています。

定額資金前渡制度 ≪3級≫
（ていがくしきんまえわたしせいど）

（☞インプレスト・システム）

定額法 ≪3級≫
（ていがくほう）

固定資産の減価償却費を計算する方法の1つです。
固定資産の取得原価から残存価額を差し引いた残額を耐用年数で除して減価償却費を計算します。

〔計算式〕
減価償却費＝（取得原価－残存価額）÷耐用年数

定期預金 ≪3級≫
（ていきよきん）

預入れ期間を3ケ月、6ケ月、1年、2年等と定め、原則として期日まで払戻しの請求ができない預金のことです。（⇦資産）

〔仕訳例〕
　普通預金500千円を定期預金とした。
　　定期預金　500／　普通預金　500

逓減費 ≪1級原価≫
（ていげんひ）

操業度の増減に対する原価発生の様相によって分類される原価の1つです。操業度の上昇と原価の増加を比較し、その割合が操業度の上昇よりも小さい原価要素をいいます。燃料費、補助材料費等がこれに当たります。
したがって、広義には変動費に属しますし、不足比例費ともいい逓増費に対するものです。　　　　（☞逓増費、比例費）

ディスクロージャー ≪1級分析≫
（でぃすくろーじゃー）

企業外部の利害関係者（株主、投資家、債権者など）に、企業内容を開示することをいいます。わが国の企業内容開示制度（ディスクロージャー制度）の主なものには、株主や債権

者などの保護を目的とした商法に基づく開示制度と、投資者の保護を目的とした証券取引法に基づく開示制度があり、株式会社でその株式が上場されている場合には両方の制度の適用を受けることになります。なお、建設業の場合は、建設業法に基づく開示制度の適用も受けます。

逓増費 ≪1級原価≫
（ていぞうひ）

操業度の増減に対する原価発生の様相によって分類される原価の1つです。操業度の上昇と原価の増加を比較し、その割合が操業度の上昇よりも大きい原価要素をいいます。残業手当等がこれに当たります。

したがって、広義には変動費に属しますし、超比例費ともいい逓減費に対するものです。　　　　　　　（☞逓減費、比例費）

定率法 ≪3級≫
（ていりつほう）

固定資産の減価償却費を計算する方法の1つです。

固定資産の未償却残高（取得原価－減価償却累計額）に一定の償却率を乗じて減価償却費を計算します。　（☞定額法）

〔計算式〕

減価償却費＝未償却残高×償却率

　定率法での償却率（例示）

償却年数	2年	3年	4年	5年	6年	7年	8年	9年	10年
償却率	0.684	0.536	0.438	0.369	0.319	0.280	0.250	0.226	0.206

手形裏書義務 ≪2級≫
（てがたうらがきぎむ）

期日前に所有手形を裏書譲渡した場合、受取手形勘定は消滅しますが、法律上はまだ手形債務を間接的に負うため偶発債務となります。この偶発債務を対照勘定により処理したときに用いる勘定です。

常に、手形裏書義務見返勘定と対にして用いられます。

（☞裏書譲渡）

〔仕訳例〕

　得意先甲社より受け取った手形700千円を仕入先へ裏書した。

	工事未払金　　700／　受取手形　　　700
	手形裏書義務見返　700／　手形裏書義務　700
	当該手形が決済されたとき
	手形裏書義務　　700／　手形裏書義務見返　700

手形裏書義務見返 ≪2級≫
(てがたうらがきぎむみかえり)
（☞手形裏書義務）

手形貸付金 ≪3級≫
(てがたかしつけきん)
借用証書のかわりに手形を振出させて貸付けをした場合にこの勘定を用います。（⇦資産）　　　　　（☞受取手形）
〔仕訳例〕
　甲工務店に現金1,500千円を1年間の約束で貸し付け、同店振出しの約束手形を受取った。
　　手形貸付金　1,500／　現金　1,500

手形借入金 ≪3級≫
(てがたかりいれきん)
銀行等から資金を借入れる場合、借用証書を差入れる代わりに、約束手形を振出して借入れをするときに用いる勘定をいいます。金銭を借入れるために振出す手形であるので金融手形といい、商取引に基づいて振出される商業手形（支払手形勘定）と区別されます。（⇦負債）
〔仕訳例〕
　約束手形を振出し、南北銀行から1,500千円を借入れ、利息40千円を差引かれ、残金を当座預金とした。
　　当座預金　1,460／　手形借入金　1,500
　　支払利息　　 40／

手形の更改 ≪2級≫
(てがたのこうかい)
手形の支払人は、その決済が難しい場合、手形の支払期日前に手形所持人に対して手形の支払期日延長を頼み、手形所持人の同意が得られれば、支払人は新しい手形を振出して旧手形と交換します。これを手形の更改または手形の書替とい

い、多くの場合、新しく振出した手形には、期間延長に対応する利息を加算します。

〔仕訳例〕

東京建設㈱は、かねて工事用材料の仕入先である青森建材社宛に振出していた約束手形の期日延長を申し出、了承を得られたので、延長期間に対する利息1.3千円加算した約束手形101.3千円を振出した。

　　支　払　手　形　100　／　支払手形　101.3
　　支払利息割引料　1.3／

手形の不渡り ≪2級≫
（てがたのふわたり）

手形の支払期日に支払いを拒絶される場合をいいます。この場合の手形を不渡手形と呼びます。銀行に依頼して割引いた手形、また取引先に裏書譲渡した手形もそれぞれ返送されてきます。これらの不渡手形は現金等で買戻しをしなければなりません。また6ケ月の間に2回不渡手形を出すと、銀行取引停止となります。

〔仕訳式〕

取立依頼の手形600千円が不渡りになった。

　　不渡手形　600／　受取手形　600

手形の簿記上の分類 ≪2級≫
（てがたのぼきじょうのぶんるい）

手形は法律上、約束手形と為替手形に分類されますが、簿記上の分類では発生原因となる取引の性質に基づき、営業手形、営業外手形、金融手形、営業保証手形等に細分されます。

手形割引義務 ≪2級≫
（てがたわりびきぎむ）

期日前に所有手形を割引した場合、受取手形勘定は消滅しますが、法律上はまだ手形債務を間接的に負う義務があります。この偶発債務を対照勘定法により処理した場合に用いる勘定です。常に手形割引義務見返勘定と対にして用いられます。

　　　　　　　　　　　　　（☞対照勘定、遡及義務）

〔仕訳例〕

手許資金の不足により、取引先乙社振出の約束手形300千円を取引銀行にて割引き、割引料2千円を差し引かれ、手取金を当座預金とした。(偶発債務の処理は対照勘定法による。)

　当 座 預 金　298　／　受取手形　　　　300
　支払利息割引料　　2　／　手形割引義務　　300
　手形割引義務見返　300／

当該手形が決済された時
　手 形 割 引 義 務　300／　手形割引義務見返　300

手形割引義務見返 ≪2級≫
（てがたわりびきぎむみかえり）

（☞手形割引義務）

手待時間 ≪1級原価≫
（てまちじかん）

時間給を採用する場合に、賃金支払いの対象となるのは就業時間です。この就業時間は実働時間と手待時間に区分されます。

手待時間とは作業員の責任によるものではなく、主として管理上の不備によって生じる不働時間をいいます。

　例　指示待ち手待、材料手待、停電回復手待等

これは、従業員の責任ではないので賃金支払いの対象となります。　　　　　　　　　　　（☞段取時間、就業時間）

デリバティブ ≪1級財表≫
（でりばてぃぶ）

本来の金融市場から派生してできた派生的金融商品ないしは金融派生商品という意味であり、先物取引やオプション取引をさします。

デリバティブ取引により生じる正味の債権および債務については、時価をもって貸借対照表価額とします。また、その時価が変動することで生じる評価差額は、ヘッジに係るものを除き、当期の損益として処理します。

転換株式 《1級財表》
（てんかんかぶしき）

定款に定められた範囲内で、ある種類の株式を他の種類の株式に転換できることを認められた株式のことをいいます。
転換株式が発行される理由は営業状況が悪化しているような場合、まず優先株を発行しておき、将来業績が回復したときに、株主が有利と考える他の株式への転換を認めるためです。

転換社債 《1級財表》
（てんかんしゃさい）

社債の一種で、将来の一定期間内に社債権者の株式転換請求があれば株式への転換が認められるものです。株式への転換により株主持分が増加します。商法では、転換により交付される株式の発行価額は、当該転換社債の発行価額による旨を規定しています。わが国では通常の社債が割引発行によるのに対して転換社債は平価発行によるのが通例です。

転換請求 《1級財表》
（てんかんせいきゅう）

転換社債の所有者が株式への転換を請求したときは、会社はこれに応じて、所定の新株式を交付しなければなりません。このような場合を転換請求といいます。

転換比率 《1級財表》
（てんかんひりつ）

転換社債の株式への転換比率をいいます。社債1,000円に対し、株式何株というように決められます。

転記 《4級》
（てんき）

通常、仕訳帳の記録を総勘定元帳の各勘定口座へ書き移すことをいいます。

電気通信施設利用権 《2級》
（でんきつうしんしせつりようけん）

無形固定資産に属する勘定科目の1つです。事業用電気通信設備の設置に要する費用の負担額等を記載します。

伝統的コスト・コントロール　《1級原価》 （でんとうてきこすとこんとろーる）	「原価計算基準」が定義している原価管理のことをいいます。 これによれば、 (1)原価の標準を設定してこれを指示する (2)原価の実際発生額を計算・記録する (3)実際発生額と標準原価とを比較して、その差異の原因を分析する (4)これ等の結果を経営管理者に報告をして、原価能率を増進する措置を講ずる という手順で原価管理活動を実施して、原価の低減を図ることを目的とするものです。
伝票　《3級》 （でんぴょう）	取引の要点を記録するために用いられる証憑をいいます。日付、取引内容、金額、数量、相手先および自社担当者、押印等を記入する欄を備えています。 伝票には、記録の目的別に、仕入伝票、入金伝票、出金伝票、振替伝票等があります。
テンポラル法　《1級財表》 （てんぽらるほう）	属性法ともいわれ、現金預金、債権・債務および現在価格（時価評価）で維持されている資産・負債には決算日レートを、過去価格（原価評価）で維持されている資産・負債には取引日レートを適用して円貨額に換算する方法です。 　　　　　　　　　　　　　　　　（☞流動・非流動法）
電話加入権　《2級》 （でんわかにゅうけん）	無形固定資産における勘定科目の1つです。電話の加入料や施設負担金などを記載します。 〔仕訳例〕 　電話架設のため工事負担金72千円、加入料1千円を現金で支払った。 　　　電話加入権　73／　現　金　73

と

等価係数計算 ≪1級原価≫
(とうかけいすうけいさん)

原価を配分する基準となる重要度またはウェイトのことをいいます。これは設定基準により、物量的等価係数と経済的等価係数とに区分されます。
等価係数計算とは、これらの等価係数を用いて、製品単位原価に差別が生じるように分割する計算をいいます。
（☞物理的等価係数、経済的等価係数）

当期業績主義損益計算書 ≪1級財表≫
(とうきぎょうせきしゅぎそんえきけいさんしょ)

期間損益計算は1会計期間の正常な収益力を示すべきものであり、そのために当期に属する期間損益計算と期間外損益計算とを区分した損益計算書をいいます。当期業績主義損益計算書は、当期の正常な企業活動に基づく経常的、反復的な損益項目に限定して作成される損益計算書のことであり、臨時損益、非経常的、非反復的な損益項目を除外したものをいいます。昭和49年修正前の企業会計原則は当期業績主義損益計算書を採用していましたが、同修正により包括主義損益計算書にあらためました。　　　　（☞包括主義損益計算書）

当期施工高 ≪1級分析≫
(とうきせこうだか)

企業の手持工事高を測定するために下記の計算式により求められます。当期施工高の増減率を比較することは、企業の成長性を測る1指標として利用されます。同様の情報として官公庁と民間に区分された手持工事高があり、これらの増減率分析も企業の成長性を分析する際に有用です。

〔計算式〕

$$当期施工高 = \frac{当期建設事業}{売上高} + \frac{次期繰越}{施工高} - \frac{前期繰越}{施工高}$$

当期損失 ≪4級≫
(とうきそんしつ)

決算で、費用が収益を上回った場合、その上回った額のことをいいます。次の式で表されます。

　　収益＜費用→当期損失

動機づけコスト・コントロール　≪1級原価≫
（どうきづけこすとこんとろーる）

コスト・コントロール活動の第一段階のことをいいます。
すなわち、建設業の原価管理は各工事別に設定される実行予算を中核として実施されますが、この予算は、現場の作業管理者も参加して達成可能な目標原価として編成されなければならないとして、実行予算の編成段階を動機づけと位置づける考え方のことです。　　　　　（☞コスト・コントロール）

動機づけコントロール　≪1級原価≫
（どうきづけこんとろーる）

事後性の強かった伝統的コントロールに代わって登場してきた原価管理概念の1つです。
これは、原価管理の実施に先立って、事前に、担当者に原価意識をもたせるための一連の管理技術をいいます。
具体的には原価意識とは、原価を理解し、それが達成可能なものであり、合理的なものであると納得させ達成しようとする意欲を持たせることです。　　　（☞日常的コントロール）

当期未処分利益　≪2級≫
（とうきみしょぶんりえき）

損益計算書の最終利益として算定・表示される利益の名称です。その額は貸借対照表の剰余金の区分にも表示されます。その額は損益計算書において当期利益に前期繰越利益と任意積立金の目的取崩額を加算し、中間配当額とそれに伴う利益準備金積立額を減算して算定します。これは決算日後3ケ月以内に開催される株主総会で利益処分の対象となる金額です。

当期未処理損失　≪1級財表≫
（とうきみしょりそんしつ）

損益計算書の最終損失として算定・表示される損失の名称です。その額は貸借対照表の剰余金または欠損金の区分にも表示されます。決算において計算された当期損失は、前期繰越利益もしくは前期繰越損失とともに未処分利益勘定もしくは未処理損失勘定に集計されて、株主総会の決議を待つことになります。
なお、決算期末に計算された未処理損失は、当該企業の資本の部を取崩すことにより填補するのが一般的で、この場合の

取崩しの優先順位は(1)任意積立金、(2)利益準備金、(3)資本準備金、(4)資本金　の順になります。

等級製品　≪1級原価≫
（とうきゅうせいひん）

同種製品だが、形状、重量、品質等の相違のある製品を等級製品といいます。総合原価計算において、連続生産する製品にまったく差別がない場合に適用されるのが単純総合原価計算であり、これに対して、同種製品ではあるがその製品の厚さ、太さ、長さ、形状、品質、重量等の相違がある場合に適用されるのが等級別総合原価計算です。

当期利益　≪4級≫
（とうきりえき）

決算で、収益が費用を上回った場合、その上回った額のことをいいます。次の式で表されます。

　　　収益＞費用→当期利益

当座　≪3級≫
（とうざ）

(☞当座預金、当座借越)

当座借越　≪3級≫
（とうざかりこし）

当座預金の残高を超した金額のことで、銀行からの借入金と同じです。当座預金の引出しは、通常当座預金残高までが限度ですが、あらかじめ銀行と当座借越契約を結んで借越限度額を定めておけば、その限度まで当座預金残高を超えて小切手を振出すことができます。当座借越の処理には、当座二勘定制と一勘定制とがあります。二勘定制は当座預金勘定の他に当座借越勘定を設けますが、一勘定制の場合は、当座勘定だけで処理します。

〔仕訳例〕
京都建材に対する未払代金130千円の支払いのため小切手130千円を振出した。ただし、当座預金残高は95千円、当座借越限度額は250千円である。（二勘定制）

　　工事未払金　130　／　当座預金　95
　　　　　　　　　　／　当座借越　35

当座資産 　　≪1級分析≫ （とうざしさん）	流動資産のうち、現金預金、受取手形（割引手形および裏書手形は除きます）、完成工事未収入金、有価証券、未収入金などの比較的短期間に換金可能な資産をいいます。なお、受取手形や完成工事未収入金などに対して貸倒引当金がある場合には、貸倒引当金は回収不能見積額ですから控除する必要があります。当座資産は、現金化が速く、負債などの支払財源として確実な資産といえます。　　　　　　（☞当座比率）
当座的コスト・コントロール 　　≪1級原価≫ （とうざてきこすとこんとろーる）	工事進行中に、定期的に原価を集計し、報告することによって、各種の管理表を作成して行う原価管理をいいます。 　　　　　　　　　　　　　　　　　　　（☞基準標準原価）
当座標準原価 　　≪1級原価≫ （とうざひょうじゅんげんか）	標準原価はその改定頻度との関連で当座標準原価と基準標準原価とに大別されます。前者は、作業条件の変化や価格要素の変動を考慮して短期的に適用される原価です。適用期間中は達成可能な標準原価としての役割を果します。 原価管理目的ばかりでなく、棚卸資産評価や売上原価算定のためにも利用されるものです。　　　　　（☞基準標準原価）
当座比率 　　≪1級分析≫ （とうざひりつ）	流動負債に対する当座資産の割合をみる比率で、短期的な債務である流動負債を当座資産で支払う能力がどの程度あるのかを表します。当座資産は、流動資産のなかでも換金性の高い資産ですから、この比率は、流動比率よりも厳格に企業の短期的な支払能力をみるもので、酸性試験比率ともいわれ、流動比率の補助比率として用いられます。この比率は高いほど良く、100％以上あることが理想とされています。 　　　　　　　　　　　　　　　（☞流動比率、当座資産）

〔計算式〕

（一般的な算式）

$$当座比率(\%) = \frac{当座資産}{流動負債} \times 100$$

（建設業の算式）

$$当座比率(\%) = \frac{当座資産}{流動負債 - 未成工事受入金} \times 100$$

（注） 建設業の未成工事受入金は、実質的には債務といえないので、一般的な算式の分母の流動負債より、それを控除して計算する比率です。

当座預金 ≪4級≫
（とうざよきん）

金融機関との当座預金契約に基づく預金のことです。この預金から引出す場合は小切手を振出します。約束手形を振出す場合は当座預金取引が必要で、手形の期日に手形金額が当座預金から引落されます。当座預金には利息がつきません。
（⇐資産）

〔仕訳例〕

備品購入のため、小切手を500千円振出して支払った。
　　備品　500／　当座預金　500

当座預金出納帳 ≪4級≫
（とうざよきんすいとうちょう）

当座預金の預け入れと小切手の振出しによる引出し取引が発生順に記帳される補助簿です。

投資 ≪2級≫
（とうし）

（☞投資等）

投資等 ≪2級≫
（とうしとう）

固定資産における項目の1つです。投資等は長期資産をいい、投資と長期前払費用に大別されます。投資には長期利殖目的、他企業の支配・特定関係の保持目的のために保有する有価証券・公社債・出資金・長期貸付金・投資等不動産等があります。また長期前払費用には前払費用のうち、費用とな

る時期が決算日後1年以上経過してから処理する長期前払保険料等があります。固定資産としての投資は、時価の変動に関係なく取得原価が原則ですが、投資株式や長期保有の社債については、時価や実質価額が著しく下落したときは相当の減額をしなければなりません。また（子会社株式を除く）取引相場のある有価証券に対しては、低価基準の適用も認められています。

投資有価証券 ≪2級≫
（とうしゆうかしょうけん）

長期保有目的の有価証券および市場性のない有価証券を処理する勘定科目です（子会社株式は除く）。（⇦投資等）

〔仕訳例〕
　長期保有目的で乙社株式を＠50千円、手数料1株につき50円で100株購入し、現金で支払った。
　　投資有価証券　5,005／　現　金　5,005

投資利益 ≪1級財表≫
（とうしりえき）

連結財務諸表作成時に持分法を適用した場合、関連会社の純資産および損益のうちの親会社持分に相当する部分の投資勘定の評価額をいいます。持分法は連結の基準として持株基準を適用した場合、持株比率が50％～20％の関連会社について、これらの関連会社の貢献度を明らかにするため適用する方法です。

投資利益率 ≪1級分析≫
（とうしりえきりつ）

投資の経済性計算すなわち投資採算性の判定に用いられる指標です。具体的には、ある特定のプロジェクトに対する投資とその投資から得られる純キャッシュフローを対比するものであり、投資額を回収できるか否かが投資決定の分岐点になるといえます。

Return on Investment＝ROI とも呼ばれます。（☞ ROI）

動態分析 ≪1級分析≫
(どうたいぶんせき)

前期と当期といったような2会計期間以上のデータを用いて比較考量的に行う分析のことで、複数期間の変動を分析の対象とするものです。

これに対して、1時点あるいは1会計期間のデータに基づいて行う分析を静態分析といいます。　　（☞静態分析）

動態論 ≪1級財表≫
(どうたいろん)

会計の重要な目的は期間損益計算を正しく行うことで、貸借対照表を両期にまたがる損益計算の連結環とみる考え方をいいます。今日の会計はこの考え方に立脚したものです。

（☞静態論）

動的会計理論 ≪1級財表≫
(どうてきかいけいりろん)

会計目的は損益計算にあり、貸借対照表は期間損益計算の連結環の役割を分担するにとどまると考えるのが動的会計理論です。

動的貸借対照表 ≪1級財表≫
(どうてきたいしゃくたいしょうひょう)

会計の重要な目的は期間損益計算を正しく行うことで、貸借対照表を両期にまたがる損益計算の連結環とみる考え方（動態論）に基づいて作成される貸借対照表をいいます。

（☞静的貸借対照表）

動力用水光熱費 ≪4級≫
(どうりょくようすいこうねつひ)

一般事務および工事に要した電力、水道・ガス等の費用のことです。（⇐販売費及び一般管理費、経費）

〔仕訳例〕
9月分本社用の電力料10千円を小切手で支払った。
　動力用水光熱費　10／　当座預金　10

得意先元帳 ≪3級≫
(とくいさきもとちょう)

得意先との間で発生した債権・債務を把握するために作成する帳簿のことです。得意先別の勘定口座を設定して処理するため、得意先別の内訳内容を明確に把握できます。

特殊原価調査 《2級》
（とくしゅげんかちょうさ）

将来の経営方針や経営計画を決める際、必要となる原価情報を得るために財務会計上特殊な原価を用いて行う調査のことで、未来原価、付加原価等のことをいいます。

（☞未来原価、付加原価）

特殊仕訳帳 《2級》
（とくしゅしわけちょう）

取引量の多い種類の取引に個別の帳簿を設けて特定の取引のみを記帳する仕訳帳です。当座預金出納帳、小口現金出納帳、工事原価記入帳、受取・支払手形記入帳などがこれに含まれます。また特殊仕訳帳により記帳が分業されると、内部牽制制度の機能も発揮されることになります。

特殊仕訳帳の記帳の仕方 《2級》
（とくしゅしわけちょうのきちょうのしかた）

企業取引のうち、特定の取引は特殊仕訳帳によっていくつかの取引に分類されます。この際の記帳は、個々の取引を転記するのではなく、一定期間の取引を合計して転記します。このため特殊仕訳帳では転記の回数が少なく、誤謬の発生を抑制することが可能となります。

特殊な繰延資産 《1級財表》
（とくしゅなくりのべしさん）

商法第291条に規定する「建設利息」を連続意見書第五の第一の四では、他の繰延資産と区別して特殊な繰延資産とよんでいます。建設利息は会社成立後2年以上、その営業の全部を開始することができないときに、開業前一定の期間内に一定の利息を株主に配当することが認められたもので、もって「株式の発行による資金調達の容易化」というすぐれて政策的な配慮に根ざすものといえます。この配当額、つまり建設利息は将来に生ずべき利益の前払い、もしくは資本の払戻の性格を持つもので、未費消用役対価たる通常の繰延資産に比して特殊な繰延資産といわれるゆえんです。その償却も商法の規定によって、1年につき資本の総額の100分の6以上の利益配当を行ったとき、その超過額と同額以上の金額を当該年度の利益をもって償却することが要請されています。

特殊比率分析 ≪1級分析≫
（とくしゅひりつぶんせき）

財務諸表上の相互に関連のある項目間の比率（関係比率ともいわれます）を用いて、企業の収益性、活動性、流動性、健全性などを分析することをいい、関係比率分析ともいわれます。財務分析のなかで最も普及している手法です。

（☞比率分析）

特定材料 ≪1級原価≫
（とくていざいりょう）

材料を購入方法によって分類した場合の1区分で、ある特定の工事現場で使用する目的で購入する材料をいいます。引当材料ともいわれます。

特定材料は原則として現場に直接搬入されるため、在庫となることはありません。したがって購入原価がそのまま材料費となります。建設業では特定材料が大半を占めています。

特定材料費 ≪2級≫
（とくていざいりょうひ）

工事原価のうち、特定材料を購入した場合等に使用する費用科目で、引当材料費とも呼ばれます。

特定製造指図書 ≪1級原価≫
（とくていせいぞうさしずしょ）

製造指図書とは製造命令書のことです。これには、製造品目・規格・数量・期限等が記入され、設計図・作業手順表・材料仕様書等が添付されます。

建設業のように、顧客の注文によって製造に着手する個別原価計算においては、顧客の注文ごとに発行されるところからこれを特定製造指図書といいます。　（☞継続指図書）

特定積立金 ≪1級財表≫
（とくていつみたてきん）

利益を社外に分配することなく、将来の事業拡張、もしくは将来の特別の支出または損失に備えて将来の一定の目的のために、利益を社内に任意に留保したものをいいます。一定目的のために積立てた特定積立金は、当期にその積立目的が完了すれば取崩され、その取崩額は損益計算書の未処分利益の計算区分に記載されます。目的外に取崩す場合には株主総会の承認を受けなければならず、その取崩額は利益処分計算

書に記載されることになります。この積立金はその設定の目的の相違から、積極性積立金と消極性積立金とに区分されます。

特定の支出
≪1級財表≫
（とくていのししゅつ）

将来の期間に影響する特定の費用をいいます。それは、将来、収益を生むと期待をもって支出された費用のことで、収益との対応関係を重視して経過的に貸借対照表の資産の部に繰延資産として記載することができるとされています。

特別利益
≪1級財表≫
（とくべつりえき）

損益計算書は経常利益を算定・表示したのち、これに特別利益と特別損失を加減して税引前当期利益を算定・表示することになっていますが、その特別利益とは以下の3つによって構成されています。
(1) 財・用役の生産・提供に基づく所有者持分（資本または純資産）の増加額のうち、経常的に発生するが当期以外に帰属すべき収益（期間外収益）
(2) (1)の増加額のうち非経常的なもの（非計上収益）
(3) (1)(2)以外の原因（受贈・発見など）による増加分

特命方式
≪1級財表≫
（とくめいほうしき）

建設業は受注生産制を採用しており、この受注方法の1つにこの特命方式があります。この方式は発注者が過去の工事実績等を考慮して、特定の業者を指名して工事を請け負わせる方式です。

特例省令
≪1級財表≫
（とくれいしょうれい）

「株式会社の貸借対照表、損益計算書、営業報告書及び附属明細書に関する規則の特例に関する省令」の略称です。これは、建設業者が建設業法によって建設大臣または都道府県知事に提出する財務諸表は、建設業法施行規則の定めに従うことを定めたものです。これによれば、商法に基づく一般表示規則である計算書類規則の規定にかかわらず、建設業法施行規則の定めるところによることとされています。その際、完

成工事原価報告書の作成を要しないこと等を指示しています。

土地 ≪4級≫
（とち）

固定資産の勘定科目の1つで、企業の所有する本社・倉庫等の敷地、機材置場等の土地のことです。借地や分譲販売用の土地は除きます。（⇐資産）

〔仕訳例〕
　機材置場用の土地20,000千円を購入し、代金を小切手で支払った。
　　土地　20,000／当座預金　20,000

特許権 ≪2級≫
（とっきょけん）

工業上の発明に関する特許権を得るために要した金額を記載する勘定です。特許権の存続期間は15年ですが、税法上は8年であり、実務上は8年で償却します。（⇐無形固定資産）

〔仕訳例〕
　技術研究所において開発・完成のうえ特許出願したトンネル工事新工法が認可となり、登録費用45千円を特許事務所に現金で支払った。なお、上記開発のために要した試験研究費の未償却残高は600千円である。
　　特許権　645／試験研究費　600
　　　　　　　　　　現　金　　　45

取替費 ≪1級財表≫
（とりかえひ）

（☞取替法）

取替法 ≪1級財表≫
（とりかえほう）

この方法は、減価償却の代わりに固定資産の費用配分計算として行われるものです。取替法とは、同種の物品が多数使用され1つの全体を構成している固定資産において、老朽化した物品の部分的取替えを繰り返すことで全体が維持されている場合に適用されるもので、部分的取替に要した取替費をその時の費用として計上する方法です。

取引 ≪4級≫
(とりひき)

資産、負債、資本の内容と金額が増減する事象、または収益、費用の発生原因となる事柄をいいます。したがって、簿記では盗難や火災による滅失など、一般には取引とはいわない事柄も取引に該当します。

取引の10要素 ≪4級≫
(とりひきのじゅうようそ)

建設業簿記において期中取引の要素となるものです。資産の増加、資産の減少、負債の減少、負債の増加、資本の減少、資本の増加、工事原価の増加、工事原価の減少、費用の発生、収益の発生が該当します。

建設業簿記では工事原価の記帳が中心となるため、この10要素表が取引記帳の基本原理となります。

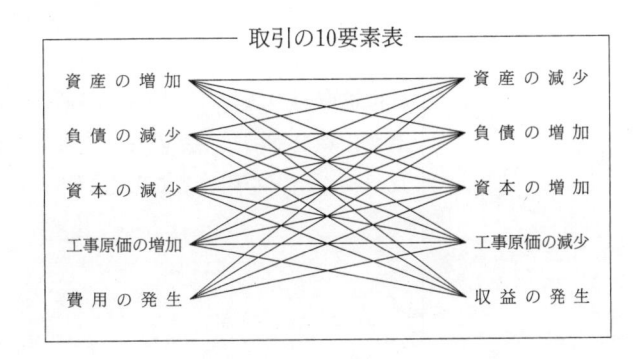

――― 取引の10要素表 ―――

資 産 の 増 加	資 産 の 減 少
負 債 の 減 少	負 債 の 増 加
資 本 の 減 少	資 本 の 増 加
工事原価の増加	工事原価の減少
費 用 の 発 生	収 益 の 発 生

取引の二重性 ≪1級財表≫
(とりひきのにじゅうせい)

企業で発生するすべての取引は、借方要素と貸方要素に分解され、かつ、貸借同額で記入されることになります。複式簿記のもとで行われるこのような取引記入の方法は、一般に取引の二重性と呼ばれています。1つの取引が借方と貸方の2つに記入され、それぞれ違う意味を持つことになります。

取引の8要素 ≪4級≫
(とりひきのはちようそ)

取引を分解したときの8つの要素のことです。資産の増加、資産の減少、負債の減少、負債の増加、資本の減少、資本の増加、費用の発生、収益の発生が該当します。

建設業簿記では、この8要素のほかに工事原価の増加と工事原価の減少の2つを加えて取引の10要素といいます。

```
┌─────────────── 取引の8要素表 ───────────────┐
│   資産の増加  ╲╱╲╱╲╱  資産の減少              │
│   負債の減少  ╳╳╳╳╳  負債の増加              │
│   資本の減少  ╳╳╳╳╳  資本の増加              │
│   費用の発生  ╱╲╱╲╱╲  収益の発生              │
└─────────────────────────────────────────────┘
```

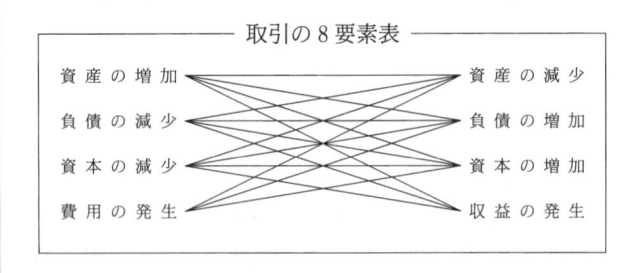

取引の分解 ≪4級≫
(とりひきのぶんかい)

取引を貸方要素と借方要素に分けることです。

取引日レート ≪1級財表≫
(とりひきびれーと)

取引日における邦貨への換算レートをいいます。具体的には、取引が発生した日の直物為替相場のことをいいます。これには取引の行われた月または週の前月、または前週の直物為替相場を平均したもの等、合理的な基礎に基づいて算定された平均相場を用いることも認められています。

な

名宛人　≪2級≫
（なあてにん）

仕入債務を決済するために為替手形を発行する際、振出人（宮古工務店）が工事代金等の未収分と相殺して、債権者（石垣建材社）に対する事実上の支払いを引受けてもらう第三者（沖縄商会）のことです。

約束手形の場合でも、手形の受取人（債権者）を名宛人といいます。　　　　　　　　　　　　　　　　（☞為替手形）

〔取引例〕

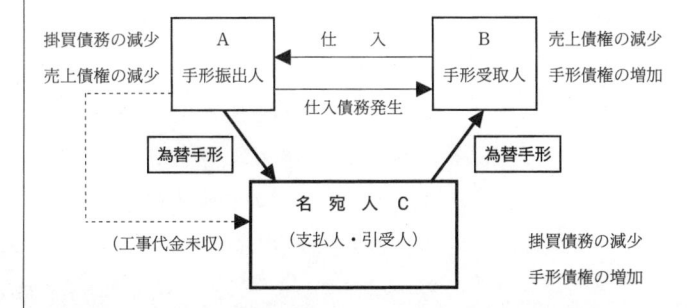

```
掛買債務の減少      A          仕　入          B        売上債権の減少
売上債権の減少   手形振出人  ←─────  手形受取人   手形債権の増加
                            仕入債務発生
                  │                           ↑
               〔為替手形〕                 〔為替手形〕
                  ↓                           │
                       名　宛　人　C
                       （支払人・引受人）       掛買債務の減少
            (工事代金未収)                      手形債権の増加
```

〔仕訳例〕
　　振出人　宮古工務店：工事未払金　××／完成工事未収入金　××

内部分析　≪1級分析≫
（ないぶぶんせき）

経営分析もしくは財務分析は、これを実施する者が企業外部に所属するか企業内部に所属するかによって、外部分析と内部分析とに分けられます。

内部分析とは、企業経営者あるいは管理者等が自らの必要によって行う経営分析です。経営者は経営戦略の意思決定のために、管理者は与えられた範囲内における意思決定を行うために、客観的なデータに基づく財務分析の資料は必要不可欠な資料といえます。　　　　　　　　　　　　（☞外部分析）

内部利益控除引当金 ≪1級財表≫
（ないぶりえきこうじょひきあてきん）

本支店会計における内部利益は、通常は期末材料または期末の未成工事支出金から直接控除されます。

　内部利益控除　××　／　材料　××
　　　　　　　　　　　　（または未成工事支出金）

上の仕訳において、貸方を材料または未成工事支出金とせず、内部利益控除引当金と処理することもできます。この場合の内部利益控除引当金は貸倒引当金と同様、資産の評価勘定の性格を持ちます。ただし、同引当金は期中処理の便宜上設けられるものであり、貸借対照表上には計上されません。

内部利益の控除 ≪1級財表≫
（ないぶりえきのこうじょ）

本支店間ないし支店相互間で材料等を移送する際に、原価に一定の利益を付加する場合があります。この場合、期末に本店ないし支店から仕入れた材料等が販売されずに、在庫として残ることがあります。この在庫に含まれた利益は未実現のままとなり、このまま決算を行うと、資産は過大に表示され、企業の経営成績や財政状態を歪めて、適正な期間損益計算ができなくなってしまいます。この未実現の利益を内部利益といい、本支店合併の財務諸表を作成するに当たっては内部利益を控除しなければなりません。　　　　（☞付替価格）

2勘定制 ≪2級≫
（にかんじょうせい）

（☞当座借越）

二期間貸借対照表 ≪1級分析≫
（にきかんたいしゃくたいしょうひょう）

連続する2期の貸借対照表を各勘定科目ごとに左右にならべたものであり、資金の変動状況を把握するのに便利です。
貸借対照表は、それ自体、貸方の資本の調達面（資金の源泉面）と借方の資金の運用面を総合的に表示したものですが、連続する2期の貸借対照表の差額要因を分析することによって資金の調達と運用の変動状況を把握することができます。

日常的コントロール ≪1級原価≫ (にちじょうてきこんとろーる)	事後性の強かった伝統的コントロールに代わって登場してきた原価管理概念の1つです。 これは、日々の製造過程において、原価標準を常に念頭におき、結果として原価差異を把握するのではなく、日常的な活動の中から原価能率を増進させるべく対処する一連の管理をいいます。 例えば、作業手順の遵守・材料取扱い方法の指示等がこれです。　　　　　　　　　　　　（☞動機づけコントロール）
二取引基準 ≪1級財表≫ (にとりひききじゅん)	外貨建取引を円貨額に換算する場合どの時点で、どのような項目についてどのような換算レートを用いて換算損益を認識するかについて二取引基準と一取引基準とがあります。そのうち二取引基準とは当初の仕入・売上取引と代金の決済取引とを、それぞれ別個の取引として処理する方法です。したがって、取引発生時～決算時～決済時の間に為替相場の変動があった場合に、為替差損益が生じます。
入金伝票 ≪3級≫ (にゅうきんでんぴょう)	3伝票制を採用した場合に用います。入金取引を記入する伝票のことです。借方の現金の記入を省略し、貸方科目と金額だけを記入します。
入札方式 ≪1級財表≫ (にゅうさつほうしき)	建設業は、受注生産制を採用しており、この受注方法の1つに入札方式があります。この方式は複数の建設業者が受注価格を競争入札し、その中から受注業者を決定する方法をいいます。
任意積立金 ≪2級≫ (にんいつみたてきん)	利益処分に際して、株主総会の決議により、企業の任意で将来の各種の目的に備えて社内に留保される積立金のことです。任意積立金の代表的なものには配当平均積立金、新築積立金、事業拡張積立金、減債積立金等があり、特定の目的を持たないものに別途積立金があります。（⇐剰余金）

値洗基準 ≪1級財表≫
（ねあらいきじゅん）

先物取引について決算日、決済日等の各時点ごとに価格を洗い直す方法をいいます。この方法によると、各時点ごとに時価ベースでの金融商品の状況が示されることになり、価格変動の実相がより理解できるようになります。

値引 ≪3級≫
（ねびき）

取扱品の品質不良、量目不足、破損等により仕入価額や販売価額を引き下げることです。（⇐工事原価）

〔仕訳例〕

甲社は乙社から材料500千円分を掛買いし，本社倉庫に搬入した。

　材料　500／　工事未払金　500

甲社は上記の材料の一部に不良品があったため、乙社との話し合いの結果、20千円の値引きを受けた。

　工事未払金　20／　材料　20

年金資産 ≪1級財表≫
（ねんきんしさん）

企業年金制度に基づいて退職給付に充てるために積立てられている資産をいいます。

具体的に企業年金制度は、厚生年金基金制度（厚生年金基金のうち業務経理は年金資産には含まれない。）や適格退職年金制度があります。

また、特定の退職給付制度のために、その制度について企業と従業員の契約に基づき、(1)退職給付以外には使用できないこと、(2)委託者および委託者の債権者から法的に分離されていること、(3)積立超過分を除き委託者に返還されないこと等の要件を満たした資産も、年金資産となります。

年度業績予測主義 ≪1級財表≫
（ねんどぎょうせきよそくしゅぎ）

中間財務諸表の性格をどのようにみるかについて、中間実績測定主義と年度業績予測主義の2つの考え方があります。そのうち年度業績予測主義は、中間財務諸表の性格について中間

会計期間を独立した一会計期間とみなすのではなく一事業年度の構成部分とみなして、その事業年度の損益を予測するものであるとする考え方をいいます。　　　（☞中間実績測定主義）

年買法 ≪1級財表≫
（ねんばいほう）

営業権（のれん）の評価方法の1つであり、収益発現期間における超過収益力の合計額をもって営業権（のれん）の評価額とする方法です。

〔計算例〕
(1)丙社の過去5年間の平均自己資本額50,000千円、平均利益3,000千円
(2)同規模・同業者の平均自己資本利益率5％
(3)丙社の平均利益は今後10年間は持続すると見込まれる。
営業権の評価額
　　①超過収益力　3,000－50,000×0.05＝500
　　②営業権（のれん）　500×10年＝5,000

の

能率差異 ≪1級原価≫
（のうりつさい）

標準原価計算制度のもとで工事間接費の差異分析を行う場合、予算差異、操業度差異とともに工事間接費差異の原因となる1つです。

これは、材料の無駄、不能率な作業、従業員の手待ち等の不能率による工事間接費の浪費額として表されます。

　　　　　　　　　　　　（☞予算差異、操業度差異）

〔計算式〕
　　能率差異＝許容標準時間予算額－実際作業時間予算額
上記の結果がマイナスの場合には不利差異、プラスの場合には有利差異と判定します。

延払完成工事高　≪2級≫
(のべばらいかんせいこうじだか)

完成工事高の計上で延払基準を適用する場合の記帳処理には収益基準と利益基準の２つがあります。そのうち収益基準は対照勘定を用いて次の処理を行います。工事代金の支払いが工事の完成引渡後、長期に渡る分割払いであるとき、回収期限が未到来の工事代金を対照勘定で明らかにし、当期の回収期限到来額は完成工事高に計上します。

〔仕訳例〕

南建設は請負工事50,000千円を６月末日に完成引渡した。この工事の原価は40,000千円、前受金10,000千円、完成工事高の残額40,000千円については翌月末日から40ヶ月均等払いとすれば、延払基準による場合の工事収益、工事原価を対照勘定で処理しなさい。

６月30日
未成工事受入金 10,000	完 成 工 事 高 10,000
延払工事未収入金 40,000	延払完成工事高 40,000
完 成 工 事 原 価 8,000	未成工事支出金 8,000

７月31日
現 金 預 金 1,000	完 成 工 事 高 1,000
延払完成工事高 1,000	延払工事未収入金 1,000
完 成 工 事 原 価 800	未成工事支出金 800

延払基準　≪2級≫
(のべばらいきじゅん)

建設業における収益計上基準の一種です。工事代金の支払いが工事完成引渡し後、長期にわたる分割払いであるとき、代金回収時または回収期限到来時に工事収益を計上する方法をいいます。ただし税法上では、(1)月賦、年賦等で３回以上の分割であること、(2)引渡しの期日より最後の賦払金の支払まで２年以上であること、(3)完成引渡の日までに取得した代金が３分の２以下であること　等の制限があり、記帳処理としては収益基準と利益基準があります。　（☞繰延工事利益）

〔計算式〕

当期回収額または当期回収期限到来＝当期完成工事高
　　（160千円）　　　　　　　　　　　　　　（160千円）

実際工事原価 × (当期回収額又は当期回収期限到来額（160千円）) / 工事請負金額（400千円) ＝ 当期工事原価
　（300千円）　　　　　　　　　　　　　　　　　　　　　　　　　　　　　　　（120千円）

当期完成工事高 － 当期工事原価 ＝ 当期工事利益
　（160千円）　　　（120千円）　　　（40千円）

延払工事未収入金 ≪2級≫
（のべばらいこうじみしゅうにゅうきん）

工事収益の計上に延払基準を適用している場合、その記帳処理に収益基準を採用したとき、工事代金の回収期限未到来額を明らかにするため対照勘定を用います。
延払工事未収入金と延払完成工事高がその対照勘定です。

（☞対照勘定）

〔仕訳例〕

延払工事代金500（原価400）を現金で回収した。

　現 金 預 金　500／　完 成 工 事 高　500
　延払完成工事高　500／　延払工事未収入金　500
　完 成 工 事 原 価　400／　未 成 工 事 支 出 金　400

決算のときは、延払工事未収入金と延払完成工事高は正規の財務諸表勘定ではないので、貸借対照表にも損益計算書にも計上されません。その対照勘定残高によって回収期限未到来の工事代金がいくらあるかを備忘的に知ることができます。

のれん ≪1級財表≫
（のれん）

のれんは営業権ともいわれ、被合併会社の超過収益額をいい、合併会計においては次の2つの場合に発生します。
(1)被合併会社の株主に対し、被合併会社の純資産額を超過して株式を交付した場合。
(2)合併会社が被合併会社の株式を所有していたときに、その取得原価が被合併会社の純資産の持分額を超過している場合。

（☞営業権）

は

売価基準 ≪2級≫
（ばいかきじゅん）

工事間接費を各工事現場に配賦する場合、その工事の売価（完成工事高）を基準として按分し負担させる方法です。工事間接費の配賦基準として簡単なためよく用いられますが、より精度の高い配賦の基準があればそれによるべきです。（⇐工事原価）　　　　　　　　　（☞売価法）

売価法 ≪1級原価≫
（ばいかほう）

工事間接費を各工事に配賦する際にとられる配賦基準数値に売価（完成工事高）を適用する方法です。価額法、時間法、数量法と並ぶ配賦法の1つです。

これは、一原価計算期間に発生した工事間接費を各完成工事高に応じて負担させようとするものです。したがって、工事に長期を要する建設業では、請負価額と一原価計算期間の間接費との対応関係が見い出しにくいので、合理的な方法ではないといえます。

売却時価 ≪1級財表≫
（ばいきゃくじか）

売却時価とは販売市場における時価をいいます。会社の解散や合併等の場合に資産の評価基準として適用されます。

配当 ≪1級財表≫
（はいとう）

株主が投下した資本に対する報酬をいいます。配当は原則として稼得した利益から支払われるものであり、利益がなければ支払われません。

配当可能利益 ≪1級財表≫
（はいとうかのうりえき）

全体期間的処分可能利益すなわち、企業の設立から当該決算日までに会社内に留保された利益の総額をいいます。企業の稼得した利益は本質的には分配可能なものであり、商法上も、留保利益に相当する額は本来分配可能利益とみています。　　　　　　　　　　　　　（☞分配可能限度額）

配当性向 ≪1級分析≫
(はいとうせいこう)

企業が株主総会の決議で自由に処分できる当期利益のうち、どれだけの配当金を株主に対して支払ったかをみる比率です。株主の立場からは、この比率は高い方が望ましいが、企業経営の立場からすれば、この比率は低い方が自己資本を充実する上で望ましいことになります。したがって、この比率は企業財務の健全性を表す比率ともいえます。

〔計算式〕

$$配当性向(\%) = \frac{配当金＋中間配当額}{当期利益} \times 100$$

配当平均積立金 ≪1級財表≫
(はいとうへいきんつみたてきん)

各期の配当を平均させるため、株主総会において当期未処分利益を積み立てたものです。利益の多寡によって配当金が増減するのを防ぐために設定されます。（☞任意積立金）

配当率 ≪1級分析≫
(はいとうりつ)

資本金に対してどれだけの配当金支払額があるかをみる比率です。企業への出資者である株主が出資に対する収益率をみる場合などに用いられます。この配当率は、企業の利益処分政策の一環として、利益状態、資金状態、同業他社の配当率などを考慮して決定されます。

〔計算式〕

$$配当率(\%) = \frac{配当金＋中間配当額}{資本金} \times 100$$

配賦基準 ≪2級≫
(はいふきじゅん)

工事別の原価計算を精密化するために、工事間接費を各工事原価に配賦するための基準のことをいいます。具体的な配賦基準としては、(1)価額基準、(2)時間基準、(3)数量基準、(4)売価基準　等があります。

配賦差異 ≪1級原価≫
(はいふさい)

工事間接費を予定配賦率または標準配賦率によって各工事に配賦する場合に生じる予定配賦額または標準配賦額と工事間接費実際発生額との差額のことです。

(☞配賦不足、配賦超過、不利な差異、有利な差異)
配賦差異の計算は下記によります。
(1)実際原価計算
　配賦差異＝予定配賦額－実際発生額
(2)標準原価計算の場合
　配賦差異＝標準配賦額－実際発生額
いずれの計算においても、計算結果がマイナスの場合は不利差異、プラスの場合は有利差異と判定します。

配賦超過 ≪1級原価≫
（はいふちょうか）

工事間接費を予定配賦率または標準配賦率によって各工事に配賦計算をする場合に、予定配賦額＞実際発生額または標準配賦額＞実際発生額の状態をいい、配賦差異が配賦差異勘定の貸方に生じる有利差異のことです。

(☞配賦不足、不利な差異)

配賦の正常性 ≪2級≫
（はいふのせいじょうせい）

工事間接費を各工事に配賦する場合、その工事の負担額が妥当な額であるように留意する必要があります。しかも工事間接費は年間固定的な性格がありますので、工事の繁閑によって配賦額に矛盾を生じないように工夫と配慮が必要です。これを工事間接費における配賦の正常性といいます。

配賦不足 ≪1級原価≫
（はいふふそく）

工事間接費を予定配賦率または標準配賦率によって各工事に配賦計算をする場合に、予定配賦額＜実際発生額　または標準配賦額＜実際発生額　の状態をいい、配賦差異が、配賦差異勘定の借方に生じる不利差異のことです。

(☞配賦超過、有利な差異)

配賦法 ≪1級原価≫
（はいふほう）

工事原価計算において、配賦計算が採用される局面を列挙すると、(1)工事間接費の配賦計算、(2)材料副費の配賦計算、(3)部門共通費の配賦計算、補助部門費の配賦計算、(4)車両共通費の配賦計算、(5)機械共通費の配賦計算　等があります。

工事間接費の配賦計算を考えますと、配賦法は、
(1)配賦基準の設定の仕方によって
　①一括配賦法　②グループ別配賦法　③費目別配賦法
(2)配賦計算を実際額に基づくか否かにより
　①実際配賦法　②予定配賦法　③正常配賦法
(3)配賦基準数値の選択の仕方により
　①価額法　②時間法　③数量法　④売価法　となります。

配賦率　《2級》
（はいふりつ）

工事間接費を各工事に合理的に配賦する手段として、多くの場合配賦率を予め求める方法が行われています。そしてこの配賦率は次の算式によって求められます。
　　　　　　　　　　　　　　　（☞一括的配賦法）

〔計算式〕

(A)配賦率＝$\dfrac{一定期間の工事間接費実際額あるいは予定額}{同上期間の配賦基準数値の総計}$

(B)各工事への配賦額をこの配賦率によって計算をしますと、次のとおりになります。
　各工事の配賦額＝各工事の配賦基準数値の実際額×配賦率

端数利息　《2級》
（はすうりそく）

公社債等の利付有価証券を売買する場合、利払期と債券売買時期にギャップが生じます。この利払期から公社債等の売買時までの経過期間の利息を端数利息と呼び、金融取引の利息と区別して「有価証券利息」勘定で処理します。

8桁精算表　《4級》
（はちけたせいさんひょう）

6桁精算表に加えて「整理記入」欄で借方、貸方の2桁の金額欄が追加された精算表のことです。　（☞6桁精算表）

発生形態別分類　《2級》
（はっせいけいたいべつぶんるい）

工事原価を把握するのに、物品の消費や労務用役の消費等の発生形態を基準にして分類し計算することを発生形態別分類とよびます。

通常、材料費・労務費・外注費・経費の4分類により計算す

発生経費 ≪2級≫
（はっせいけいひ）

ることをいいます。

工事原価のうち、材料費・労務費・外注費以外のものを経費として区分計算しますが、支出や消費によって把握できる以外のもの、例えば貯蔵物品が保管中に減耗した場合の価値減少分は、支払・消費等によって把握できないもので、このような経費を発生経費とよびます。棚卸減耗損（費）、仕損費、減損費等が該当します。

発生源泉別原価 ≪2級≫
（はっせいげんせんべつげんか）

（☞発生源泉別分類）

発生源泉別分類 ≪2級≫
（はっせいげんせんべつぶんるい）

原価管理上の要請から、原価をその発生の源泉別に分類する基準が重視されるようになってきました。この分類基準によると、原価は、アクティビティ・コスト（業務活動費）とキャパシティ・コスト（経営能力費）とに区分されます。前者は製造や販売の活動に伴って発生する原価であり、後者は製造や販売の能力準備および維持のために発生する原価といえます。

（☞アクティビティ・コスト、キャパシティ・コスト）

発生工事原価 ≪2級≫
（はっせいこうじげんか）

費目別工事原価（材料・労務・外注・経費）の前期繰越高と当期投入高の合計から次期繰越高を差し引いて算出された額を発生工事原価といいます。これに未成工事原価の前期繰越額を加え、次期繰越額を差し引くことによって完成工事原価が算出されます。

〔計算例〕

月初未成工事原価＋当期発生工事原価
　　－月末未成工事原価＝当期完成工事原価

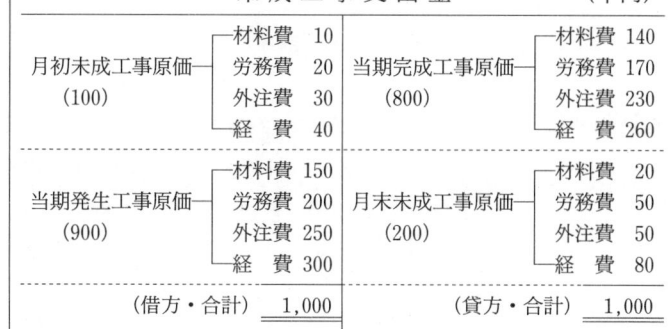

未成工事支出金　　　　（千円）

月初未成工事原価 (100)	材料費　10 労務費　20 外注費　30 経　費　40	当期完成工事原価 (800)	材料費　140 労務費　170 外注費　230 経　費　260
当期発生工事原価 (900)	材料費　150 労務費　200 外注費　250 経　費　300	月末未成工事原価 (200)	材料費　20 労務費　50 外注費　50 経　費　80
(借方・合計)	1,000	(貸方・合計)	1,000

発生主義会計
《1級財表》
（はっせいしゅぎかいけい）

費用・収益の認識を、現金の収入・支出に関係なく、価値増加および財貨または役務の消費の事実に基づいて認識しようとする会計制度のことです。

発生主義の原則
《1級財表》
（はっせいしゅぎのげんそく）

発生主義会計のもとでは、すべての費用および収益は、その支出および収入に基づいて計上し、その発生した期間に正しく割り当てられるように処理しなければならないという損益計算上の基本的原則のことです。ただし、収益は実現収益を計上しなければならないとされています。

発生費用
《1級財表》
（はっせいひよう）

発生主義の原則に基づいて計上された費用を発生費用といいます。財・用役が取得された時点ではなく、費消（使用）による価値減少の事実をもって費用と認識します。

払込資本
《1級財表》
（はらいこみしほん）

資本金および資本剰余金をさし、株主・社員等の出資者が企業に対して払い込んだ元本をいいます。

払込資本基準 ≪2級≫
(はらいこみしほんきじゅん)

株主からの払込資本は資本金や株主払込剰余金として処理されますが、減資に際して、それらのどの部分を減額するかについて、資本金基準と払込資本基準とがあります。払込資本基準は減資をする際、資本金とそれに相応する株式払込剰余金の双方を減額する方法です。

払込剰余金 ≪1級財表≫
(はらいこみじょうよきん)

株式会社において株式発行によって株主から払い込まれた金額のうち、資本金に組み入れなかった金額をいい、これは資本金と同様に株主からの受入資本です。この払込剰余金は(1)株式払込剰余金、(2)減資差益、(3)合併差益 をその内容とします。商法第288条の12ではこれを資本準備金として積み立てなければならないとされています。

払出単価 ≪1級財表≫
(はらいだしたんか)

仕入単価の違う同材料の在庫を払い出す時に割り当てる単価のことです。払出単価の決定方法には個別法、先入先出法、後入先出法、平均原価法等があります。

バンカーズ・レシオ ≪1級分析≫
(ばんかーずれしお)

銀行家比率と訳され、流動比率のことをこのようにいうことがあります。　　　　　　　　　　　（☞流動比率）

半額償却法 ≪1級財表≫
(はんがくしょうきゃくほう)

取替法は、取替が毎年平均的に行われる固定資産に適用されるものですから、その固定資産をみると、取替が行われる直前の99%が消耗しつくされた資産と、取替えられた直後のほとんど100%の価値ある新品と、その中間に位置する資産とが存在するはずで、その全体を平均すると50%減価の状態の資産であるということができます。そこで、50%までは減価償却を行っておくべきであるということになり、取替資産に対して、取得原価の50%まで減価償却を実施し、その後は取替法を適用する方法を半額償却法といいます。

（☞取替法）

販売基準　≪1級財表≫
（はんばいきじゅん）

収益は実現主義の原則によって認識し計上されます。収益実現は次の2つの要件を満しているかどうかで判断します。(1)財貨・用役の引渡しまたは提供、(2)対価としての現金または現金同等物の受領　の2つの要件が満たされる典型が販売時点であり、一般には実現主義の原則は販売基準に基づいて収益を認識することを意味しています。　　　（☞実現主義）

販売費及び一般管理費　≪4級≫
（はんばいひおよびいっぱんかんりひ）

企業の受注活動や管理に投じた費用のことです。給料など非常に多くの勘定科目が該当します。ただし、工事に直接かかわる費用（完成工事原価）は除きます。

判別分析法　≪1級分析≫
（はんべつぶんせきほう）

いくつかの変量をもつ複数個の母集団があるときにそれらの母集団を明確に判別する関数、または指数をとらえて、あるグループと他のグループを判別する手法のことをいいます。優良企業、不良企業、倒産企業、赤字転落等の識別に用いられます。なかでもアルトマンの企業倒産予測のための判別式は活用されています。判別分析法のことを判別関数法ともいいます。

ひ

比較増減分析　≪1級分析≫
（ひかくぞうげんぶんせき）

2期間以上のデータを対比してその差額を求め、増減の原因について分析を行うことをいいます。利益増減分析と資金増減分析が代表的です。
なお、比較増減分析を広く解釈すれば、事前に設定した予算等と実績を対比してその差異を分析する手法も含まれます。この典型的な分析には、原価差異分析があります。

比較損益計算書　≪1級分析≫
（ひかくそんえきけいさんしょ）

複数期間の損益計算書を横に並べて、損益計算書の各項目ごとの実数の増減などを期間比較できるようにした比較表です。比較損益計算書により、各損益項目の増減の原因を分析

することで、経営成績の変化の原因を知ることができます。

比較貸借対照表
≪1級分析≫
(ひかくたいしゃくたいしょうひょう)

複数期間の貸借対照表を横に並べて、貸借対照表の各項目ごとの実数の増減などを期間比較できるようにした比較表です。比較貸借対照表により、資産、負債および資本の各項目の増減の原因を分析することで、財政状態の変化の原因を知ることができます。

引当金 ≪1級財表≫
(ひきあてきん)

企業会計原則注解では、「将来の特定の費用損失であって、その発生が当期以前の事象に起因し、発生の可能性が高く、かつ、その金額を合理的に見積もることができる場合には、当期の負担に属する金額を当期の費用として引当金に繰入れ、当該引当金の残高を貸借対照表の負債の部または資産の部に記載するものとする。」としています。引当金には、貸倒引当金、修繕引当金、完成工事補償引当金、退職給与引当金、賞与引当金などがあります。
したがって、発生の可能性の低い偶発事象に係る費用または損失については、引当金を計上することはできません。
（☞完成工事補償引当損、退職給与引当損）

引当金繰入損
≪1級財表≫
(ひきあてきんくりいれそん)

将来の特定の費用または損失であって、その発生が当期以前の事象に起因し、発生の可能性が高く、かつ、その金額を合理的に見積ることができる場合には、当期の負担に属する金額を当期の費用または損失として引当金に繰入れます。この場合の借方科目を引当金繰入損または引当損といいます。

引当金の区分
≪1級財表≫
(ひきあてきんのくぶん)

貸借対照表の区分表示に関して、商法計算書類規則では、負債の部を流動負債、固定負債に区分表示することを原則としながら、必要に応じて引当金の区分を設けることができるものとしています。ただし、流動負債、固定負債の部に含めて表示した場合には、商法第287条の2によるものであること

	を注記しなければなりません。
引当材料 ≪3級≫ （ひきあてざいりょう）	購入後すぐに現場に搬入する材料のことです。通常引当材料の購入については材料（貯蔵品）勘定を使用せず、直接材料費勘定で処理することが多いです。（⇐資産） 　　　　　　　　　　　　　　　　　　　（☞常備材料）
引当材料費 ≪2級≫ （ひきあてざいりょうひ）	ある工事に設計図・仕様書・図面・数量表等からみて必要量の判定ができる材料等は直接現場に搬入され、即消費したと見なされます。この種の材料の購入にかかる費用を引当材料費といいます。
引当損 ≪1級財表≫ （ひきあてそん）	（☞引当金繰入損）
引受人 ≪2級≫ （ひきうけにん）	（☞名宛人、為替手形）
非金銭債務 　　　≪1級財表≫ （ひきんせんさいむ）	金銭で支払うものではなく、企業が生産した財貨または役務を提供すべき義務を負うもので、非貨幣債務ともいいます。建設工事の契約時または引渡前に代金の一部または全部を前受したり、役務の提供を目的とする営業では、例えば不動産などを継続的に賃貸する契約に基づいてその代金の一部または全部を前受することがあります。これらの前受金は、将来建設物の引渡や役務の提供を通じて決済される点で、金銭による決済を前提とする金銭債務とは区別されます。
非原価 ≪1級原価≫ （ひげんか）	原価とは、経営における一定の給付にかかわらせて、把握された財貨または用役の消費を貨幣価値的に表したものです。この要件に合致しているものは原価性といい、そうでないものは非原価とよばれます。 この非原価のもっている性質を非原価性といい、これに属す

非原価項目 ≪1級原価≫
（ひげんかこうもく）

る項目を非原価項目といいます。
（☞非原価性、非原価項目）

原価としての性質をもっていない項目のことをいいます。
原価としての性質がないのですから工事原価の計算上原価に含めない項目です。
これには、経営目的に関連しないもの、異常な状態を原因とするもの、税法上の規定によるもの、その他利益剰余金に課すべきもの等があります。

非原価性 ≪1級原価≫
（ひげんかせい）

原価性なしともいい、原価としての要件を満たさないという意味です。
原価としての性質がないということから、工事原価の計算上、原価に含めて処理することはできません。

非資金費用 ≪1級分析≫
（ひしきんひよう）

損益計算書において費用として利益から控除されているもののうち、資金の減少を伴わない項目のことです。具体的には有形固定資産の減価償却費、無形固定資産の額、繰延資産の額、さらには、貸倒引当金、退職給与引当金などの繰入額などがあります。資金運用表ではこれらを当期利益に加算する形式で資金の源泉面に表示します。

1株当たりの当期利益 ≪1級財表≫
（ひとかぶあたりのとうきりえき）

税引前当期利益と平均発行済普通株式数との割合で得られる金額を1株当りの当期利益といいます。これは1株当たりの配当可能利益の算定の他に株価収益率の算出にも用いられるなど、分析上重要な指標であり、わが国では財務諸表に注記することが要求されています。

備品 ≪4級≫
（びひん）

企業が所有する事務用のキャビネット、電子計算機、電気冷蔵庫等で耐用年数が1年以上かつ取得価額が相当額以上のものです。（⇐資産）

〔仕訳例〕
本社事務所でキャビネット1個を購入し、代金として250千円を丙社に現金で支払った。
　　備品　250／　現金　250

費目別計算
≪1級原価≫
（ひもくべつけいさん）

一原価計算期間に発生した原価要素を適切な費目別に把握して分類集計する手続です。
実際原価計算は、この費目別計算、部門別計算、製品（工事）別計算の3段階で実施されます。
費目別計算は形態別分類によることが多く、材料費計算・労務費計算・外注費計算・経費計算として行われます。
　　　　　　　　　　（☞部門別計算、工事別計算）

費目別原価計算
≪2・3・4級≫
（ひもくべつげんかけいさん）

工事原価計算の第一の段階は、工事に使用する財貨・用役を、材料費、労務費、外注費、経費の4つに区分して分類計算します。これを費目別原価計算といいます。

費目別配賦法
≪2級≫
（ひもくべつはいふほう）

工事間接費を各工事に配賦する場合の配賦基準方法の1つです。工事間接費を各工事別に配賦する場合、材料費・労務費等の費目によって配賦の基準を変えないと、配賦の妥当性を欠くことが多く、したがって各費目の特性によって、それぞれ配賦の基準を変えて配賦計算をする方法を費目別配賦法といいます。

百分率製造原価報告書
≪1級分析≫
（ひゃくぶんりつせいぞうげんかほうこくしょ）

製造原価報告書の当期総製造費用を100とし、その内訳項目（材料費、労務費、経費等）をこれに対する百分比で示したものです。これによって企業の原価構造が明らかになります。

百分率損益計算書
≪1級分析≫
（ひゃくぶんりつそんえきけいさんしょ）

損益計算書の売上高を100とし、それ以外の諸項目を売上高に対する百分比で示したものです。これは企業の収益および費用の構成内容の把握に役立ちます。

費用 ≪4級≫
(ひよう)

企業の経営活動を通じて資本の減少をもたらす原因のことです。完成工事原価はその代表的な勘定科目です。

評価替剰余金 ≪1級財表≫
(ひょうかがえじょうよきん)

貨幣価値変動に際しての評価替によって生ずる評価差益と、価格変動その他による評価差益等をいいます。これらは資産に投下した資本の修正であって、資本運用によって生じたものではありません。したがって、その資本修正は固定資産に含まれる自己資本の修正を意味するものではなく、企業全体としての固定資産について生じた貨幣価値変動を修正して資本剰余金とします。

評価勘定 ≪2級≫
(ひょうかかんじょう)

手形の割引や手形の裏書譲渡に伴う偶発債務の処理方法の1つです。手形の割引・裏書による受取手形の減少額を記入するとき、受取手形に替えて割引手形勘定や裏書手形勘定で処理する方法です。これらの勘定を評価勘定と呼び、受取手形中の割引手形や裏書手形の残高がいくらなのか確認するのに有効な方法といえます。実際の手形債権額を知るには受取手形勘定の残高から割引手形および裏書手形の勘定残高を控除しなければなりません。　　　　　　　　　　(☞対照勘定)

〔仕訳例〕
　完成工事代金5,000千円を全額約束手形で受取った。
　(イ)　受取手形　5,000／　完成工事高　5,000
　上記の手形を銀行で割り引き（割引料100千円）、残高を当座預金とした。
　(ロ)　当座預金　　　　4,900／　割引手形　5,000
　　　　支払利息割引料　　100／

評価性引当金 ≪2級≫
(ひょうかせいひきあてきん)

資産の正しい評価と期間損益の正しい計算を目的として設定する引当金です。その代表的なものは貸倒引当金です。
　　　　　　　　　　　　　　　　　　　　　(☞貸倒引当金)

費用収益対応の原則
≪1級財表≫
（ひようしゅうえきたいおうのげんそく）

期間損益計算における重要な基本原則で、企業が獲得した実現収益と、これを獲得するために発生した費用とを対応して比較することを意味しています。これには一般に個別対応と期間対応とがあります。

標準原価
≪1級原価≫
（ひょうじゅんげんか）

原価計算基準4㈠2によれば、標準原価とは、「財貨の消費量を科学的、統計的調査に基づいて能率の尺度となるように予定し、かつ、予定価格又は正常価格をもって計算した原価」をいいます。
この標準原価は能率測定の尺度として、原価管理のための基準となります。

標準原価計算
≪1級原価・2級≫
（ひょうじゅんげんかけいさん）

個々の工事作業を日常的に管理するために作業能率の基準として標準原価で管理しようとするもので、作業後よりも作業前に原価を把握しようとするものです。事前原価計算とも呼ばれます。これに対して、実際に発生した原価を累積して計算するものを事後原価計算といいます。

標準原価差異
≪1級原価≫
（ひょうじゅんげんかさい）

標準原価と実際原価との差異です。これはさらに標準材料費と実際材料費との差異である材料費差異、標準労務費と実際労務費との差異である労務費差異および標準間接費と実際間接費との差異である間接費差異とに分類されます。

費用取引　≪4級≫
（ひようとりひき）

費用を発生させる取引のことです。

費用の概念
≪1級財表≫
（ひようのがいねん）

生産・販売に関連して発生する費用と生産・販売に関連しない災害・盗難等の費用までを包括する広義の費用概念および生産・販売に関連しない費用は含まないとする狭義の費用概念の2つに分かれます。
期間損益計算にとって重要なのは狭義の費用概念であり、生

産・販売に関連しない費用は「損失」として区分することが望ましいとされます。

費用配分 ≪1級財表≫
（ひようはいぶん）

（☞費用配分の原則）

費用配分の原則 ≪1級財表≫
（ひようはいぶんのげんそく）

期間損益計算を正確に行うため、資産の取得原価を所定の方法に従い、その資産の利用期間にわたって計画的・規則的に費用として配分することを要請する原則をいいます。

費用分解 ≪1級分析≫
（ひようぶんかい）

費用を固定費と変動費に分解することをいいます。分解方法として個別費用法と一括分解法（総費用法）があります。個別費用法は、個々の費用項目ごとにこの固変分解を実施していく方法で、一括分解法は、ある特定範囲の費目あるいは全部の費目を一括して分解する方法です。個別費用法が厳密であることはいうまでもありませんが、固定費・変動費の分解は、総体としての意味を重視することもあり、高低2点法などで一括的に分解する意義も存在します。
固定費と変動費に分解（区分）する具体的な方法としては、勘定科目精査法、高低2点法、スキャッターグラフ法（散布図表法）、最小自乗法が挙げられます。　（☞固変分解）

ピリオド・コスト ≪2級≫
（ぴりおどこすと）

一定期間の収益に関連させてそれにかかった費用を計算するもので、端的にいえば販売費及び一般管理費のことです。
これに対して工事にかかった原価（コスト）を計算しようとするのが工事原価計算で、プロダクト・コストと呼ばれています。　（☞プロダクト・コスト）

ピリオド・プランニング ≪1級原価≫
（ぴりおどぷらんにんぐ）

（☞期間計画）

比率分析
≪1級分析≫
(ひりつぶんせき)

財務諸表などの項目相互間の数値の割合を示す比率を算出し、それらの比率によって分析することをいいます。また、比率を用いて分析する方法を比率法といいます。比率分析は、財務分析の手法のなかでも一般的なもので、企業間比較を行う場合などに、比較対象項目相互間の実数の大小による差異を除くという長所があります。なお、比率分析には、構成比率分析、関係比率分析（特殊比率分析）、趨勢比率分析等があります。
(☞構成比率分析、関係比率分析（特殊比率分析）、趨勢比率分析、実数分析)

非累積優先株
≪1級財表≫
(ひるいせきゆうせんかぶ)

他の株式に先んじて利益または利息の配当や残余財産の分配を受ける権利が与えられている株式を優先株式といいます。このうち、ある年度の配当が所定の配当率に達しなかった場合、その不足部分については次年度以降にその請求権を繰り越すことができるものを累積優先株といい、繰り越すことができないものを非累積優先株といいます。

比例連結
≪1級財表≫
(ひれいれんけつ)

共同支配参加構成員で共同企業体を設立した場合の連結方法の1つです。共同企業体への出資額の持分により連結することをいいます。共同企業体は、それ自体法人格を持つわけではありませんが、企業会計上は、1個の独立した会計単位として取り扱う必要があります。共同体構成員は当該共同企業体への出資会社であり、その共同企業体を連結しなければなりません。　　　　　　　　　　　　　　　(☞持分法)

非連結会社
≪1級財表≫
(ひれんけつがいしゃ)

連結財務諸表の作成において、連結の範囲に含めない会社を非連結会社といいます。連結財務諸表規則では次のような会社をあげています。(1)更生会社、整理会社等有効な支配従属関係が存在しないため、組織の一体性を欠くと認められる会

社。(2)破産会社、清算会社、特別清算会社等継続企業と認められない会社。(3)親会社がその議決権の過半数を単に一時的に所有していると認められる会社。(4)上記以外の会社であって、連結することにより利害関係者の判断を誤らせるおそれのある会社。

品目法 ≪1級財表≫
（ひんもくほう）

棚卸資産の評価は原則として原価主義によりますが、低価基準の選択適用も容認されています。この低価基準を適用する場合にはさまざまな問題が発生します。例えば原価と時価とを比較する場合の比較方法には、(1)個々の資産ごとに行うことも、(2)棚卸資産の種類ごとに行うことも、(3)棚卸資産全体ついて行うこともできます。このうち、個々の品目ごとに原価と時価とを比較する方法を品目法といいます。

ふ

ファイナンス・リース ≪1級財表≫
（ふぁいなんすりーす）

リースの契約期間の中途に契約解除ができないリース契約です。

フェイス分析法 ≪1級分析≫
（ふぇいすぶんせきほう）

企業の全体評価を人間の顔（フェイス）で表現しようとするものです。顔付きの状況（嬉しそうな顔、張り切った顔、渋い顔、悲しい顔）で、企業の現況を表現しようとするものです。　　　　　　　　　　　　　　　　（☞ツリー分析）

〔参考〕
　日本経済新聞社の「総合経済データバンクシステム」（日経テレコン経営情報）によって作成されるNEEDS-FACE分析では、次の6つの表情を経営指標と結びつけています。

（表　情）	（経営指標）
①眼の大きさと眉の傾き	5年平均増収率
②鼻の長さ	使用総資本
③口の反り具合	従業員1人当たり売上高
④髪の多少	売上高経常利益率
⑤顔の長さ	自己資本比率
⑥顔の幅	総資本回転率

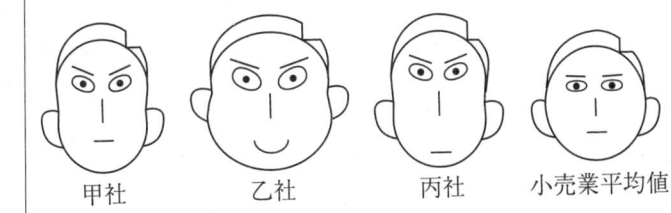

甲社　　　乙社　　　丙社　　　小売業平均値

付加価値　≪1級原価≫
（ふかかち）

企業の内部生産努力の大きさを示すもので、価値創造または生産価値などともいわれます。

これは、他の企業から購入してきた価値（すなわち、原材料費）に、何らかの加工をして加えられた価値増殖分のことです。

付加価値は一般に下の式によって求められます。

　　付加価値＝売上高（完成工事高）－ 前給付原価

　　（注）前給付原価とは、前の企業が作り出した生産物の原価です。

建設業の場合は、付加価値を完成工事高 －（材料費＋労務費＋外注費）の控除法で求めることとなっています。なお平成11年7月より実施の経営事項審査では、労務費は付加価値に含めることとしています。

付加価値増減率　≪1級分析≫
（ふかかちぞうげんりつ）

付加価値が前期と比較して当期はどの程度増減したかを表し、企業の生産性の成長度合をみる比率です。付加価値は企業の利益の源泉といえるものですから、この比率を高めることが重要となります。なお、この比率の数値がプラスになれ

ば付加価値増加率であり、マイナスになれば付加価値減少率となります。

〔計算式〕

$$付加価値増減率(\%) = \frac{当期付加価値 - 前期付加価値}{前期付加価値} \times 100$$

付加価値対人件費比率　≪1級分析≫
（ふかかちたいじんけんひりつ）

付加価値のうち労働への分配額を示す比率です。付加価値対人件費比率が高いことは、付加価値のなかに占める労働に対する報酬の割合が高いことですから、一面では手厚い労働分配と理解することも可能ですが、適正率を超える事態は、企業活動の弾力性を失い、長期的には企業体質の弱体化を招くものと考えられています。労働分配率ともいわれます。

〔計算式〕

$$\begin{matrix}付加価値対人件費比率 \\ （労働分配率）\end{matrix} = \frac{人件費}{付加価値} \times 100$$

付加価値分配率　≪1級分析≫
（ふかかちぶんぱいりつ）

（☞付加価値対人件費率）

付加価値率　≪1級分析≫
（ふかかちりつ）

完成工事高に占める付加価値の割合をみる比率で、企業の加工度の大小を表します。この比率は、企業の生産性を表す重要な比率である労働生産性の構成要素の1つですから、付加価値率を高めることは労働生産性の向上につながることになります。　　　　　　　　　　　　　　　　　（☞労働生産性）

〔計算式〕

$$付加価値率(\%) = \frac{完成工事高 - (材料費 + 労務費 + 外注費)}{完成工事高} \times 100$$

（注）平成11年7月より実施の経営事項審査では労務費は完成工事高から控除しないこととしています。

付加価値労働生産性　≪1級分析≫ （ふかかちろうどうせいさんせい）	建設業において採用される生産性分析の基本指標であって、1人当りの付加価値額をいいます。なお、付加価値額は、1年間等の期間にわたって達成したものですから、それに応ずる従業員数等の数値は、当該期間の平均値であることが望ましいと考えられています。一般には、期首と期末の従業員数の合計を2で割った数値が使用されます。 〔計算式〕 $$1人当たり付加価値額 = \frac{付加価値額}{従業員数（平均）}$$ （注）平均は「(期首＋期末)÷2」で求めます。
歩掛　≪1級原価≫ （ぶがけ）	建設業界独特の用語で、過去の多数の実績の平均値として求めた資材の必要量や時間当り作業量の標準をいいます。 用途は、標準として用いられますが、設定背景が科学的、統計的、そして客観的なものではありませんから、標準原価として利用できないものです。 ただ、これを個々の作業現場の特性に照して固有の目標値とすると、標準原価計算の出発点として利用することも可能です。
付加計算　≪1級原価≫ （ふかけいさん）	原価計算において適用される計算手法の1つで、分割計算に対するものです。直接費に間接費の配賦額を付加していく計算手法です。個別原価計算に用いられます。 （☞分割計算）
付加原価　≪1級原価≫ （ふかげんか）	費用と原価はほぼ一致する概念ですが、損益計算上は費用でなくても原価計算上は原価となる項目のことをいいます。自己資本利子、贈与資産の減価償却費、個人事業主の賃金などがこれに該当します。

付加原価計算　≪1級原価≫
（ふかげんかけいさん）

原価計算で適用される計算手法の1つで、付加計算によって原価を計算しようとするものです。

その手法は、原価負担者について直接費をまず集計し、それに間接費の配賦額を付加していくもので、個別原価計算がそれに該当します。

建設業の工事現場ごとに行われる個別原価計算も付加原価計算といえます。組別総合原価計算は総合原価計算のなかにあって唯一付加原価計算を取り入れています。

（☞分割原価計算、付加計算）

複合経費（複合費）　≪2級≫
（ふくごうけいひ）

経費は単純経費と複合経費の2つに分類できます。単純経費とは1つの形態の原価要素だけで構成されている経費ですが、仮設費のように仮設に要した材料と仮設工の給与も合体的に仮設費として計算した方が合理的なものもあります。この場合の仮設費が複合経費です。複合経費を拡大発展したものが仮設部門費・機械部門費で、部門費計算の分野となります。（⇐工事原価（経費））

複合仕訳制度　≪2級≫
（ふくごうしわけせいど）

取引を仕訳し総勘定元帳に転記するのが複式簿記のルールですが、個々の取引を個別に転記することは手間のかかることです。これを解消するために現金出納帳・仕入帳等の補助簿を多行式（多科目式）にして、ある期間の分を合計額で転記すると省力化できます。この合理的な仕訳・転記方法を複合仕訳制度といいます。

複合費　≪2級≫
（ふくごうひ）

（☞複合経費）

副産物　≪1級原価≫
（ふくさんぶつ）

原価計算基準28によれば「副産物とは、主産物の製造過程から必然に派生する物品をいう」としています。

すなわち、ある目的とする製品（主産物）を製造しようとす

ると必ず生じてくる物品で、しかも経済的に価値を有するものが副産物です。
豆腐製造業におけるオカラ、石けん製造業におけるグリセリン等がこの例です。　　　　　　　　（☞主産物、連産品）

複式簿記 ≪4級≫
（ふくしきぼき）

取引の二面性を仕訳上表示した簿記のことです。総勘定元帳、仕訳帳などがこれに該当します。　　　　　（☞単式簿記）

複写式伝票制度 ≪2級≫
（ふくしゃしきでんぴょうせいど）

一般にワン・ライティング・システムとよばれているものです。例えば3伝票制度での場合、入金伝票、出金伝票、振替伝票をそれぞれ3枚複写とし、1枚目を取引順にファイルして仕訳帳の代りをさせます。また借方伝票を借方科目別にファイルし、貸方伝票を貸方科目の勘定科目別にファイルして総勘定元帳の代りとして用いることなどができます。複写式伝票制度は記帳事務の省力化に大いに役立っています。

複数基準配賦法 ≪1級原価≫
（ふくすうきじゅんはいふほう）

補助部門費を製造部門または施工部門に振替える場合に、補助部門費を固定費と変動費に区分し、両者を別々な配賦基準で配賦計算しようとする方法で、単一基準配賦法に対するものです。
補助部門費のうち、変動費は用役消費度合により、固定費は用役受入規模（キャパシティ）によって配賦計算するものです。　　　　　　　　　　　　　　　（☞単一基準配賦法）

副費予定配賦率 ≪1級原価≫
（ふくひよていはいふりつ）

材料の購入原価は材料主費に材料副費を加算して算定することを原則とします。
このとき材料副費は、実際発生額を購入代価に直接的に賦課する方法と、なんらかの合理的な配賦基準に基づいて配賦する方法とがあります。配賦法をとるときに、計算の迅速化と正常的配賦の目的から予定配賦する方法があります。ここで採用される配賦率が副費予定配賦率です。

(☞材料主費、材料副費)

〔計算式〕

$$副費予定配賦率 = \frac{一定期間の材料副費発生予定額}{同上期間の配賦基準数値総計}$$

福利厚生費 ≪3級≫
（ふくりこうせいひ）

慰安、娯楽、貸与被服、医療、慶弔見舞等の福利厚生に要する費用です。

工場関係者の福利厚生用として支出した金額は経費中の人件費（工事原価）に計上し、本社従業員等工事関係以外の部門で支出した金額は、販売費及び一般管理費に計上します。
（⇐工事原価、販売費及び一般管理費）

負債 ≪4級≫
（ふさい）

企業の経営活動から生じた将来における返済義務のことです。例えば借入金のような金銭による支払義務などがあります。

負債回転率 ≪1級分析≫
（ふさいかいてんりつ）

支払勘定（建設業では、一般的には、支払手形と工事未払金）に対する完成工事高の比率であり、支払状況の速度を示すものとして利用されています。支払勘定回転率ともよばれています。この比率が低いことは、買掛債務の回転期間が長く、それだけ仕入先という他人の資本を長期間利用していることを表しています。ただし、これも低いほど良好というわけではなく、正常な回転率に照らして適正なものでなければなりません。

〔計算式〕

$$支払勘定回転率(回) = \frac{完成工事高}{(支払手形＋工事未払金)(平均)}$$

（注）平均は「(期首＋期末)÷2」で求めます。

負債性引当金 ≪2級≫
（ふさいせいひきあてきん）

将来の負債の発生に備えて、その合理的な見積額を費用（または収益の控除）として算定し計上するものを負債性引当金といいます。期間損益の計算の正確性と、資産や負債の正しい評価をすることを目的として設定します。完成工事補償引当金、賞与引当金、退職給与引当金などが含まれます。

負債の回転 ≪1級分析≫
（ふさいのかいてん）

企業活動の活発性を示すものとして広義の資本のうち他人資本の運用効率をみるための指標です。

負債の特定項目についての回転は、当該債務の発生から支払いまでの平均的な期間を知ろうとするものです。これは財務上の視点からの分析で、この場合の負債の回転には、支払勘定、短期債務、長期債務（固定負債）等の回転が考えられます。

負債比率 ≪1級分析≫
（ふさいひりつ）

負債（他人資本）と自己資本の割合をみる比率で、企業の資本構造の健全性を表します。この比率が低いほど資本の調達面で他人資本への依存度が低く自己資本が大きいことを表し、資本構造が健全なことになります。したがって、この比率は自己資本比率と同様のことを検討する比率といえます。なお、自己資本は他人資本の返済に充てる担保という意味もあるので、負債比率は自己資本で他人資本を返済する能力があるかどうかを表しているといえます。その意味からこの比率は、100％以下が理想とされています。

　　　　　（☞流動負債比率、固定負債比率、自己資本比率）

〔計算式〕

$$負債比率(\%) = \frac{流動負債 + 固定負債}{自己資本} \times 100$$

（注）「自己資本」については、当該期間の利益処分が確定し、その資料が得られる場合には、その利益処分による社外流出分（株主配当金、役員賞与金等）を除外して計算します。

付随費用 ≪3級≫ （ふずいひよう）	固定資産を購入したときにかかる購入手数料、運搬費、据付費、試運転費、引取運賃等のことです。購入代価に付随費用を加えた額が取得原価となります。　　　　（☞取得原価）
附属明細書 ≪1級財表≫ （ふぞくめいさいしょ）	企業の利害関係者は、財務諸表を通じて企業の経営成績や財政状態に関する情報を入手し、いろいろな意思決定を行う際の資料とします。したがって、この種類の情報は、利害関係者の判断を誤らせないように、明瞭、詳細、かつ十分なものでなければなりません。しかし、損益計算書や貸借対照表は企業の経営成績や財政状態について要約した情報を示すところに特徴があり、明細はこれらの計算書類によっては十分に伝えられません。そこで、これらの計算書類を補足する目的で作成される書類を附属明細書といいます。
負担能力主義 ≪1級原価≫ （ふたんのうりょくしゅぎ）	連産品は、同一原材料を同一生産工程に投入して産出された複数の異種製品のことですが、産出された製品間に物理的な差別をすることができません。したがって、結合原価を経済的等価係数を用いて、高価に売れるものには高い原価を負担させ、低価にしか売れないものには低い原価を負担させるように按分計算します。このような考え方を負担能力主義といいます。　　　　　　　　　　　　　　（☞価値移転主義）
負担能力主義的原価計算 ≪2級≫ （ふたんのうりょくしゅぎげんかけいさん）	工事間接費を各個別の工事に負担させる場合、工事代金の多寡に応じて配賦する法をいいます。 しかし、一般的には工事間接費の性質とその配賦の適正に応じた妥当な配賦基準を設定して、これに基づいて各工事別に配賦すべきだとする考え方が妥当とされています。 　　　　　　　　　　　　（☞価値移転主義的原価計算）
普通仕訳帳 ≪2級≫ （ふつうしわけちょう）	企業規模が小さく取引量の少ないときは、単一仕訳帳（普通仕訳帳）・元帳制でもそれほど不便は感じませんが、企業規

模が大きくなるといろいろな欠点が表面化してきます。そこで仕訳帳それ自体を分割し、特定の取引のみを記帳する特殊仕訳帳が導入されました。例えば、特殊仕訳帳の1つである当座預金出納帳から総勘定元帳への転記を月末に一括して合計転記する方法で行われています。さらにこの合計転記の方法の1つに、普通仕訳帳での合計仕訳を経由する方法があります。普通仕訳帳を経由することによって当座預金勘定等への転記が著しく軽減されることになります。

(☞特殊仕訳帳)

普通預金 ≪4級≫
(ふつうよきん)

普通預金口座で資金の預入れ・引出し取引を処理する場合に用いられる勘定です。(⇐資産)

〔仕訳例〕
請負工事が完成し、発注者に引渡し、工事代金1,000千円が普通預金口座に振込入金された。
普通預金　1,000／　完成工事高　1,000

物質的減価 ≪1級財表≫
(ぶっしつてきげんか)

有形固定資産の減価原因の1つで、使用または時の経過による磨滅・損耗を原因とする減価をいい、一般に継続的、規則的に発生する現象をいいます。物質的減資は、天災や事故など予見できない原因から生ずることもありますが、それら偶発的減価償却の減価原因とは異なります。

(☞機能的原価)

物上担保付社債 ≪1級財表≫
(ぶつじょうたんぽつきしゃさい)

社債には、一般に担保がつけられますが、発行会社の特定の財産を担保とするものを物上担保付社債といいます。

物理的等価係数 ≪1級原価≫
(ぶつりてきとうかけいすう)

原価配分の重要度である等価係数を製品の重量、長さ、面積、純分度、カロリーなどの物理的な違いに基づいて設定するものを物理的等価係数といいます。

(☞原価的等価係数、経済的等価係数)

部分完成基準 ≪2級≫
（ぶぶんかんせいきじゅん）

完成工事高の計上基準の1つに、部分完成基準があげられます。これは工事の全体が完成しなくても、その部分的な引渡が行われるとき、その引渡部分に相当する請負額をその期の工事収益に計上することをいいます。
例えば数棟の建売住宅を1つの契約で請負い、その引渡数量に従って工事代金の支払いを受ける特約の場合、引渡数量に見合う部分を完成工事高として計上することです。

(☞工事完成基準)

部分原価 ≪2級≫
（ぶぶんげんか）

原価の基本的分類のうち、集計される工事原価の範囲をどこまでにするかという観点から原価を全部原価と部分原価とに分類する方法があります。例えば、原価の一部分である変動費のみを工事原価の計算に関係させる場合、これを部分原価と称しています。一般に製品製造における原価管理手法としてしばしば使用されていますが、建設業の場合には部分原価で工事原価計算を実施することはほとんどありません。

(☞部分原価)

部分的取替 ≪1級財表≫
（ぶぶんてきとりかえ）

(☞取替法)

部門共通費 ≪2級≫
（ぶもんきょうつうひ）

部門別原価計算では工事原価の把握方法として、まず費目別原価計算によって算出された各費目を部門個別費と部門共通費とに分類します。部門共通費は複数の部門に共通して発生する費用のことで、各部門に直接または個別に負担させることが困難なものです。したがって、適切な配賦基準を選択し、簿外での配賦計算により各部門に配賦させなければなりません。なお、部門共通費の配賦基準は、諸々の観点から多

様に分類されています。　　　　　（☞部門共通費の配賦）

部門共通費の配賦
≪２級≫
（ぶもんきょうつうひのはいふ）

部門共通費を関係各部門へ合理的に割当てることです。配賦する基準は各種の観点から次のように分類されています。
(1)配賦費目のまとめ方
　①費目別配賦基準　②費目グループ別配賦基準　③費目一括配賦基準
(2)配賦基準の単一性
　①単一配賦基準　②複合配賦基準
(3)配賦基準の性質
　①サービス量配賦基準　②活動量配賦基準　③規模配賦基準
(4)基準数値の内容
　①時間配賦基準　②数量配賦基準　③金額配賦基準

部門個別費 ≪２級≫
（ぶもんこべつひ）

特定の部門で発生したことが直接的、個別的に認識することができる費用であり、したがって各部門に直接賦課することができる原価です。これは前項の部門共通費と対照的な原価要素であり、部門共通費とは異なり簿記処理上も各費目から単純な手続きで振替えることができます。
　　　　　　　　　　　　　　　　　　（☞部門共通費）

部門費予定配賦
≪１級原価≫
（ぶもんひよていはいふ）

部門費実際配賦に対するもので、各施工部門から各工事に施工部門費を配賦するときに、実際額によらないで予定配賦率によって配賦計算することをいいます。
これにより計算の迅速化、工事間接費の季節による影響や変動を排除することができます。

部門別計算 ≪２級≫
（ぶもんべつけいさん）

費目別計算の段階を経て把握された原価要素を、発生場所別（各部門、各工程など）に分類および集計する手続きをいいます。部門別計算には、より正確な製品原価を算定し、か

つ、効果的に原価管理を行うという目的があります。

部門別原価計算 ≪2級≫
（ぶもんべつげんかけいさん）

費目別原価計算において把握された原価要素を、原価部門別に分類・集計する手続きをいいます。　　　（☞部門別計算）

部門別個別原価計算 ≪1級原価≫
（ぶもんべつこべつげんかけいさん）

特定の製品につき、単一の製造指図書に指示された生産数量を原価集計単位として、その生産に要した原価を把握する計算方法を個別原価計算といいますが、これは計算手順の違いにより、単純個別原価計算と部門別個別原価計算に区分されます。後者は、費目別計算・部門別計算そして製品別計算の3段階で製品原価の計算を行うものです。すなわち、個別原価計算のうち、間接費について部門別計算を行うものです。
（☞単純個別原価計算）

振替 ≪4級≫
（ふりかえ）

決算手続き時に勘定口座間で金額を移動させることです。
〔仕訳例〕
　当期の完成工事高100,000千円を損益勘定に振り替える。
　完成工事高　100,000／　損益　100,000

振替価格 ≪2級≫
（ふりかえかかく）

本支店間の取引において、例えば本店で安い値段で材料を購入し、これを支店に搬送した場合に振替える価格を振替価格といいます。この価格の決め方には、(1)原価を振替価格とする、(2)原価に一定の利益を加算した金額を振替価格とする（計算価格法）、(3)市場価格を振替価格とする　3つの決定基準があります。　　　　　　　　　　（☞付替価格）

振替仕訳 ≪2級≫
（ふりかえしわけ）

決算本手続として決算整理事項に基づき整理仕訳を行い、これを元帳に転記します。そして元帳の勘定残高はすべて仕訳を通して集合勘定に振替えられます（大陸式決算法の場合）。その仕訳を振替仕訳といいます。すなわち収益、費用勘定の

残高は損益勘定に、資産・負債・資本勘定の残高は残高勘定に振替える仕訳のことです。なお英米式決算法では残高勘定への振替仕訳は省略されます。

振替伝票 ≪3級≫
（ふりかえでんぴょう）

3伝票制を採用した場合に用いられる伝票の1つです。入金・出金以外の取引を記入する伝票のことです。仕訳形式で記入するため、形式は1伝票制の仕訳伝票と同じです。

フリー・キャッシュ・フロー ≪1級財表≫
（ふりーきゃっしゅふろー）

資金の調達形態にとらわれることなく、純粋に営業活動から得られるキャッシュ・フローをいいます。フリー・キャッシュ・フローは、一般的には次のように計算します。

　　フリー・キャッシュ・フロー＝営業利益×（1－実効税率）＋減価償却費等非貨幣支出費用－設備投資等－正味運転資本増加額

このように、フリー・キャッシュ・フローはビジネスとして営業活動のみのキャッシュ・フローを表し、株主への配当、支払利息の原資となるもので、企業が自由に処分できるものになります。

振出為替手形義務 ≪2級≫
（ふりだしかわせてがたぎむ）

為替手形（他人宛為替手形）においては、振出人が自己の材料仕入代金などを直接に支払わず、自己の売上債権がある得意先等に委託して、その支払を引き受けさせます。為替手形の名宛人、すなわち引受人が手形期日に支払不能となった場合には振出人に偶発債務が生じ、名宛人に代って手形金額の支払が義務づけられます。振出為替手形義務勘定は、為替手形の振出人が振出時に備忘記録として対照勘定方式により遡及義務を帳簿上記録する場合の貸方科目として用いられます。

　振出為替手形義務見返　×××／　振出為替手形義務　×××

支払期日に手形金額が支払われれば、**遡及義務が消滅し**貸借反対の仕訳をします。

　　　　　　　　　振出為替手形義務　×××／　振出為替手形義務見返　×××
　　　　　　　　　　　　　　　　　　　　　　　　　　　　　（☞名宛人）

振出為替手形義務見返　《2級》
（ふりだしかわせてがたぎむみかえり）

振出為替手形義務勘定の相手科目として使用される勘定です。両者は対照勘定として備忘的に記録されるものです。
（⇐対照勘定）　　　　　　　　（☞振出為替手形義務）

振出人　《3級》
（ふりだしにん）

手形や小切手を振り出した人のことです。　　（☞受取人）

〔取引例〕

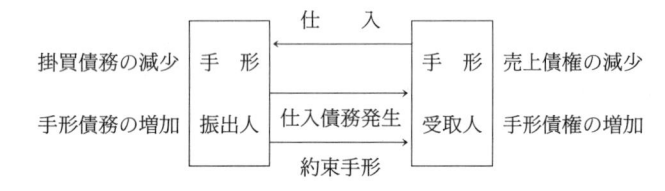

```
                     仕　　入
                 ←――――――――
掛買債務の減少  手 形            手 形  売上債権の減少

手形債務の増加  振出人  仕入債務発生  受取人  手形債権の増加
                 ――――――――→
                     約束手形
```

不利な差異　《1級原価》
（ふりなさい）

予定原価計算や標準原価計算を採用した場合、予定原価や標準原価と実際原価との間に原価差異が生じます。不利な差異は、原価差異が
(1)実際原価計算の場合
　予定原価　＜　実際原価
(2)標準原価計算の場合
　標準原価　＜　実際原価
の状態から生じる場合をいい、原価差異は差異勘定の借方に記入されます。
これは予定原価や標準原価を超過した実績額ということで、原価の追加支出となりますので不利と判断します。これは配賦不足のことです。　　　　　　　　　　（☞有利な差異）

フリンジ・ベニフィット　《1級原価》
（ふりんじべにふぃっと）

労務副費のうち、法定福利費・福利施設負担額・厚生関係費等のアメリカでの呼びかたです。
これらの労務主費に対する比率や時間当り金額に注目して、

	経営管理用データとしています。　　　　（☞労務主費）
プログラム予算 　　≪1級原価≫ （ぷろぐらむよさん）	経営計画を実行するについてその手順と段階ごとに編成される予算をいいます。 この典型が長期利益計画です。　　　　　（☞責任予算）
プロジェクト・プランニング 　　≪1級原価≫ （ぷろじぇくとぷらんにんぐ）	（☞個別計画）
プロダクト・コスト 　　≪2級≫ （ぷろだくとこすと）	工場製造業でいう製造原価であり、期末に売上原価と棚卸資産（仕掛品）に配分される原価のことをいいます。建設業では工事原価として期末に完成工事原価と未成工事支出金に配分されます。原価には単純にそのまま当該会計期間の費用として処理されてしまうものもありますが、これはピリオド・コスト（期間原価）といいます。　　（☞ピリオド・コスト）
不渡小切手≪2級≫ （ふわたりこぎって）	小切手は、銀行に当座預金勘定を開設したときに振出すことができますが、通常の振出限度額はその当座預金の残高としているため、残高を超えて振出した小切手については、銀行は支払いを拒絶します。この拒絶された小切手を不渡小切手といいます。しかし、銀行とあらかじめ当座借越契約を結んでおけば、当座借越限度額内においては当座預金残高を超えても支払いに応じてくれます。
不渡手形　≪2級≫ （ふわたりてがた）	銀行に取立依頼した手形や割引いた手形、または取引先に裏書譲渡した手形の支払いが手形満期日に拒絶された場合に、手形債権を一時的に処理しておく勘定をいいます。不渡手形は回収可能性が低いものの完全に資産性が失われたものではないので資産として計上します。（⇦資産）

分割計算
≪1級原価≫
（ぶんかつけいさん）

原価計算において適用される計算手法の1つで、付加計算に対するものです。一原価計算期間に発生した製造費用を生産データで分割して製品単位原価を計算していく計算手法で、総合原価計算で用いられます。さらに分割計算は単純分割計算、等価係数計算、差引計算の3つに分けることができます。　　　　　　　　　　　（☞付加計算、分割原価計算）

分割原価計算
≪1級原価≫
（ぶんかつげんかけいさん）

原価計算のために適用される計算テクニックによって原価計算は付加原価計算と分割原価計算とに分類されます。分割原価計算は総合原価計算のための計算手法をいいます。
これは、付加計算テクニックに対する概念です。
具体的には、一原価計算期間に発生した製造に関する費用を生産データで分割することで、製品の単価を計算しようとするテクニックです。

分配可能限度額
≪1級財表≫
（ぶんぱいかのうげんどがく）

商法は債権者保護の建前から、配当可能利益の限度額を法定化しています。株主に対し無制限な配当を行うことは、債権担保力となる企業財産の基礎が弱まるからで、そのために債権者の利害を損なわない範囲で定めた限度額のことです。分配可能限度額の計算は次の(1)、(2)のいずれか低い方の金額となります。
(1){純資産－(資本金＋法定準備金)}×$\frac{10}{11}$
(2)純資産－(資本金＋開業費＋開発費＋試験研究費)

分配可能性利益
≪1級財表≫
（ぶんぱいかのうせいりえき）

（☞配当可能利益）

平価発行
≪1級財表≫
(へいかはっこう)

社債の発行価額を券面額と同額で発行した場合をいいます。
(☞打歩発行、割引発行)

平均原価法
≪1級財表≫
(へいきんげんかほう)

先入先出法や後入先出法のように、取得順ないしは取得の逆の順といった一方向の流れを前提とすることなく、取得したものすべてから、平均的に販売ないしは消費すると仮定するものです。すなわち、購入時期の異なるグループから均等な割合で払出されるとの仮定にたって払出単価を算定する方法です。この平均原価法には、総平均法と移動平均法があります。
(☞最終取得原価法)

平均相場
≪1級財表≫
(へいきんそうば)

外貨建取引については、外国通貨で測定・評価されているものを、それと同一の評価基準で自国通貨に置換えなければなりません。これを会計上換算といい、外国通貨から自国通貨へ換算するに当たっては一定の為替相場が介入します。この為替相場の月または週の平均値を採用することを平均相場といいます。

平均耐用年数
≪1級財表≫
(へいきんたいようねんすう)

固定資産の減価償却の計算方法の1つに、いくつかの資産をグループとして償却計算を行う総合償却法があります。この総合償却法を実施する場合に問題となるのが、平均耐用年数の計算です。耐用年数を異にする多数の資産を償却単位とするとき、1つの平均耐用年数を決定しなければならないからです。これには単純平均法と加重平均法があります。

平均耐用年数の計算
≪2級≫
(へいきんたいようねんすうのけいさん)

(☞平均耐用年数、総合償却)

へいきんち

〔計算式〕

加重平均法による平均耐用年数の計算

資　産	減価償却総額	個別償却費
機械Ⅰ	×××	×××
機械Ⅱ	×××	×××
機械Ⅲ	×××	×××
計	×××(A)	×××(A)

$$平均耐用年数＝\frac{減価償却総額の合計(A)}{個別償却費の合計(B)}$$

(注) 1　減価償却総額＝取得原価－残存価額
　　　2　個別償却費　＝個別減価償却総額÷個別耐用年数

平均賃率　《2級》
（へいきんちんりつ）

時間または出来高当たりの賃金額を賃率といいます。
グループ別（全労務者、各部門など）に平均値を算定し、当該グループの消費賃金計算に適用する賃率を平均賃率といいます。
平均賃率には、総平均賃率と職種別平均賃率とがあります。

平均法　《1級原価》
（へいきんほう）

先入先出法、後入先出法と並ぶ月末仕掛品評価方法の1つです。
これは、月初仕掛品原価と当月製造費用との合計額を、当月完成品数量と月末仕掛品数量に按分する方法です。したがって月末仕掛品原価には、月初仕掛品原価と当月製造費用とが平均的に負担させられます。

（☞後入先出法、先入先出法）

ヘッジ対象取引
《1級財表》
（へっじたいしょうとりひき）

保有している実物資産や証券の価格変動リスクを回避すること、あるいはそのための具体的な方法をヘッジといい、ヘッジ対象取引とは市場の変動により損益を発生させる取引をいいます。
なお、ヘッジ会計においては、原則として、時価評価されて

いるヘッジ手段に係る損益または評価差額を、ヘッジ対象に係る損益が認識されるまで資産または負債として繰り延べることになります。

別途積立金 ≪2級≫
（べっとつみたてきん）

株主総会の決議により未処分利益の一部は資本金、利益準備金、任意積立金として社内に留保されます。このうち任意積立金は法律の規定によらないで企業で任意に積立てられるものですが、配当平均積立金、新築積立金、設備拡張積立金、災害損失補償積立金など特定の目的のために積立てられるものと積立の目的を特定せずに積立てられるものとがあり、後者を別途積立金と称しています。なお別途積立金の取り崩しは株主総会の決議が必要です。（⇦資本）

〔仕訳例〕
株主総会で未処分利益56千円を株主配当金40千円、利益準備金4千円、別途積立金10千円と処分することが決議された。

未処分利益　56	株主配当金　40
	利益準備金　4
	別途積立金　10
	繰越利益　2

変動原価計算 ≪1級原価≫
（へんどうげんかけいさん）

製造費用を変動費と固定費に区分し、変動費だけで製造原価を計算するものです。
原価計算基準では、これを直接原価計算といっています。
また、固定費も変動費も製造費用は全部、原価計算の対象とする通常の形態を全部原価計算といい、変動費だけで計算するこのケースは部分原価計算ということもあります。

（☞固定費、変動費）

変動費　≪2級≫
（へんどうひ）

原価は基礎的分類のうち、操業度との関連で変動費と固定費とに区分されます。操業度とは生産能力または販売能力を一定とした場合における予定、あるいは実際のその利用度合を示すものです。操業度の増減に比例的に発生する原価を変動費といいます。これは比例費と呼ばれることもあります。反対に操業度の増減にかかわらず一定額が発生する原価を固定費といいます。　　　　　　　　　　　　　　（☞固定費）

変動費率法　≪1級分析≫
（へんどうひりつほう）

（☞高低2点法）

変動予算　≪1級原価≫
（へんどうよさん）

固定予算に対する用語で、工事間接費は経営方針や経営計画に基づいて予算編成されますが、その場合の予算設定法の1つです。　　　　　　　　　　（☞固定予算、変動予算方式）

変動予算方式　≪2級≫
（へんどうよさんほうしき）

工事間接費を予定配賦する場合の予定配賦率の計算では、分子に工事間接費の年間予算額をおきます。工事間接費の費目ごとに計算された年間の発生予定額のことです。工事間接費の予算設定方式には固定予算方式と変動予算方式とがあり、このうち変動予算方式とは、基準操業度を中心にして種々の操業度水準に対応するように、工事間接費の予算を変動的に予定する方式をいいます。

予算管理上は、変動予算方式の方がその期間における操業度の変化に伴って弾力的に目標原価を設定できるので、有効であるといわれます。変動予算の設定方法には、公式法（図表上に $y = ax + b$ の式で予算線を表示）と実査法（多桁法ともいう。複数の操業度水準における工事間接費各費目の発生予定額の多桁式の一覧表）とがあります。　（☞固定予算）

ほ

包括主義損益計算書 ≪1級財表≫
（ほうかつしゅぎそんえきけいさんしょ）

当期に生じたすべての費用項目および収益項目を損益計算書に記載し、両者の差額として期間利益を示す損益計算書のことです。したがって、この期間利益額は、当期に獲得した処分可能利益の純増額を明らかにしているといえます。昭和49年改正後の企業会計原則は包括主義損益計算書の作成を要請しています。　　　　　　　（☞当期業績主義損益計算書）

報告式 ≪2級≫
（ほうこくしき）

財務諸表の作成形式の一種です。他に「勘定式」があります。企業会計原則では主にこの報告式を採用しています。
（☞勘定式）

報告式の損益計算書 ≪2級≫
（ほうこくしきのそんえきけいさんしょ）

損益計算書は一定期間における企業の経営成績を明らかにするために作成されるものですが、この形式には勘定式の損益計算書と報告式の損益計算書の2通りがあります。報告式は収益から費用を上から下に差し引く形で作られ、外部に報告する目的で作成される損益計算書は一般にこの報告式で作成されます。　　　　　　　　　　　（☞経常利益）

〔報告式の例〕

完成工事高	3,000,000
完成工事原価	2,500,000
完成工事総利益	500,000
販売費及び一般管理費	300,000
営業利益	200,000
営業外収益	20,000
営業外費用	100,000
経常利益	120,000

（以下略）

報告式の貸借対照表　≪2級≫
(ほうこくしきのたいしゃくたいしょうひょう)

貸借対照表は一定時点における企業の財政状態を明らかにするために作成され、その形式には損益計算書と同様に勘定式と報告式の2通りがあり、外部報告には後者が用いられています。報告式の貸借対照表において資産は流動資産、固定資産、繰延資産に、負債は流動負債と固定負債に分けて示されます。その科目の配列は一般に流動性配列法によっています。
(☞流動性配列法)

法人税、住民税及び事業税　≪2級≫
(ほうじんぜい、じゅうみんぜいおよびじぎょうぜい)

国が法人に対して課する税金が法人税（国税）です。地方公共団体が個人および法人に対して課する税金が住民税（地方税）です。さらに販売費及び一般管理費の中の「租税公課」に含めて記載していた税金が事業税（地方税）です。ただし、事業税のうち利益に関する金額を課税標準として課せられるものについては、法人税及び住民税の記載方法と同様に「税引前当期利益」の下に記載することになりました。なお法人税、住民税及び事業税を合わせて法人税等と総称し、事業年度が1年の企業は前事業年度の1/2に当たる額または6ヶ月間の仮決算をして計算した税額で法人税等を中間申告納付しなければならないことになっています。

〔仕訳例〕
　当期の税引前当期利益500千円に対し、法人税、住民税および事業税300千円を計上する。なお、中間申告において100千円を納付している。

　法人税、住民税及び事業税　300　／　仮払法人税等　100
　　　　　　　　　　　　　　　　　　未払法人税等　200

法人税等　≪1級財表≫
(ほうじんぜいとう)

法人税、住民税と事業税を合わせた総称です。
(☞法人税、住民税及び事業税)

法人税等調整額 　　　≪1級財表≫ （ほうじんぜいとうちょうせいがく）	税効果会計を適用した場合、当期に納付すべき法人税・住民税及び事業税に加減する形で損益計算書に計上する利益と所得の一時差異等による調整額のことをいいます。 （☞繰延税金資産、繰延税金負債） 〔仕訳例〕 　(1)将来減算一時差異が発生した会計年度の仕訳 　　繰延税金資産　100千円／法人税等調整額　100千円 　(2)将来加算一時差異が発生した会計年度の仕訳 　　法人税等調整額　100千円／繰延税金負債　100千円
法定資本 　　　≪1級分析≫ （ほうていしほん）	資本金のことをいいます。株式会社の場合、資本金の額は商法の規定に基づいて計算され、かつ表示することが要求されていますから、株式会社の資本金は、商法における法定資本をいうことになります。
法定準備金≪2級≫ （ほうていじゅんびきん）	法定準備金とは、株主が出資した額のうち資本金に組入れられなかった資本準備金と商法の規定によりその積立が強制される利益準備金とを合わせた総称です。商法規定に基づいて作成する貸借対照表では資本の部を資本金、法定準備金および剰余金に区分して表示することになっています。なお、資本準備金には株式払込剰余金・合併差益および減資差益が含まれます。（⇦資本）　　（☞資本準備金、利益準備金）
法定福利費≪3級≫ （ほうていふくりひ）	健康保険、厚生年金保険、労働保険等の保険料の事業主負担金及び児童手当拠出金の支払額のことです。（⇦販売費及び一般管理費、経費） 〔仕訳例〕 　健康保険等の法定福利費700千円および従業員負担分で預り金勘定に計上している金額650千円を合せて小切手で支払った。

法定福利費	700	/	当座預金	1,350
預り金	650	/		

法的債務性
≪1級財表≫
（ほうてきさいむせい）

（☞条件付債務）

法的有効期間
≪1級財表≫
（ほうてきゆうこうきかん）

無形固定資産を取得した際、その減価償却期間として有効であると法律で定めた年数をいいます。例えば、特許権を取得したような場合には特許権法では20年と定められています。この年数が法的有効期間といわれるもので、技術革新および需要の変化などを考慮したものを経済的有用期間といいます。

法律上の権利
≪2級≫
（ほうりつじょうのけんり）

無形固定資産のうち法律上与えられる排他的、独占的な権利をいいます。商標権、実用新案権、特許権などが該当します。これらには法定有効期限があり、その取得原価はその期間内に規則的に償却することが原則となっています。

簿外資産
≪1級財表≫
（ぼがいしさん）

企業の財政状態を正しく表示するためには、企業の所有するすべての資産および企業が負っているすべての負債ならびにすべての資本をもれなく貸借対照表に記載することが、最低限度の要件になります。それらのうち、資産として実在していながら重要性が乏しいために貸借対照表に記載されていないものがある場合、その資産を簿外資産といいます。同様に、重要性が乏しいために貸借対照表に記載されていない負債を簿外負債といいます。簿外資産および簿外負債は正規の簿記の原則に従った処理として認められます。
（☞正規の簿記の原則、明瞭性の原則、貸借対照表完全性の原則、重要性の原則）

簿外負債　≪１級財表≫
(ぼがいふさい)

(☞簿外資産)

簿価・時価比較低価法　≪１級財表≫
(ぼかじかひかくていかほう)

切放法の別名です。　　　　　　　　　　　　　(☞切放法)

簿価引下　≪１級財表≫
(ぼかひきさげ)

災害や事故などの偶発的事情によって、固定資産の実体が滅失した場合には、その滅失部分に相当する金額だけ当該資産の簿価を引き下げなければなりません。これを簿価引下といいます。簿価引下は臨時償却に類似しますが、その本質は臨時損失であって、減価償却とは異なるものです。

(☞臨時償却)

簿記　≪４級≫
(ぼき)

企業の経営活動を継続的に帳簿に記録・計算・整理することです。簿記にはその記帳方法の相違によって単式簿記と複式簿記があります。

簿記上の取引　≪３級≫
(ぼきじょうのとりひき)

簿記では資産・負債・資本の内容と金額を変化させる事象を取引といいます。一般の取引概念と異なり、現金が盗難にあったり、建物が焼失しても簿記上の取引に該当しますが、売買契約を締結しただけでは簿記上の取引に該当しません。

〔仕訳例〕

甲社は材料倉庫（取得原価3,000千円、減価償却累計額1,350千円）を焼失した。なお、当該倉庫に火災保険は付していない。

　　減価償却累計額　1,350　／　建物　3,000
　　火災損失　　　　1,650／

保険差益　≪1級財表≫
（ほけんさえき）

保険契約により、保険金が支払われた場合、その保険金収入額が保険事故により消滅した資産の帳簿価額より大きいときの差額を処理します。（⇐特別利益）

（☞火災損失、火災未決算）

〔仕訳例〕

火災により建物2,000千円（帳簿価額）を焼失した。なお、保険契約により2,500千円の保険が現金で支払われた。

現　金　2,500 ／ 建　　物　2,000
　　　　　　　／ 保険差益　　500

保険料　≪3級≫
（ほけんりょう）

火災保険、自動車保険などの損害保険料を処理する勘定です。（⇐販売費及び一般管理費）

〔仕訳例〕

火災保険料30千円を現金で支払った。

保険料　30／　現金　30

保守主義　≪1級財表≫
（ほしゅしゅぎ）

企業の安全保持および健全な発展のために、できるだけ慎重な判断に基づき会計処理を行うことで、予測される将来の危険に備えようとする考え方です。この考え方は、期間損益計算においては予測要素（貸倒引当額の予測など）が入り込まざるをえないため、認められる範囲内で利益を控え目に測定し伝達することを要請するものです。しかし、過度な保守主義を要請するものではありません。過度であるか否かは、採用した手続、処理法が会計基準として認められている範囲内のものであるかどうかで判断されます。

（☞保守主義の原則）

保守主義の原則　≪1級財表≫
（ほしゅしゅぎのげんそく）

企業会計原則の一般原則の1つで、「企業の財政に不利な影響を及ぼす可能性がある場合には、これに備えて適当に健全な会計処理をしなければならない。」と規定しています。この規定を一般に保守主義の原則とよびます。これは容認され

る会計処理の原則および手続の範囲内で利益を控えめに測定し、伝達することを要請する規範理念であるとされています。

保証預り金 ≪2級≫
（ほしょうあずかりきん）

営業保証として受け入れた有価証券、受取手形等をいいます。これは資材店からの特定の建設用資材の安定供給を確保したり、外注業者と持続的な取引関係を保つために使用する保証金的なものといえます。（⇐負債）

〔仕訳例〕
　甲工務店に対する営業保証の目的で約束手形10,000千円を振出した。
　　【自社】
　　　差入営業保証金　10,000／　営業保証支払手形　10,000
　　【甲工務店】
　　　営業保証受取手形　10,000／　営業保証預り金　10,000

保証債務 ≪1級財表≫
（ほしょうさいむ）

他人の債務を保証することにより生じた保証義務を表すのが保証債務勘定であり、これと保証債務見返勘定は対照勘定です。（⇐その他）

〔仕訳例〕
　甲会社は、乙会社の銀行借入金10,000千円の債務保証を行った。
　　　保証債務見返　10,000／　保証債務　10,000
　乙会社は、10,000千円を返済期日に銀行に返済した。
　　　保証債務　10,000／　保証債務見返　10,000

保証債務見返 ≪1級財表≫
（ほしょうさいむみかえり）

（☞保証債務）

補償費 ≪2級≫
（ほしょうひ）

工事施工に伴う道路、河川等の補修費、隣接物の補修費、事故等の補償費および完成工事補償引当金繰入額等を処理する

勘定です。例えば前期までに完成引渡済の工事に対して完成工事補償引当金を設定していないか、または引当金設定額以上の補償工事を行った場合の支出は前期工事補償費で処理します。(⇦経費)　　　　　　　　　(☞前期工事補償費)

保証料 ≪2級≫
(ほしょうりょう)

公共工事等の受注にあたり、前受金を受領するために保証会社等に対して支払う保証料を処理する勘定です。この保証料については、その性質を前受金を受領するための一種の金融費用とみて営業外費用として処理する場合と、工事受注に関連して支出する直接経費であるとみて、工事原価に算入する場合の両方があります。(⇦費用または経費)

〔仕訳例〕
　甲保証会社に公共工事受注に係る前受金受領の保証をうけ保証料1,200千円を現金で支払った。
　　保証料　1,200／　現　金　1,200

補助記入帳 ≪3級≫
(ほじょきにゅうちょう)

仕訳帳と総勘定元帳を主要簿といい、これを補完するため取引の明細を明らかにする帳簿を補助簿と呼んでいますが、この補助簿はさらに補助記入帳と補助元帳に区分されます。
補助記入帳は仕訳帳に記録された主要な取引の明細を発生順に転記する帳簿で、小口現金出納帳、当座預金出納帳、工事原価記入帳、受取手形記入帳等が含まれます。
　　　　　　(☞補助簿の機能上の分化、補助元帳)

補助経営部門 ≪2級≫
(ほじょけいえいぶもん)

一般製造業での原価部門は原則として以下のように区分されます。補助経営部門は製造部門に対して、直接的にサービスの提供を行う部門で、例えば動力部門、用水部門、修繕部門などがあります。なお工場管理部門は労務管理等工場全般の管理事務を担当する部門です。

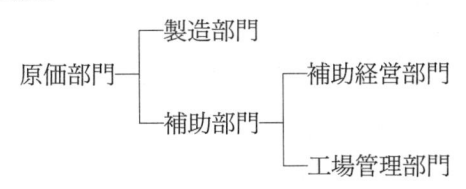

〔図表〕

```
原価部門─┬─製造部門
         └─補助部門─┬─補助経営部門
                    └─工場管理部門
```

補助サービス部門
≪2級≫
（ほじょさーびすぶもん）

建設業の原価部門は工事関係部門と本社管理関係部門とに大別されます。これは工事原価と販売費及び一般管理費との区別上重要な区分であり、工事関係部門において発生した原価は工事原価計算に取り入れられます。工事関係部門はさらに工事を直接担当するか否かによって次のように区分されます。

〔図表〕

```
工事関係部門─┬─施工部門
             └─補助部門─┬─補助サービス部門
                        └─現場管理部門
```

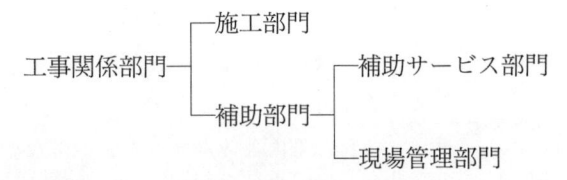

施工部門は工事の施工を直接担当する部門であり、補助サービス部門は、その施工部門に対して直接的なサービスを提供する部門です。具体的には仮設部門、機械部門、車両部門（運搬部門）などが該当します。

補助伝票制度
≪2級≫
（ほじょでんぴょうせいど）

実務においては、仕訳帳の代りに伝票が広く用いられています。その1つの例として3伝票制では入金伝票、出金伝票、振替伝票を3枚複写としてそれぞれの用途に使用されていますが、さらに進んで補助簿に相当する補助伝票を挿入して4枚以上の複写伝票とし、4枚目以降を補助簿として代行させるものを補助伝票制度といいます。

補助部門　≪2級≫
（ほじょぶもん）

原価部門のうち、生産作業に直接的に実施される部門を施工部門といい、生産活動を円滑に行うことができるように補助的な役割をする部門を補助部門といいます。

（☞補助サービス部門）

補助部門の製造部門化　≪1級原価≫
（ほじょぶもんのせいぞうぶもんか）

一般製造業においては補助部門を補助経営部門と工場管理部門とに区分します。

補助経営部門とは、工具製作・修繕・動力の提供など製造部門に対して、自己の補助的な用役の提供や物品の生産を行う部門をいいます。

これが大規模化して、生産品等が外部にも販売されるようになり、独立の経営単位にまで成長した場合、補助部門の製造部門化といいます。　　　　　　　　　（☞管理部門）

補助部門の施工部門化　≪2級≫
（ほじょぶもんのせこうぶもんか）

建設業においては原価部門を理論上施工部門と補助部門に分離集計することとしていますが、実務上、各工事現場を1つの施工部門とみなすなど、純粋な施工部門を設けることが少ないかわりに、準施工部門的な補助部門（仮設部門、機械部門、車両部門、運搬部門）を施工部門化して、実質的に部門別計算ともいうべき手続を実施していくことを補助部門の施工部門化と呼んでいます。

補助部門費の配賦　≪2級≫
（ほじょぶもんひのはいふ）

工事間接費を補助部門費として一次的に把握し、最終的に施工部門に何らかの基準で配賦することです。つまり補助部門費を施工部門に配賦することですが、この配賦基準には合理性を求めて以下のような基準があります。(1)関係部門が実際に受けたサービス量、(2)関係部門が正常な状態で受ける標準的なサービス量、(3)関係部門が受ける可能性のある最大の規模、(4)関係部門の負担能力。なお、補助部門費を施工部門に配賦する方法として直接配賦法、相互配賦法、階梯式配賦法があります。

補助簿　≪4級≫
(ほじょぼ)

主要簿の記録を補うために設けられた帳簿です。現金出納帳や当座預金出納帳があります。

補助簿の機能上の分化　≪2級≫
(ほじょぼのきのうじょうのぶんか)

企業経営において補助簿は、内外の企業情報をより正確に伝えるために主要簿を補完する形で設定されてきましたが、企業規模の拡大や複雑化に伴って、小口現金出納帳・工事原価記入帳・受取手形記入帳のように特定の取引の発生明細を記入するものや、工事台帳・得意先元帳・固定資産台帳のように特定の勘定の残高明細を確認するような形態へと機能の分化が生じてきています。

補助元帳　≪3級≫
(ほじょもとちょう)

補助簿の1種で総勘定元帳の特定の勘定記録の明細を口座別に記録する帳簿のことです。材料元帳、工事台帳などがあります。

補足情報　≪1級財表≫
(ほそくじょうほう)

利害関係者が企業の実態を正しく把握するために、財務諸表の重要事項について有用な情報（重要な会計方針、後発事象等）を補足的に注記したものです。

(☞会計方針、後発事象、注記)

保有月数分析　≪1級分析≫
(ほゆうげつすうぶんせき)

資金の保有程度を実数によって測定するものです。資金の余裕度合いを分析する際に比率分析を補完する意味で利用されます。

主な分析指標としては、運転資本保有月数や現金預金手持月数が挙げられます。運転資本保有月数とは、正味の運転資本（運転資金）が企業の収益と対比してどの程度のものかを示す指標です。また、現金預金手持月数は、完成工事高の何か月分の現金預金があるかということを表すものです。

本支店会計
≪1級財表≫
（ほんしてんかいけい）

法律上1つの会計単位である企業を、本店および支店に分けて、それぞれ独立の会計単位として認識した場合の、本支店間における取引、決算手続、財務諸表の合併などに用いられる会計処理を取り扱う会計領域をいいます。

（☞本支店合併財務諸表）

本支店会計の決算手続の概要
≪2級≫
（ほんしてんかいけいのけっさんてつづきのがいよう）

経営規模が大きくなった場合、その会計処理を本店1本のままで整理するとかえって繁雑になり、実態が混同されて実情が正しく把握されないおそれがあります。

そこで本店は本店独自の会計整理を行い、支店は本店から分離独立した会計単位として処理する方が良い場合が多くなります。

決算（月次・半期・年度）手続としては本店決算と支店決算を合算する方法が採用されます。

本支店合併財務諸表
≪1級財表≫
（ほんしてんがっぺいざいむしょひょう）

本店と支店それぞれの内部報告用の損益計算書および貸借対照表の各項目を合算することで、全社的な外部報告用の損益計算書および貸借対照表を作成します。こうして作成した1組の計算書を本支店合併財務諸表といいます。

（☞本支店会計）

本支店合併精算表
≪2級≫
（ほんしてんがっぺいせいさんひょう）

本支店会計において、本店では本支店会計固有の決算手続を実施しなければなりませんが、その処理の1つが本支店合併精算表です。

材料の搬送が原価で行われたり未達取引がない単純な状況においては、本支店の合併に必要な手続は合併整理欄において、本店勘定と支店勘定とが相殺消去される仕組みになっています。

〔図表〕

本支店合併精算表
平成〇年〇月〇日

勘定科目	本店残高試算表		支店残高試算表		合併整理		損益計算書		貸借対照表	
	借	貸	借	貸	借	貸	借	貸	借	貸

本支店合併損益計算書 ≪1級財表≫
（ほんしてんがっぺいそんえきけいさんしょ）

（☞本支店合併財務諸表）

本支店合併貸借対照表 ≪1級財表≫
（ほんしてんがっぺいたいしゃくたいしょうひょう）

（☞本支店合併財務諸表）

本支店間の取引 ≪2級≫
（ほんしてんかんのとりひき）

同一企業内で本店と支店の間に生じた取引をいいます。その処理方法には「本店集中会計制度」と「支店独立会計制度」があります。　（☞本店集中会計制度、支店独立会計制度）

本支店の財務諸表の合併 ≪2級≫
（ほんしてんのざいむしょひょうのがっぺい）

（☞本支店合併精算表）

本店 ≪2級≫
（ほんてん）

（☞本店勘定）

本店勘定 ≪1級財表≫
（ほんてんかんじょう）

企業が本支店会計制度を採用し、本店および支店を各々独立会計単位として取扱う場合、支店において本店に対する債権・債務を処理する勘定です。　　　　　　（☞支店）

〔仕訳例〕
東京本店は札幌支店に現金500千円を送付した。
【本　　店】　札幌支店　500／　現　金　500
【札幌支店】　現　　金　500／　本　店　500

本店集中会計制度　≪2級≫
（ほんてんしゅうちゅうかいけいせいど）

本店と支店との取引を処理する方法に、本店集中会計制度と支店独立会計制度とがあります。本店集中会計制度は、支店の取引を本店の取引と一緒に本店の会計帳簿に記録する方法です。この方法では支店が全取引の証憑書類を添付して本店に報告し、本店はこの報告に基づいて仕訳をし元帳に転記することになります。　　　　　　　　　　（☞支店独立会計制度）

本店集中計算制度　≪2級≫
（ほんてんしゅうちゅうけいさんせいど）

支店相互間での取引は基本的に本支店間の取引と同じ要領で処理することができますが、処理の仕方には支店分散計算制度と本店集中計算制度があります。本店集中計算制度とは、支店相互間の取引もそれぞれの支店が本店と取引をした場合と同じ要領で処理する方法です。　（☞支店分散会計制度）

〔仕訳例〕
大阪支店は福岡支店の営業部員の出張旅費10千円を現金で立替払いした。この取引を本店集中計算制度により仕訳しなさい。
【本　　店】　福岡支店　　10／　大阪支店　10
【大阪支店】　本　　店　　10／　現　　金　10
【福岡支店】　旅費交通費　10／　本　　店　10

ま

前受金保証料 ≪2級≫
（まえうけきんほしょうりょう）

（⇐費用、工事原価）　　　　　　　　（☞保証料）

前受収益 ≪3級≫
（まえうけしゅうえき）

継続的な役務提供取引において、すでに収益として計上したもののうち、会計期末までに役務の提供を行っていない部分は、次期以降の収益として処理しなければなりません。その部分を当期の収益から除外して次期以降の収益とするために、一時的に負債勘定である前受収益に振替えて次期に繰延べます。（⇐流動負債）　　（☞経過勘定、未収収益）

〔仕訳例〕
決算に当たり利息の前受分が10千円あることが判明した。
　　受取利息　10,000　／　前受収益　10,000
　　　　　　　　　　　　　　（前受利息）

前受地代 ≪3級≫
（まえうけちだい）

継続的な役務提供取引において、すでに受取地代として計上したもののうち、会計期末までに役務の提供を行っていない部分は次期以降の受取地代として処理しなければなりません。その部分を当期の収益から除外して次期以降の収益とするために、一時的に負債勘定である前受地代に振替えて次期に繰延べます。（⇐負債）　　　　　　（☞前受収益）

〔仕訳例〕
甲社へ土地を賃貸し受取地代として処理していたが、当期末においてそのうち、50千円が前受であった。
　　受取地代　50／　前受地代　50

前受家賃 ≪3級≫
（まえうけやちん）

継続的な役務提供取引において、すでに受取家賃として計上したもののうち、会計期末までに役務の提供を行っていない部分は次期以降の受取家賃として処理しなければなりませ

ん。その部分を当期の収益から除外して次期以降の収益とするために、一時的に負債勘定である前受家賃に振替えて次期に繰延べます。（⇐負債）　　　　　　　　（☞前受収益）

〔仕訳例〕
当期末において家賃の前受分が30千円ある。
　　受取家賃　30／　前受家賃　30

前受利息　《3級》
（まえうけりそく）

継続的な役務提供取引において、すでに受取利息として計上したもののうち、会計期末までに役務の提供を行っていない部分は次期以降の受取利息として処理しなければなりません。その部分を当期の収益から除外して次期以降の収益とするために、一時的に負債勘定である前受利息に振替えて次期に繰延べます。（⇐負債）　　　　　　　　（☞前受収益）

〔仕訳例〕
決算にあたり利息の前受分が10千円あることが判明した。
　　受取利息　10／　前受利息　10

前払地代　《3級》
（まえばらいちだい）

すでに支払地代として処理している金額のうち、会計期末までにまだ役務の提供を受けていない部分は次期以降の支払地代として処理しなければなりません。その部分を次期に繰延べるため、すでに費用とした分から差し引いて、一時的に前払地代に振替えます。（⇐資産）　　　　　　　（☞前払費用）

〔仕訳例〕
支払地代の決算整理前勘定残高は100千円であるが、そのうち半分は次期の前払分であるので繰延処理を行う。
　　前払地代　50／　支払地代　50

前払費用　《3級》
（まえばらいひよう）

すでに費用として処理している金額のうち、会計期末までにいまだ役務の提供を受けていない部分は、次期以降の費用として処理しなければなりません。その部分を次期に繰り延べるため、すでに費用とした分から差し引いて一時的に前払費

用に振替えます。（⇐流動資産）（☞経過勘定、未払費用）
〔仕訳例〕
　販売費及び一般管理費のなかの支払家賃には、本社事務所用の家賃30千円の前払分が含まれている。
　　前払費用　30　／　支払家賃　30
　　（前払家賃）

前払費用説 ≪1級財表≫
（まえばらいひようせつ）

資産の本質について、資産を次期以降に費用となる金銭を前払いしたものとする考え方の1つです。期間損益計算を重視する動態論の立場からは、期間の収益および費用の把握が重要になります。これは資産が利用され、費用に転化するとき、その費用を正しく把握するという考え方に立脚しています。前払費用説の立場によりますと、繰延資産にも資産性が与えられます。

（☞換金可能価値説、潜在的用役提供能力説）

前払保険料 ≪3級≫
（まえばらいほけんりょう）

すでに保険料として処理している金額のうち、会計期末までにまだ役務の提供を受けていない部分は次期以降の保険料として処理しなければなりません。その部分を次期に繰延べるため、すでに費用とした分から差し引いて一時的に前払保険料に振替えます。（⇐資産）　　　　　　（☞前払費用）

〔仕訳例〕
　火災保険料1年分240千円を支払っていたが、決算に際しそのうち3ケ月分は次期の前払分であるため次期に繰延べることとした。
　　前払保険料　60／　保険料　60

前払家賃 ≪3級≫
（まえばらいやちん）

すでに支払家賃として処理している金額のうち、会計期末までにまだ役務の提供を受けていない部分は次期以降の支払家賃として処理しなければなりません。その部分を次期に繰り延べるため、すでに費用とした分から差し引いて、一時的に

前払家賃に振替えます。（⇐資産）　　　　　（☞前払費用）

〔仕訳例〕
販売費及び一般管理費のなかの支払家賃には本社事務所用の家賃30千円の前払分が含まれている。

前払家賃　30／　支払家賃　30

前払利息　≪3級≫
（まえばらいりそく）

すでに支払利息として処理している金額のうち、会計期末までにまだ役務の提供を受けていない部分は次期以降の支払利息として処理しなければなりません。その部分を次期に繰り延べるため、すでに費用とした分から差し引いて一時的に前払利息に振替えます。（⇐資産）　　　（☞前払費用）

〔仕訳例〕
支払利息のうちに次期負担分10千円が含まれている。

前払利息　10／　支払利息　10

前渡金　≪3級≫
（まえわたしきん）

材料貯蔵品の購入ならびに未成工事に要する工事費等の支払いのうち、未納入のもの、またはいまだに役務を提供されていない部分について支出した金額を処理する勘定です。（⇐資産）

(注)財務諸表上では、昭和57年に公布された「建設業法施行規則の一部を改正する省令」により、工事費に係る前渡金は、未成工事支出金に含めて表示することとされました。

(注)前渡金で処理せず外注費または未成工事支出金で処理することも認められます。

〔仕訳例〕
(1)千葉土木㈱と下請負契約を締結し、契約請負代金8,400千円の30％を小切手を振出して前渡しした。

前渡金　2,520／　当座預金　2,520

(2)材料600千円を購入し、本社倉庫に搬入した。その代金のうち150千円は前渡金と相殺し、残額は約束手形を振り出して支払った。

材料　600	前渡金　　150
	支払手形　450

マシン・センター ≪2級≫
（ましんせんたー）

建設業において規模が大きくなればなるほど、補助部門を機械部門や車両部門等別に社内センター化して配賦計算を行うようになります。さらに本格的に機械部門を小区分化して、機械の機種別に配賦率（使用率）を設けることにより一層合理的コストの把握と配賦計算を行うことができます。この機種別に小区分化された各々を特にマシン・センター（機械中心点）と呼んでいます。

み

未決算勘定 ≪2級≫
（みけっさんかんじょう）

取引の処理が未確定で金銭支出以外の資産の減少を伴うとき、後に行われる金銭の授受を一時的に処理しておくために用いる勘定です。未決算勘定は、処理の確定後に正式な勘定に振替えられます。　　　　　　　　　　（☞火災未決算）

〔仕訳例〕
建物（取得原価3,000千円、減価償却累計額900千円）を焼失した。同建物には火災保険が付してあり、査定中である。

建物減価償却累計額　900	建　物　3,000
火　災　未　決　算　2,100	

見込生産制 ≪1級財表≫
（みこみせいさんせい）

家電製品・自動車および薬品等のように市場性を見込んで生産する方法です。したがって建設業の受注生産制とは大きく異なる生産形態です。原価計算との関連では、見込生産形態を採る企業で総合原価計算が適用されます。

未実現収益 ≪1級財表≫
（みじつげんしゅうえき）

いまだ実現していない不確実な収益のことをいいます。
　　　　　　　　　　　　（☞発生主義の原則、実現主義の原則）

未実現利益の控除 ≪1級財表≫
（みじつげんりえきのこうじょ）

企業会計原則第二損益計算書原則一Aでは「未実現収益は、原則として、当期の損益計算に計上してはならない」と規定しています。利益は分配可能性を特質とし、そのためには実現利益でなければなりません。未実現利益を含めたまま決算を行うと企業の正しい経営成績および財政状態を歪めてしまうことになってしまいますので、実現主義の原則に従って適正な期間損益計算を行うために、未実現利益は控除されます。未実現利益には、本支店間会計における独立した会計単位相互間の内部取引から生じる内部利益などがあります。

（☞実現主義の原則、内部利益の控除）

未収収益 ≪3級≫
（みしゅうしゅうえき）

継続的な役務提供取引において、会計期末までに役務の提供を行ったが、いまだその対価の支払いを受けていないものをいいます。決算整理の際、未収分をこの勘定に振替えます。（⇦資産）

未収手数料 ≪3級≫
（みしゅうてすうりょう）

継続的な役務提供取引において、会計期末までに役務の提供を行ったが、いまだその対価の支払いを受けていないものをいいます。その対価は当期の損益計算に計上するとともに資産として貸借対照表にも記載しなければなりません。（⇦資産） （☞未収収益）

〔仕訳例〕
　当社は、完成引渡した建物について、その保守清掃を委託されているが、2ケ月分の委託料30千円がいまだ未収なので決算にあたり未収手数料を計上する（委託料は3ケ月分一括支払の契約である）。
　　未収手数料　30／　受取手数料　30

未収入金 ≪3級≫
（みしゅうにゅうきん）

固定資産や有価証券の売却など、企業の本来的営業取引以外の取引で生じた債権で、かつ、1年以内に回収可能と思われる勘定を処理する勘定科目のことです。建設工事に関係した

未収入金は、完成工事未収入金勘定（流動資産）で処理し（正常営業循環基準）、本来の営業取引以外の取引から生じた未収代金は未収入金勘定（流動資産）で処理します。また、その回収期間が1年を超える場合には、長期未収入金勘定（固定資産）を用います。（⇦資産）

〔仕訳例〕

自社所有の中古自動車（取得価額400千円、減価償却累計額150千円）を250千円で売却し、代金は来月受取る予定である。減価償却費の記帳は間接記入法による。

　　減価償却累計額　150　／　車両運搬具　400
　　未　収　入　金　250／

未収家賃　＜3級＞
（みしゅうやちん）

継続的な役務提供取引において会計期末までに役務の提供を行ったが、いまだその対価の支払いを受けていないものをいいます。決算に際し、すでに賃貸した期間の経過した月の家賃がいまだ収入されていない場合は、当期の受取家賃をそれだけ増加させるとともに、それに見合う額を未収家賃という資産に計上します。（⇦資産）　　　　　（☞未収収益）

〔仕訳例〕

決算期末に家賃の未収分120千円がある。

　　未収家賃　120／　受取家賃　120

未収利息　＜3級＞
（みしゅうりそく）

継続的な役務提供取引において、会計期末までに役務の提供を行ったが、いまだその対価の支払いを受けていないものをいいます。（⇦資産）　　　　　　　　　　　（☞未収収益）

〔仕訳例〕

決算に際し、貸付金利息の未収分20千円を計上する。

　　未収利息　20／　受取利息　20

未処分利益　＜2級＞
（みしょぶんりえき）

貸借対照表の資本の部における剰余金のうち任意積立金以外の部分をいい、その内容は当期利益（または損失）と前期繰

越利益（または前期繰越損失）からなります。株主総会で利益処分が決議されると未処分利益は種々の項目に処分されます。(⇐資本・剰余金)

〔仕訳例〕

損益勘定の貸方残高600千円を未処分利益勘定に振替えた。

　　損　益　600／　未処分利益　600

未処分利益剰余金 ≪1級財表≫
（みしょぶんりえきじょうよきん）

利益剰余金のうち、利益処分前のものをいいます。この未処分利益剰余金は前期繰越利益と当期利益および任意積立金の目的取崩額とを加え、さらに中間配当額とこれに伴う利益準備金積立額等を差引いて算出されます。その額は、損益計算書の末尾に当期未処分利益として表示されます。

未処理損失 ≪2級≫
（みしょりそんしつ）

決算において当期損失を計上すると未処理損失勘定に振替えます。これは未処分利益と対照的なもので、その内容は、当期損失（または当期利益）と前期繰越損失（または前期繰越利益）額からなります。株主総会でその処理が決議されます。(⇐資本)

〔仕訳例〕

損益勘定の借方残高700千円を未処理損失勘定へ振替えた。なお、前期からの繰越利益は400千円であった。

　　未処理損失　300　／　損　益　700
　　繰越利益　　400／

未成工事受入金 ≪3級≫
（みせいこうじうけいれきん）

請負工事に関連して契約金、前受金、中間金等として受入れた工事代金の受入高を処理する勘定です。(⇐負債)

〔仕訳例〕

東京商事㈱と工事契約が成立し、前受金として同社振出しの約束手形4,000千円を受取った。

　　受取手形　4,000／　未成工事受入金　4,000

未成工事支出金 ≪3級≫
（みせいこうじししゅつきん）

引渡しを完了していない工事に要した工事費（材料費、労務費、外注費、経費）を完成引渡しまでの間は、費用としないで未成工事支出金という資産勘定で処理しておき、工事収益が計上されたら、その工事収益に対応する工事費を未成工事支出金から完成工事原価に振替えます。

ただし、長期の未成工事に要した工事費で工事進行基準によって完成工事原価に含めたものを除きます。（⇦資産）

（☞工事進行基準）

（注）　建設業経理事務士3級の検定試験で出題される精算表の問題では、期中は工事に係る費用を材料費、労務費、外注費および経費で処理しておき、決算期末に決算整理後の材料費、労務費、外注費および経費の各勘定残高を未成工事支出金勘定に振り替える方法を採用しています。したがって、3級の仕訳例では工事に係る費用は費目別に仕訳してあります。また、2級の検定試験では未成工事支出金勘定だけで処理する方法となっています。

〔仕訳例〕
(1)甲社と工事契約を締結し、次の工事原価を消費した。
　　材料費150千円　労務費80千円　外注費90千円　経費30千円
　　　未成工事支出金　350　／　材料費　150
　　　　　　　　　　　　　　　　労務費　　80
　　　　　　　　　　　　　　　　外注費　　90
　　　　　　　　　　　　　　　　経　費　　30

(2)上記建物が完成し引渡しを完了した。
　　完成工事原価　350／　未成工事支出金　350

未成工事支出金回転率 ≪1級分析≫
（みせいこうじししゅつきんかいてんりつ）

未成工事支出金に対する完成工事高の割合をみる比率で、仕掛工事に投下されている資本を完成工事高によって1年間に何回回収したかを表します。この比率が高いほど工事の手持ち期間が短く、仕掛工事に投下運用されている資本の活動効率が良いことになりますが、長期の大型工事に係る完成工事

高を工事完成基準により計上している場合には、一時的にこの比率が低くなることもあるので、受注内容の検討も必要です。　　　　　　　　　　　　　　　　　　（☞棚卸資産回転率）

〔計算式〕

$$未成工事支出金回転率（回）=\frac{完成工事高}{未成工事支出金（平均）}$$

（注）　平均は、「（期首＋期末）÷ 2 」により算出します。

未成工事収支比率　≪1級分析≫
（みせいこうじしゅうしひりつ）

未成工事支出金に対する未成工事受入金の割合をみる比率で、仕掛工事に必要な運転資金が請負代金の一部の前受金によってどの程度賄われているかを表します。この比率が高いほど仕掛工事全体に対する資金負担が軽くなりますから、工事に関する資金繰りはそれだけ容易になります。企業の短期的な支払能力を表す比率です。　　　　　　　（☞工事費取下率）

〔計算式〕

$$未成工事収支比率（\%）=\frac{未成工事受入金}{未成工事支出金}×100$$

未達事項　≪1級財表≫
（みたつじこう）

本支店会計において、本店または支店で記帳していない未達取引のことです。　　　　　　　　　　　　　　　　（☞未達取引）

未達取引　≪1級財表≫
（みたつとりひき）

本支店会計において支店独立会計制度を採用している場合、決算日現在本店および支店で本支店間取引のすべてを記帳していれば、本店勘定と支店勘定の残高は貸借反対に一致します。本店と支店のいずれかで未記帳の本支店間取引があると両者は不一致となります。それは、現品を送ったがまだ到着していないなどの原因により、どちらか一方は記帳をしているが、他方では記帳をしていない場合があるためです。このような状態の取引を未達取引といいます。

（☞未達事項、本支店会計）

見積合せ方式 ≪1級財表≫
(みつもりあわせほうしき)

建設業は一般に受注生産制を採用しており、工事の受注方法の1つです。工事を受注しようとする企業は工事の見積書を発注者に対して提出し、発注者はそれぞれの見積内容を検討した上で工事の発注を行う方式をいいます。　（☞見積書）

見積原価計算 ≪2級≫
(みつもりげんかけいさん)

原価測定を工事の請負以前に行う事前原価計算の1つです。当該工事を指名・獲得するため、または受注活動のためなどのように対外的資料作成目的で行う計算方法です。原価調査の1つで、積算ともいいます。

見積書 ≪1級財表≫
(みつもりしょ)

工事の受注の方式には、入札方式、特命方式、見積合せ方式などがあります。見積合せ方式では、発注者が選択した少数の企業に対して提出させる書類を見積書といいます。これには工事内容や金額などに関する記入がなされています。発注者はそれらを検討したのち特定の業者に発注する方式をとりますので見積書は工事の注文獲得に大きな影響を与えます。
　　　　　　　　　　　　　　　（☞見積合せ方式）

未払金 ≪3級≫
(みはらいきん)

固定資産購入代金の未払金等、工事未払金以外の未払金で、支払日が決算期後1年以内に到来する勘定です。（⇐負債）

〔仕訳例〕
　鳥取商店から応接セット一式320千円を購入し、代金のうち250千円は手持ちの約束手形（岡山商店振出）を裏書譲渡し、残額は翌月末日支払いとした。
　　備品　320　／　受取手形　250
　　　　　　　　／　未払金　　　70

未払地代 ≪3級≫
(みはらいちだい)

継続的な役務提供取引において会計期末までに役務の提供を受けたが、いまだその対価の支払いの終らないものをいいます。その対価を当期の損益計算に計上するとともに、貸借対照上負債の部に計上しなければなりません。（⇐負債）

（☞未払費用）

〔仕訳例〕
　当期末において地代2ケ月分（1ケ月5千円）が未払いとなっていることが明らかになった（地代については3ケ月まとめて後支払い契約になっている）。
　　支払地代　10／　未払地代　10

未払賃金　≪1級原価≫
（みはらいちんぎん）

支払賃金と消費賃金との食い違いを表わす負債の勘定です。支払賃金計算期間に基づいて支払賃金を計算し、原価計算上は、支払いがあったかどうかにかかわらず、原価計算期間中の消費賃金を計算します。両期間にズレがあると、原価計算期末現在の未払分だけ食い違いが生じます。これを処理するための勘定が未払賃金です。（⇐負債）　（☞未払費用）

〔仕訳例〕
　(1)原価計算期末の仕訳
　　賃金　80／　未払賃金　80
　期末未払額を支払賃金に加算して原価計算の対象（消費賃金）とします。
　(2)翌期首の仕訳
　　未払賃金　80／　賃金　80
前期末の未払額を再振替し、翌期の支払賃金から控除して原価計算の対象とします。

未払費用　≪3級≫
（みはらいひよう）

継続的な役務提供取引において会計期末までに役務の提供を受けたが、いまだその対価の支払いを終えていないものをいいます。決算整理の際、未払分をこの勘定に振替えます。（⇐流動負債）

未払法人税等　≪2級≫
（みはらいほうじんぜいとう）

税引前当期利益に見合う法人税及び住民税の未払い額を処理する科目でしたが、建設業法施行規則の改正により事業税の未払額についても、法人税及び住民税の未払額と同様に「未

払法人税等」に含めて記載されることになり、定義が一部改正され「法人税、住民税及び事業税」の未払額に改められました。(⇐負債)　　　　（☞法人税、住民税及び事業税）

〔仕訳例〕

前期の法人税等の未払額200千円を現金で納付した。

未払法人税等　200／　現　金　200

未払家賃　《3級》
(みはらいやちん)

継続的な役務提供取引において会計期末までに役務の提供を受けたが、いまだその対価の支払いの終らないものをいいます。費用としてすでに発生しているが、その支払いがまだ行われていない家賃のことです。(⇐負債)　　（☞未払費用）

〔仕訳例〕

決算に際し、販売費及び一般管理費に含まれる家賃200千円の未払分を計上する。

支払家賃　200／　未払家賃　200

未払利息　《3級》
(みはらいりそく)

継続的な役務提供取引において会計期末までに役務の提供を受けたが、いまだその対価の支払いの終らないものをいいます。すでに費用として発生しているが、その支払いがまだ行われていない利息のことです。(⇐負債)　　（☞未払費用）

〔仕訳例〕

決算に際し、借入金利息の未払分21千円を計上する。

支払利息　21／　未払利息　21

未来原価　《1級原価》
(みらいげんか)

特殊原価調査で用いられる原価概念の1つで、将来において発生することが予測される原価をいいます。

無額面株式 ＜1級財表＞
(むがくめんかぶしき)

株式会社が資金調達の手段として発行する株式のうち、券面に株式数だけで金額の記載がない株式を無額面株式といいます。無額面株式の発行価額は、会社設立時には1株5万円以上でなければならず、増資時のそれは特に規定がありません。無額面株式の発行価額のうち、会社設立時には5万円と発行価額の2分の1のいずれか大きい方を資本に組み入れます。新株発行時には、最低でも発行価額の2分の1を資本に組み入れることとなっています（商法第284条の2②）。

無形固定資産 ＜2級＞
(むけいこていしさん)

企業が経営活動において長期に使用する目的で所有する固定資産のうちの1つです。
無形固定資産は実体をもつものではなく、具体的には法律上の権利とそうでないものとに大別され、前者の例としては特許権、実用新案権などが、後者の例としては営業権が挙げられます。　　　　　　　　　　　　（☞特許権、営業権）

無形固定資産の評価 ＜1級財表＞
(むけいこていしさんのひょうか)

無形固定資産の評価は、有形固定資産の場合と同様に行われます。すなわち、他からの購入や自己創設（営業権を除く）により取得した無形固定資産の取得原価を、法的有効期間または経済的有用期間にわたり、所定の減価償却方法を通じて毎期計画的・規則的に配分することで評価します。減価償却は、通常、残存価額を0とした定額法が適用されます。

無償減資 ＜1級財表＞
(むしょうげんし)

株式を併合することにより資本金を減少させる減資形態をいいます。一般に過年度に生じた欠損金を塡補する目的で行われます。資本金は減少するが、純資産そのものの減少を伴わない減資であり、形式的減資ともいわれます。
　　　　　　　　　　　　　　　　　　　　（☞有償減資）

無償増資　≪2級≫
（むしょうぞうし）

出資を外部から求めることなく、企業資本の内部の法定準備金の資本組入れ、任意積立金、当期未処分利益等の資本組入れによって資本金を増加させ、これに見合う新株を発行する方法で株式の分割ともいいます。また、株式の分割によらないで新株の発行をせず増資することもあります。

なお、株式の分割を行うときは、資本の金額は（額面金額×分割後の発行済株式総数）を下回らないこと、分割後の1株当り純資産額が5万円を下ってはならないことの2つの制約を受けることになります。

無評価法　≪1級原価≫
（むひょうかほう）

完成度評価法や主原価評価法とともに、月末仕掛品評価方法の1つです。

これは他の方法と異なり、事実上月末仕掛品評価を放棄してしまうものです。すなわち、月末仕掛品の数量が極めて少ない場合や、毎月末の仕掛品数量がほぼ一定している場合に採られる方法で、当月発生原価をそのまま完成品原価とする方法です。　　　　　　　　　（☞完成度評価法、主原価評価法）

銘柄別　≪1級財表≫
（めいがらべつ）

株式・公社債など有価証券の発行先別取引物件です。有価証券の取得原価の決定や、低価基準を適用する場合の時価・原価の比較などは、原則として銘柄別に実施されます。

明瞭性の原則　≪1級財表≫
（めいりょうせいのげんそく）

企業会計原則の一般原則の1つで、「企業会計は、財務諸表によって利害関係者に対し必要な会計事実を明瞭に示し、企業の状況に関する判断を誤らせないようにしなければならない。」とされています。区分表示、総額表示・附属明細書の作成等はこの原則の具体的適用です。

も

目的外の取崩 ≪1級財表≫
（もくてきがいのとりくずし）

特定目的の積立金（任意積立金）は、株主総会の決議を要件として積立目的以外の目的で取り崩される場合があります。主に配当金の財源に充当するために当期未処分利益に加算したり、欠損金の塡補にあてられます。目的外の取崩額は利益処分計算書では当期未処分利益に加算する形式で記載され、損失処理計算書では損失処理額の区分に記載されます。

目的適合性 ≪1級財表≫
（もくてきてきごうせい）

財務諸表はその利用者の情報要求目的に合致した財務情報を提供しなければならないという意味であり、財務諸表の明瞭表示に関する要件の1つです。

目標利益達成の売上高 ≪1級分析≫
（もくひょうりえきたっせいのうりあげだか）

ある目標利益をあげるために必要な売上高のことです。なお、目標利益達成の売上高は次の算式によって計算することができます。

〔計算式〕

$$目標利益達成の売上高 = \frac{固定費 + 目標利益}{限界利益率}$$

目論見書 ≪1級財表≫
（もくろみしょ）

証券取引法は、同法の基本的狙いである投資家保護の一環として財務情報の開示を規定しています。情報開示の制度の1つとして目論見書があります。これは、有価証券の募集もしくは売り出し、または同法に規定する適格機関投資家向け証券を一般投資者向けに勧誘するために、その相手方に提供する所定の事項に関する説明を記載した文書をいいます。

持株基準 ≪1級財表≫
（もちかぶきじゅん）

親会社・子会社の関係が認められる企業集団を単一の会計単位として実施する連結会計では、何を基準に親会社・子会社の判断をするかについて持株基準と支配基準とがあります。持株基準とは、ある会社が他の会社の議決権（株式会社の場

合は発行済議決権付株式)の過半数を実質的に所有している会社を親会社とし、当該他の会社を子会社とする判断基準をいいます。　　　　　　　　　　　　　　　（☞支配基準)

持分 ≪1級財表≫
(もちぶん)

持分とは、企業に資金、財、労務、サービスなどを提供した者が有する企業資産に対する一般的・抽象的な請求権をいいます。持分は、その源泉によって債権者持分と株主持分とに区分されます。

持分法 ≪1級財表≫
(もちぶんほう)

持株基準で連結の範囲を限定した場合に、持株比率が50～20％の関連会社および他の会社に対する議決権の所有割合が20％未満であっても一定の議決権を有しており、かつ当該会社の財務および営業の方針決定に対して重要な影響を与えることができる関連会社に対して適用される投資持分の評価法です。

具体的な処理手続
(1)投資会社は、被投資会社へ株式投資したとき、その投資を取得原価で記帳する
(2)取得後に被投資会社が利益を計上したときは、投資会社持分相当額だけ投資を増額し、その増額分を当期利益に含める
(3)未実現利益の控除
(4)被投資会社からの配当金受け取りを投資の簿価から控除する　などです（連結財務諸表原則注解10)。

元入れ ≪4級≫
(もといれ)

開業に当たって事業主が活動資金を出資することです。
〔仕訳例〕
　建設業を開業するに当たって、現金100千円を出資した。
　　現金　100／　資本金　100

や

役員賞与金 ≪2級≫
（やくいんしょうよきん）

株主総会の決議によって、未処分利益の中から役員に支払われる賞与金をいいます。　　　　　（☞利益処分計算書）

〔仕訳例〕
当期未処分利益90千円のうち、10千円を役員賞与として支払う株主総会決議があった。利益準備金の積立は役員賞与金の1/10とする。

　　　未処分利益　11　／　役員賞与金　10
　　　　　　　　　　　／　利益準備金　　1

約束手形 ≪3級≫
（やくそくてがた）

手形の振出人が名宛人（受取人）に一定の期日に一定の金額を支払うことを約束した手形のことです。　（☞為替手形）

ゆ

有価証券 ≪3級≫
（ゆうかしょうけん）

取引相場のある株式および公社債で決算期後1年以内に処分する目的で保有しているものを処理する勘定です。（⇦資産）

〔仕訳例〕
乙証券(株)から国債2,257千円を購入し、小切手で支払った。

　　　有価証券　2,257／　当座預金　2,257

有価証券届出書
　　　　≪1級財表≫
（ゆうかしょうけんとどけでしょ）

証券取引法の規定により、有価証券の募集または売り出しに関して、発行者が大蔵大臣に対して、所定の事項を記載して届け出る書類をいいます。

有価証券の差入
　　　　≪2級≫
（ゆうかしょうけんのさしいれ）

手持の有価証券や借入れた有価証券を、借入金または当座借越などの担保として銀行その他の金融機関に差し入れることをいいます。また営業上必要のため担保に提供、あるいは差入保証金の代用として差し入れる有価証券のうち短期間に返

還されるものを差入有価証券として処理します。（⇦資産）

（☞差入有価証券）

〔仕訳例〕

建材取引契約を締結するにあたり、保証金の代用として甲会社株式（簿価1,000千円）を甲建材店に差し入れた。

　差入有価証券　1,000／　有価証券　1,000

有価証券の貸借
　　《2級》
（ゆうかしょうけんのたいしゃく）

取引先との金融手段として利用されるものです。消費貸借と使用貸借の2種類があります。前者は、所有権の移転を伴うため、貸主は貸付有価証券勘定の借方へ、借主は借入有価証券勘定の貸方へ記入することになります。後者は、同一物の返還を条件としますから、所有権の移転はなく簿記上の取引とはみられません。しかし、これも有価証券の管理責任の移動を伴うことですから、有価証券勘定から貸付有価証券勘定へ振り替えておくほうが望ましいとされています。

有価証券の評価
　　《2級》
（ゆうかしょうけんのひょうか）

有価証券は貸借対照表上、原則として取得原価で計上することとなっていますが、次の場合は帳簿価額を引き下げ、かつ評価損を計上しなければなりません。(1)取引所相場のある有価証券の時価がいちじるしく下落し、かつ回復の見込みがない場合、(2)取引所相場のない株式の実質価額が著しく低下し、回収不能の危険が生じた場合、(3)低価基準を適用している場合、(4)額面より低い額で購入した社債について増価基準（アキュムレーション法）を適用している場合。

（☞アキュムレーション法）

有価証券の分類
　　《2級》
（ゆうかしょうけんのぶんるい）

有価証券は市場性の有無と保有目的を基準にして次のとおりの勘定科目に分類されます。

(1)有価証券　市場性のある一時所有の株式・公社債
(2)投資有価証券　市場性のある長期所有の株式・公社債と市場性のない一時所有の株式・公社債、貸付信託等の受益証

券など

(3)子会社株式　他企業の支配を目的に長期に所有する株式
（発行済株式の50％超所有）

有価証券売却益 ≪3級≫
（ゆうかしょうけんばいきゃくえき）

市場性のある一時所有の株式、公社債等の売却による差益のことです。（⇐収益）　　（☞有価証券売却損）

〔仕訳例〕
市場性のある一時所有の甲建設㈱の株式（帳簿価額800千円）を乙証券会社を通じ850千円で売却し、代金が普通預金口座に振込まれた。

　　普通預金　　850　／　有価証券　　　　　800
　　　　　　　　　　　／　有価証券売却益　　 50

有価証券売却損 ≪3級≫
（ゆうかしょうけんばいきゃくそん）

市場性のある一時所有の株式、公社債等の売却による損失のことです。（⇐営業外費用）　（☞有価証券売却益）

〔仕訳例〕
市場性のある一時所有の乙銀行㈱の株式（帳簿価額1,100千円）を1,050千円で売却し、代金が普通預金に振込まれた。

　　普通預金　　　　1,050　／　有価証券　1,100
　　有価証券売却損　　 50　／

有価証券評価損 ≪3級≫
（ゆうかしょうけんひょうかそん）

所有している取引所の相場のある有価証券の時価が帳簿価額より下落した場合、決算整理で時価まで帳簿価額を引き下げるときに生ずる評価損のことです。（⇐費用）（☞低価基準）

〔仕訳例〕
山梨建設株式会社が一時的に所有している市場性のある立川株式会社の株式2,000株（額面@500円、簿価@830円）の期末の取引所の相場は@790円である。同社は低価基準を適用している。

　　有価証券評価損　80／　有価証券　80
　　　　2,000×0.83－2,000×0.79＝80千円

有価証券報告書 《1級財表》
(ゆうかしょうけんほうこくしょ)

証券取引法の規定に基づき、有価証券の発行会社が所定の事項（会社の目的、商号及び資本又は出資に関する事項、会社の営業及び経理の状況その他事業の内容に関する重要な事項等）を記載して、当該事業年度経過後3月以内に大蔵大臣に提出する報告書をいいます。

有価証券利息 《3級》
(ゆうかしょうけんりそく)

公社債およびこれに準ずる有価証券の利息のことです。（⇐収益）

〔仕訳例〕
国債の利息20千円を現金で受取った。
現金　20／　有価証券利息　20

有形固定資産 《2級》
(ゆうけいこていしさん)

経営目的または将来の営業活動のために1年以上にわたって使用または所有される財貨のことで、具体的存在形態をもつものをいいます。建物、構築物、機械装置、船舶、車両運搬具、工具器具、備品、土地および建設仮勘定等がこれに属します。　　　　　　　　　　　　　　　（☞資産、投資等）

有形固定資産回転率 《1級分析》
(ゆうけいこていしさんかいてんりつ)

有形固定資産に対する完成工事高の割合をみる比率で、有形固定資産の利用度を表します。この比率が高いほど、有形固定資産が有効に利用されていることを示し、有形固定資産に投下された資本の活動効率が良いことになります。設備投資をしても、完成工事高が予定通りにあがらないとこの比率が低くなりますから、設備投資が適正かどうかをみる比率といえます。

〔計算式〕

$$\text{有形固定資産回転率(回)} = \frac{\text{完成工事高}}{\text{(有形固定資産－建設仮勘定)(平均)}}$$

(注)　平均は、「(期首＋期末)÷2」により算出します。

有限会社 ≪1級財表≫
（ゆうげんがいしゃ）

商行為その他の営利行為を業とすることを目的に、有限会社法によって設立される法人をいいます。有限会社では、社員（出資者）の総数は50人を超えないことを原則とし、資本総額は300万円を下ることができず、出資1口の金額は均一で5万円を下ることができません。有限会社の機関は、取締役会と社員総会を必ず設けることとし、監査役を任意機関とし、検査役を臨時機関としています。社員は原則として有限責任を負います（有限会社法第1条、第8条、第9条、第10条、第12条の3）。

有限責任 ≪1級財表≫
（ゆうげんせきにん）

有限会社の出資者（社員）や株式会社の出資者（株主）は、会社債権者に対して自己の出資額を限度として責任を負います。これを有限責任といいます。会社がその財産で債務の全額を返済できない場合に、会社債権者に対して直接連帯して、債務返済の責任を負うことはありません。

有償減資 ≪1級財表≫
（ゆうしょうげんし）

減資の形態には、有償減資（実質的減資）と無償減資（形式的減資）とがあります。前者の有償減資は、一般に会社の事業を縮小する目的で資本金の一部を減少させるとともに、それに相当する持分を株主に払い戻すものです。純資産の減少を伴うことで実質的減資ともいわれます。　　（☞無償減資）

有償増資 ≪2級≫
（ゆうしょうぞうし）

商法の規定により、新たに株式を引受ける者に対して現金その他の財産を当該株式会社に追加出資させることをいい、株式会社は株主割当、第三者割当および公募の3つの募集方法が選択できます。

有償・無償抱合わせ増資の処理 ≪2級≫
（ゆうしょうむしょうだきあわせぞうしのしょり）

有償増資と無償増資とを併用して行った増資をいいます。この場合であっても、株式発行後の1株当たりの純資産額が5万円を下ることは商法上禁止されています。

　　　　　　　　　　　　（☞有償増資、無償増資）

優先株式
　《1級財表》
（ゆうせんかぶしき）

標準となる一般の普通株式より優先して利益配当や残余財産の分配を受けることができる株式をいいます。これには配当優先株、残余財産優先株等があります。

郵便振替貯金口座
　《2級》
（ゆうびんふりかえちょきんこうざ）

企業は、当座預金以外にも種々の預貯金を持っています。郵便振替貯金もその1つで、預貯金の種類ごとに勘定口座を設けて増減の記録をします。

〔仕訳例〕
　郵便振替貯金口座について次の取引の仕訳を示しなさい。
　(1)郵便振替貯金に加入し、現金10千円を納付した。
　(2)出張先の営業マンから工事契約の前受金として100千円が振替貯金口座に振り込まれた。
　　(1)　郵便振替貯金　　10／　現　　金　　　　10
　　(2)　郵便振替貯金　 100／　未成工事受入金　100

有利な差異
　《1級原価》
（ゆうりなさい）

原価計算をする際、予定原価法や標準原価法を採用した場合、予定原価や標準原価と実際原価との間に原価差異が生じます。
有利な差異とは、原価差異が、
(1)実際原価計算の場合
　予定原価　＞　実際原価
(2)標準原価計算の場合
　標準原価　＞　実際原価
の状態から生じる場合をいい、原価差異は差異勘定の貸方に記入されます。予定原価や標準原価を下回った実績額ということで、原価の節約を意味して有利な差異と判断します。これは配賦超過のことです。　　　（☞配賦超過、不利な差異）

よ

予算管理目的
≪1級原価≫
(よさんかんりもくてき)

原価計算基準によると、原価計算の目的は
(1)財務諸表作成目的
(2)価格計算目的
(3)原価管理目的
(4)予算管理目的
(5)基本計画設定目的
の5つを挙げています。
予算管理目的は、予算を編成し予算期間の事後的な実績を測定し、予算と実績を比較して業績を分析するという一連の全社的な経営成績を評定することです。

予算原価計算
≪2級≫
(よさんげんかけいさん)

原価測定を請負工事の事前に行う事前原価計算の1つです。当該請負工事を確実に採算化するための内部計算方法であり、一般の原価計算制度に準じて行います。
（☞見積原価計算）

予算差異
≪1級原価≫
(よさんさい)

工事間接費を予定配賦率または標準配賦率で配賦計算をする場合に把握される原価差異の1つです。工事間接費の差異分析は
(1)予定配賦率による場合、予算差異と操業度差異との2つに分析されます。
(2)標準配賦率による場合、予算差異、操業度差異および能率差異の3つに分析されます。
予算差異は、実際操業時間に対する予算額と実際発生額との差額として算出されます。　（☞能率差異、操業度差異）

予算統制
≪1級原価≫
(よさんとうせい)

予算とは、企業の経営計画を金額によって表示したものですから予算統制とは、
(1)予算を編成しこれを伝達する。

(2)諸活動を予算をもって、日常的にコントロールする。
(3)実績を把握し、予算・実績の差異分析をする。
(4)差異分析の結果を責任管理者に報告する。
以上の手順によって、経営活動の欠陥を是正・克服し、企業環境に適応できるようにする一連の対応をいいます。

余剰品 ≪1級財表≫
(よじょうひん)

販売もしくは消費目的で所有する棚卸資産で、それらの目的活動の結果残余となった部分です。企業会計原則・注解16では「棚卸資産のうち余剰品として長期間にわたって所有するものも固定資産とせず流動資産に含ませるものとする。」と規定し、厳密に1年基準を適用すれば固定資産とすべきものでも、正常な経営活動を前提とした資金循環視点からの営業循環基準に従って、流動資産に表示するものとしています。

予定価格 ≪1級原価≫
(よていかかく)

常備材料の消費額は消費数量に消費価格を乗じて計算します。消費価格には原価法と予定価格法とがあります。後者は計算の迅速性や季節による材料消費価格の変動を排除するために用いられるものです。

予定賃率 ≪2級≫
(よていちんりつ)

賃率とは、時間あたりあるいは出来高当たりの賃金額のことです。原価計算上は賃金支払用の賃率と異なる消費賃率を用いますが、これには実際賃率と予定賃率とがあります。予定賃率は、主として計算の迅速性を目的として用いられます。すなわち期間途中での完成工事の原価算定に迅速に対応できるものです。しかし建設業会計では、個別工事に特定の臨時労務者を対象とすることが多いので、このメリットは他産業より薄いといえます。　　　　　　　　　（☞実際賃率）

予定配賦法 ≪2級≫
(よていはいふほう)

工事間接費を各工事に配賦する場合に、実際額の算出を待たずに、計算の迅速化・配賦額の季節による変動の排除を目的として予定配賦率を用いて配賦額を算出し、配賦する方法を

4伝票制度 ≪2級≫
(よんでんぴょうせいど)

いいます。　　　　　　　　　　　　　（☞実際配賦法）

実務上では仕訳帳の代りに会計伝票が広く用いられています。例えば1伝票制度、3伝票制度、4伝票制度が用いられていますが、4伝票制度とは入金伝票、出金伝票、振替伝票の3伝票に工事伝票を加えたものであり、工事伝票では工事に関するすべての取引を記入し、対価は未払として処理するのが通例です。　　　　　（☞伝票制度、3伝票制度）

り

リース ≪1級財表≫
(りーす)

設備、機械などの資産を賃貸借することです。わが国では平成5年にリース取引に係る会計基準に関する意見書が公表され、その中で「リース取引とは、特定の物件の所有者たる貸手（レッサー）が、当該物件の借手（レッシー）に対し、合意された期間（リース期間）にわたりこれを使用収益する権利を与え、借手は、合意された使用料（リース料）を貸手に支払う取引をいう。」と定義しています（リース取引に係る会計基準1）。

リース機械 ≪1級財表≫
(りーすきかい)

リースにより機械設備を借用した場合、その会計処理をファイナンス・リース取引として行うときに使用する勘定科目です。これは、リースであっても資産を使用していれば、当該資産を貸借対照表に記載し（オン・バランスという）、利害関係者の誤解を避けようとする考え方に基づきます。ただし、リース機械の所有権が借手に移転すると認められないような取引については、財務諸表に所定の注記を行い、通常の賃貸借取引に準じて処理できます。（⇐有形固定資産）

〔仕訳例〕

　　リース機械　5,000　／　リース負債　6,500
　　前払利息　　1,500／

リース期間	リース取引で、貸手（レッサー）と借手（レッシー）の間で合意された特定物件の使用収益に係る権利の付与期間です。合意されたリース料が授与されます。
≪1級財表≫	
（りーすきかん）	

リース債権 ≪1級財表≫（りーすさいけん）

リース物件がファイナンス・リース取引として処理される場合には、原則として貸手は通常の売買取引に係る方法に準じて会計処理を行います。その場合、貸手は利息を含めたリース料の額をもって、リース債権勘定の借方に記入し、リース料の受取時に受取額をもってこの勘定の貸方に記入します。（⇔資産）

〔仕訳例〕

(1) リース物件を引き渡したとき

リース債権	5,000	機械装置	4,500
		機械装置売却益	300
		前受利息	200

(2) リース料受取のとき

現金預金	500	リース債権	500
前受利息	20	受取利息	20

リース負債 ≪1級財表≫（りーすふさい）

リース物件をファイナンス・リース取引として処理する場合、借手では未払のリース料をこの勘定の貸方に記入し、リース料の支払時にはこの勘定の借方に記入します。（⇔負債）

〔仕訳例〕

(1) リース物件の受入時

リース機械	4,800	リース負債	5,000
前払利息	200		

(2) リース料の支払時

リース負債	500	現金預金	500
支払利息	20	前払利息	20

リース物件 ≪1級財表≫
（りーすぶっけん）

リース契約に基づいて借手が使用する物件をいいます。ファイナンス・リース取引では、リース物件からもたらされる経済的利益は、借手が実質的に享受することができ、かつ当該リース物件の使用に伴って生じるコストを借手が実質的に負担することとなります。

リース料 ≪1級財表≫
（りーすりょう）

リース契約において、貸手と借手の間で合意された期間にわたり、特定の物件の使用収益の権利が授受される場合に、両者で合意されたその物件の使用料をいいます。

利益管理 ≪1級原価≫
（りえきかんり）

収益と費用の対比から生ずる成果（すなわち利益）の極大化に努める包括的な管理活動のことです。
具体的には、年間予算を編成し、この効果的な運用を通じて、業績の向上に役立てるものです。さらに、年間予算の編成とは、見積損益計算書と見積貸借対照表の作成のことです。

利益基準 ≪2級≫
（りえききじゅん）

（☞利益基準法、繰延工事利益）

利益基準法 ≪1級財表≫
（りえききじゅんほう）

工事収益の計上方法の1つとして延払基準がありますが、この場合の会計処理方法の1つが利益基準法です。利益基準法は、工事を引き渡した時点で工事代金の全額を当期の完成工事高に計上し、未回収部分または回収期限未到来分に含まれる工事利益を完成工事総利益から控除する会計処理方法のことです。　　　　　　　　　　　　　　（☞延払基準）

利益準備金 ≪2級≫
（りえきじゅんびきん）

商法は、債権者保護のため当期未処分利益のうち社外流出（配当・役員賞与）の1/10以上を利益準備金として資本金の1/4に達するまで積立てることを要求しています。
〔仕訳例〕
　当期未処分利益のうち40千円を株主に配当する株主総会決

議があった。利益準備金の積立は配当金の1/10とする。

未処分利益　44	株主配当金　40
	利益準備金　　4

利益準備金積立額 ≪2級≫
（りえきじゅんびきんつみたてがく）

事業年度の中間で、繰越利益を財源に株主に対して中間配当を行う場合があります。中間配当は定時配当と異なり、金銭配当しか認められず、商法では中間配当に伴ってその配当額の1/10を利益準備金（積立限度額は資本金の1/4）として積立てることを要求しています。その積立額を処理する勘定を利益準備金積立額といいます。損益計算書では当期未処分利益を算定する最終項目として記載されます。

〔仕訳例〕

取締役会において中間配当金1,000千円、利益準備金積立額100千円の決定がなされた。

中間配当額　　　1,000	株主配当金　　　1,000
利益準備金積立額　100	利益準備金　　　　100
繰越利益　　　　1,000	中間配当額　　　1,000
	利益準備金積立額　100

利益剰余金 ≪1級財表≫
（りえきじょうよきん）

企業は経営活動によって生じた利益の一部を企業存続のために、利益準備金、任意積立金として社内留保します。また利益処分の対象となる未処分利益も、株主総会まで経過的に留保されます。これらの留保されている利益を総称して利益剰余金といいます。

利益処分 ≪2級≫
（りえきしょぶん）

決算において、当期利益は未処分利益勘定に振替えられるとともに、過去の処分未済のままに繰越されてきた繰越利益（または繰越損失）の残高も未処分利益に振替えられます。この未処分利益の一部は株主配当金、役員賞与として社外に流出し、一部は資本金、利益準備金、任意積立金として社内留保されます。これらの利益処分は決算日後3カ月以内に開

利益処分案 ≪1級財表≫
（りえきしょぶんあん）

未処分利益をどのように処分するかについて株主総会で承認を得るために提出される商法上の計算書類の1つです。財務諸表規則では利益処分計算書といいます。

（☞利益処分計算書）

利益処分計算書 ≪2級≫
（りえきしょぶんけいさんしょ）

決算において計上された未処分利益は、取締役会の決議による利益処分案に基づき、決算日後3か月以内に開かれる株主総会の決議によって利益処分が決定されます。決定されると、その処分の明細を明らかにするため利益処分計算書が作成されます。

〔計算例〕

```
            利益処分計算書      （年月日、社名は略）
  Ⅰ  当期未処分利益 ………………………… 2,500,000
  Ⅱ  利 益 処 分 額
      1  利 益 準 備 金 ………    70,000
      2  株 主 配 当 金 ………   500,000
      3  役 員 賞 与 金 ………   200,000
      4  資   本   金 ……… 1,000,000
      5  任 意 積 立 金 …………  300,000   2,070,000
  Ⅲ  次期繰越利益 …………………………     430,000
```

かれる株主総会の決議によります。

（☞利益準備金、配当、役員賞与）

利益処分性向分析 ≪1級分析≫
（りえきしょぶんせいこうぶんせき）

利益処分性向分析を見る上で代表的な比率は、配当性向です。これは当期利益（税引後当期利益）のうち、どの程度が株主資本への報酬に提供されたかを示す比率です。利益処分は当期利益のみより実施されるだけではなく、前期繰越利益を加算されることにより行われます。しかし、当期の配当は当期の実績より決定されるものですから、配当性向の持つ意味は重要です。

（☞配当性向）

| 利益図表 ≪1級分析≫ (りえきずひょう) | 損益分岐点を公式で求める以外に、図表で求めるのが利益図表です。具体的には以下の図表となります。
〔図表〕

利益図表

(図中のラベル：費用、完成工事高線、利益、損益分岐点、総費用線、変動費(600万)、損失、固定費(400万)、(400万)、0、(800万)、完成工事高(1,200万)) |
|---|---|
| 利益増減原因表 ≪1級分析≫ (りえきぞうげんげんいんひょう) | 比較損益計算書を当期利益増加と当期利益減少とに分け、さらに発展させたもので、1企業の複数期間の利益を比較し、その増減原因を実数で分析するために作成される表のことです。 |
| 利益増減分析 ≪1級分析≫ (りえきぞうげんぶんせき) | 今期の財務諸表の各勘定科目の数値を、過去の数値と比較してその増減を分析する方法で、損益科目の具体的な分析方法としては比較損益計算書が使用され、企業の経営成績の動向が開示されます。 |
| 利害関係者 ≪1級財表≫ (りがいかんけいしゃ) | 建設業者の行う経済活動の適否は、その企業と直接の利害関係をもつ株主、債権者、従業員、関係官庁、消費者、地域住民などと深い係わりがあります。企業を取り巻くこれら社会の人々を利害関係者といいます。利害関係者はそれぞれの立場で企業と利害関係をもち、利害関係者相互間で利害が対立 |

競合する関係にあります。企業は、適正な財務諸表の提供を通じてこれらの利害調整を図り、それとの良好な関係を保持しようと努めます。

利子要素 ≪1級財表≫
（りしようそ）

金融機関等からの資金の借り入れに伴って発生する利子、利息などをいいます。利子要素については、これを原価に算入することの可否が問題となります。連続意見書第三の第一・四・2で容認する自家建設における稼働前期間の借入資本利子の原価算入を例外として、利子要素は資産の取得原価に算入してはならないというのが企業会計原則の立場です。

流動資産 ≪1級財表≫
（りゅうどうしさん）

貸借対照表の借方の資産のうち、受取手形、完成工事未収入金、材料貯蔵品などの営業取引から発生した債権と、貸付金や未収入金などの営業取引以外の取引から発生した債権で、決算日の翌日から1年以内に支払期限が到来するものをいいます。流動資産は比較的短期に現金化または費用化する資産という意味です。財務分析上は流動資産はさらに当座資産、棚卸資産およびその他流動資産に区分されます。

（☞固定資産、流動比率）

流動性 ≪1級財表≫
（りゅうどうせい）

財務分析上の用語として、企業経営の安全性を短期的な支払能力の視点からみる場合に使用されます。貸借対照表は、1年基準と正常営業循環基準に基づいて、資産・負債の諸項目を流動と固定に分類します。この区分表示によって、当座比率、流動比率、流動負債比率その他の分析が容易になり、企業の流動性に関する有用な情報が入手できます。

（☞1年基準、正常営業循環基準）

流動性の分析 ≪1級分析≫
（りゅうどうせいのぶんせき）

財務分析における流動性とは、企業の短期的な支払能力を意味し、それは支払手段（流動資産）と支払義務（流動負債）の関係であり、資金の調達や運用に関係しています。

流動比率や当座比率が低い場合は、流動資産、当座資産が少なく、いわゆる運転資金不足の状態となっており、その不足資金を流動負債に依存していることを意味します。

流動性配列法 ≪2級≫
（りゅうどうせいはいれつほう）

貸借対照表において、資産は流動資産・固定資産および繰延資産に、負債は流動負債と固定負債に分けて示されています。資産は現金または費用に転換する期間の短いものから順に並べられ、同様に負債も支払期日の近い流動負債から順に並べられています。このような科目の配列の仕方を流動性配列法と呼んでいます。なお貸倒引当金や減価償却累計額は資産の控除項目（評価勘定）ですので、原則として控除の対象となる資産科目から控除する形で示されます。

流動比率 ≪1級分析≫
（りゅうどうひりつ）

流動負債に対する流動資産の割合をみる比率で、短期的な債務である流動負債を流動資産で支払う能力がどの程度あるのかを表します。企業の短期的な支払能力をみる比率です。この比率は、アメリカの銀行家が貸付をするときに重視したので、銀行家比率（バンカーズ・レシオ）ともいわれ、200％以上あることが理想とされています。

（☞当座比率、流動負債）

〔計算式〕

一般的な算式

$$流動比率(\%) = \frac{流動資産}{流動負債} \times 100$$

建設業の算式

$$流動比率(\%) = \frac{流動資産 - 未成工事支出金}{流動負債 - 未成工事受入金} \times 100$$

（注）　建設業は、流動資産に占める未成工事支出金の割合と流動負債に占める未成工事受入金の割合がともに大きいのが通常であり、また、未成工事支出金は流動負債の支払財源として必要なときに自由に換金できる資産ではなく、未成工事受入金はいずれ工事代金の一部に充当されるもので、

支払いの必要な債務ではありません。そこで、建設業者の正確な支払能力をみるために、一般的な算式よりそれらを控除して計算します。

流動・非流動法 ≪1級財表≫
（りゅうどうひりゅうどうほう）

外貨建取引における外貨建の財務諸表項目を邦貨に換算する際の換算方法の1つです。具体的には、財務諸表上の流動項目（流動資産・流動負債）には決算日レートを適用し、非流動項目（固定資産・固定負債）には取得日レートを適用する方法です。この方法には、流動項目が決算日レートで換算されるので決算時点での支払能力をみるのには有用であっても、前払費用と長期前払費用とでは換算レートが異なるなど問題点があります。　　　　　　　　　（☞テンポラル法）

流動負債 ≪1級分析≫
（りゅうどうふさい）

貸借対照表の貸方の負債のうち、支払手形、工事未払金、未成工事受入金などの営業取引から発生した債務と、借入金や未払金などの営業取引以外の取引から発生した債務で、決算日の翌日から1年以内の比較的短期に支払期限が到来する債務（短期的な債務）をいいます。（☞固定負債、流動比率）

流動負債比率 ≪1級分析≫
（りゅうどうふさいひりつ）

流動負債を自己資本でどの程度賄っているかをみる比率です。自己資本は他人資本の返済に充てる担保という意味もあるので、この比率が低いほど短期的な支払能力が高いといえます。なお、負債比率の内容を検討する場合、この比率が固定負債比率よりも低い方が望ましいといえます。それは、一般に短期に返済しなければならない流動負債は、固定負債に比べて企業の安全性を害する程度が多いと考えられるからです。　　　　　　　　　　（☞固定負債比率、負債比率）

〔計算式〕

　一般的な算式

$$流動負債比率(\%) = \frac{流動負債}{自己資本} \times 100$$

建設業の算式

$$流動負債比率(\%) = \frac{流動負債-未完工事受入金}{自己資本} \times 100$$

（注）建設業の未成工事受入金は、実質的には債務といえないので、一般的な算式の分子の流動負債よりそれを控除して計算します。

留保利益 ≪1級財表≫
（りゅうほりえき）

企業が稼得した利益のうち、将来の発展や損失などに備える目的で社内に留保される部分です。これは本来、株主に分配すべき利益の再投資であり、企業が解散する際には株主に払戻されるべき性質のものです。企業会計原則では、留保利益を利益剰余金とよび、これは処分済利益剰余金（任意積立金、利益準備金など）と未処分利益剰余金（当期未処分利益）とに大別されます。

旅費交通費 ≪4級≫
（りょひこうつうひ）

営業および一般事務に要した鉄道賃、宿泊料、日当等の旅費および営業用自動車の燃料費などのことです。（⇐販売費及び一般管理費）

〔仕訳例〕
　従業員の出張費（鉄道賃、宿泊料30千円）を現金で支払った。
　　旅費交通費　30／　現金　30

臨時償却 ≪1級財表≫
（りんじしょうきゃく）

減価償却計画の設定に際し、予見することのできなかった新技術の発明等の外的事情により固定資産が機能的に著しく減価した場合に、この事実に対応して臨時に行う減価償却をいいます（連続意見書第三・第一の三）。この場合に生じる臨時償却費は正規の償却と異なり、原価性を有しないとともに過年度の償却不足に対する修正項目としての性格を有するので、損益計算書上は特別損失項目として処理されます。
なお、臨時償却に類似したものに臨時損失があります。これ

は災害、事故等の偶発的事情によって固定資産そのものが滅失した場合に、その減失部分の金額だけ当該資産の簿価を切下げたときに生じるものであり、臨時償却とは性質を異にします。

（☞簿価引下）

臨時損益項目 ≪2級≫
（りんじそんえきこうもく）

損益計算書において、当期の経常的な経営活動から稼得された利益を経常利益として示しますが、これに経常性のない、いわゆる特別損益が加減されて税引前当期利益が算定されます。

特別損益項目は臨時損益項目と前期損益修正項目とに分けられますが、臨時損益項目には次のような損益が該当します。
(1)固定資産の売却損益
(2)転売以外の目的で取得した有価証券の売却損益
(3)災害による損失

（☞前期損益修正項目）

る

累加法 ≪1級原価≫
（るいかほう）

工程別総合原価計算における計算方法の1つで非累加法に対するものです。

これは、各工程において前工程から振り替えられてきた製造原価を当該工程の製造原価に含めて計算し、順次次工程へと振替えていく方法です。　　（☞前工程費、非累加法）

累積投票請求権 ≪1級財表≫
（るいせきとうひょうせいきゅうけん）

株主の権利は、権利行使の目的から自益権と共益権に大別されます。共益権とは、会社の管理運営の適正を確保するために、これに関与することを内容とするものであり、累積投票請求権はその1つです。商法は、2人以上の取締役の選任を目的とする総会が招集されたとき、株主は会社に対して累積投票によるべきことを請求する権利を付与しています。この請求があったときは、取締役の選任決議において、株主は1

株につき選任すべき取締役の数と同数の議決権を有します。この場合、各株主は1人のみに投票したり、2人以上に投票してその議決権を行使できます。その場合、投票の最多数を得た者より順次取締役に選任されます。これを累積投票といいます。

累積優先株 ≪1級財表≫
（るいせきゆうせんかぶ）

株式を区分したときの優先株とは、配当や残余財産の分配において普通一般の株式に対して特別に有利な条件が付与された株式をいいますが、その中で累積優先株とは、特定年度における優先株式に対する配当が所定の優先配当率に及ばない場合、その不足部分を次年度以降の利益中から、次年度以降の配当と合わせて受け取れるものをいいます。

れ

レーダー・チャート法 ≪1級分析≫
（れーだーちゃーとほう）

円形の図形のなかに、選択された適切な分析指標を記載し、平均値との乖離を見やすく、ビジュアルに表すものです。具体的なレーダー・チャートは次のとおりですが、収益性、流動性、安定性、活動性、生産性、成長性等の基本となる分析項目の中から、3～5項目を選択します。さらに各分析項目については、重要な財務分析指標を3～4選択します。例示のレーダー・チャートでは、収益性、安定性、成長性、生産性の4つの項目で分析しています。

〔図表〕

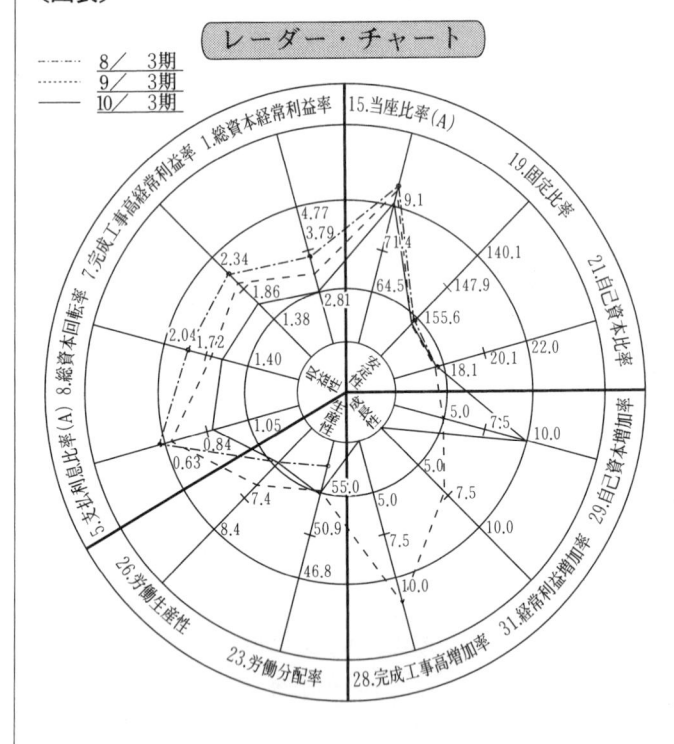

レーダー・チャート

劣後株式
≪1級財表≫
(れつごかぶしき)

株式には、配当や残余財産の分配に係る権利の内容の相違により、優先株式、普通株式、劣後株式の区分がなされます。劣後株式は、標準とされる普通株式との比較において、それよりも不利な条件が付与されているものをいいます。

レッサー
≪1級財表≫
(れっさー)

リース取引におけるリース物件の所有者たる貸手のことです。

レッシー
≪1級財表≫
(れっしー)

リース取引におけるリース物件の借手のことです。

連結会計
≪1級財表≫
(れんけつかいけい)

企業経営が多角化し、国際化が進展すると、企業実態を単体としてではなく子会社や関連会社を含めた企業集団として捉えることが重要となってきます。この企業集団を単一の会計単位とみなし、個別の財務諸表を連結して一組の計算書を作成する際に考慮しなければならない会計領域のことを「連結会計」といいます。これには個別の財務諸表を連結する際に発生する投資勘定と資本勘定の相殺消去、連結会社相互間での債権・債務の相殺消去、連結会社相互間取引と未実現損益の消去などを考慮しなければならない等の会計処理があります。

連結財務諸表
≪1級財表≫
(れんけつざいむしょひょう)

法律的には独立した2つ以上の会社に支配従属関係があり、経済的・実質的に1つの親会社を中心にして企業集団を構成している場合に、その集団を単一の組織体とみなして、その企業集団を構成する会社の財務諸表を結合し、その企業集団としての財政状態および経営成績を総合的に報告するために親会社によって作成される財務諸表をいいます。(連結財務諸表原則・第一) その他連結財務諸表の作成目的としては、(1)支配従属関係にある会社の監査の充実、(2)企業課税の実質的合理化、(3)経営管理上必要な情報の提供 等があげられます (連結財務諸表に関する意見書の二)。

連結財務諸表原則
≪1級財表≫
(れんけつざいむしょひょうげんそく)

連結財務諸表は、その固有の会計処理に従って作成されなければなりません。その作成に際して準拠すべき諸基準を体系的に示したものが連結財務諸表原則です。その構成は、第一・連結財務諸表の目的、第二・一般原則、第三・一般基準、第四・連結貸借対照表の作成基準、第五・連結損益計算書の作成基準、第六・連結剰余金計算書の作成基準、第七・連結財務諸表の注記事項からなっています。

連結剰余金
《1級財表》
(れんけつじょうよきん)

連結貸借対照表の資本の部のうち、親会社の資本金以外のもの（資本準備金、利益準備金、その他の剰余金）をいいます。具体的には、親会社の剰余金と子会社の剰余金のうち、親子会社関係が成立した後に増加した分で、親会社の持分に相当する額を加算し、連結調整勘定償却などの連結会計上の損益修正項目を加減して計算されます。

連結剰余金計算書
《1級財表》
(れんけつじょうよきんけいさんしょ)

連結貸借対照表に示されるその他の剰余金の増減を示す計算書です。その他の剰余金の増減は、親会社及び子会社の損益計算書及び利益処分に係る金額を基礎とし、連結会社相互間の配当に係る取引を消去して計算します。連結剰余金計算書は、原則としてその他の剰余金期首残高を基礎に、これにその他の剰余金減少高および当期利益を加減する形式で、その他の剰余金期末残高を表示しなければなりません（連結財務諸表原則第六・連結剰余金計算書の作成基準一、二）。

〔様式〕

連結剰余金計算書

東京建設株式会社
自平成×1年4月1日 至平成×2年3月31日
(単位：千円)

その他の剰余金期首残高		1,200,000
その他の剰余金減少高		
利益準備金繰入額	80,000	
配　当　金	500,000	
役員賞与金	300,000	880,000
当　期　利　益		1,000,000
その他の剰余金期末残高		1,320,000

連結剰余金の計算
《1級財表》
(れんけつじょうよきんのけいさん)

基本的には親会社の剰余金と子会社の剰余金を合算して計算しますが、次のような事項を調整しなければなりません。
(1)親会社の株式取得時における子会社剰余金および取得後の子会社剰余金の増加高のうち、少数株主持分に相当する額は少数株主持分に振替える。
(2)連結調整勘定償却を連結剰余金に加減する。

(3)期首の未実現利益の消去額を連結剰余金から控除する。

連結損益計算書
≪1級財表≫
(れんけつそんえきけいさんしょ)

基本的には親会社及び子会社の個別損益計算書における収益・費用等の額を基礎として作成されます。その作成手続きでは次のような会計処理が必要となります。
(1)連結会社相互間取引の相殺消去。
(2)連結会社相互間取引にかかわる未実現利益の消去（連結財務諸表原則・第五）。

連結貸借対照表
≪1級財表≫
(れんけつたいしゃくたいしょうひょう)

親会社および子会社の個別貸借対照表の資産、負債及び資本の金額を基礎にして、次のような会計処理を加えて作成されます。
(1)親会社の投資勘定と子会社の資本勘定の相殺消去（連結調整勘定や少数株主持分の算定・表示を含む）。
(2)連結会社相互間の債権・債務の相殺消去。
(3)未実現利益の消去。
(4)非連結重要会社に対する持分法の適用。

連結調整勘定
≪1級財表≫
(れんけつちょうせいかんじょう)

子会社株式を、子会社の資本勘定に対する親会社持分に相当する金額と異なる価額で取得した場合、投資勘定と資本勘定の相殺消去処理を行ったときに生じる借方または貸方の投資消去差額は連結調整勘定として処理されます。ただし、その差額の発生原因を容易に分析できる場合には、これをその原因に基づいて適当な科目に振り替えます（連結財務諸表原則・第四の二）。

連結調整勘定の償却
≪1級財表≫
(れんけつちょうせいかんじょうのしょうきゃく)

連結調整勘定は、毎期均等額以上を償却しなければなりません（連結財務諸表原則・第四・二の1）。また、連結調整勘定の金額が僅少な場合には、それが生じた期の損益として処理することができます。連結調整勘定は原則としてその計上後20年以内に定額法その他合理的な方法により償却しなけれ

連産品 ≪1級原価≫
(れんさんひん)

ばなりません。

同一の原材料を同一の生産工程を通じて加工している場合、必然的に分類生産される異種の製品のことで、その用途や経営目的にとって、主産物・副産物の区別ができないものをいいます。
例えば、石油精製工業の重油・灯油・ガソリン・タール・コークスなどの産出品がこれにあたります。
（☞主産物、副産物）

連続配賦法 ≪2級≫
(れんぞくはいふほう)

工事原価のうち大部分の額は直接各工事の原価として計算されますが、間接的な費用は、工事間接費としてまとめます。この工事間接費は各工事部門に振分け計算します。この計算方法には、直接配賦法、階梯式配賦法、相互配賦法の3法があり、さらに相互配賦法には簡便法と連続配賦法、連立方程式法があります。連続配賦法は配賦額を無視してもよい程度まで細密に連続して配賦計算する方法です。

連立方程式法 ≪2級≫
(れんりつほうていしきほう)

補助部門費配賦法のうちの相互配賦法に属する1つの方法です。この方法による配賦額は連立方程式を用いて算出します。
（☞相互配賦法）

ろ

労働生産性 ≪1級分析≫
(ろうどうせいさんせい)

職員1人当たりいくら付加価値をあげているかをみる比率です。企業は、事業活動に人（労働力）や物（設備）を投入して付加価値を生み出しています。この比率は事業に投入されている人と付加価値の関係をみるもので、労働生産性（付加価値労働生産性ともいわれる）とよばれており、生産性分析の基本比率です。この比率が高いほど、労働力を有効に利用していることを表します。なお、この比率の良否は以下のよ

うにいくつかの要因に分解して分析することができます。
(1)職員1人当たり完成工事高×付加価値率
(2)資本集約度×総資本投資効率
(3)労働装備率×設備投資効率
(4)労働装備率×有形固定資産回転率×付加価値率

〔計算式〕

$$労働生産性(円) = \frac{完成工事高 - (材料費 + 労務費 + 外注費)}{総職員数(平均)}$$

(注)1 平均は、「(期首＋期末)÷2」により算出します。
 2 総職員数＝技術職員＋事務職員

労働装備率
≪1級分析≫
(ろうどうそうびりつ)

職員1人当たりの設備資産投資額を示すもので、企業の合理化投資の状況などを検討する比率です。生産性の基本的指標である労働生産性は、以下のように2つの比率に分解して分析することができますから、人手作業を機械作業に置き換えるなどにより、労働装備率を高め、設備資産の利用効率を高めることによって労働生産性を向上させることが必要です。なお、建設仮勘定は、経営活動のために利用されていないので、計算式の分子の有形固定資産より除外します。

(☞労働生産性、設備投資効率)

〔計算式〕

$$労働装備率(円) = \frac{有形固定資産 - 建設仮勘定(平均)}{総職員数(平均)}$$

$$\underbrace{\frac{付加価値}{総職員数(平均)}}_{(労働生産性)} = \underbrace{\frac{有形固定資産 - 建設仮勘定(平均)}{総職員数(平均)}}_{(労働装備率)} \times \underbrace{\frac{付加価値}{有形固定資産 - 建設仮勘定(平均)}}_{(設備投資効率)}$$

(注)1 総職員数＝技術職員＋事務職員
 2 付加価値＝完成工事高－(材料費＋労務費＋外注費)

労働分配率 ≪1級分析≫
（ろうどうぶんぱいりつ）

（注）平成11年7月より実施の経営事項審査では、労務費は完成工事高から控除しないこととしています。
3　平均は、「(期首＋期末)÷2」により算出します。

付加価値に対する人件費の割合をみる比率で、付加価値のうち労働への分配部分（人件費）がどの程度あるかを表します。この比率が低いほど、付加価値の中から支払利息など人件費以外への分配に回すことが可能となり、また利益のでる余裕があることを表しますから、良いことになります。

〔計算式〕

$$労働分配率(\%) = \frac{人件費}{付加価値} \times 100$$

（注）人件費は、一般管理費および工事原価である経費の中の人件費の合計です。

労務 ≪2級≫
（ろうむ）

一般に労働用役を労務と称していますが、原価計算上は工事現場における労働用役ばかりでなく、広義では営業や一般管理業務にたずさわる作業も労務といえます。しかし建設工事原価計算において、労務といえば工事現場における労働用役の提供に限定されています。
そして直接工事に労務を提供する対価を労務費といいます。

労務外注 ≪1級原価≫
（ろうむがいちゅう）

外注の特殊なケースで、原材料を無償で提供し加工だけを依頼するものです。
臨時雇いの作業員に対する労務費と同じとみなせるところから、完成工事原価報告書では労務費として計上することもできます。
なお、経営状況の分析では労務費と労務外注費を明確に区分しています。　　　　　　　　　　（☞経営状況の分析）

労務管理費 ≪2級≫ (ろうむかんりひ)	労務者の募集費用、作業用具、作業用被服費用、安全衛生に要する費用および労災法による事業主負担補償費等を処理する勘定科目です。(⇐工事原価（経費）)
労務主費 ≪1級原価≫ (ろうむしゅひ)	労働力の提供に対する基本的な対価であって、労務副費に対する概念です。賃金・給料・雑給および従業員賞与手当等がこれに当たります。　　　　　　　　　　　　(☞労務副費)
労務費 ≪4級≫ (ろうむひ)	工事に従事した直接雇用の作業員に対する賃金、給料及び手当等のことです。(⇐工事原価)　　　(☞完成工事原価) 〔仕訳例〕 　現場作業員の賃金260千円を小切手を振出して支払った。 　　労務費　260／　当座預金　260
労務副費 ≪1級原価≫ (ろうむふくひ)	労働力を安定的・継続的に確保するために要する労務関係の費用で、労務主費に対する概念です。退職給与引当金繰入額・福利費および厚生費等がこれに当たります。 　　　　　　　　　　　　　　　　　　　(☞労務主費)
6桁精算表 ≪4級≫ (ろっけたせいさんひょう)	残高試算表欄、損益計算書欄、貸借対照表欄のそれぞれに借方と貸方の金額欄がある精算表のことです。

わ

割掛費 ≪1級原価≫ (わりかけひ)	営業費は、期間原価として処理されるのが原則です。しかし建設業では、個別的でしかも長期にわたる生産活動が要求されるところから、採算計算および実際原価の把握のために営業費を各工事へ賦課することがあります。これを割掛費といいます。 割掛費の具体的な計算方法としては、工事着工時や各工事の月別完成高や工事完成時に賦課する方法等があります。

割引 ≪3級≫
(わりびき)

掛売買において、代金の決済が予定日より早くなされるときに代金が引き下げられることをいいます。買い手からみると仕入割引、売り手からは売上割引になります。仕入割引は営業外収益、売上割引は営業外費用に該当します。

（☞売上割引）

割引手形 ≪2級≫
(わりびきてがた)

期日前に所有手形を割引した場合に手形債権は消滅しますが、法律上はまだ手形債務を間接的に負っています。この債務は偶発債務であり、それの処理方法には評価勘定方式と対照勘定方式とがあります。このうち評価勘定方式で処理する場合に使用されるのが割引手形勘定です。　（☞評価勘定）

〔仕訳例〕
(1) 受注先甲社より受け取った手形700千円を銀行で割引き、割引料15千円を差し引かれ、手取金を当座預金とした。（評価勘定方式）

当　座　預　金　685 ／ 割引手形　700
支払利息割引料　　15 ／

(2) 当該手形が決済された。

割引手形　700 ／ 受取手形　700

割引発行 ≪1級財表≫
(わりびきはっこう)

社債の発行価額を社債券面を下回って発行した場合をいいます。その場合、券面額と発行価額との差額を社債発行差金勘定で処理します。なお、額面株式の割引発行は認められません。　（☞打歩発行、平価発行）

割戻額 ≪1級財表≫
(わりもどしがく)

特定の売手との契約または慣習で、買手が一定期間に多量または多額の物品等を購入したときに、当該取引高が所定の数量または金額を超えた場合、その超過分について一定の割合で代金が戻されることを割戻といいます。買手は購入したその物品の取得原価の決定の際、割戻額を値引額と同様に送り状価額から控除します。　（☞仕入割戻）

割安購入選択権
≪1級財表≫
（わりやすこうにゅうせんたくけん）

アメリカでのファイナンス・リースに関する識別基準の1つです。具体的には、リース期間終了時点で、借手がリース物件を割安で購入するか返還するかを選択できる権利をいいます。すなわち、所有権の割安移転が保証されているということです。

１級財表　索引

【あ】
圧縮記帳……………………………… 2
圧縮記帳額…………………………… 3
アップストリーム…………………… 3

【い】
一取引基準…………………………… 5
一年基準……………………………… 5
一括法………………………………… 6
一般原則……………………………… 6
一般担保付社債……………………… 7
インフレーション会計……………… 8

【う】
打歩発行……………………………… 12
売上割引……………………………… 14

【え】
円換算額……………………………… 20

【お】
オプション…………………………… 20
オプション契約……………………… 20
オプション取引……………………… 21
オプション料………………………… 21
オフバランス………………………… 21
オペレーティング・リース………… 21
親会社………………………………… 22
親子会社……………………………… 22
オンバランス………………………… 22

【か】
買入消却……………………………… 23
海外投資等損失準備金……………… 23
外貨建短期金銭債権・債務………… 23
外貨建長期金銭債権・債務………… 24
外貨建取引…………………………… 24
開業費………………………………… 24
会計慣行……………………………… 25
会計監査人…………………………… 25
会計公準……………………………… 25
会計上の負債………………………… 25
会計制度……………………………… 26
会計法規……………………………… 26
会計方針……………………………… 26
会社の更生…………………………… 28
回収可能額…………………………… 28
開発費………………………………… 30
確定決算方式………………………… 31
額面株式……………………………… 31
貸倒見積高…………………………… 33
貸倒率………………………………… 34
課税所得……………………………… 35
仮設材料……………………………… 36
合併計算書法………………………… 39
合併減資差益………………………… 39
過度な保守主義……………………… 40
過年度税効果調整額………………… 40
株価指数先物取引等………………… 40
株式会社……………………………… 41
株式市価基準法……………………… 41
株式の分割…………………………… 41
株式の併合…………………………… 42
株主持分……………………………… 42
貨幣価値一定の公準………………… 43
貨幣資産の評価……………………… 43
貨幣・非貨幣法……………………… 43
為替換算調整勘定…………………… 45
為替差損益…………………………… 45
為替スワップ………………………… 46
為替相場……………………………… 46

為替レート……………………47	金利スワップ……………………74
換金価値………………………47	【く】
換金可能価値説…………………47	偶発損失積立金…………………75
関係会社株式……………………48	組入資本金………………………75
監査特例法………………………48	繰越損失…………………………77
換算差額…………………………48	繰延経理…………………………77
換算損益…………………………49	繰延工事利益戻入………………78
完成工事補償引当損……………56	繰延資産…………………………79
還付税額…………………………58	繰延資産原価の期間配分………79
	繰越税金資産……………………79
【き】	繰越税金負債……………………79
期間計算の公準…………………62	グループ法………………………80
期間原価…………………………62	【け】
期間対応…………………………62	
期間比較…………………………62	経済的実体………………………83
企業会計原則……………………63	経済的有用期間…………………83
企業会計原則の注解……………63	計算書類規則……………………84
企業間比較………………………63	継続企業の公準…………………86
企業財務の流動性………………63	継続性……………………………87
企業実体…………………………64	継続性の原則……………………87
企業実体の公準…………………64	経理自由の原則…………………88
企業利益…………………………64	欠陥品……………………………88
起債会社…………………………64	決済基準…………………………89
擬制資産…………………………66	決算日レート……………………90
機能的減価………………………66	決算日レート法…………………91
キャッシュ・フロー計算書……68	決算報告書………………………91
キャッシュ・フロー計算書の構造………68	欠損金の填補……………………92
脚注………………………………69	減価基準…………………………95
キャピタルリース………………69	原価基準…………………………95
吸収合併…………………………69	原価差額…………………………97
級数法……………………………69	原価時価比較低価基準…………97
共同企業体………………………70	原価主義…………………………98
共同支配権………………………71	減価償却総額……………………98
切放法……………………………71	研究開発費等……………………101
金銭債務…………………………72	現金基準…………………………102
金銭信託…………………………72	現金主義…………………………103
金融先物取引……………………72	現金主義会計……………………103
金融商品…………………………73	現金同等物等……………………103
金利先物取引……………………74	

現金割引	104	最終取得原価法	142
現金割戻	105	再調達原価	142
減資	106	再調達原価額	142
建設業法	108	財務諸表付属明細表	145
建設業法施行規則	108	債務の弁済	145
建設利息	109	財務の流動性	145
建設利息請求権	109	債務弁済の手段	146
建設利息の償却	109	債務保証	146
現物オプション取引	111	債務保証損失引当金	147
現物出資	111	材料貯蔵品勘定	149
現物出資説	111	先物オプション取引	152

【こ】

		先物損益	152
		先物取引	152
合資会社	114	先物取引差入保証金	153
工事収益額	118	参加優先株	156
工事収益率	119	残余財産の分配	158
工事進捗度	119	残余財産分配請求権	158
工事負担金	121		

【し】

購入代価	127		
購買時価	127	時価	159
後発事象	127	時価基準	159
合名会社	128	時価主義会計	160
子会社	128	自家保険積立金	160
国際会計基準	129	自家保険引当金	160
国庫補助	131	時間基準	160
国庫補助金	131	次期繰越利益	160
固定資産原価の期間配分	132	資金の調達源泉	165
固定資産の評価	132	試験研究費	165
個別財務諸表	136	自己株式	166
個別財務諸表基準性の原則	136	試作品	170
個別対応	137	資産の取得原価	171
		市場開拓	171

【さ】

		実現	174
在外子会社の財務諸表項目の換算	139	実現主義	174
在外支店の財務諸表項目の換算	139	実現主義の原則	174
債券先物取引	140	実質価額	176
債権者持分	140	実地棚卸	177
財産法	141	支店勘定	178
財産目録	141	支店分散計算制	180

支配基準	180	処分済利益剰余金	217
指標性利益	183	仕訳処理法	217
資本剰余金	187	人格継承説	218
資本取引	188	新株引受権付社債	219
資本取引・損益取引区分の原則	189	真実性の原則	220
資本の組入	189	信用供与期間	221
資本の欠損	190		
社債	192	**【す】**	
社債の取得原価	193	数理計算	221
収益還元法	198	スクラップ・バリュー	222
収益基準法	199	ストック・オプション制度	222
収益控除の項目	199	スワップ取引	223
収益性	199		
収益の発生	200	**【せ】**	
収益の分類	200	正規の減価償却	223
修正テンポラル法	201	正規の簿記の原則	223
重要性の原則	203	税効果会計	223
重要な会計方針	203	清算貸借対照表	225
授権株数	204	正常営業循環基準	226
受贈	205	正常実際製造原価	227
受贈剰余金	205	静態論	229
受注生産制	206	静的貸借対照表	230
出資金	206	税引前当期利益	230
出資者持分	206	製品保証引当金	230
取得日レート	208	税法会計	230
ジョイントベンチャー（J・V）	209	税法上の準備金	230
償還株式	209	積極性積立金	231
償却原価法	210	前期繰越利益	232
消極性積立金	210	潜在的用役提供能力説	233
条件付債務	211		
証券取引法	211	**【そ】**	
証券取引法・財務諸表規則	211	増価基準	235
少数株主持分	211	総額請負契約	235
証取法会計	212	総額主義	235
常備品	213	総額主義の原則	236
商品先物取引	213	総合償却	239
商法	214	租税特別措置法	248
商法会計	214	その他の剰余金	248
正味実現可能価額	215	その他の剰余金期末残高	248

ソフトウェア …………………………249
損益取引 ………………………………250
損益法 …………………………………256
損害補償損失引当金 …………………256
損失 ……………………………………256
損失塡補 ………………………………257

【た】

代金回収時点 …………………………259
貸借対照表完全性の原則 ……………259
退職給付 ………………………………261
退職給付債務 …………………………261
退職給付引当金 ………………………261
退職給付費用 …………………………261
退職給与積立金 ………………………262
退職給与引当金の繰入額 ……………263
ダウンストリーム ……………………264
棚卸記入帳 ……………………………266
棚卸減耗量 ……………………………267
棚卸資産原価の期間配分 ……………268
棚卸資産の評価 ………………………269
単一性の原則 …………………………270
単価精算契約 …………………………271
担保物件 ………………………………273

【ち】

中間決算 ………………………………274
中間財務諸表 …………………………274
中間財務諸表規則 ……………………274
中間実績測定主義 ……………………275
中間損益計算書 ………………………275
中間貸借対照表 ………………………276
中間配当 ………………………………276
中間配当金 ……………………………276
中間配当限度額 ………………………277
中間配当に伴う利益準備金の積立
　額 ……………………………………277
注記 ……………………………………277
抽選償還 ………………………………277

長期性預金 ……………………………278
長期の請負工事 ………………………278

【つ】

追徴税 …………………………………285
追徴税額 ………………………………285
通貨スワップ …………………………286
付替価格 ………………………………287
積立金・準備金の取崩順位 …………287
積立金の目的取崩 ……………………287

【て】

低価基準 ………………………………288
デリバティブ …………………………293
転換株式 ………………………………294
転換社債 ………………………………294
転換請求 ………………………………294
転換比率 ………………………………294
テンポラル法 …………………………295

【と】

当期業績主義損益計算書 ……………296
当期未処理損失 ………………………297
投資利益 ………………………………301
動態論 …………………………………302
動的会計理論 …………………………302
動的貸借対照表 ………………………302
特殊な繰延資産 ………………………303
特定積立金 ……………………………304
特定の支出 ……………………………305
特別利益 ………………………………305
特命方式 ………………………………305
特例省令 ………………………………305
取替費 …………………………………306
取替法 …………………………………306
取引の二重性 …………………………307
取引日レート …………………………308

【な】

内部利益控除引当金 ……………………310
内部利益の控除 …………………………310

【に】

二取引基準 ………………………………311
入札方式 …………………………………311

【ね】

値洗基準 …………………………………312
年金資産 …………………………………312
年度業績予測主義 ………………………312
年買法 ……………………………………313

【の】

のれん ……………………………………315

【は】

売却時価 …………………………………316
配当 ………………………………………316
配当可能利益 ……………………………316
配当平均積立金 …………………………317
発生主義会計 ……………………………321
発生主義の原則 …………………………321
発生費用 …………………………………321
払込資本 …………………………………321
払込剰余金 ………………………………322
払出単価 …………………………………322
半額償却法 ………………………………322
販売基準 …………………………………323

【ひ】

引当金 ……………………………………324
引当金繰入損 ……………………………324
引当金の区分 ……………………………324
引当損 ……………………………………325
非金銭債務 ………………………………325
1株当たりの当期利益 …………………326

評価替剰余金 ……………………………328
費用収益対応の原則 ……………………329
費用の概念 ………………………………329
費用配分 …………………………………330
費用配分の原則 …………………………330
非累積優先株 ……………………………331
比例連結 …………………………………331
非連結会社 ………………………………331
品目法 ……………………………………332

【ふ】

ファイナンス・リース …………………332
附属明細書 ………………………………340
物質的減価 ………………………………341
物上担保付社債 …………………………341
部分的取替 ………………………………342
フリー・キャッシュ・フロー …………345
分配可能限度額 …………………………348
分配可能性利益 …………………………348

【へ】

平価発行 …………………………………349
平均原価法 ………………………………349
平均相場 …………………………………349
平均耐用年数 ……………………………349
ヘッジ対象取引 …………………………350

【ほ】

包括主義損益計算書 ……………………353
法人税等 …………………………………354
法人税等調整額 …………………………355
法的債務性 ………………………………356
法的有効期間 ……………………………356
簿外資産 …………………………………356
簿外負債 …………………………………357
簿価・時価比較低価法 …………………357
簿価引下 …………………………………357
保険差益 …………………………………358
保守主義 …………………………………358

《1級財表》索引（ま〜れ）

保守主義の原則 …………………………358
保証債務 …………………………………359
保証債務見返 ……………………………359
補足情報 …………………………………363
本支店会計 ………………………………364
本支店合併財務諸表 ……………………364
本支店合併損益計算書 …………………365
本支店合併貸借対照表 …………………365
本店勘定 …………………………………365

【ま】

前払費用説 ………………………………369

【み】

見込生産制 ………………………………371
未実現収益 ………………………………371
未実現利益の控除 ………………………372
未処分利益剰余金 ………………………374
未達事項 …………………………………376
未達取引 …………………………………376
見積合せ方式 ……………………………377
見積書 ……………………………………377

【む】

無額面株式 ………………………………380
無形固定資産の評価 ……………………380
無償減資 …………………………………380

【め】

銘柄別 ……………………………………381
明瞭性の原則 ……………………………381

【も】

目的外の取崩 ……………………………382
目的適合性 ………………………………382
目論見書 …………………………………382
持株基準 …………………………………382
持分 ………………………………………383
持分法 ……………………………………383

【ゆ】

有価証券届出書 …………………………384
有価証券報告書 …………………………387
有限会社 …………………………………388
有限責任 …………………………………388
有償減資 …………………………………388
優先株式 …………………………………389

【よ】

余剰品 ……………………………………391

【り】

リース ……………………………………392
リース機械 ………………………………392
リース期間 ………………………………393
リース債権 ………………………………393
リース負債 ………………………………393
リース物件 ………………………………394
リース料 …………………………………394
利益基準法 ………………………………394
利益剰余金 ………………………………395
利益処分案 ………………………………396
利害関係者 ………………………………397
利子要素 …………………………………398
流動資産 …………………………………398
流動性 ……………………………………398
流動・非流動法 …………………………400
留保利益 …………………………………401
臨時償却 …………………………………401

【る】

累積投票請求権 …………………………402
累積優先株 ………………………………403

【れ】

劣後株式 …………………………………404
レッサー …………………………………404
レッシー …………………………………404

連結会計 …………………………………405
連結財務諸表 ……………………………405
連結財務諸表原則 ………………………405
連結剰余金 ………………………………406
連結剰余金計算書 ………………………406
連結剰余金の計算 ………………………406
連結損益計算書 …………………………407
連結貸借対照表 …………………………407
連結調整勘定 ……………………………407
連結調整勘定の償却 ……………………407

【わ】

割引発行 …………………………………412
割戻額 ……………………………………412
割安購入選択権 …………………………413

1級分析　索引

【あ】

ROI ……………………………… 1
ROA ……………………………… 1
安全性分析…………………………… 4
安全余裕率（MS比率）…………… 4

【い】

因子分析法…………………………… 8
インタレスト・カバレッジ………… 8

【う】

ウォールの指数法…………………… 9
受取勘定……………………………… 9
受取勘定回転率……………………… 9
受取勘定滞留月数……………………10
売上債権………………………………13
売上総利益……………………………13
売上高経常利益率……………………13
売上高利益率…………………………13
売掛債権………………………………14
運転資本………………………………14
運転資本保有月数……………………15

【え】

営業利益増減率………………………19
エムエス比率…………………………20

【か】

買掛債務………………………………23
回転期間………………………………29
回転率…………………………………29
外部分析………………………………30
活動性の分析…………………………38
借入金依存度…………………………43
借入金自己資本依存度………………44
関係比率分析…………………………48
勘定科目精査法………………………49
関数均衡分析…………………………50
完成工事高営業利益率………………51
完成工事高経常利益率………………52
完成工事高増減率……………………52
完成工事高総利益率…………………53
完成工事高対外注費率………………53
完成工事高対金融費用率……………53
完成工事高対人件費率………………54
完成工事高対販売費及び一般管理
　費率…………………………………54
完成工事高当期利益率………………54
完成工事高利益率……………………55
完成工事未収入金滞留月数…………57
管理会計………………………………58

【き】

金融収支率……………………………73
金利負担能力…………………………74

【く】

クロス・セクション分析……………80

【け】

経営事項審査…………………………81
経営資本………………………………81
経営資本営業利益率…………………81
経営資本回転率………………………82
経営資本利益率………………………82
経営状況の分析………………………82
経営分析………………………………83
経常利益増減率………………………86
限界利益図表…………………………92
限界利益率……………………………94
現金及び現金同等物…………………102

現金比率 ………………………………103	資金収支表 ……………………………164
現金預金手持月数 ……………………104	資金増減分析 …………………………164
現金預金比率 …………………………104	資金変動性 ……………………………165
建設工事 ………………………………108	資金変動性分析 ………………………165
健全性 …………………………………109	自己資本 ………………………………166
健全性の分析 …………………………110	自己資本営業利益率 …………………167
	自己資本回転率 ………………………167
【こ】	自己資本経常利益率 …………………167
考課法 …………………………………112	自己資本増減率 ………………………168
公共工事 ………………………………112	自己資本当期利益率 …………………168
工事費取下率 …………………………120	自己資本比率 …………………………168
控除法 …………………………………124	自己資本利益率 ………………………169
構成比率分析 …………………………124	自己単一分析 …………………………169
高低2点法 ……………………………125	自己比較分析 …………………………170
固定資産回転率 ………………………131	資産回転率 ……………………………170
固定長期適合比率 ……………………133	資産の回転 ……………………………171
固定比率 ………………………………133	市場性のある一時所有の有価証券 …172
固定負債 ………………………………134	指数法 …………………………………172
固定負債比率 …………………………134	実数分析 ………………………………177
固変分解 ………………………………138	支払勘定 ………………………………181
	支払勘定回転率 ………………………181
【さ】	資本回収点 ……………………………184
最小自乗法 ……………………………142	資本回収点分析 ………………………184
財務安全性 ……………………………143	資本回転率 ……………………………185
財務会計 ………………………………143	資本金利益率 …………………………186
財務レバレッジ ………………………147	資本収益性 ……………………………186
散布図表法 ……………………………158	資本集約度 ……………………………186
	資本生産性 ……………………………187
【し】	資本主持分 ……………………………189
CVP関係 ………………………………158	資本の運動サイクル …………………189
CVP分析 ………………………………159	資本の回転 ……………………………189
事業利益 ………………………………162	資本利益率 ……………………………190
資金 ……………………………………162	社内留保率 ……………………………196
資金運用精算表 ………………………163	収益還元価値 …………………………198
資金運用表 ……………………………163	収益性分析 ……………………………200
資金運用表分析 ………………………163	従業員1人当たり売上高 ……………201
資金繰 …………………………………163	従業員1人当たり付加価値額 …………201
資金繰表 ………………………………164	主成分分析法 …………………………205
資金計算書 ……………………………164	受注請負生産業 ………………………205

準固定費	209
象形法	211
正味受取勘定回転率	214
正味運転資本	214
正味運転資本型資金運用表	215
職員１人当たり完成工事高	216
人件費対付加価値比率	220
趨勢比率分析	221

【す】

スキャッターグラフ法	222
図形化による総合評価法	222

【せ】

生産性	224
生産性の分析	225
静態分析	228
成長性	229
成長性の分析	229
成長率	229
設備投資効率	232

【そ】

増減分析	238
増減率	238
総合生産性	239
総合評価	239
総資産	241
総資産利益率	242
総資本	242
総資本営業利益率	242
総資本回転率	243
総資本経常利益率	243
総資本事業利益率	244
総資本増減率	244
総資本当期利益率	245
総資本投資効率	245
総資本利益率	245
総職員数	246

損益計算書分析	250
損益分岐図表	250
損益分岐点	252
損益分岐点販売量	253
損益分岐点比率	253
損益分岐点比率（簡便法）	254
損益分岐点分析	255

【た】

対完成工事高比率分析	259
貸借対照表分析	260
滞留月数分析	264
棚卸資産	267
棚卸資産回転率	268
棚卸資産滞留月数	268
多変量解析	269
段階費	270
単純実数分析	272
単純分析	273

【ち】

地域別分析	274
賃金生産性	285

【つ】

ツリー分析法	288

【て】

ディスクロージャー	289

【と】

当期施工高	296
当座資産	299
当座比率	299
投資利益率	301
動態分析	302
特殊比率分析	304

【な】

内部分析 …………………………………309

【に】

２期間貸借対照表 ………………………310

【は】

配当性向 …………………………………317
配当率 ……………………………………317
バンカーズ・レシオ ……………………322
判別分析法 ………………………………323

【ひ】

比較増減分析 ……………………………323
比較損益計算書 …………………………323
比較貸借対照表 …………………………324
非資金費用 ………………………………326
百分率製造原価報告書 …………………327
百分率損益計算書 ………………………327
費用分解 …………………………………330
比率分析 …………………………………331

【ふ】

フェイス分析法 …………………………332
付加価値増減率 …………………………333
付加価値対人件費比率 …………………334
付加価値分配率 …………………………334
付加価値率 ………………………………334
付加価値労働生産性 ……………………335
負債回転率 ………………………………338
負債の回転 ………………………………339
負債比率 …………………………………339

【へ】

変動費率法 ………………………………352

【ほ】

法定資本 …………………………………355

保有月数分析 ……………………………363

【み】

未成工事支出金回転率 …………………375
未成工事収支比率 ………………………376

【も】

目標利益達成の売上高 …………………382

【ゆ】

有形固定資産回転率 ……………………387

【り】

利益処分性向分析 ………………………396
利益図表 …………………………………397
利益増減原因表 …………………………397
利益増減分析 ……………………………397
流動性の分析 ……………………………398
流動比率 …………………………………399
流動負債 …………………………………400
流動負債比率 ……………………………400

【れ】

レーダー・チャート法 …………………403

【ろ】

労働生産性 ………………………………408
労働装備率 ………………………………409
労働分配率 ………………………………410

1級原価　索引

【あ】

アイドル・キャパシティ……………… 1
アイドル・タイム………………………… 1
天下り型予算……………………………… 3

【い】

意思決定原価調査………………………… 4
一般管理費等……………………………… 6
イニシャル・コスト……………………… 7

【う】

うち人件費…………………………………12
運搬費………………………………………15
運搬部門……………………………………15

【え】

営業費………………………………………17
営業費の内部割掛…………………………17
営業費のプロダクト・コスト化…………18
ABM…………………………………………19
ABC…………………………………………19

【お】

オペレーティング・コスト………………21

【か】

開示財務諸表作成目的……………………27
価格計算目的………………………………30
価格政策……………………………………30
価額法………………………………………30
加工進捗度…………………………………31
加工費………………………………………32
仮設材料の損料……………………………36
仮設建物……………………………………37
仮設部門費…………………………………37

【価】

価値移転主義………………………………37
価値移転主義的原価計算…………………38
活動基準経営管理…………………………38
活動基準原価計算…………………………38
関係官公庁提出書類作成目的……………48
完成度評価法………………………………57

【き】

機械運転時間法……………………………59
機会原価……………………………………60
機械部門費…………………………………61
期間計画……………………………………62
機材等使用率………………………………65
機種別センター使用率……………………65
基準標準原価………………………………66
機能別原価計算……………………………66
基本計画設定目的…………………………67
基本予算……………………………………67
期末仕掛品の評価…………………………67
逆計算法……………………………………68
共通仮設費…………………………………70
共通費………………………………………70
業務予算……………………………………71

【く】

組間接費……………………………………75
組間接費の配賦……………………………75
組直接費……………………………………75
組別総合原価計算…………………………76

【け】

経営意思決定………………………………80
経済的等価係数……………………………83
経常予算……………………………………85
契約単価差異………………………………88
結合原価……………………………………88

原価管理 …………………………………94
原価管理目的 ……………………………94
原価計算基準 ……………………………95
原価性 …………………………………100
原価の本質 ……………………………100
建設工業原価計算要綱案 ……………108
現場管理費 ……………………………110
現場管理費差異 ………………………110
現場管理部門費 ………………………110
現場経費 ………………………………111

【こ】

工期差異 ………………………………112
工事外注費差異 ………………………115
工事間接費の配賦 ……………………116
工事経費差異 …………………………116
工事材料費差異 ………………………117
工事指図書 ……………………………118
工事実行予算 …………………………118
工事直接費 ……………………………120
工事別計算 ……………………………121
工種 ……………………………………122
工種共通費 ……………………………123
工種個別費 ……………………………123
工事労務費差異 ………………………124
工程 ……………………………………125
工程別計算 ……………………………125
工程別総合原価計算 …………………126
コスト・コントロール ………………130
コストドライバー ……………………130
コスト・マネジメント ………………130
固定予算 ………………………………135
個別計画 ………………………………135
個別工事原価管理目的 ………………136
個別費 …………………………………137

【さ】

財務諸表作成目的 ……………………144
財務費 …………………………………145

材料受入価格差異 ……………………148
材料価格差異 …………………………148
材料購入価格差異 ……………………148
材料主費 ………………………………149
材料副費 ………………………………150
材料副費の配賦差異 …………………150
差額利益分析 …………………………151
作業屑 …………………………………153
作業時間 ………………………………153
作業時間差異 …………………………154
差引計算 ………………………………155

【し】

時間法 …………………………………160
支出原価 ………………………………171
実行予算 ………………………………175
実行予算差異分析 ……………………175
実際原価 ………………………………175
実際工事原価 …………………………176
資本予算 ………………………………190
社内損料計算制度 ……………………196
社内損料制度 …………………………196
車両運転時間法 ………………………197
車両部門費 ……………………………198
主原価評価法 …………………………204
主産物 …………………………………205
受注関係書類作成目的 ………………206
純工事費 ………………………………208
準固定費 ………………………………209
準変動費 ………………………………209
消費価格差異 …………………………212
消費量差異 ……………………………213

【す】

数量法 …………………………………222

【せ】

製造間接費 ……………………………227
製造原価 ………………………………227

製造原価計算 ……………………228
製造直接費 ……………………228
責任予算 ………………………231
前工程費 ………………………233
全社的利益管理目的 …………233
全般管理費 ……………………234

【そ】

操業度差異 ……………………236
損料計算 ………………………257
損料差異 ………………………258

【た】

多元的原価情報システム ……264
単一工程総合原価計算 ………270
短期予算 ………………………271
短期予定操業度 ………………271
単純個別原価計算 ……………272
単純総合原価計算 ……………272
単純分割計算 …………………272
段取時間 ………………………273

【ち】

注文獲得費 ……………………278
注文履行費 ……………………278
長期予算 ………………………279
直接原価法 ……………………280
直接工事費 ……………………280
直接材料費法 …………………281
直接作業時間法 ………………282
直接賃金法 ……………………282
直課法 …………………………284
賃率差異 ………………………285

【つ】

積上げ型予算 …………………287

【て】

逓減費 …………………………289

逓増費 …………………………290
手待時間 ………………………293
伝統的コスト・コントロール ……295

【と】

等価係数計算 …………………296
動機づけコスト・コントロール ……297
動機づけコントロール ………297
等級製品 ………………………298
当座的コスト・コントロール ……299
当座標準原価 …………………299
特定材料 ………………………304
特定製造指図書 ………………304

【に】

日常的コントロール …………311

【の】

能率差異 ………………………313

【は】

売価法 …………………………316
配賦差異 ………………………317
配賦超過 ………………………318
配賦不足 ………………………318
配賦法 …………………………318

【ひ】

非原価 …………………………325
非原価項目 ……………………326
非原価性 ………………………326
費目別計算 ……………………327
標準原価 ………………………329
標準原価計算 …………………329
標準原価差異 …………………329
ピリオド・プランニング ……330

【ふ】

付加価値 ………………………333

歩掛	335	予算統制	390
付加計算	335	予定価格	391
付価原価	335		
付加原価計算	336	【り】	
副産物	336	利益管理	394
複数基準配賦法	337		
副費予定配賦率	337	【る】	
負担能力主義	340	累加法	402
物理的等価係数	341		
部門費予定配賦	343	【れ】	
部門別個別原価計算	344	連産品	408
不利な差異	346		
フリンジ・ベニフィット	346	【ろ】	
プログラム予算	347	労務外注	410
プロジェクト・プランニング	347	労務主費	411
分割計算	348	労務副費	411
分割原価計算	348		
		【わ】	
【へ】		割掛費	411
平均法	350		
変動原価計算	351		
変動予算	352		

【ほ】

補助部門の製造部門化 …………362

【み】

未払賃金 …………………………378
未来原価 …………………………379

【む】

無評価法 …………………………381

【ゆ】

有利な差異 ………………………389

【よ】

予算管理目的 ……………………390
予算差異 …………………………390

2級　索引

【あ】
アキュムレーション法……………… 2
アクティビティ・コスト…………… 2
後入先出法…………………………… 3
洗替法………………………………… 4

【い】
一括的配賦法………………………… 6
移動性仮設建物……………………… 7

【う】
受取手形記入帳………………………10
裏書手形………………………………12
売上値引………………………………14
売上割戻………………………………14
運搬経費………………………………15

【え】
営業外受取手形………………………16
営業外支払手形………………………16
営業権…………………………………17
営業権償却……………………………17
営業保証手形…………………………18
営業利益………………………………18

【か】
会計伝票………………………………26
外注……………………………………28
階梯式配賦法…………………………29
火災未決算……………………………32
貸付有価証券…………………………35
仮設経費………………………………35
仮設材料費……………………………36
仮設部門………………………………37
仮設用機材……………………………37

合併差益………………………………39
株式会社の資本………………………41
株式払込剰余金………………………42
株主配当金……………………………42
借入有価証券…………………………44
仮払法人税等…………………………45
勘定記録の正確性の検証……………49
勘定式…………………………………50
完成工事総利益………………………51
完成工事高値引引当金………………55
完成工事高割戻引当金………………55
完成工事補償引当金…………………56
完成工事補償引当金戻入……………56
間接記入法……………………………57
間接費…………………………………58
簡便法…………………………………58
管理可能性分類………………………59
管理可能費……………………………59
管理不能費……………………………59

【き】
機械運転時間基準……………………59
機械損料………………………………60
機械中心点……………………………60
機械等経費……………………………60
機械部門………………………………61
機械率…………………………………61
企業残高基準法………………………63
企業残高・銀行残高区分調整法……64
基準操業度……………………………65
期中取引の記帳………………………66
キャパシティ・コスト………………69
記録と事実の照合……………………71
銀行勘定調整表………………………71
銀行残高基準法………………………72
金銭債権の評価………………………72

【く】

偶発債務 …………………………74
繰越利益 …………………………77
繰延工事利益 ……………………78
繰延工事利益控除 ………………78
グループ別配賦法 ………………80

【け】

計算対象との関連性分類…………84
計算の迅速性 ……………………84
計算目的別分類……………………84
形式的減資 ………………………84
形式的正確性 ……………………85
経常利益 …………………………85
継続記録法 ………………………86
形態別原価 ………………………87
形態別原価計算 …………………87
決算整理 …………………………90
決算整理手続 ……………………90
月初未成工事原価 ………………91
欠損金 ……………………………91
月末未成工事原価 ………………92
原価計算期間 ……………………95
原価計算制度 ……………………96
原価計算単位 ……………………96
原価計算の目的 …………………96
減価償却の計算要素 ……………98
原価の一般概念 ………………100
原価部門 ………………………100
原価補償契約 …………………101
現金過不足の処理 ……………102
減債基金 ………………………105
減債積立金 ……………………105
減債積立金取崩額 ……………105
減債用有価証券 ………………106
減資差益 ………………………106
減資の処理 ……………………106
建設仮勘定 ……………………107

建設業 …………………………107
建設業会計 ……………………107
建設業の財務諸表 ……………107
現場管理部門 …………………110
現場共通費 ……………………111

【こ】

交換 ……………………………112
合計仕訳 ………………………113
合計転記 ………………………113
工事完成基準 …………………115
工事間接費 ……………………115
工事間接費配賦差異 …………116
工事原価記入帳 ………………117
工事原価計算 …………………117
工事原価明細表 ………………117
工事収益の稼得プロセス ……119
工事進行基準 …………………119
工事伝票 ………………………120
工事番号 ………………………120
工事費 …………………………120
工事別原価計算 ………………121
工種別原価 ……………………123
工種別原価計算 ………………123
工場管理部門 …………………123
工事用の機械等 ………………124
購入 ……………………………126
購入時材料費処理法 …………126
購入時資産処理法 ……………127
子会社株式 ……………………128
子会社株式評価損 ……………128
固定資産の廃棄 ………………132
固定費 …………………………133
固定予算方式 …………………135
個別原価計算 …………………136
個別工事原価計算 ……………136
個別償却法 ……………………137
個別賃率 ………………………137
個別転記 ………………………137

個別法 …………………………138	実用新案権 ……………………178
コンピュータ会計システム ………138	実用新案権償却 ………………178
	支店 ……………………………178
【さ】	支店独立会計制度 ……………179
債権金額基準 …………………140	支店の固定資産・借入金取引 …179
債権償却特別勘定 ……………140	支店分散計算制度 ……………180
差異項目の調整に係る整理仕訳 …141	支払経費 ………………………181
財務諸表の作成 ………………144	支払賃金計算 …………………182
財務諸表の利用 ………………144	資本 ……………………………184
財務分析 ………………………146	資本金基準 ……………………185
材料受入報告書 ………………148	資本準備金 ……………………187
材料購入請求書 ………………148	資本的支出と収益的支出の区別 …188
材料仕入帳 ……………………149	社外分配項目 …………………191
材料仕訳帳 ……………………149	借地権 …………………………192
材料の搬送取引 ………………149	社債償還損 ……………………192
材料評価損 ……………………150	社債の償還 ……………………193
作業機能別分類 ………………153	社債の発行 ……………………193
作業時間報告書 ………………154	社債発行差金 …………………194
差入保証金 ……………………155	社債発行差金償却 ……………194
差入有価証券 …………………155	社債発行費 ……………………194
	社債発行費償却 ………………195
【し】	社債利息 ………………………195
仕入割戻 ………………………159	社内センター …………………195
自家建設 ………………………159	社内損料計算方式 ……………196
事業拡張積立金 ………………160	社内留保項目 …………………196
事業拡張積立金取崩額 ………161	車両運転時間基準 ……………197
事業税 …………………………161	車両部門 ………………………198
次期予定操業度 ………………162	収益基準 ………………………199
事後原価 ………………………166	修繕引当金 ……………………202
事後原価計算 …………………166	修繕引当損 ……………………202
施設利用権 ……………………173	住民税 …………………………202
事前原価 ………………………173	授権資本制度 …………………204
事前原価計算 …………………174	出張所等経費配賦額 …………207
実現可能最大操業度 …………174	取得価額基準 …………………207
実際賃率 ………………………176	取得原価の計算 ………………208
実際配賦法 ……………………176	主要簿と補助簿の分化 ………208
実質的減資 ……………………177	償却債権取立益 ………………210
実質的正確性 …………………177	常備材料費 ……………………212
実地調査 ………………………178	消費賃金計算 …………………212

消費賃率	213
剰余金	215
除却時の処理	215
仕訳帳の分割	218
新株式申込証拠金	218
新株発行費	219
新株発行費償却	219
新築積立金	220

【す】

| 数量基準 | 222 |
| すくい出し方式 | 222 |

【せ】

生産高比例法	225
精算表の作成	226
正常配賦法	227
製造部門	228
施工部門	231
設計費	231
前期工事補償費	232
前期損益修正項目	232
全部原価	234

【そ】

操業度との関連性分類	236
送金取引	237
総原価計算	237
総合原価計算	238
総合償却法	239
相互配賦法	240
増資	241
総平均法	246
創立費	246
創立費償却	247
遡及義務	247
測定経費	247
租税公課	247
損失処理計算書	256

| 損失の処理 | 257 |

【た】

対照勘定	260
退職給与引当金	262
退職給与引当損	263
大陸式決算法	264
他店の債権・債務の決済取引	265
他店の費用・収益の立替取引	266
棚卸計算法	266
棚卸減耗損	266
棚卸減耗費	267
棚卸表	269
単一仕訳帳・元帳制	270
単純経費	271

【ち】

地代家賃	274
中間申告	275
中間配当額	276
長期正常操業度	278
長期前払費用	279
帳簿組織の基本形態	280
直接記入法	280
直接原価基準	280
直接材料費基準	281
直接材料費プラス直接労務費基準	281
直接作業時間基準	281
直接賃金基準	282
直接配賦法	283
直接費	283
直接労務費プラス外注費基準	283
賃金仕訳帳	284

【つ】

| 月割経費 | 286 |

【て】

| 手形裏書義務 | 290 |

手形裏書義務見返 …………………291
手形の更改 …………………………291
手形の不渡り ………………………292
手形の簿記上の分類 ………………292
手形割引義務 ………………………292
手形割引義務見返 …………………293
電気通信施設利用権 ………………294
電話加入権 …………………………295

【と】

当期未処分利益 ……………………297
投資 …………………………………300
投資等 ………………………………300
投資有価証券 ………………………301
特殊原価調査 ………………………303
特殊仕訳帳 …………………………303
特殊仕訳帳の記帳の仕方 …………303
特定材料費 …………………………304
特許権 ………………………………306

【な】

名宛人 ………………………………309

【に】

２勘定制 ……………………………310
任意積立金 …………………………311

【の】

延払完成工事高 ……………………314
延払基準 ……………………………314
延払工事未収入金 …………………315

【は】

売価基準 ……………………………316
配賦基準 ……………………………317
配賦の正常性 ………………………318
配賦率 ………………………………319
端数利息 ……………………………319
発生形態別分類 ……………………319

発生経費 ……………………………320
発生源泉別原価 ……………………320
発生源泉別分類 ……………………320
発生工事原価 ………………………320
払込資本基準 ………………………322

【ひ】

引当材料費 …………………………325
引受人 ………………………………325
費目別原価計算 ……………………327
費目別配賦法 ………………………327
評価勘定 ……………………………328
評価性引当金 ………………………328
標準原価計算 ………………………329
ピリオド・コスト …………………330

【ふ】

複合経費（複合費）…………………336
複合仕訳制度 ………………………336
複合費 ………………………………336
複写式伝票制度 ……………………337
負債性引当金 ………………………339
負担能力主義的原価計算 …………340
普通仕訳帳 …………………………340
部分完成基準 ………………………342
部分原価 ……………………………342
部門共通費 …………………………342
部門共通費の配賦 …………………343
部門個別費 …………………………343
部門別計算 …………………………343
部門別原価計算 ……………………344
振替価格 ……………………………344
振替仕訳 ……………………………344
振出為替手形義務 …………………345
振出為替手形義務見返 ……………346
プロダクト・コスト ………………347
不渡小切手 …………………………347
不渡手形 ……………………………347

【へ】

- 平均耐用年数の計算 …………………349
- 平均賃率 ……………………………350
- 別途積立金 …………………………351
- 変動費 ………………………………352
- 変動予算方式 ………………………352

【ほ】

- 報告式 ………………………………353
- 報告式の損益計算書 ………………353
- 報告式の貸借対照表 ………………354
- 法人税、住民税及び事業税 ………354
- 法定準備金 …………………………355
- 法律上の権利 ………………………356
- 保証預り金 …………………………359
- 補償費 ………………………………359
- 保証料 ………………………………360
- 補助経営部門 ………………………360
- 補助サービス部門 …………………361
- 補助伝票制度 ………………………361
- 補助部門 ……………………………362
- 補助部門の施工部門化 ……………362
- 補助部門費の配賦 …………………362
- 補助簿の機能上の分化 ……………363
- 本支店会計の決算手続の概要 ……364
- 本支店合併精算表 …………………364
- 本支店間の取引 ……………………365
- 本支店の財務諸表の合併 …………365
- 本店 …………………………………365
- 本店集中会計制度 …………………366
- 本店集中計算制度 …………………366

【ま】

- 前受金保証料 ………………………367
- マシン・センター …………………371

【み】

- 未決算勘定 …………………………371

【未】

- 未処分利益 …………………………373
- 未処理損失 …………………………374
- 見積原価計算 ………………………377
- 未払法人税等 ………………………378

【む】

- 無形固定資産 ………………………380
- 無償増資 ……………………………381

【や】

- 役員賞与金 …………………………384

【ゆ】

- 有価証券の差入 ……………………384
- 有価証券の貸借 ……………………385
- 有価証券の評価 ……………………385
- 有価証券の分類 ……………………385
- 有形固定資産 ………………………387
- 有償増資 ……………………………388
- 有償・無償抱合わせ増資の処理 …388
- 郵便振替貯金口座 …………………389

【よ】

- 予算原価計算 ………………………390
- 予定賃率 ……………………………391
- 予定配賦法 …………………………391
- 4伝票制度 …………………………392

【り】

- 利益基準 ……………………………394
- 利益準備金 …………………………394
- 利益準備金積立額 …………………395
- 利益処分 ……………………………395
- 利益処分計算書 ……………………396
- 流動性配列法 ………………………399
- 臨時損益項目 ………………………402

【れ】

- 連続配賦法 …………………………408

連立方程式法 ……………………408

【ろ】

労務 ………………………………410
労務管理費 ………………………411

【わ】

割引手形 …………………………412

3級　索引

【あ】
預り金 …………………………………… 2

【い】
1勘定制 ………………………………… 5
1伝票制度 ……………………………… 5
移動平均法 ……………………………… 7
インプレスト・システム ……………… 8

【う】
受取手形 ………………………………… 10
受取手数料 ……………………………… 11
受取人 …………………………………… 11
受取配当金 ……………………………… 11
裏書譲渡 ………………………………… 12

【え】
英米式決算法 …………………………… 20

【か】
貸倒れ …………………………………… 32
貸倒引当金 ……………………………… 33
貸倒引当金繰入額 ……………………… 33
株式 ……………………………………… 41
仮受金 …………………………………… 44
仮払金 …………………………………… 45
為替手形 ………………………………… 46
完成工事原価報告書 …………………… 50
完成工事未収入金 ……………………… 56

【き】
機械装置 ………………………………… 60
寄付金 …………………………………… 67
金融手形 ………………………………… 73

【く】
繰延 ……………………………………… 77

【け】
決算残高 ………………………………… 89
決算整理事項 …………………………… 90
原価 ……………………………………… 92
原価計算表 ……………………………… 97
減価償却費 ……………………………… 98
減価償却累計額 ………………………… 99
現金過不足 ……………………………… 102

【こ】
工具器具 ………………………………… 113
広告宣伝費 ……………………………… 114
交際費 …………………………………… 114
工事請負高 ……………………………… 114
工事台帳 ………………………………… 120
工事未収入金台帳 ……………………… 121
工事未払金 ……………………………… 122
工事未払金台帳 ………………………… 122
公社債の利札 …………………………… 122
構築物 …………………………………… 124
購入原価 ………………………………… 126
小切手 …………………………………… 129
小口現金 ………………………………… 129
小口現金出納帳 ………………………… 129

【さ】
債券 ……………………………………… 139
財政状態 ………………………………… 142
再振替仕訳 ……………………………… 143
財務諸表 ………………………………… 144
材料 ……………………………………… 147
材料元帳 ………………………………… 151

差額補充法	151
先入先出法	152
残存価額	156
残高	157
3伝票制	158

【し】

事業主貸勘定	161
事業主借勘定	161
自己振出小切手	170
支払手形	182
支払手形記入帳	182
支払利息割引料	183
資本的支出	188
車両運搬具	197
収益的支出	200
従業員給料手当	201
修繕維持費	202
出金伝票	206
取得原価	207
常備材料	212
諸口	216
仕訳伝票	218
人件費	219
人名勘定	221

【せ】

船舶	234

【そ】

総原価	237

【た】

貸借対照表等式	259
退職金	263
耐用年数	263
立替金	265
他人振出小切手	269

【ち】

調査研究費	279
帳簿決算	279
貯蔵品	283
賃金支払帳	284

【つ】

通貨代用証券	286
通知預金	286

【て】

定額資金前渡制度	289
定額法	289
定期預金	289
定率法	290
手形貸付金	291
手形借入金	291
伝票	295

【と】

当座	298
当座借越	298
得意先元帳	302

【に】

入金伝票	311

【ね】

値引	312

【ひ】

引当材料	325
費目別原価計算	327

【ふ】

福利厚生費	338
付随費用	340
振替伝票	345

振出人 …………………………………346

【ほ】

法定福利費 ……………………………355
簿記上の取引 …………………………357
保険料 …………………………………358
補助記入帳 ……………………………360
補助元帳 ………………………………363

【ま】

前受収益 ………………………………367
前受地代 ………………………………367
前受家賃 ………………………………367
前受利息 ………………………………368
前払地代 ………………………………368
前払費用 ………………………………368
前払保険料 ……………………………369
前払家賃 ………………………………369
前払利息 ………………………………370
前渡金 …………………………………370

【み】

未収収益 ………………………………372
未収手数料 ……………………………372
未収入金 ………………………………372
未収家賃 ………………………………373
未収利息 ………………………………373
未成工事受入金 ………………………374
未成工事支出金 ………………………375
未払金 …………………………………377
未払地代 ………………………………377
未払費用 ………………………………378
未払家賃 ………………………………379
未払利息 ………………………………379

【や】

約束手形 ………………………………384

【ゆ】

有価証券 ………………………………384
有価証券売却益 ………………………386
有価証券売却損 ………………………386
有価証券評価損 ………………………386
有価証券利息 …………………………387

【わ】

割引 ……………………………………412

4級　索引

【う】
受取地代……………………………10
受取家賃……………………………11
受取利息……………………………12

【え】
営業外収益…………………………16
営業外費用…………………………17
営業収益……………………………17
営業費用……………………………18

【か】
会計期間……………………………25
開始記入……………………………27
開始仕訳……………………………27
開始貸借対照表……………………28
外注費………………………………28
家計費………………………………31
貸方…………………………………32
貸付金………………………………35
借入金………………………………43
借方…………………………………44
勘定…………………………………49
勘定科目……………………………49
勘定口座……………………………49
完成工事原価………………………50
完成工事高…………………………51

【き】
期首…………………………………65
期末…………………………………67
給料…………………………………70

【く】
繰越記入……………………………76

繰越試算表…………………………76

【け】
経費…………………………………87
決算…………………………………89
決算仕訳……………………………89
決算貸借対照表……………………90
現金…………………………………101
現金出納帳…………………………103
建設業簿記…………………………108

【こ】
合計残高試算表……………………113
合計試算表…………………………113
工事原価……………………………117
小書き………………………………129
固定資産……………………………131

【さ】
債権…………………………………139
債務…………………………………143
材料費………………………………149
雑収入………………………………155
雑損失………………………………156
雑費…………………………………156
残高試算表…………………………158

【し】
資産…………………………………170
試算表………………………………171
試算表等式…………………………171
支払地代……………………………182
支払家賃……………………………183
支払利息……………………………183
資本金………………………………185
資本等式……………………………188

資本の引出し	190	動力用水光熱費	302
事務用消耗品費	191	土地	306
締切仕訳	191	取引	307
収益	198	取引の10要素	307
収益取引	200	取引の8要素	307
主要簿	208	取引の分解	308
仕訳	217		
仕訳帳	218		

【せ】

精算表	226
整理仕訳	231

【そ】

総勘定元帳	236
損益	249
損益計算書	250
損益計算書等式	250

【た】

貸借対照表	259
貸借平均の原理	260
建物	265
単式簿記	271

【ち】

帳簿	279

【つ】

通信費	286

【て】

転記	294

【と】

当期損失	296
当期利益	298
当座預金	300
当座預金出納帳	300

【は】

8桁精算表	319
販売費及び一般管理費	323

【ひ】

備品	326
費目別原価計算	327
費用	328
費用取引	329

【ふ】

複式簿記	337
負債	338
普通預金	341
振替	344

【ほ】

簿記	357
補助簿	363

【も】

元入れ	383

【り】

旅費交通費	401

【ろ】

労務費	411
6桁精算表	411

【参考文献】

当用語事典を作成するに当たって、主に以下の文献／資料を参考としました。

1) 『会計教科書』（同文館出版）
2) 『会計ハンドブック』（中央経済社）
3) 『改訂　建設業会計概説　1級原価計算』（㈶建設業振興基金）
4) 『改訂　建設業会計概説　1級財務諸表』（㈶建設業振興基金）
5) 『改訂　建設業会計概説　1級財務分析』（㈶建設業振興基金）
6) 『改訂　建設業会計概説　2級』（㈶建設業振興基金）
7) 『改訂　建設業会計概説　3級』（㈶建設業振興基金）
8) 『勘定科目全書』（中央経済社）
9) 『級別勘定科目表』（建設業経理実務研究会）
10) 『金融証券用語辞典』（銀行研修社）
11) 『原価計算』（国元書房）
12) 『原価計算辞典』（中央経済社）
13) 『原価計算論』（中央経済社）
14) 『現代原価計算講義』（中央経済社）
15) 『現代財務会計』（中央経済社）
16) 『検定簿記講座1級原価計算』（中央経済社）
17) 『検定簿記講座1級工業簿記』（中央経済社）
18) 『検定簿記講座2級原価計算』（中央経済社）
19) 『検定簿記講座2級工業簿記』（中央経済社）
20) 『最新　財務諸表論』（中央経済社）
21) 『財務会計論』（同文館出版）
22) 『財務診断基礎講座①資材調達と運用の診断』（同文館出版）
23) 『商法総則講義』（文真堂）
24) 『事例と演習で学ぶ経営分析』（中央経済社）
25) 『新高等簿記論』（白桃書房）
26) 『新財務諸表論』（中央経済社）
27) 『新訂　財務諸表分析』（日本経済評論社）
28) 『新編　工業簿記』（中央経済社）
29) 『日商簿記2級完全演習　工業簿記』（大栄出版社）
30) 『法律学小辞典』（有斐閣）

建設業経理事務士用語事典

2000年1月20日　第1版第1刷発行

編　著	㈱経営総合コンサルタント協会 ＫＫＳ建設業会計研究会
発　行　者	松　林　久　行
発　行　所	株式会社大成出版社

東京都世田谷区羽根木 1 ─ 7 ─11
〒156-0042　電話　03(3321)4131（代）
http://www.taisei-shuppan.co.jp/

Ⓒ2000　㈱経営総合コンサルタント協会・ＫＫＳ建設業会計研究会
印刷　信教印刷
落丁・乱丁はおとりかえいたします。

ISBN4-8028-8288-2